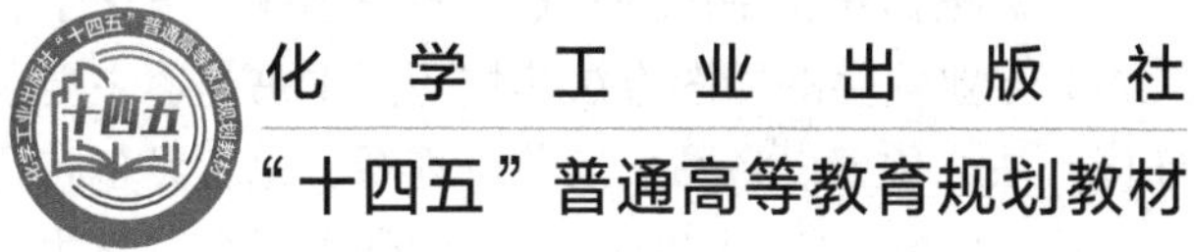


# 化工制图与CAD设计

陈振　孟广海　刘伟　主编

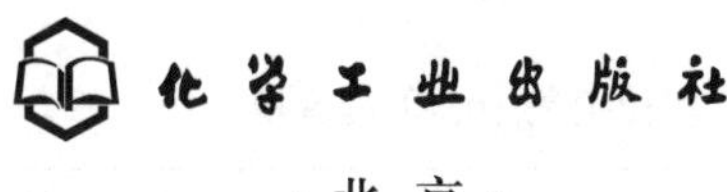


·北京·

**内容简介**

《化工制图与 CAD 设计》根据化工制图的特点，系统选编了与化工制图密切相关的学科内容，并介绍了 AutoCAD 专业软件的绘图方法和技巧。本书内容主要包括化工制图基本知识、常用表达方法和连接方法、化工设备图、工艺流程图、化工设备布置图、工艺管道布置图以及计算机 CAD 绘图等。以 AutoCAD 2012 绘图软件为平台，学生在掌握化工制图知识的同时，也能熟练运用 AutoCAD 2012 软件及化工专业软件绘图。

本书可作为高等院校化学工程与工艺、制药工程、生物工程、环境工程等相关专业化工制图教材，也可为相关人员提供参考。

**图书在版编目（CIP）数据**

化工制图与 CAD 设计 / 陈振，孟广海，刘伟主编. 北京 : 化学工业出版社，2025. 3. -- (化学工业出版社“十四五”普通高等教育规划教材). -- ISBN 978-7-122-47619-7

Ⅰ. TQ050. 2-39

中国国家版本馆 CIP 数据核字第 2025EU8869 号

责任编辑：李　琰　　　　文字编辑：葛文文
责任校对：边　涛　　　　装帧设计：韩　飞

出版发行：化学工业出版社
（北京市东城区青年湖南街 13 号　邮政编码 100011）
印　　装：北京天宇星印刷厂
787mm×1092mm　1/16　印张 14½　字数 354 千字
2025 年 3 月北京第 1 版第 1 次印刷

购书咨询：010-64518888　　　　售后服务：010-64518899
网　　址：http://www.cip.com.cn
凡购买本书，如有缺损质量问题，本社销售中心负责调换。

定　　价：39.80 元

# 《化工制图与CAD设计》编写人员名单


**主　　编**　陈　振　孟广海　刘　伟

**编写人员**　陈庆春　陈　振　郭　宁　刘　伟

孟广海　王永刚　杨效登　袁　芳

# 前言

化工设计各阶段的设计成果都是通过图纸表达出来的，化工图纸是化学化工领域工程技术上用来表达设计思想和进行技术交流的主要手段，随着计算机科学技术的迅猛发展和工程实际的要求，计算机辅助绘图技术已被广泛应用于石油、化工、制药等领域。借助 CAD 技术进行化工制图与设计已成为工程设计的重要内容，化工制图 CAD 训练也成为高等院校化工及相关专业必开设的一门专业基础课。

根据化学工程的特点和本课程教学大纲的要求，化工制图分为化工设备图和化工工艺图两大类。前者包括化工设备零部件图和化工设备装配图。后者主要包括工艺流程图、化工设备布置图和工艺管道布置图等。本教材系统选编了与化工制图密切相关的学科内容，同时介绍了 AutoCAD 制图基础知识，并给出了各重要化工图样的专业设计软件的绘图实例，使学生在掌握化工制图知识的同时，能熟练运用 AutoCAD 软件及其他专业绘图软件。

本书共分七章，内容包括化工制图基本知识、常用表达方法和连接方法、化工设备图、工艺流程图、化工设备布置图、工艺管道布置图和计算机 CAD 绘图等。使用到的基于 AutoCAD 软件平台的化工专业绘图软件主要有 HGCAD 绘图软件、VCAD 设备设计软件、PID 绘图软件、ISO 绘图软件、天正建筑 T20 软件、源泉设计软件、长维易图单线图等。

本书由齐鲁工业大学（山东省科学院）陈振、孟广海、刘伟主编，本书具体分工为：陈振（第 1 章、第 3 章、第 7 章）、刘伟（第 2 章和第 5 章 5.1 节）、郭宁（第 4 章）、孟广海（第 5 章 5.2 节、5.3 节）、陈庆春（第 6 章）。杨效登、王永刚、袁芳参与了本书部分内容、图表的编写工作并提出了宝贵建议。全书由陈振统稿，上海中器环保科技有限公司技术总工程师孟广海审定。

本书的编写得到了齐鲁工业大学（山东省科学院）2023 年本科教材教改项目（项目号：2423040201010126）、校企建设项目（项目号：02016296）的资助，谨此致谢。

由于编者的水平有限，不足之处在所难免，欢迎读者批评指正。

**编者**

**2025 年 4 月**

# 目 录

# 第1章　化工制图基本知识

工程图样是设计和制造机器过程中的重要技术文件，是工程技术界表达和交流技术思想的共同语言。为了便于指导生产和进行技术交流，必须对工程图样的表达方法、尺寸标准、所采用的符号等制定统一的规定，这种规定就是国家标准。

化工制图既涉及设备制图，也涉及工艺过程制图，一般除了应符合 GB/T 18229—2000《CAD 工程制图规则》、GB/T 14689—2008《技术制图 图纸幅面和格式》、GB/T 4458.4—2003《机械制图 尺寸注法》等的相关规定外，还应参照 HG/T 20668—2000《化工设备设计文件编制规定》。

## 1.1　制图基本规定

### 1.1.1　图纸幅面

图纸幅面指的是图纸宽度与长度组成的图面，根据 GB/T 14689—2008，绘制技术图样时，应优先按表 1-1 所规定的五种基本幅面选用图纸幅面 $B\times L$。表 1-1 中代号 $a$、$c$、$e$ 代表图纸的页边框，即图框距离图纸边缘的距离。

**表 1-1　图纸基本幅面及图框尺寸**　　单位：mm

| 幅面代号 | A0 | A1 | A2 | A3 | A4 |
|---|---|---|---|---|---|
| $B\times L$ | 841×1189 | 594×841 | 420×594 | 297×420 | 210×297 |
| $c$ | 10 | | | 5 | |
| $a$ | 25 | | | | |
| $e$ | 20 | | 10 | | |

必要时，允许选用加长幅面，但加长幅面的尺寸必须是由基本幅面的短边（$B$）按整数倍增加后得出，尺寸如图 1-1 所示。

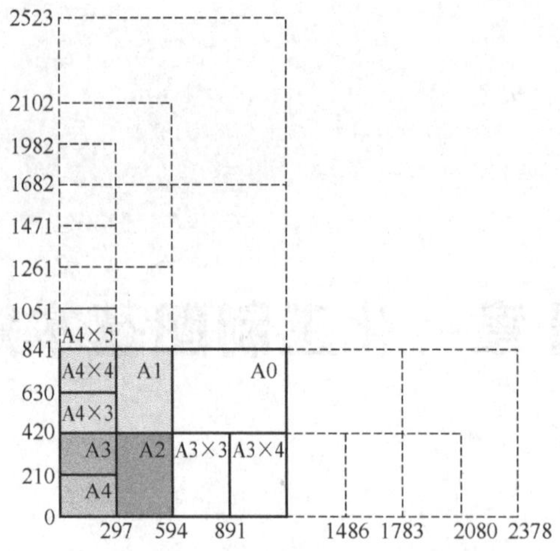


图 1-1　图纸加长幅面尺寸（mm）

## 1.1.2　图框格式

在图纸上必须用粗实线画出图框，其格式分为不留装订边和留装订边两种，但同一产品的图样只能采用一种格式，分别如图 1-2、图 1-3 所示。

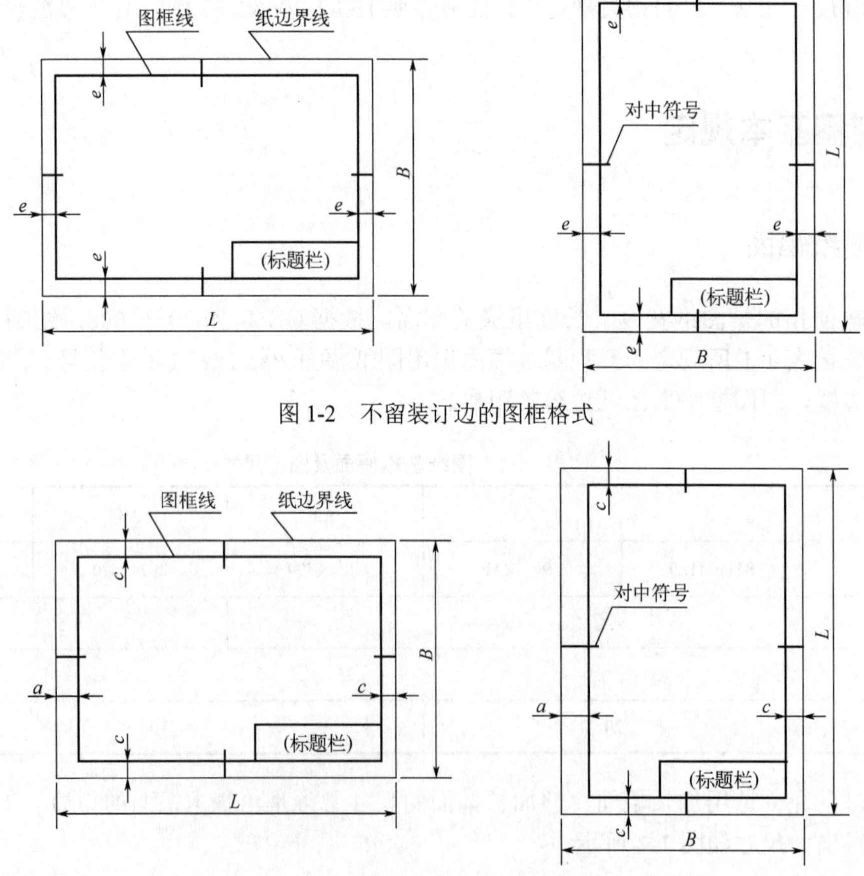


图 1-2　不留装订边的图框格式

图 1-3　留有装订边的图框格式

## 1.1.3　标题栏

每张图纸都必须画出标题栏，GB/T 10609.1—2008《技术制图　标题栏》对标题栏的内容、格式与尺寸做了详细规定，标题栏格式与尺寸如图 1-4 所示。标题栏一般由名称与代号区、更改区、签字区、其他区组成，用于对工程名称、施工单位、设计单位、图名、图纸编号、比例、设计者及审核者等主要信息进行说明。

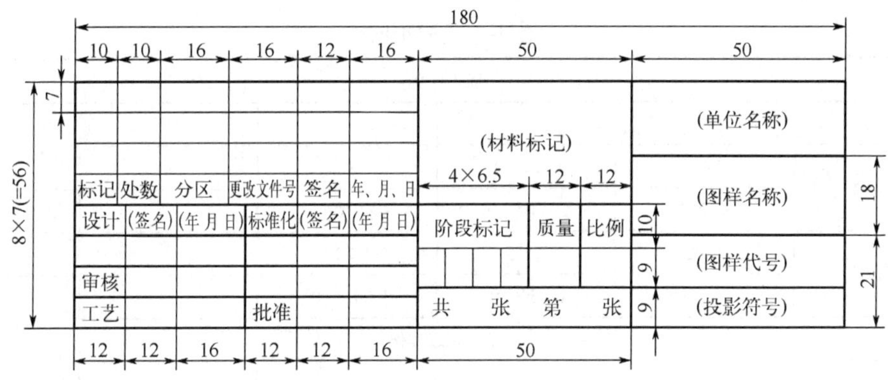


图 1-4　标题栏的格式及尺寸

标题栏一般位于图纸右下角，其底边与下图框线重合，标题栏的右边与右图框线重合，标题栏的文字方向通常为看图方向。

在学生制图作业中，可以采用简易标题栏格式，尺寸如图 1-5 所示。

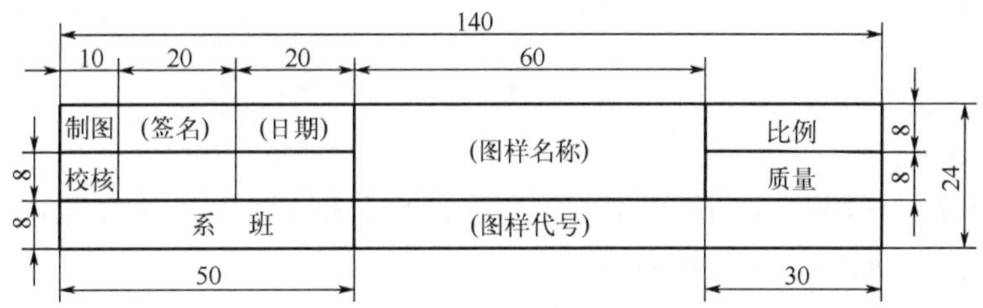


图 1-5　学生用标题栏格式及尺寸

## 1.1.4　明细栏

设备图中的明细栏主要内容包括序号、图号或标准号、名称、数量、材料、质量、备注等。其有两种格式，图 1-6 是零部件图的明细表。

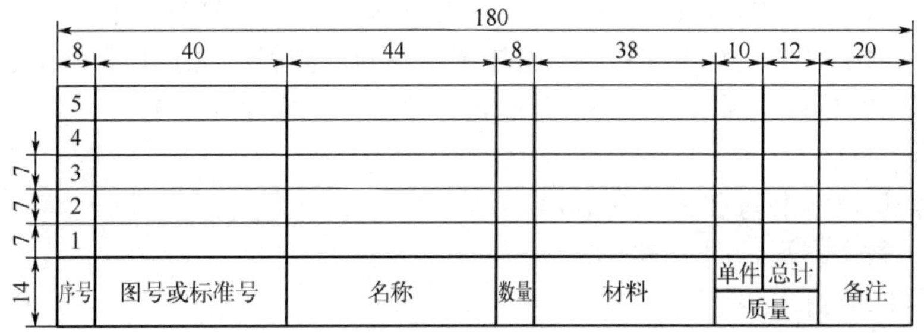


图 1-6　明细栏

## 1.1.5 比例

GB/T 14690—1993《技术制图 比例》规定：技术图样中图形与实物相应要素的线性尺寸之比，称为图样的比例。

绘制图样时，优先采用 1∶1 的比例，以便从图中直接得出物体的真实大小，对较大或较小的物体可采用缩小或放大的比例绘制，一般采用表 1-2 规定的比例。

表 1-2　绘图比例

| 优先比例 | | | | | |
|---|---|---|---|---|---|
| 原始比例 | 1∶1 | | | | |
| 放大比例 | 5∶1 | 2∶1 | | | |
| | $5\times10^n$∶1 | $2\times10^n$∶1 | $1\times10^n$∶1 | | |
| 缩小比例 | 1∶2 | 1∶5 | 1∶10 | | |
| | 1∶$2\times10^n$ | 1∶$5\times10^n$ | 1∶$1\times10^n$ | | |
| 第二可选比例 | | | | | |
| 放大比例 | 4∶1 | 2.5∶1 | | | |
| | $4\times10^n$∶1 | $2.5\times10^n$∶1 | | | |
| 缩小比例 | 1∶1.5 | 1∶2.5 | 1∶3 | 1∶4 | 1∶6 |
| | 1∶$1.5\times10^n$ | 1∶$2.5\times10^n$ | 1∶$3\times10^n$ | 1∶$4\times10^n$ | 1∶$6\times10^n$ |

## 1.1.6 字体

（1）基本要求

① GB/T 14691—1993 对图样中书写的汉字、数字和字母做了基本要求，必须做到：字体工整、笔画清楚、间隔均匀、排列整齐。

② 字体高度（用 $h$ 表示）的公称尺寸系列为：1.8mm、2.5mm、3.5mm、5mm、7mm、10mm、14mm、20mm。

③ 汉字应写成长仿宋体字，并采用国家正式公布的简化字。汉字的高度 $h$ 不应小于 3.5mm，其字宽一般为$h/\sqrt{2}$。书写长仿宋体字的要领：横平竖直、注意起落、结构匀称、填满方格。

④ 字母和数字分 A 型和 B 型。A 型字体的笔画宽度 $d$ 为字高 $h$ 的 1/14，B 型字体的笔画宽度 $d$ 为字高 $h$ 的 1/10。在同一图样上，只允许选用一种类型的字体。

⑤ 字母和数字可写成斜体和直体。斜体字字头向右倾斜，与水平基准线呈 75°。当阿拉伯数字、字母或罗马数字同汉字并列书写时，其字高应比汉字小一号。

（2）字体示例

① 长仿宋体汉字书写示例（图 1-7）。

② 字母、数字书写示例（图 1-8）。

（3）计算机绘图字体

计算机绘图常用字体和常用字体尺寸如表 1-3 和表 1-4 所示。

10号字

字体工整 笔画清楚 间隔均匀 排列整齐

7号字

横平竖直 注意起落 结构均匀 填满方格

5号字

技术制图 机械电子 汽车船舶 土木建筑 矿山港口 纺织服装

3.5号字

螺纹齿轮 航空工业 施工排水 供暖通风 飞行指导 驾驶舱位 引水通风

图 1-7　长仿宋体汉字书写示例

0 1 2 3 4 5 6 7 8 9

ABCDEFGHIJKLMNOPQRSTUVWXYZ

abcdefghijklmnopqrstuvwxyz

I II III IV V VI VII VIII IX X

R3　2x45°　M24-6H　ø60H7　ø30g6

$ø20^{+0.021}_{0}$　$ø25^{-0.007}_{-0.020}$　Q235　HT200

图 1-8　字母、数字书写示例

**表 1-3　计算机绘图常用字体**

| 汉字字型 | 国家标准号 | 字体文件名 | 应用范围 |
|---|---|---|---|
| 长仿宋字 | GB/T 14691—1993 | HZCF | 图中标注或说明的汉字、标题栏、明细栏等 |
| 宋体 | GB/T 14245.1—2008；GB/T 6345.1—2010；GB/T 12041.1—2010 | HZST | 大标题、小标题、图册封面、目录清单、标题栏中设计单位的名称、图名、工程名、地形图等 |
| 仿宋字 | GB/T 14245.4—2008；GB/T 6345.4—2008；GB/T 12041.4—2008 | HZFS | |
| 楷体 | GB/T 14245.3—2008；GB/T 6345.3—2008；GB/T 12041.3—2008 | HZKT | |
| 黑体 | GB/T 14245.2—2008；GB/T 6345.2—2008；GB/T 12041.2—2008 | HZHT | |

**表 1-4　计算机绘图常用字体尺寸**

| 项目 | | 字体尺寸/mm | 项目 | 字体尺寸/mm |
|---|---|---|---|---|
| 文字 | | 3.5 | 视图代号（大写字母） | 5 |
| 数字 | 件号数字 | 5 | 焊缝代号、符号、数字 | 3 |
| | 其他数字 | 3 | 管口符号 | 5 |
| 放大图序号 | | 5 | 设计书文字及数字 | 3.5 |
| 焊缝放大图序号 | 装配图中 | 5 | 图纸目录文字及数字 | 3.5 |
| | 零部件图中 | 3 | 说明书文字及数字 | 3.5 |
| 放大图标题栏汉字 | | 5 | 标题栏、明细栏的文字及数字 | 3 |

### 1.1.7 图线

图形是由图线组成的，为了表示图中不同的内容，便于识图，并且能分清主次，必须使用不同的线型和不同粗细的图线。每种线条代表不同的用途和意义。图线有实线、虚线、点画线、折断线、波浪线等类型。在机械图样绘制时（GB/T 4457.4—2002、GB/T 14665—2012），线宽 *d* 是指图线的粗度，应从 0.18mm、0.25mm、0.35mm、0.5mm、0.7mm、1.0mm、1.4mm、2.0mm 线宽系列中选用。图形小且复杂时，*d* 应取小些；图形大且简单时，*d* 应取大些。在机械图样中常采用粗、细两种线宽，线宽之间的比例为 2∶1。化工制图中常用的三种图线线宽，分别是粗线 0.9～1.2mm、中粗线 0.5～0.7mm、细线 0.15～0.3mm，线宽之间的比例为 4∶2∶1。图线的基本线型及应用见表 1-5。

**表 1-5 图线的基本线型及应用**

| 图线名称 | 线型 | 线宽 | 颜色 | 主要用途及说明 |
| --- | --- | --- | --- | --- |
| 粗实线 | ———————— | *d* | 白 | 主要可见轮廓线 |
| 细实线 | ———————— | 约 *d*/2 | 绿 | 尺寸线及尺寸界线、剖面线、重合剖面的轮廓线 |
| 细虚线 | ------------------ | 约 *d*/2 | 黄 | 不可见轮廓线 |
| 细点画线 | ——·——·—— | 约 *d*/2 | 红 | 轴线、对称中心线、轨迹线 |
| 粗点画线 | ——·——·—— | *d* | 棕 | 有特殊要求的线或表面 |
| 双点画线 | ——··——··—— | 约 *d*/2 | 粉红 | 相邻辅助零件的轮廓线、极限位置的轮廓线 |
| 波浪线 | ∽∽∽ | 约 *d*/2 | 绿 | 断裂处的波浪线、视图和剖面的分界线 |
| 双折线 | —\/——\/——\/— | 约 *d*/2 | 绿 | 断裂处的边界线 |

## 1.2 尺寸标注

图样中的图形只能表达机件的结构形状，而其大小是由标注的尺寸确定的，在标注尺寸时，必须严格遵守 GB/T 4458.4—2003《机械制图 尺寸注法》的有关规定，做到准确、齐全、清晰、合理。

### 1.2.1 尺寸标注基本原则

① 机件的真实大小以图样上所注的尺寸数值为依据。

② 图样中的尺寸以 mm 为单位时，不需要标注计量单位。如果采用其他单位，则必须注明。

③ 图样中所标注的尺寸，为该图样所示机件的最后完工尺寸，否则应另加说明。

④ 机件的每一尺寸，一般只标注一次，并应标注在反映该结构最清晰的图形上。

### 1.2.2 尺寸标注要素

一个完整的尺寸由尺寸界线、尺寸线、尺寸起止符号、尺寸数字等四部分组成，如图 1-9 所示。

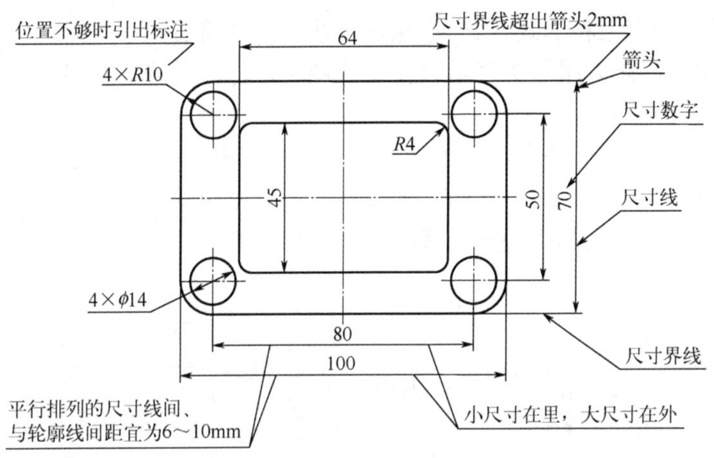


图 1-9　尺寸的组成

（1）尺寸界线

① 尺寸界线用细实线绘制，由图形的轮廓线、轴线或对称中心线引出。也可利用图形的轮廓线、轴线或对称中心线作尺寸界线。引出端应留有 2mm 以上间隔，另一端超出尺寸线 2～3mm。

② 尺寸界线一般应与尺寸线垂直，必要时才允许倾斜。标注角度的尺寸界线沿径向引出。

③ 在光滑过渡处标注尺寸时，必须用细实线将轮廓线延长，从它们的交点处引出尺寸界线。如图 1-10 所示。

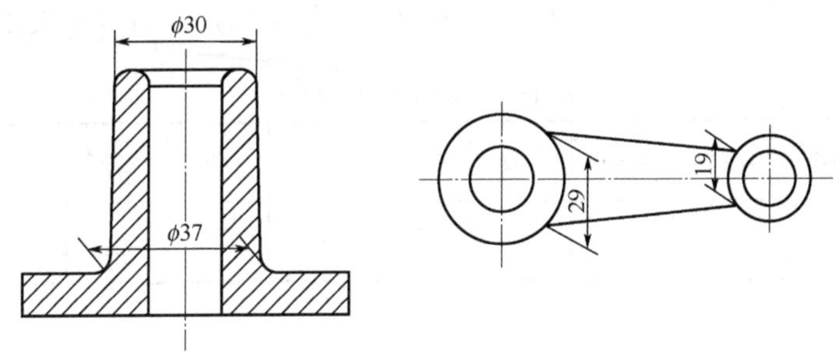


图 1-10　光滑过渡处尺寸界线的标注

（2）尺寸线

① 尺寸线表示尺寸的度量方向，必须用细实线单独绘制，尺寸线画在两尺寸界线之间，长度不宜超出尺寸界线。在标注线性尺寸时，尺寸线必须与所标注的线段平行。

② 互相平行的尺寸线，应从被注图样的轮廓线由近向远整齐排列，小尺寸在里，大尺寸在外。

③ 距图形轮廓线最近的一排尺寸线，它们之间的距离不宜小于 10mm。平行排列的尺寸线间距，宜为 7～10mm。同一张图纸上，间距大小应保持一致。

④ 尺寸线必须单独画出，不能用其他图线代替。轮廓线、轴线、中心线、尺寸界线及它们的延长线，一律不准用来作尺寸线。

（3）尺寸起止符号

尺寸线与尺寸界线的相交点是尺寸的起止点。在起止点上必须画出尺寸终端符号

（图 1-11）。国标规定有三种形式：45° 中粗斜短线；尺寸箭头；小圆点。

① 在机械图中，必须用箭头表示。在土建图中，标注直径、半径、角度、弧长等，终端符号用箭头表示。

② 在建筑图中，图样上的线性尺寸常用 45° 中粗斜短线，其线型为中粗，倾斜方向与尺寸界线呈顺时针 45°，长度为 2～3mm，两端伸出长度各为一半。

③ 当相邻尺寸界线间隔很小时，终端符号采用小圆点。在轴测图上，规定线性尺寸终端用小圆点表示。

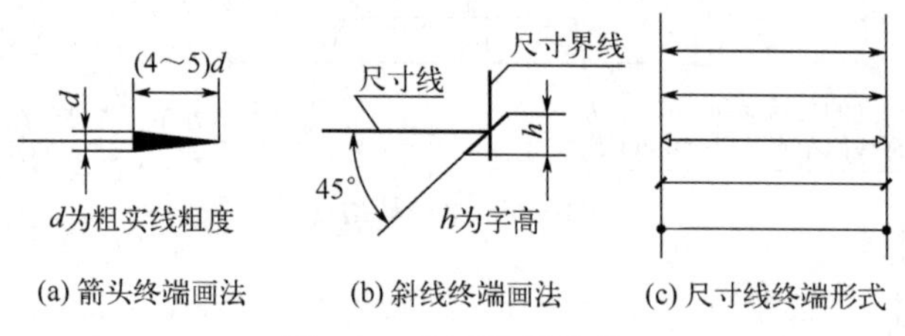


(a) 箭头终端画法　(b) 斜线终端画法　(c) 尺寸线终端形式

图 1-11　尺寸终端符号

（4）尺寸数字

尺寸数字用来表示机件的实际大小，一般规定采用 3.5 号字注写。标注水平尺寸时，无论是在图形上方还是下方，数字均应注在尺寸线上方，字头向上。标注竖直尺寸时，无论是在图形右侧还是左侧，数字均应注在尺寸线左侧，字头向左。倾斜方向的尺寸一般应在尺寸线靠上的一方，也允许注写在尺寸线的中断处。应尽可能避免在铅垂 30° 内标注尺寸，若不能避免，可以引出标注尺寸数字。

尺寸数字前面的符号用于区分不同类型的尺寸，常见的尺寸符号如表 1-6 所示。

**表 1-6　常见的尺寸符号**

| 名称 | 直径 | 半径 | 球直径 | 球半径 | 厚度 | 正方形 | 45°倒角 | 深度 | 沉孔或锪平 | 埋头孔 | 弧长 | 均布 |
|---|---|---|---|---|---|---|---|---|---|---|---|---|
| 符号或缩写词 | $\phi$ | $R$ | $S\phi$ | $SR$ | $t$ | □ | C | ↧ | ⊔ | ∨ | ⌒ | EQS |

## 1.2.3　尺寸标注示例

① 线性尺寸标注。按线性尺寸标注规定进行标注，尽可能避免在 30° 范围内标注尺寸。无法避免时可按图 1-12 的形式标注。

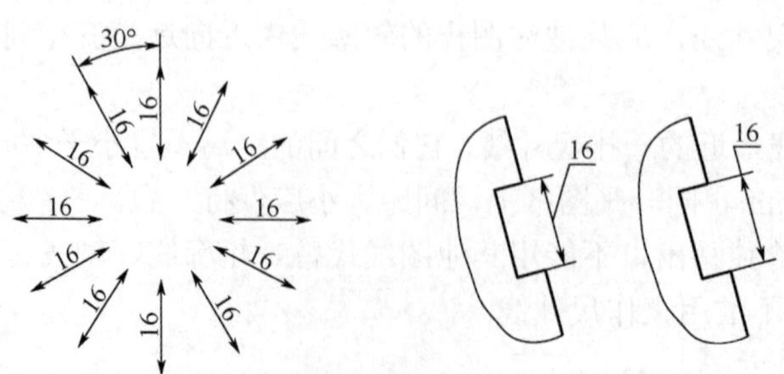


图 1-12　线性尺寸的标注

② 角度尺寸标注。角度的尺寸数字一律写成水平方向，尺寸界线应沿径向引出，尺寸线画成圆弧，圆心是角的顶点。尺寸数字一般注写在尺寸线的中断处，必要时也可注写在尺寸线的附近或注写在引出线的上方，如图 1-13 所示。

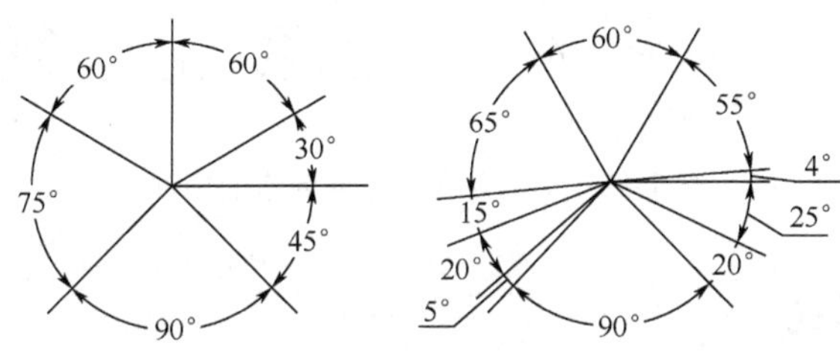


图 1-13　角度尺寸的标注

③ 直径与半径标注。如图 1-14 所示，标注直径尺寸时，应在尺寸数字前加注符号 $\phi$；标注半径尺寸时，应在尺寸数字前加注 $R$。大于半圆的圆弧和圆一般标注直径，半圆及小于半圆的圆弧标注半径，尺寸线应通过圆心或其延长线。标注球面直径或半径时，应在尺寸数字前加注符号 $S\phi$ 或 $SR$。

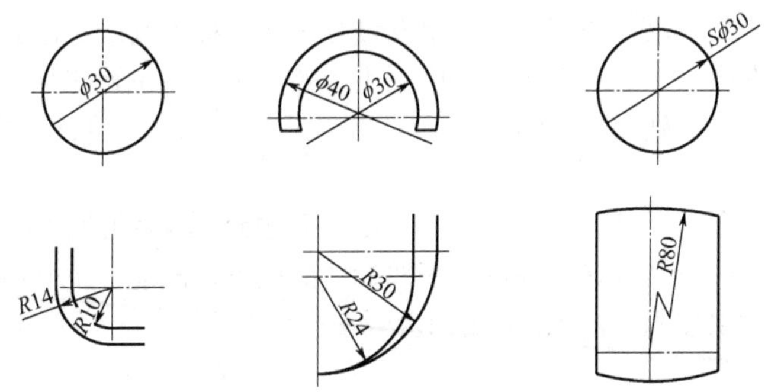


图 1-14　直径与半径的标注

④ 小尺寸标注。对于小尺寸，在没有足够的位置画箭头或注写数字时，箭头可画在外面，或用小圆点代替两个箭头，尺寸数字也可采用旁注或引出标注，如图 1-15 所示。

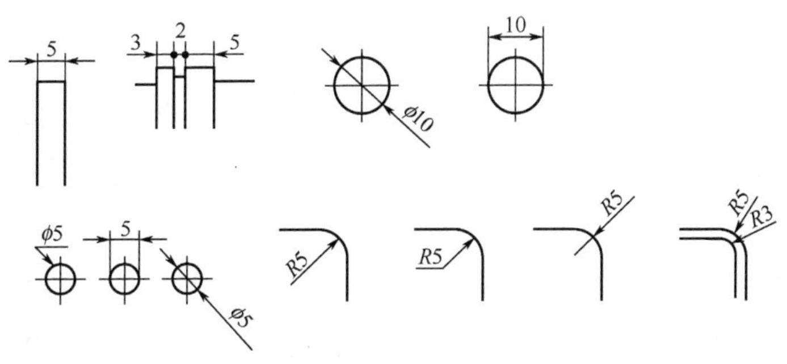


图 1-15　小尺寸的标注

⑤ 其他结构标注。机械制图中，在同一图形中，对于尺寸相同的孔、槽等成组要素，均匀分布时，则不必逐个标注尺寸，可仅在一个要素上标注出其尺寸和数量，并在尺寸后注明“EQS”即可，如图 1-16 所示。

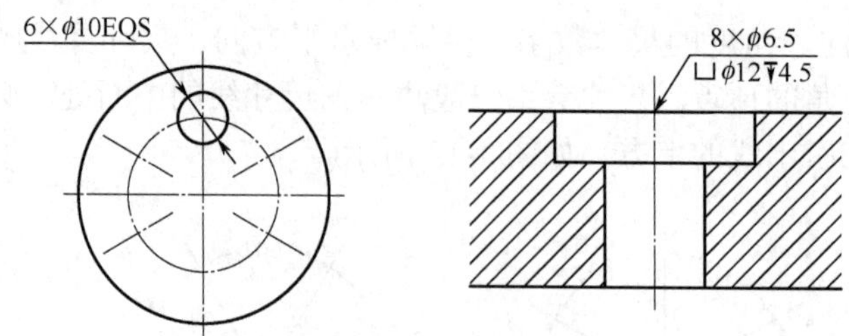


图 1-16　均匀分布的相同要素的标注

## 1.2.4　尺寸标注形式

（1）连续标注

后一尺寸以它邻接的前一个尺寸的终点为起点（基准），同一方向的几个尺寸依次首尾相接，称为连续标注。连续标注可保证所注各段尺寸的精度要求，但由于基准依次推移，各段尺寸的位置误差累加。连续标注适用于当阶梯状零件对总长精度要求不高而对各段的尺寸精度要求较高，或零件中各孔中心距的尺寸精度要求较高时。

（2）基线标注

零件同一方向的几个尺寸由同一基准出发进行标注，称为基线标注。基线标注中各段尺寸的精度只取决于本段尺寸加工误差，精度互不影响，不产生位置累加。基线标注适用于需要从同一基准定出一组精确尺寸的情况。

（3）综合标注

零件同一方向的多个尺寸，既有连续标注又有基线标注，这种两种形式的综合标注形式，称为综合标注。综合标注具有连续标注与基线标注的优点，既能保证一些精确尺寸，又能减少阶梯状零件中尺寸误差积累，因此，应用较多。

# 第 2 章　常用表达方法和连接方法

## 2.1　常用表达方法

机件的结构形状是多种多样的，当机件的形状和结构比较复杂时，仅用三视图很难把立体的内外结构准确、完整、清晰地表达出来。为此，国家标准《技术制图　图样画法　剖面区域的表示法》（GB/T 17453—2005）、《机械制图　图样画法　视图》（GB/T 4458.1—2002）、《机械制图　图样画法　剖视图和断面图》（GB/T 4458.6—2002）规定了绘制机械图样的基本表达方法：视图、剖视图、断面图、局部放大图、简化画法和其他规定画法等。要把机件的内外结构形状正确、完整、清楚、简练地表达出来，就必须根据机件的结构特点，灵活地选用适当的表达方法。

### 2.1.1　视图

视图分为基本视图、向视图、局部视图和斜视图等。

（1）基本视图

机件向基本投影面投射所得到的视图称为基本视图。在机械制图中六个基本视图分别称为主视图、俯视图、左视图、右视图、仰视图、后视图。六个基本视图按投影关系配置如图 2-1 所示。

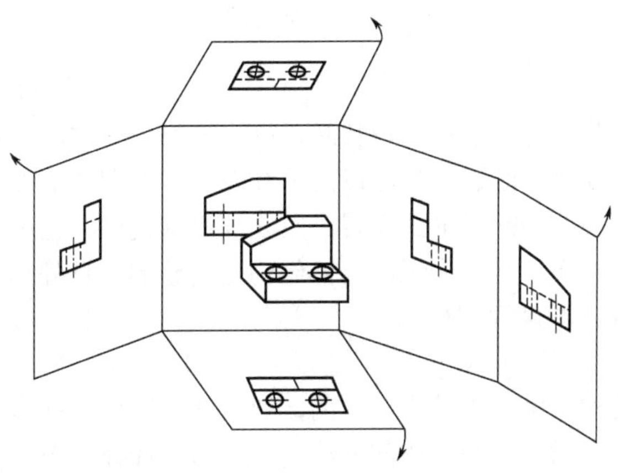

图 2-1　基本投影面的展开

六面视图的度量对应关系，遵守“三等”规律，即主视图、俯视图、仰视图、后视图等长，主视图、左视图、右视图、后视图等高，左视图、右视图、俯视图、仰视图等宽。六个基本视图如图 2-2 所示。

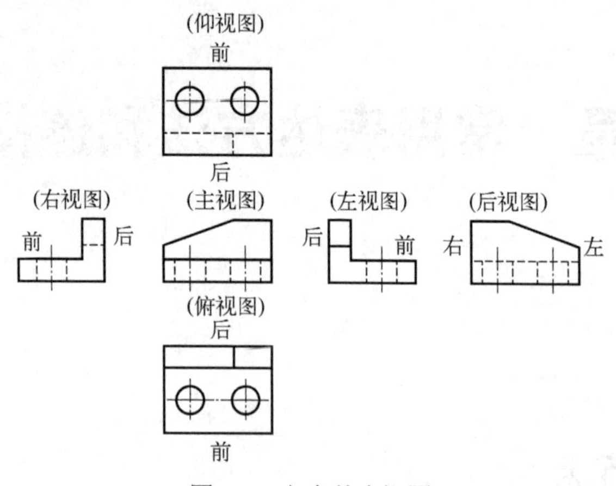


图 2-2　六个基本视图

（2）向视图

向视图是不按基本视图位置而可以自由配置的视图，如图 2-3 所示。画向视图时，必须在向视图的上方用大写的拉丁字母标注出视图的名称，在相应的视图附近用箭头表示投射方向，并在箭头的附近注上相同的字母。

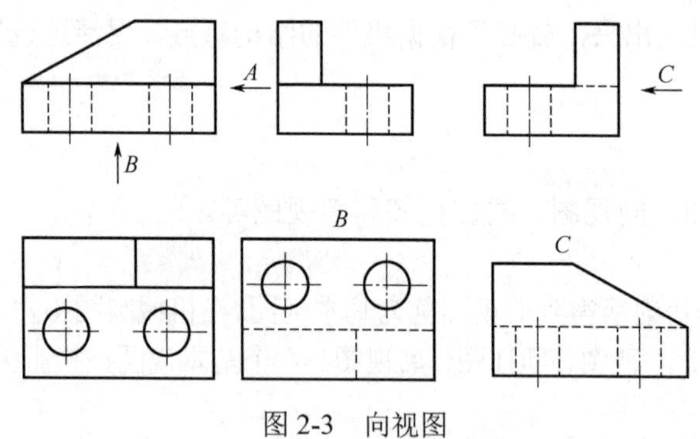


图 2-3　向视图

（3）局部视图

当仅需表达物体上某一部分的结构形状时，可将该部分结构向基本投影面投射所得的视图称为局部视图。局部视图的断裂边界应以波浪线表示，如图 2-4 所示。

局部视图可按基本视图的配置形式配置，如 *B* 向局部视图，也可按向视图的配置形式配置并标注，如 *A* 向局部视图。当所表示的局部结构是完整的，且外形轮廓线成封闭时，波浪线可以省略不画，如 *B* 向局部视图所示。

（4）斜视图

机件上常有部分结构不平行于基本投影面，则该部分结构在基本投影面上的投影就不能反映其实形，如图 2-5 所示。为获得该部分结构的实形，选择一个与倾斜结构平行的辅助投影平面，向此辅助投影平面投射所得到的视图，称为斜视图。

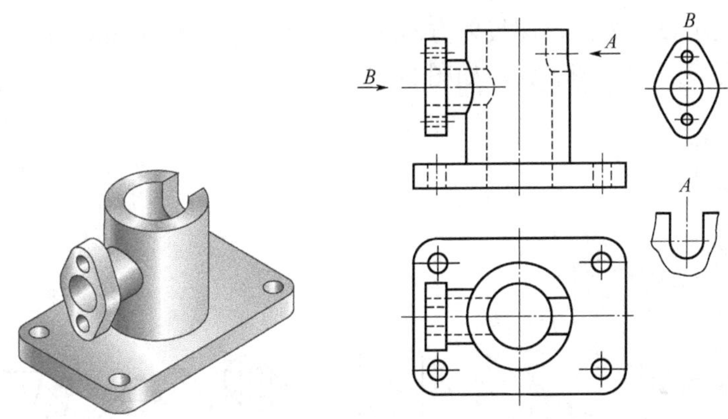


图 2-4　局部视图

斜视图通常用于表达机件上倾斜部分的实形，而机件的其余部分不必画出，其断裂边界应用波浪线表示，如图 2-5 中 *A* 向斜视图所示。斜视图一般按向视图的配置形式配置并标注，必要时也允许将斜视图旋转配置，此时应在斜视图上方标注的视图名称前加注旋转符号。当需要标注图形的旋转角度时，应将旋转角度标注在字母之后。

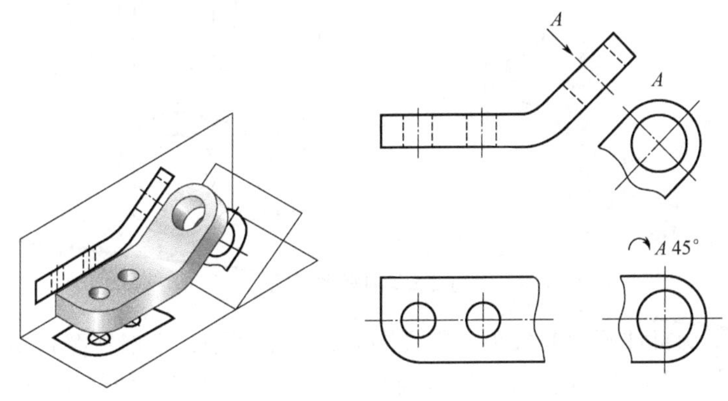


图 2-5　斜视图

## 2.1.2　剖视图

假想用一个剖切平面平行于某一个投影面，把物体在某一位置剖开，将观察者和剖切平面之间的部分移去，其余部分向投影面作投影，所得到的图形为剖视图，如图 2-6 所示。剖切平面是一个假想的平面，在该投影面上仅移去前面部分，但其他视图仍应完整画出。

为了区别机件内部的空体与实体，通常要在剖切面与机件的接触部分（即剖面区域）画出剖面符号。《机械制图 剖面区域的表示法》（GB/T 4457.5—2013）规定金属的剖面区域采用通用剖面线，剖面线应以适当角度、互相平行的细实线绘制，最好与主要轮廓线或剖面区域的对称线成 45°，如图 2-7 所示。同一机件的各个剖面区域，其剖面线应方向相同、间隔相等。

剖视图应标注剖切符号，剖切符号由剖切线、投射方向线及编号组成。剖切线用一组不穿越图形的粗实线表示，一般长度为 6～10mm；在剖切线的两端用另一组垂直于剖切线的短粗实线（箭头）表示投射方向，即投射方向线，一般长度为 4～6mm，并在该短线方向用大写的拉丁字母注写表示剖视图名称，如图 2-8 所示。

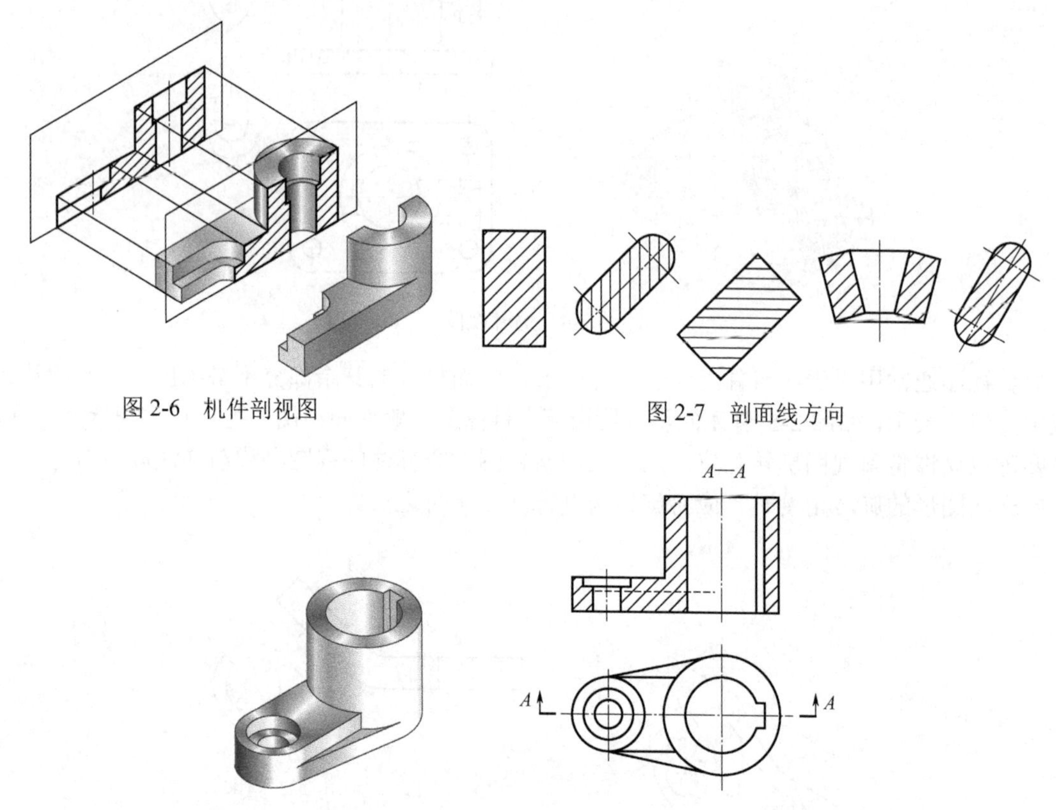


图 2-6　机件剖视图

图 2-7　剖面线方向

图 2-8　剖视图画法

根据剖切面剖切机件范围的大小，剖视图分为全剖视图、半剖视图和局部剖视图三种。

① 全剖视图　用剖切平面将物体完全剖开后所得到的视图称为全剖面图，如图 2-9 所示。全剖视图适用于表达外形比较简单，而内部结构比较复杂且不对称的回转体机件。

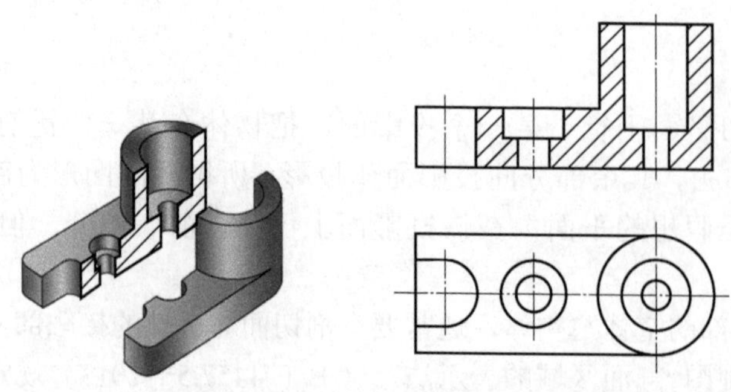

图 2-9　全剖视图

② 半剖视图　当物体具有对称平面时，以对称中心线为界，用视图的一半反映机件的外形，用剖视图的一半表达机件的内部结构，这种投影图形称为半剖视图。剖视图和视图应以细点画线为分界线，部分尺寸标注如图 2-10 所示。半剖视图既表达了机件的内部形状，又保留了机件外形，因此适用于表达内、外结构都比较复杂的对称机件。

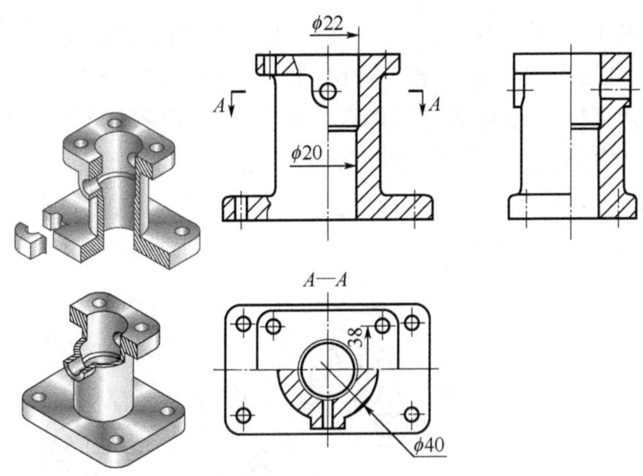


图 2-10　半剖视图

③ 局部剖视图　用剖切面剖开机件的一部分，以显示这部分的内部形状，这样的图形称为局部剖视图。当既需要表达机件的部分内部结构，又需要表达其他的外形，而机件不对称，不能用半剖视的方法时，则可以采用局部剖视的方法，如图 2-11 所示。

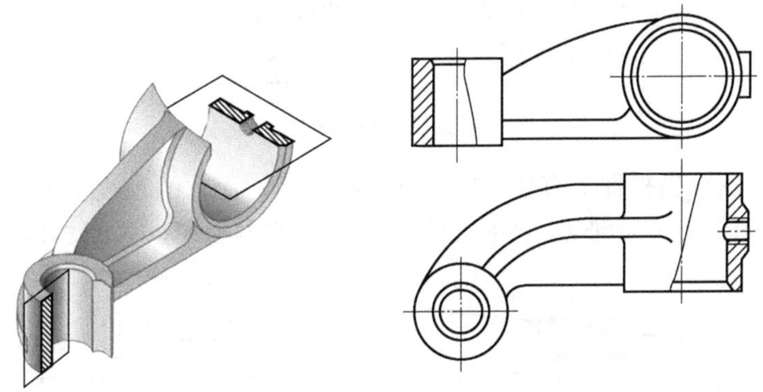

图 2-11　局部剖视图

剖开部分与未剖开部分的分界线用波浪线表示，波浪线应画在机件的实体部分，不应超出图形的轮廓线，不应与其他轮廓线重合，也不应画在其他轮廓线的延长线上，如图 2-12 所示。当对称机件的轮廓线与中心线重合时，不便采用半剖视图，可采用局部剖视图。

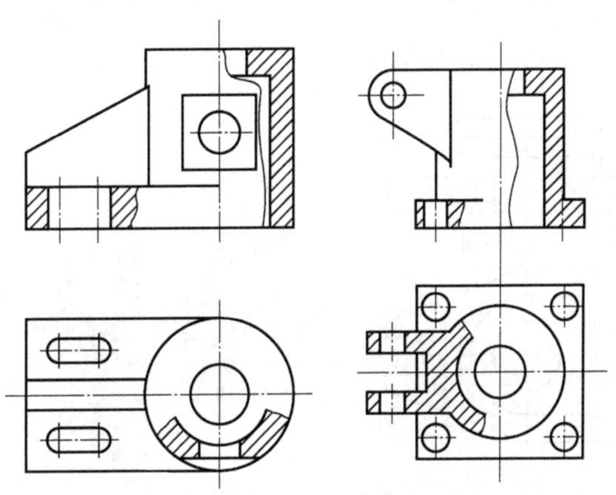

图 2-12　局部剖视图应注意的问题

剖切平面的选择可以是某一单一剖切平面、几个平行的剖切平面、几个相交的剖切平面和组合的剖切平面。因此还常采用斜剖、阶梯剖、旋转剖和复合剖。

① 斜剖视图　当机件上倾斜部分的内部结构在基本视图上不能反映实形时，可以用平行于机件倾斜部分的平面剖切，再投影到与剖切平面平行的投影面上，得到的单一斜剖切视图称为斜剖视图，如图 2-13 所示。画这种单一斜剖视图时，应标注剖切符号和名称。必要时允许将图形旋转，并加注旋转符号。

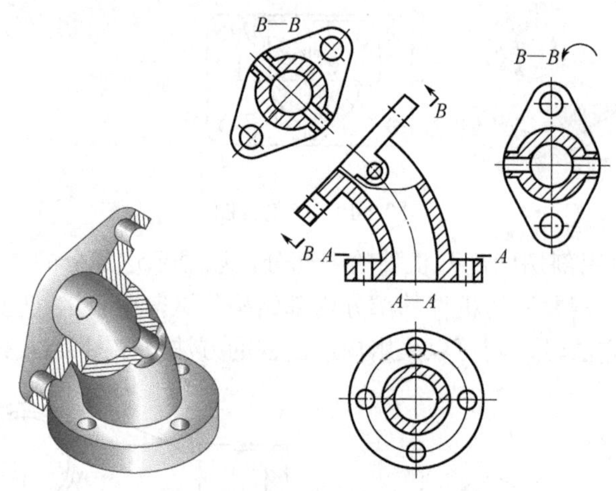


图 2-13　斜剖视图

② 阶梯剖视图　当机件上有较多的内部结构形状，而它的轴线不在同一平面内时，可用几个互相平行的剖切平面剖切，得到的剖视图为阶梯剖视图，如图 2-14 所示。在阶梯剖

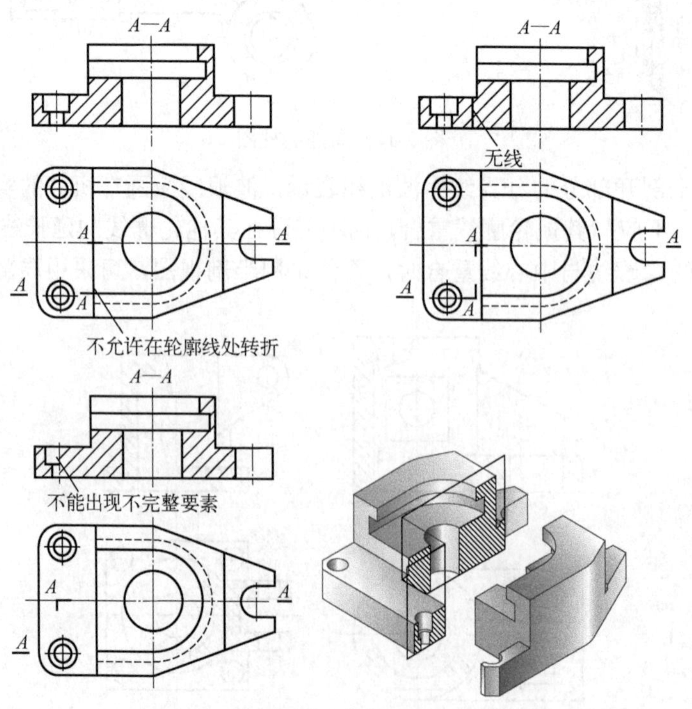


图 2-14　阶梯剖视图

视图上，转折线不应与图形的轮廓线重合，不应画出两个剖切平面转折处的投影，不应出现不完整的要素，且必须在剖切面的起止和转折处标注剖切符号和相同的字母。

③ 旋转剖视图　当机件的内部结构形状用一个剖切平面剖切不能表达完全，且机件又具有回转轴时，用两个相交的剖切平面剖切所得到的视图，称为旋转剖视图，如图 2-15 所示。被倾斜剖切平面剖切的结构及其有关部分应先绕两剖切平面的交线旋转到与选定的投影面平行后再进行投射。

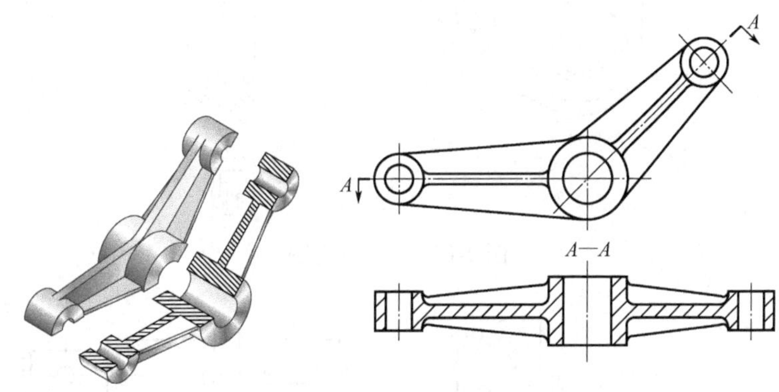


图 2-15　旋转剖视图

采用旋转剖时必须标出剖视图名称，标注全剖切符号，并在剖切面的起止和转折处用相同的字母标出，如图 2-16 所示。两剖切面的交线一般应与机件的轴线重合，在剖切面后的其他结构仍按原来位置投射。

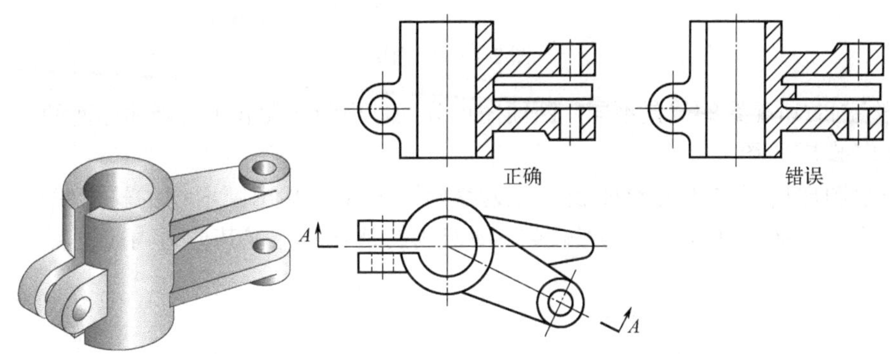


图 2-16　旋转剖视图结构处理

④ 复合剖视图　在用以上各种方法都不能简单而又集中地表示出机件的内部形状时，可以用组合的剖切面剖切机件，这种剖切方法叫作复合剖。在复合剖时，剖切符号和剖视名称必须全部标出，图 2-17 是把剖切平面展开成同一平面后再投射，这时标注的形式为“×—×展开”。

## 2.1.3　断面图

假想用剖切平面将机件切断，仅画出机件与剖切平面接触部分即断面的图形，称为断面图。断面图主要用来表达机件某部分断面的结构形状，例如机件上的肋板、轮辐、轴上的键槽和孔等，如图 2-18 所示。

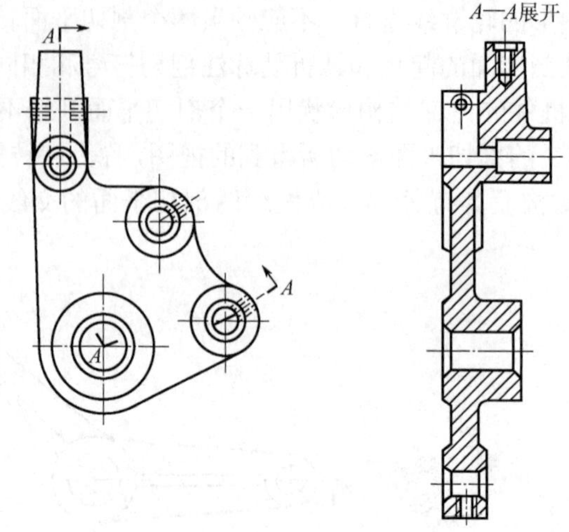


图 2-17　复合剖视图

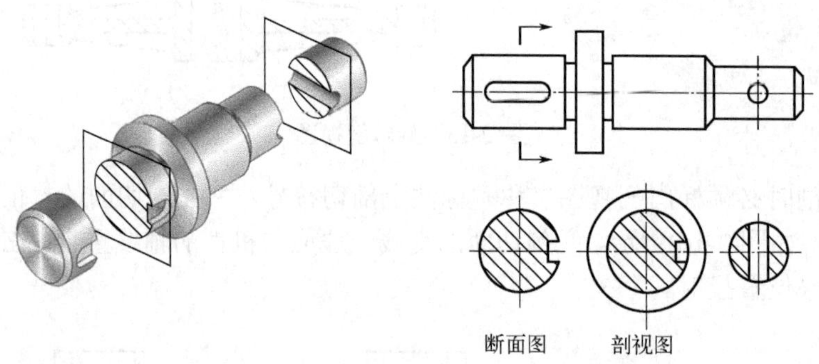


图 2-18　断面图

根据绘制时所配置的位置不同，断面图可分为移出断面图和重合断面图两种。

（1）移出断面图

画在视图轮廓线之外的断面图，称为移出断面图。移出断面图的轮廓线用粗实线绘制，一般仅画出断面图形，应尽量配置在剖切线的延长线上或其他适当的位置，如图 2-19 所示。

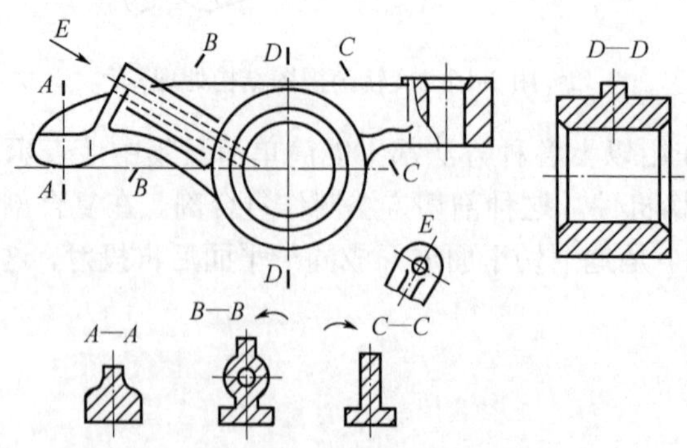


图 2-19　移出断面图

当剖切平面通过回转面形成的圆孔、圆坑的轴线时，这些结构应按剖视图画，如图 2-20 所示。

当剖切平面通过非圆孔会导致完全分离的两个断面时，这些结构应按剖视图画，如图2-21所示。

用两个或多个相交的剖切平面剖切得出的移出断面，中间一般应以波浪线断开，如图2-22所示。

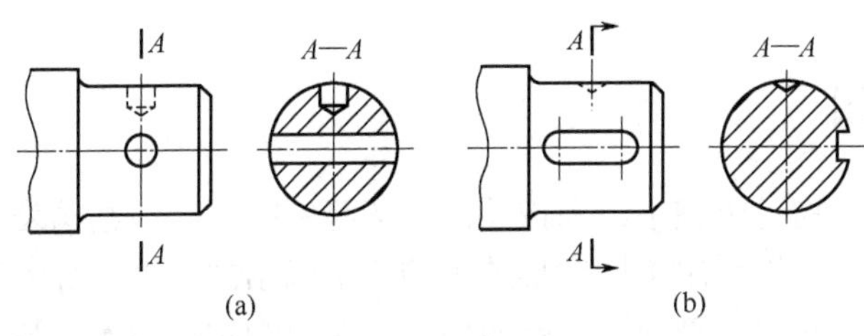


图 2-20　移出断面图的特殊画法

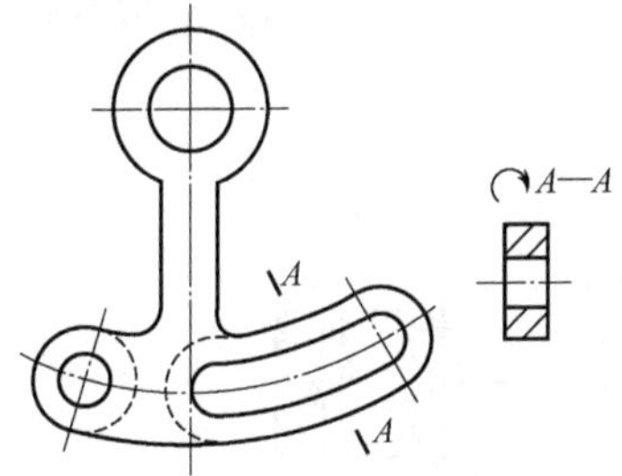


图 2-21　非圆孔的移出断面图

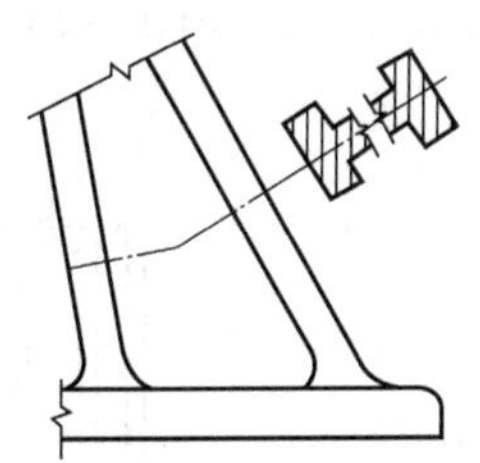

图 2-22　断开的移出断面图

移出断面图一般应标出移出断面的名称，在相应的视图上用剖切符号表示剖切位置和投射方向，并标注相同的大写字母。配置在剖切符号延长线上的不对称移出断面，可省略字母，如图 2-23 的中间键槽处。配置在剖切符号延长线上的对称移出断面，可全部省略标注，如图 2-23 的通孔处（*B*—*B*）。不配置在剖切符号延长线上的移出断面图，全部标注，如图 2-23 的左侧键槽处（*A*—*A*）。

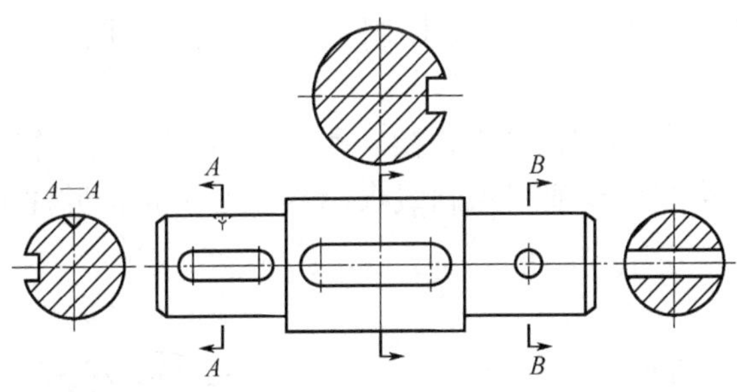


图 2-23　移出断面图的标注

（2）重合断面图

画在视图轮廓线内部的断面图，称为重合断面图。重合断面图的轮廓线用细实线绘制，当视图中的轮廓线与断面图的图线重叠时，视图中的轮廓线仍应连续画出，不可间断。不对称的重合断面图应标注出投影方向，可不注名称（字母），而对称的重合断面图，可不标注，如图 2-24 所示。

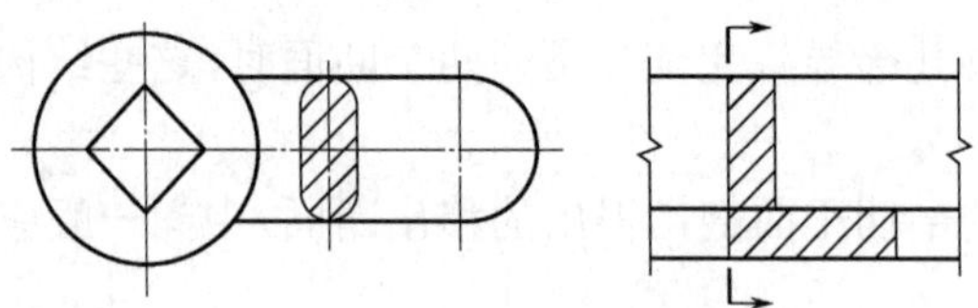

图 2-24　重合断面图

## 2.1.4　局部放大图

机件上一些局部结构过于细小，当按原图比例绘制时，这些结构表达不清楚，也不便于标注尺寸，可将这部分结构采用按原图形放大的比例画出的图形，称为局部放大图。

局部放大图可画成视图、剖视图、断面图，一般用细实线圆圈出被放大的部位，并尽量画在被放大部位附近，同时在局部放大图上方标注所采用的比例。当同一机件上有多处被放大时，需在此圆上用细线和罗马数字标注，并在局部放大图上方用分数形式标注相应的罗马数字和所采用的比例，如图 2-25 所示。

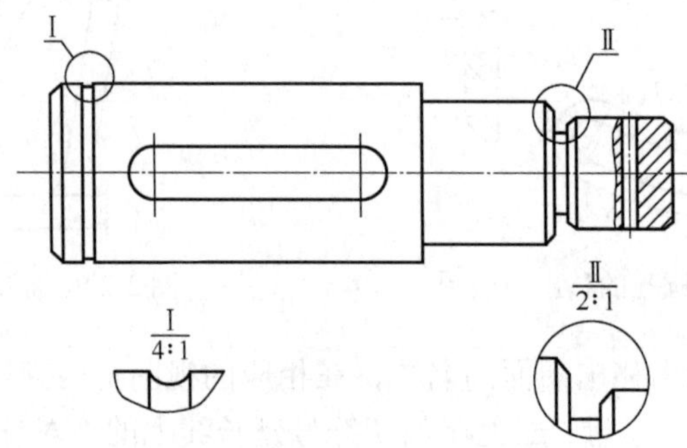


图 2-25　局部放大图的画法

## 2.1.5　简化画法和其他画法

除前述的图样画法外，国家标准《技术制图》和《机械制图》还列出了一些简化画法和规定画法。

① 当机件上具有若干相同结构（齿、槽、孔等），并按一定规律分布时，只需画出几个完整的结构，其余用细实线连接或用点画线表示其中心位置，并注明该结构的总数，如图 2-26 所示。

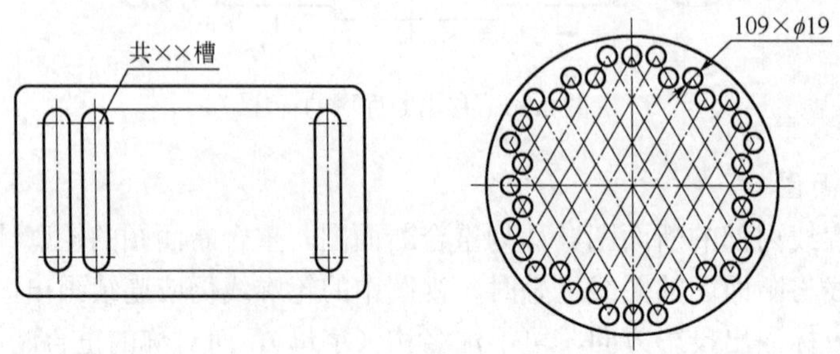


图 2-26　规律分布孔的画法

② 当机件的回转体上均匀分布的肋板、轮辐、孔等结构不处于剖切平面时，可将这些结构旋转到剖切平面上画出，如图 2-27 所示。

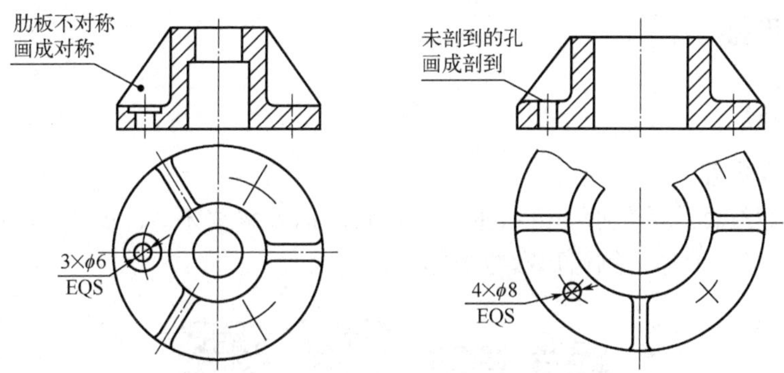


图 2-27　均匀分布肋板、孔的画法

③ 在不致引起误会时，对称机件的视图和纸画一半或四分之一，并在对称中心线的两端画出两条与其垂直的平行细实线表示对称，如图 2-28 所示。

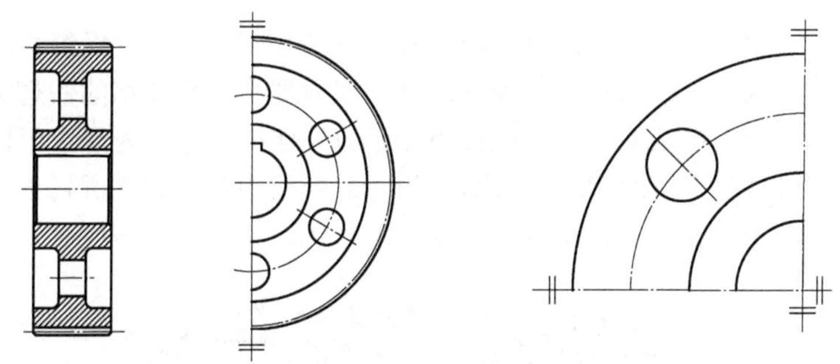

图 2-28　对称机件的画法

④ 较长机件（如轴、杆、型材、连杆等）沿长度方向的形状一致或按一定规律变化时，可断开后缩短绘制，标注尺寸时应按实际尺寸标注，如图 2-29 所示。

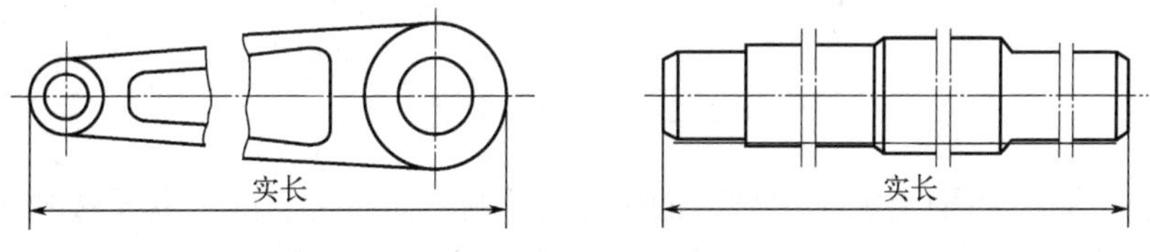


图 2-29　断开画法

## 2.2　常用连接方法

在化工设备中常用的连接方法有两种。一种是螺纹连接，通过螺纹紧固件将零件连接在一起，这种连接是可以拆卸的。常用的螺纹紧固件有螺栓、螺柱、螺钉、螺母和垫圈等，这些螺纹紧固件的结构和尺寸都已经标准化和系列化，在机械上称为标准件。另一种是焊接，将需要连接的零件，通过在连接处加热熔化金属得到结合的一种连接方式，这种连接是不可拆卸的，几种零件通过焊接组成设备的部件。在机械制图上，键、销等常用件也可用于连接，其结构和画法可查阅机械设计相关书籍。

## 2.2.1 螺纹连接

### 2.2.1.1 螺纹

（1）螺纹的要素

① 牙型　螺纹轴线的剖面上螺纹的轮廓形状，称为螺纹牙型，如图 2-30 所示。常见的螺纹牙型有三角形、梯形、锯齿形和方形等。

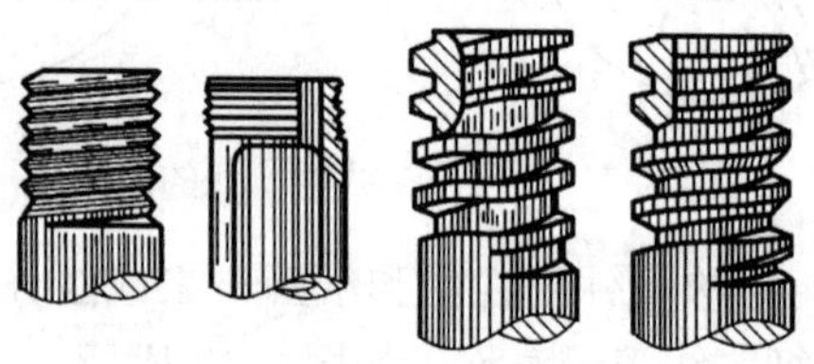

图 2-30　螺纹牙型

② 直径　螺纹的直径分为大径、中径和小径。如图 2-31 所示，螺纹的凸起部分称为牙顶，沟槽部分称为牙底，螺纹大径是与外螺纹牙顶或内螺纹牙底相切的假想圆柱面的直径，用 $d$（外螺纹）或 $D$（内螺纹）表示。螺纹小径是与外螺纹牙底或内螺纹牙顶相切的假想圆柱面的直径，用 $d_1$（外螺纹）或 $D_1$（内螺纹）表示。螺纹中径是假想圆柱面的直径，通过牙型上沟槽和凸起宽度相等的地方，用 $d_2$（外螺纹）或 $D_2$（内螺纹）表示。

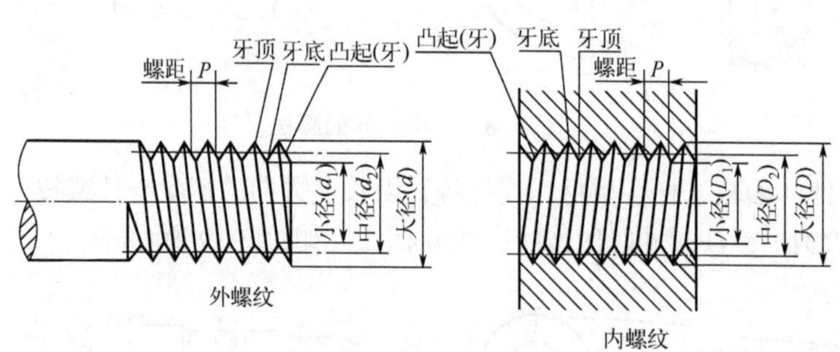


图 2-31　内螺纹与外螺纹

③ 线数 $n$　同一表面上加工出螺纹的条数称为螺纹的线数。螺纹有单线和多线之分，只一条螺旋线形成的螺纹，称为单线螺纹；由两条或两条以上螺旋线所形成的螺纹称为多线螺纹。

④ 螺距 $P$ 和导程 $S$　螺纹相邻两牙在中径线上对应两点间的轴向距离，称为螺距，如图 2-32 所示。同一条螺旋线上的相邻两牙在中径线上对应两点间的轴向距离，称为导程。对于单线螺纹，导程与螺距相等，即 $S=P$。对于多线螺纹，$S=n\times P$。

⑤ 旋向　螺纹的旋向有左旋和右旋之分。如图 2-33 所示，顺时针旋转时旋入的螺纹是右旋螺纹，逆时针旋转时旋入的螺纹是左旋螺纹。工程中常用右旋螺纹，只有在特殊场合才使用左旋螺纹。

内、外螺纹连接时，以上要素须相同，才可旋合在一起。

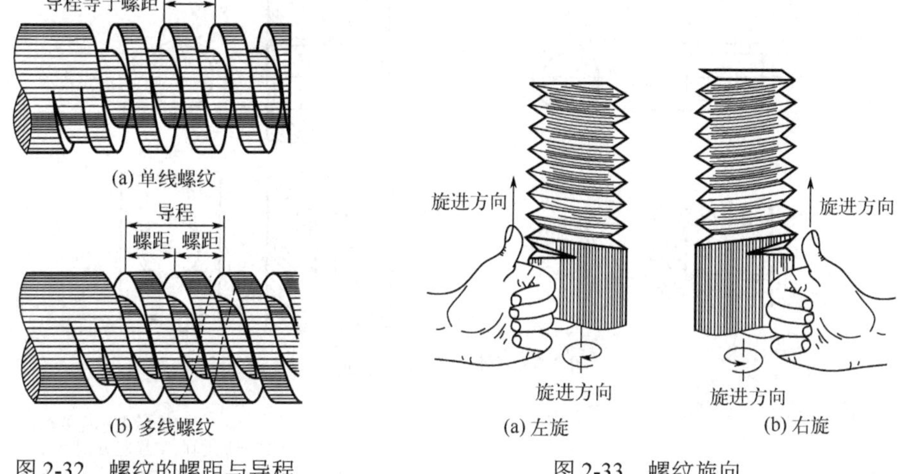


图 2-32　螺纹的螺距与导程　　　　图 2-33　螺纹旋向

（2）螺纹的结构

① 倒角与倒圆　为了便于装配和防止螺纹起止圈损坏，常将螺纹的起始处加工成圆锥形的倒角或球面形的倒圆，如图 2-34（a）所示。

② 收尾或退刀槽　车削螺纹时，刀具接近螺纹末尾处要逐渐离开工件，因此螺纹收尾部分的牙形是不完整的，螺纹这一段牙型不完整的收尾部分称为螺尾，如图 2-34（b）所示。为了避免产生螺纹，可以预先在螺纹末尾处加工出退刀槽，然后再车削螺纹，这个环槽称为螺纹退刀槽，如图 2-34（c）所示。

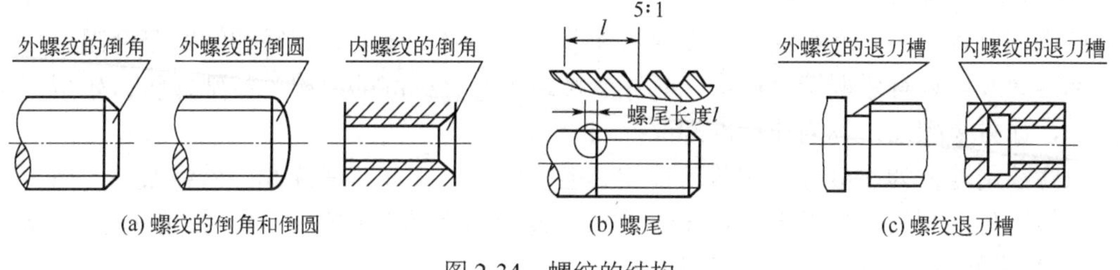


图 2-34　螺纹的结构

（3）螺纹的规定画法

① 外螺纹的画法　如图 2-35 所示，螺纹牙顶所在的轮廓线（大径）画成粗实线，螺纹牙底所在的轮廓线（小径）画成细实线，螺纹终止线画成粗实线，螺纹的倒角或倒圆部分及螺纹退刀槽也应画出。小径通常按大径的 0.85 倍近似绘制。在垂直于螺纹轴线的投影面视图中，表示牙顶的大径圆画成粗实线圆，表示牙底的小径只画出约 3/4 细实线圆，倒角圆可省略不画。

② 内螺纹的画法　如图 2-35 所示，内螺纹一般用剖视图，螺纹牙顶所在的轮廓线（小径）画成粗实线，螺纹牙底所在的轮廓线（大径）画成细实线，剖面线必须画到粗实线，螺纹终止线画成粗实线。表示牙顶的小径圆画成粗实线圆，表示牙底的大径只画出约 3/4 细实线圆。对于不穿通的螺纹，应将钻孔深度与螺纹深度分别画出，钻孔深度一般应比螺纹深度深(0.2～0.5)$d$，钻孔底部的圆锥孔的锥角应画成 120°。不可见螺纹的所有图线均用虚线表示。

③ 内外螺纹连接画法　如图 2-36 所示，以剖视图表示连接的内外螺纹时，其旋合部分按外螺纹的画法绘制，未旋合部分仍按各自的画法表示，剖面线必须画到粗实线。

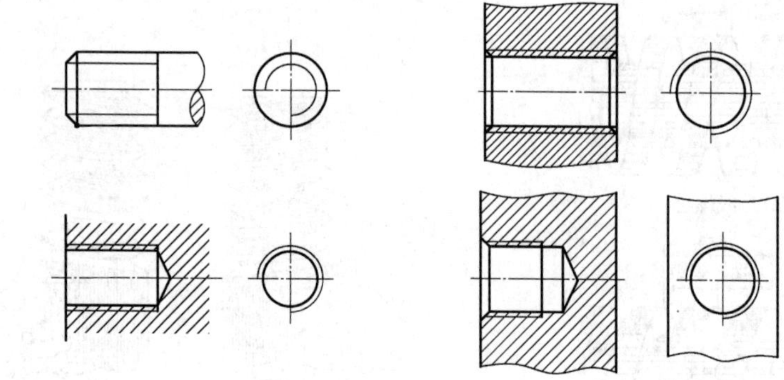

图 2-35　外、内螺纹的画法

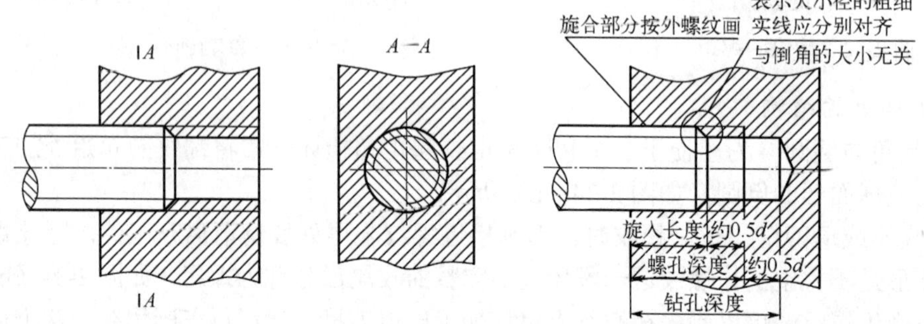


图 2-36　内外螺纹连接画法

（4）螺纹的种类及标注

按螺纹要素分为标准螺纹、特殊螺纹和非标准螺纹。牙型、直径和螺距符合国家标准的称为标准螺纹；只有牙型符合标准，直径或螺距不符合标准的，称为特殊螺纹；牙型不符合标准的，如方牙螺纹，称为非标准螺纹。

按螺纹用途分为连接螺纹和传动螺纹。连接螺纹，如普通螺纹 M、管螺纹 G，用于零件间的连接；传动螺纹，如梯形螺纹 Tr、锯齿形螺纹 B 和方形螺纹，用于传递动力和运动。

① 普通螺纹　普通螺纹的标注格式：

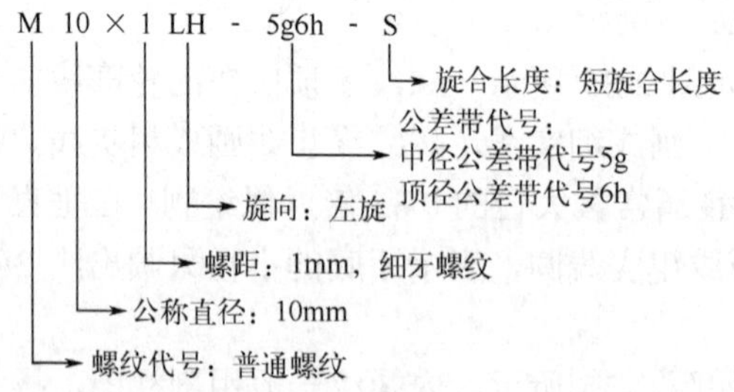


例如 M10×1LH-5g6h-S：M10×1 表示螺纹代号为 M（普通螺纹），公称直径为 10mm，螺距为 1mm（细牙螺纹标螺距，粗牙螺纹不标）；LH 为旋向左旋（右旋不标注）；5g 为中径公差带代号；6h 为顶径公差带代号；S 为短旋合长度（螺纹的旋合长度有三种表示法，另外两种为长旋合长度 L、中等旋和长度 N，一般中等旋合长度不标注）。

内外螺纹旋合在一起时，标注中的公差带代号用斜线分开，如 M10×6H/6g。当中径和顶径的公差带代号相同时，只标注一个。

② 管螺纹　管螺纹只注牙型符号、尺寸代号和旋向。例如，标注格式为 G1（右旋不标注），其中 G 为管螺纹代号，1 为尺寸代号。管螺纹的尺寸代号不是螺纹的大径，而是管子孔径的近似值，管螺纹的大径、小径和螺距可查表。

③ 梯形螺纹与锯齿形螺纹　梯形螺纹的代号为 Tr，锯齿形螺纹的代号为 B。例如 Tr40×Ph14P7LH-8e-L：Tr40 为梯形螺纹、公称直径 40mm；Ph14P7 为导程 14mm、螺距 7mm；LH 为左旋；8e 为中径公差带代号；L 为长旋合长度。如果是单线只标注螺距，右旋不标注，中等旋合长度不标注。

常见的螺纹标注如表 2-1 所示。

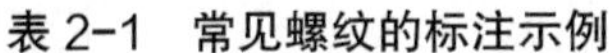
表 2-1　常见螺纹的标注示例

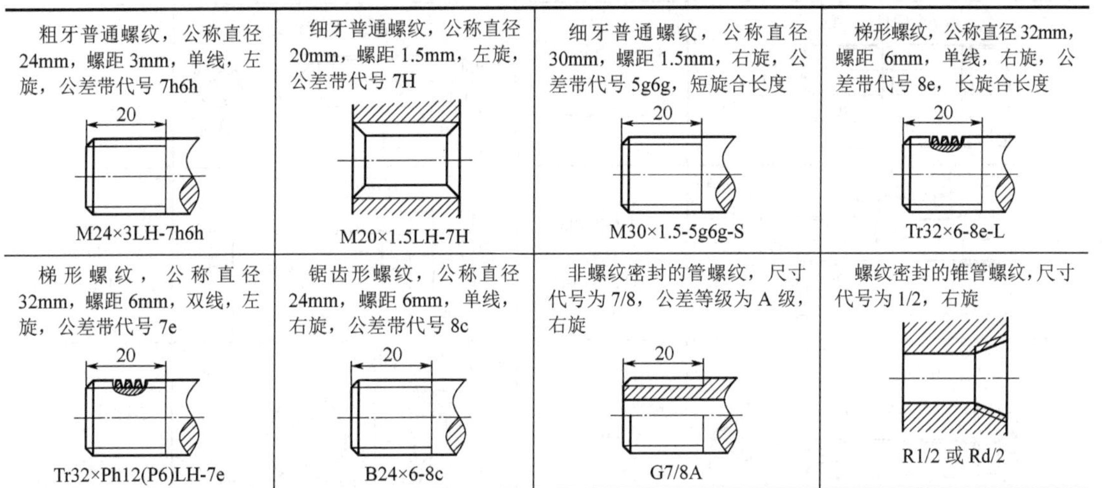

| 粗牙普通螺纹，公称直径 24mm，螺距 3mm，单线，左旋，公差带代号 7h6h | 细牙普通螺纹，公称直径 20mm，螺距 1.5mm，左旋，公差带代号 7H | 细牙普通螺纹，公称直径 30mm，螺距 1.5mm，右旋，公差带代号 5g6g，短旋合长度 | 梯形螺纹，公称直径 32mm，螺距 6mm，单线，右旋，公差带代号 8e，长旋合长度 |
|---|---|---|---|
| 20<br>M24×3LH-7h6h | M20×1.5LH-7H | 20<br>M30×1.5-5g6g-S | 20<br>Tr32×6-8e-L |
| 梯形螺纹，公称直径 32mm，螺距 6mm，双线，左旋，公差带代号 7e | 锯齿形螺纹，公称直径 24mm，螺距 6mm，单线，右旋，公差带代号 8c | 非螺纹密封的管螺纹，尺寸代号为 7/8，公差等级为 A 级，右旋 | 螺纹密封的锥管螺纹，尺寸代号为 1/2，右旋 |
| 20<br>Tr32×Ph12(P6)LH-7e | 20<br>B24×6-8c | 20<br>G7/8A | R1/2 或 Rd/2 |

### 2.2.1.2　螺纹紧固件

（1）螺纹紧固件的种类及标记

如图 2-37 所示，常用的螺纹紧固件有螺栓、螺柱、螺钉、螺母和垫圈等，它们都属于标准件，由专门的工厂成批生产，在一般情况下不需要单独画零件图，只需按规定进行标记，根据标记就可从国家标准中查出它们的结构形式和尺寸数据。

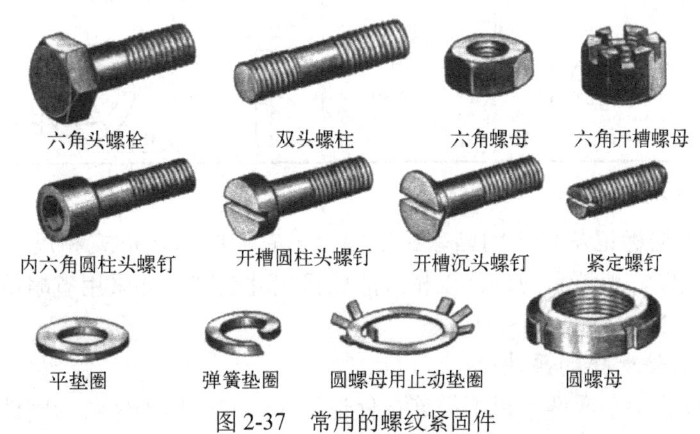

图 2-37　常用的螺纹紧固件

螺纹紧固件的标记有完整标记和简化标记两种方法，完整标记由名称、国家标准代号、尺寸、性能等级或材料、热处理、表面处理等组成，简化标记一般仅包含前四项。常用螺纹紧固件的图例和标记如表 2-2 所示。

**表 2-2　螺纹紧固件的图例和标记**

| 名称及图例 | 国家标准代号及标记 | 名称及图例 | 国家标准代号及标记 |
|---|---|---|---|
| 六角头螺栓 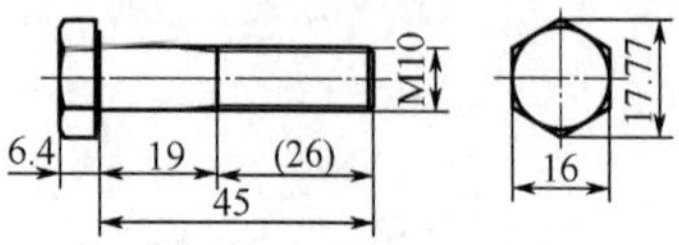 | 螺栓 GB/T 5782—2016 M10×45 | 开槽圆柱头螺钉 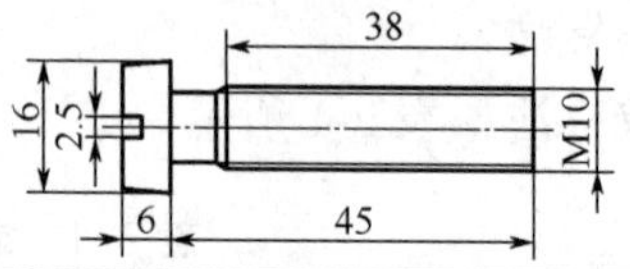 | 螺钉 GB/T 65—2016 M10×40 |
| 双头螺柱 A 型 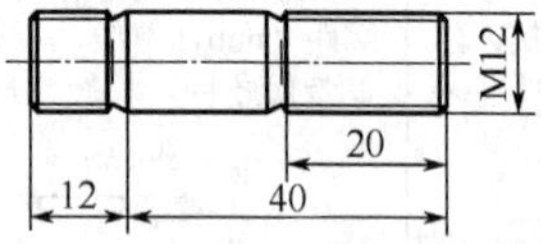 | 螺柱 GB 897—1988 M12×40-A | 开槽锥端紧定螺钉 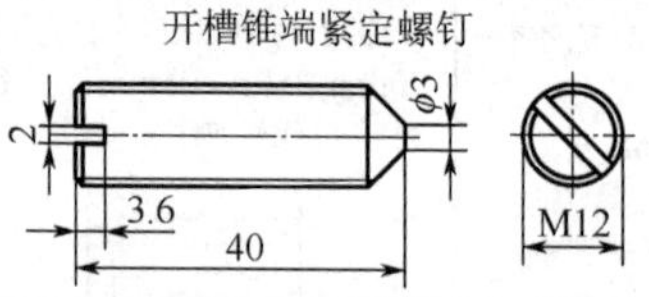 | 螺钉 GB/T 71—2018 M12×40 |
| 双头螺柱 B 型 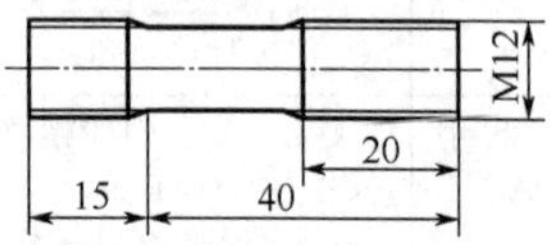 | 螺柱 GB 898—1988 M12×40-B | 开槽盘头螺钉 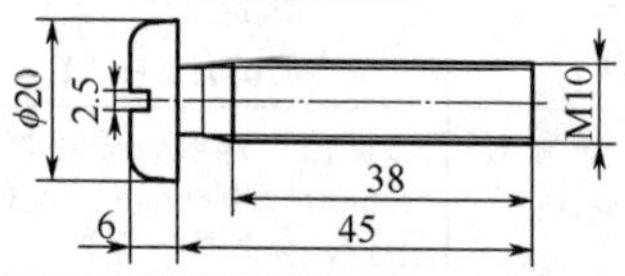 | 螺钉 GB/T 67—2016 M10×45 |
| 开槽沉头螺钉 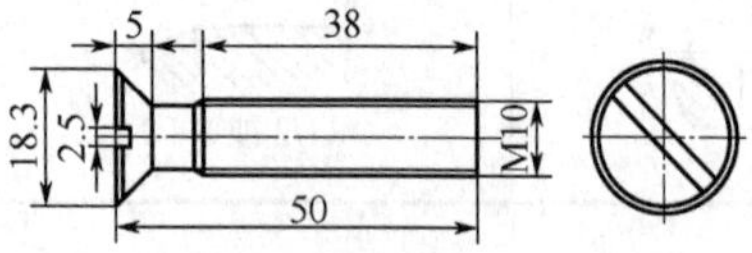 | 螺钉 GB/T 68—2016 M10×50 | 1 型六角螺母 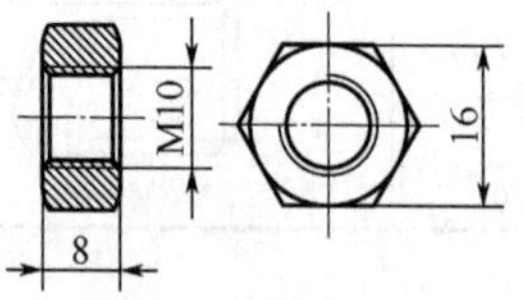 | 螺母 GB/T 6170—2015 M10 |
| 开槽长圆柱端紧定螺钉 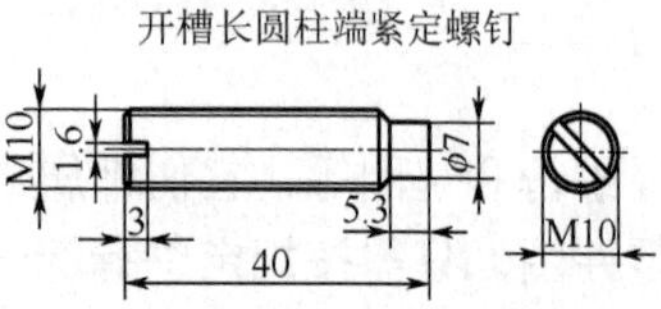 | 螺钉 GB/T 75—2018 M10×40 | 平垫圈 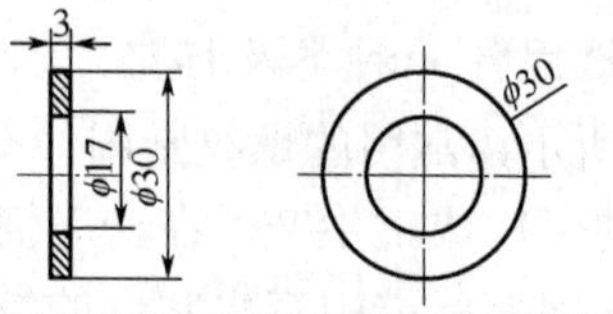 | 垫圈 GB/T 97.1—2002 16-200HV |
| 内六角圆柱头螺钉 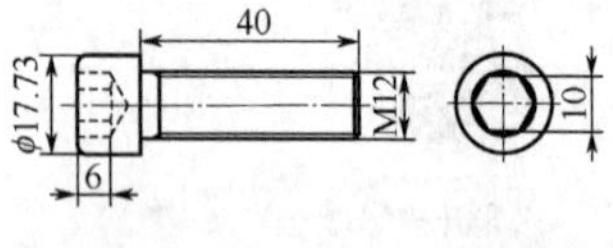 | 螺钉 GB/T 70.1—2008 M12×40 | 标准型弹簧垫圈 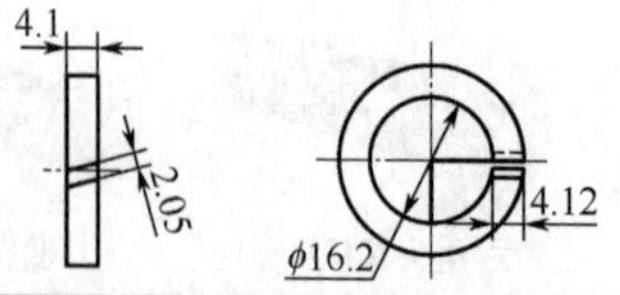 | 垫圈 GB 93—1987 16 |

（2）螺纹紧固件的画法

螺纹紧固件根据标记从相应的国家标准中查出它们的结构形式和尺寸数据，即查表尺寸。但为了简便画图，螺纹紧固件常以相应的比例尺寸绘制，并采用省略倒角的简化画法，即比例尺寸，如图 2-38 所示。

（3）螺纹紧固件连接的画法

用螺纹紧固件将两个或两个以上被连接件连接在一起，称为螺纹紧固件的连接。常见螺纹紧固件的连接形式有双头螺柱连接、螺钉连接和螺栓连接，如图 2-39～图 2-41 所示。

螺纹紧固件的连接图画法应遵循下述基本规定：

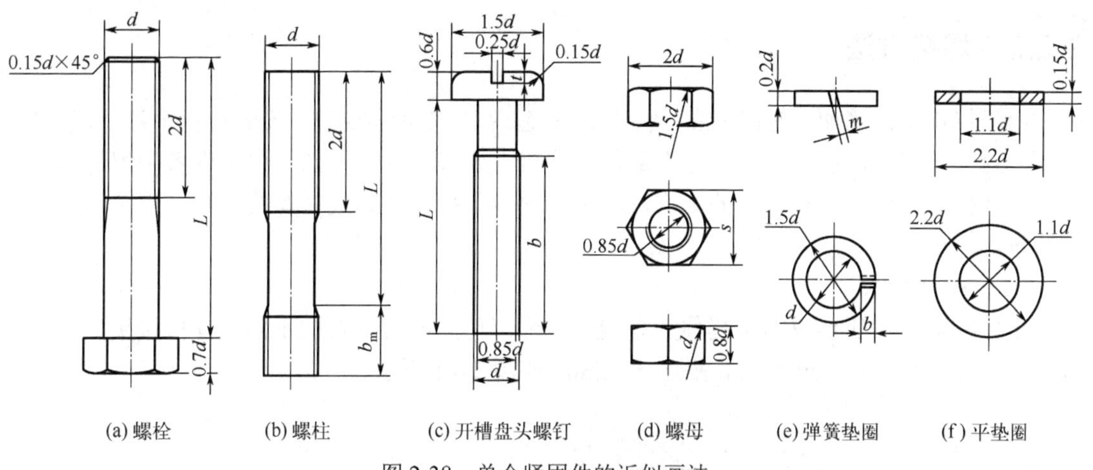


(a) 螺栓　(b) 螺柱　(c) 开槽盘头螺钉　(d) 螺母　(e) 弹簧垫圈　(f ) 平垫圈

图 2-38　单个紧固件的近似画法

① 两零件接触表面画一条线，不接触表面画两条线，间隙过小时应夸大画出。

② 相邻两零件的剖面线方向应相反或者一致、间隔不等，但同一个零件在各视图中的剖面线方向和间隔必须相同。

③ 当剖切平面通过紧固件或实心件的轴线时，这些机件按不剖画出外形。

④ 在剖视图中边界不画波浪线时，剖面线应绘制整齐。

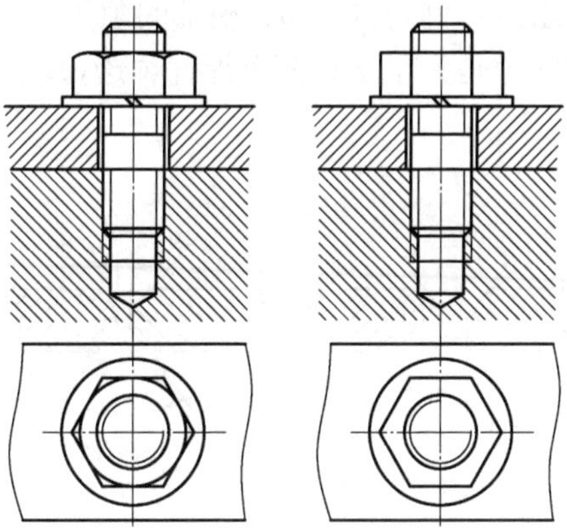

图 2-39　螺柱连接绘制

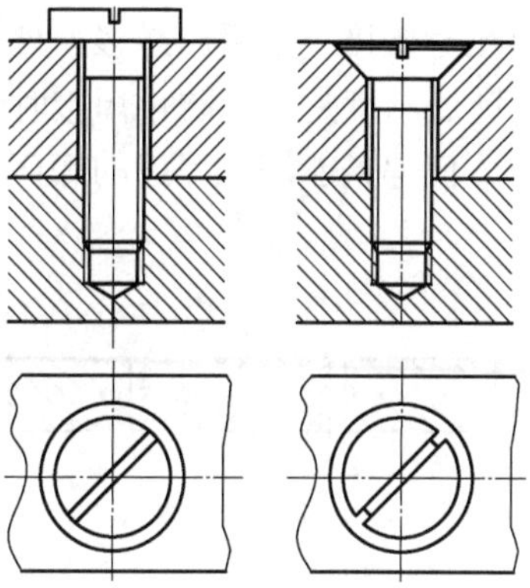

(a) 圆柱头螺钉连接　(b)沉头螺钉连接

图 2-40　螺钉连接绘制

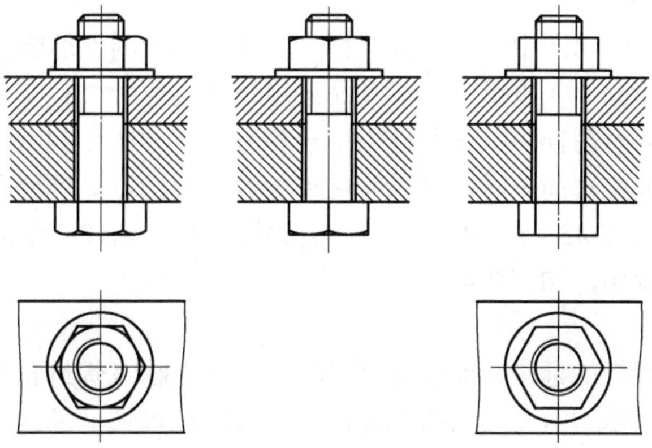

图 2-41　螺栓连接绘制

## 2.2.2 焊接方法

由于焊接工艺简便，连接可靠，结构重量轻，在化工设备制造、安装过程中被广泛采用，筒体、封头、管口、法兰、支座等零部件的连接主要采用焊接方法。化工设备中焊缝的画法应符合《技术制图》国家标准的规定，其标注内容包括接头形式、焊接方法、焊接结构尺寸和数量等。

（1）焊接形式

工件经焊接后所形成的接缝称为焊缝。按两焊件间相对位置的不同，焊接接头形式有对接接头、角接接头、T形接头和搭接接头等，如图2-42所示。

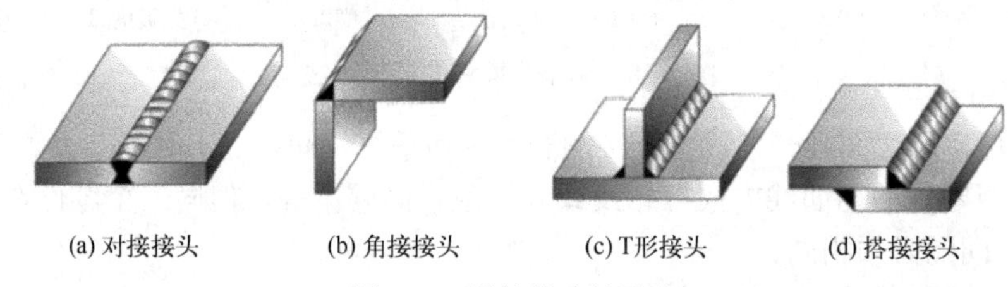


图2-42 焊接接头的形式

为保证焊接质量，需将焊接的连接处预制成各种形状的坡口，如图2-43所示。其中V形坡口在对接接头中采用最多。坡口主要由三部分组成：钝边高度 $\delta$、根部间隙 $b$ 和坡口角度 $\alpha$。钝边高度是为了防止焊接时焊穿焊件，根部间隙是为了保证两个焊件焊透，坡口角度的存在可使焊条能深入焊接的底部。

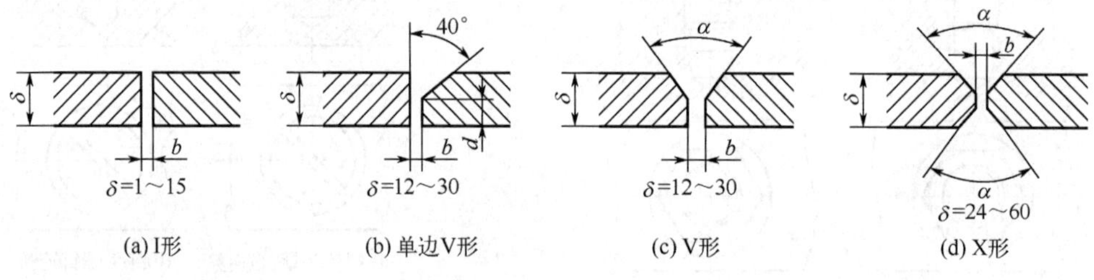


图2-43 对接接头坡口形式

（2）焊接的规定画法

在视图、剖视图或断面图中，一般按焊接接头的形式绘制焊缝断面，可见焊缝用细实线的波纹线（允许徒手绘制）来表示，不可见面采用粗实线［（2～3）$d$］表示，焊缝的金属熔焊区涂黑表示。但在同一图样中，只允许采用一种方法，如图2-44所示。

当焊接件上的焊缝比较简单时，可以简化掉细波纹线，可见焊缝用粗实线表示，不可见焊缝用虚线表示，如图2-45（a）所示。当焊缝比较小时，允许不画出断面形状，而在焊缝处标注焊缝代号加以说明，如图2-45（b）所示。

（3）焊缝的标注

化工设备图样上焊缝的标注，推荐采用GB/T 324—2008《焊缝符号表示法》规定的焊缝符号。焊缝符号一般由基本符号和指引线组成，必要时还可加上辅助符号、补充符号、焊接方法的数字符号和焊缝尺寸符号。

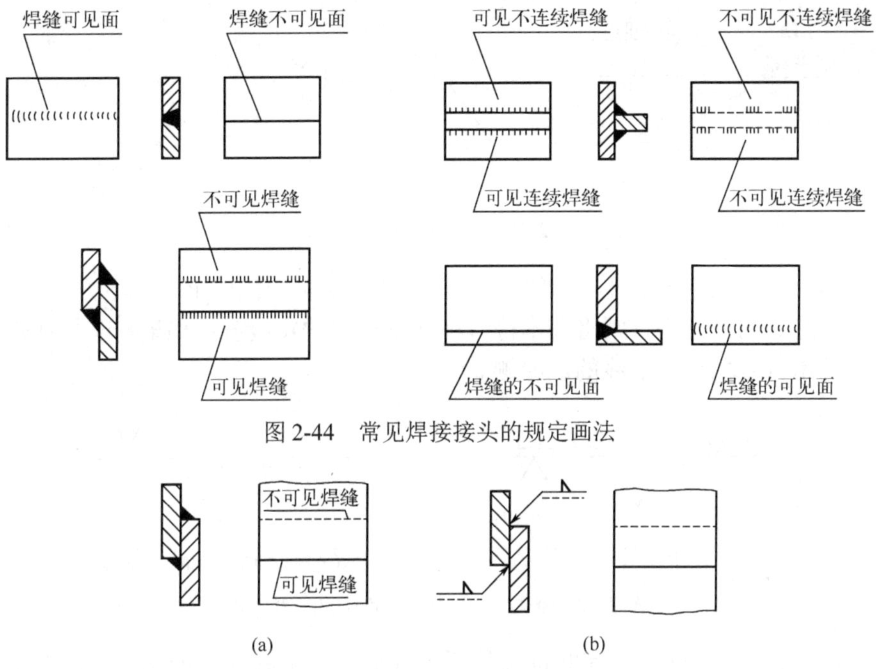


图 2-44　常见焊接接头的规定画法

图 2-45　焊缝的简化画法

① 基本符号　表示焊缝横截面形状的符号。基本符号采用近似焊缝横断面形状的符号表示，用粗实线绘制。焊缝基本符号的画法及应用示例见表 2-3。

**表 2-3　焊缝符号及表示法**

| 类别 | 名称 | 图形符号 | 示意图 | 图示法 | 焊缝符号表示法 | 说明 |
|---|---|---|---|---|---|---|
| 基本符号 | I 形焊缝 | | | | | ①焊缝在接头的箭头侧，基本符号标在基准线的实线一侧<br>②焊缝在接头的非箭头侧，基本符号标在基准线的虚线一侧 |
| | 带钝边 U 形焊缝 | | | | | |
| | V 形焊缝 | | | | | |
| | 带钝边 V 形焊缝 | | | | | |
| | 角焊缝 | | | | | 标注对称焊缝及双面焊缝时，可不画虚线 |

② 焊缝指引线　焊缝指引线由箭头线和基准线两部分组成。如图 2-46 所示，箭头线用细实线绘制并指向焊缝处，基准线由两条相互平行的细实线和虚线组成。当需要说明焊接方法时，可在基准线末端增加尾部符号。当位置受限时，允许将箭头线折弯一次。

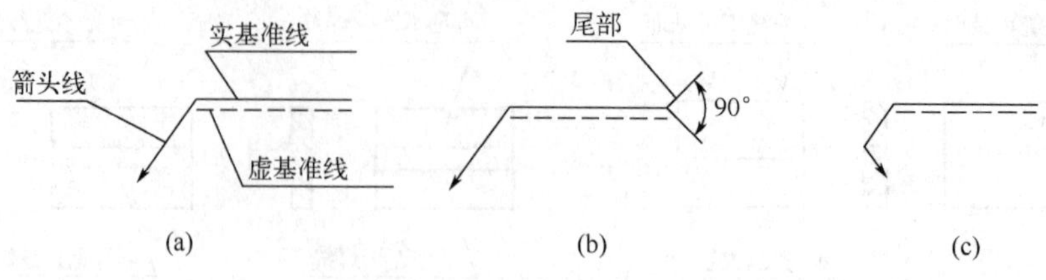


图 2-46　焊缝的指引线画法

如图 2-47 所示，标注非对称焊缝时，虚线可加在实基准线的上方或下方，其意义相同。如果箭头指在焊缝的可见侧，则将基本符号标在基准线的实线侧；如果箭头指在焊缝的不可见侧，则将基本符号标在基准线的虚线侧。

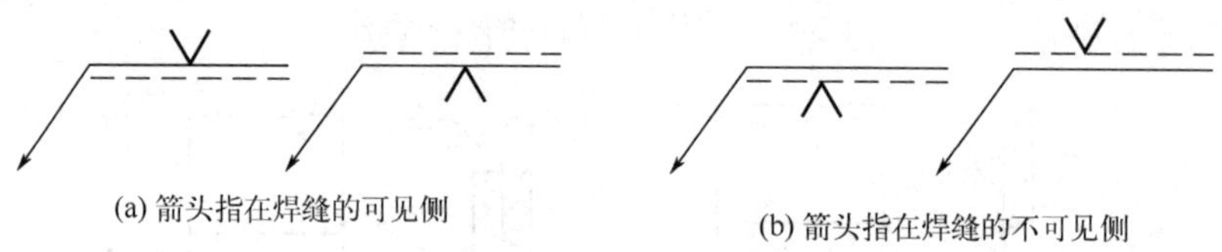


图 2-47　非对称焊缝基本符号的注写位置

③ 辅助符号及补充符号　辅助符号是表示焊缝表面形状特征的符号，用粗实线绘制。不需要确切说明焊缝表面形状时，不加注此符号。补充符号是为了补充说明焊缝的某些特征而采用的符号，焊缝没有这些特征时，不加注此符号，见表 2-4。

**表 2-4　辅助符号与补充符号的表示法**

| 类别 | 名称 | 图形符号 | 示意图 | 图示法 | 焊缝符号表示法 | 说明 |
|---|---|---|---|---|---|---|
| 辅助符号 | 平面符号 | | | | | 焊缝表面平齐（一般通过加工） |
| | 凹面符号 | | | | | 焊缝表面凹陷 |
| | 凸面符号 | | | | | 焊缝表面凸起 |
| 补充符号 | 三面焊缝符号 | | | | | 工件三面带有焊缝 |
| | 周围焊缝符号 | | | | | 表示在现场或工地沿工件周围施焊 |
| | 现场符号 | | | | | |

④ 焊接方法的数字符号及标注　焊接的方法和种类很多，常见的焊接方法有电弧焊、接触焊、电渣焊和钎焊等，其中以电弧焊应用最为广泛。国家标准 GB/T 5185—2005 规定，在图样中标注各种焊接方法时用阿拉伯数字组成的代号来表示，并将其标注在指引线尾部。常见的焊接方法及代号见表 2-5。

**表 2-5　常见焊接方法的数字代号**

| 焊接方法 | 数字代号 | 焊接方法 | 数字代号 | 焊接方法 | 数字代号 |
|---|---|---|---|---|---|
| 电弧焊 | 1 | 气焊 | 3 | 电渣焊 | 72 |
| 焊条电弧焊 | 111 | 氧乙炔焊 | 311 | 激光焊 | 751 |
| 埋弧焊 | 12 | 氧丙烷焊 | 312 | 电子束焊 | 76 |
| 等离子弧焊 | 15 | 压力焊 | 4 | 硬钎焊 | 91 |
| 电阻焊 | 2 | 摩擦焊 | 42 | 软钎焊 | 92 |
| 点焊 | 21 | 超声波焊 | 41 | 烙铁软钎焊 | 952 |

采用单一焊接方法的标注如图 2-48（a）所示，表示采用焊条电弧焊，是焊角高为 6mm 的角焊缝。采用组合焊接方法，即一个焊接接头采用两种焊接方法完成时，标注如图 2-48（b）所示，表示该角焊缝先用等离子焊打底，再用埋弧焊盖面。

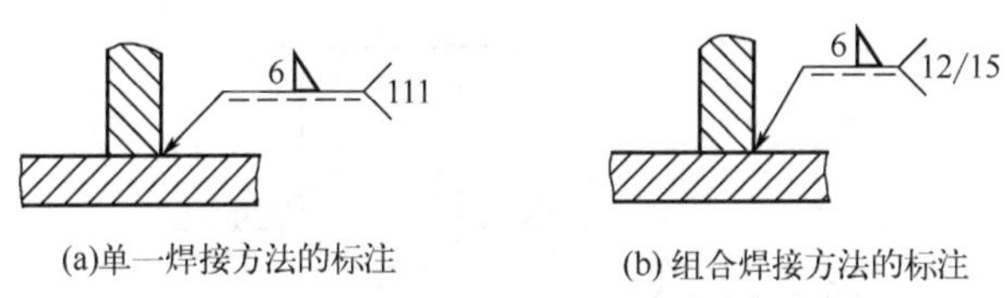


(a)单一焊接方法的标注　　(b) 组合焊接方法的标注

图 2-48　焊接方法的标注

⑤ 焊缝尺寸符号及标注　焊缝尺寸符号是用字母代表对焊缝的尺寸要求，当需要注明焊缝尺寸时才标注。焊缝尺寸符号的含义见表 2-6。

**表 2-6　焊缝尺寸符号及标注**

| 符号 | 名称 | 示意图 | 符号 | 名称 | 示意图 | 符号 | 名称 | 示意图 |
|---|---|---|---|---|---|---|---|---|
| $\delta$ | 工件厚度 | $\delta$ | $P$ | 钝边高度 | $P$ | $e$ | 焊缝间距 | $e$ |
| $\alpha$ | 坡口角度 | $\alpha$ | $C$ | 焊缝宽度 | $C$ | $K$ | 焊角高度 | $K$ |
| $\beta$ | 坡口面角度 | $\beta$ | $l$ | 焊缝长度 | $l$ | $S$ | 焊缝有效厚度 | $S$ |
| $b$ | 根部间隙 | $b$ | $R$ | 根部半径 | $R$ | $H$ | 坡口深度 | $H$ |
| $h$ | 余高 | $h$ | $d$ | 熔核直径 | $d$ | $N$ | 相同焊缝数量符号 | $N$=3 |

焊缝尺寸的标准格式如图 2-49 所示，其基本原则为：焊缝横截面上的尺寸（$P$、$H$、$K$、$h$、$S$、$R$、$C$、$d$）应标注在基本符号的左侧；焊缝长度方向的尺寸（$n$、$l$、$e$）应标注在基本符号的右侧；坡口角度、坡口面角度、根部间隙等尺寸（$\alpha$、$\beta$、$b$）应标注在基本符号的上侧和下侧；说明焊缝数量的符号应标注在尾部，当需要标注的尺寸数据较多又不易分辨时，可在数据前面增加相应的尺寸符号。

（4）化工设备焊缝的表示方法

化工设备中焊缝的表示方法按其重要程度一般有两种：第一类压力容器及其他常、低压设备和第二、三类压力容器及其他中、高压设备。

① 第一类压力容器及其他常、低压设备　对于这类设备一般可直接在视图中按焊缝规定画法绘制，图中可不标注，但在技术要求中，需对焊接接头的设计标准、焊接方法及焊条型号、焊缝检验要求等作出说明。

② 第二、三类压力容器及其他中、高压设备　对于第二、三类压力容器及其他中、高压设备或其他设备上重要的或非标准型的焊缝，则需用局部放大的剖视图详细地表示出筒体与封头、带补强圈的接管与筒体（或封头）、厚壁管补强的接管与筒体（或封头）、筒体与管板、筒体与裙座等焊缝的结构形态和有关尺寸，如图 2-50 所示。视图上的焊缝仍按规定画法绘制。

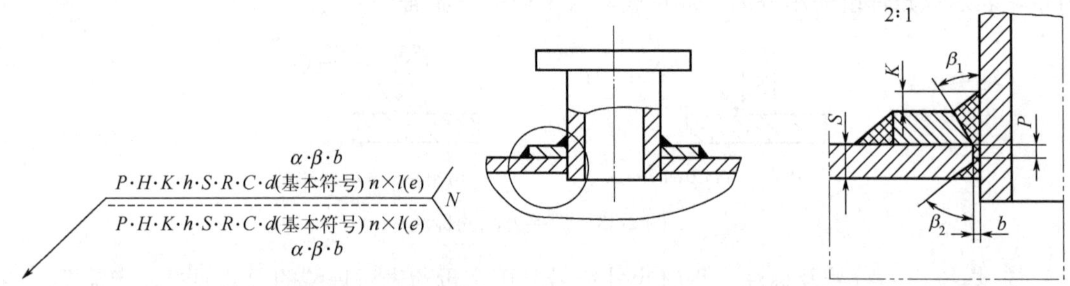


图 2-49　焊缝尺寸的标准格式　　　　图 2-50　焊缝的局部放大图

对于其他焊接要求，如设计标准、焊接方法及焊条型号、施焊条件、焊缝的检验要求及方法等，可以采用文字说明的方法在技术要求中加以说明。

图 2-51 是化工设备常用支座的焊接图，从图中可以看出，支座的主要材料是钢板，采用焊接方法制造。

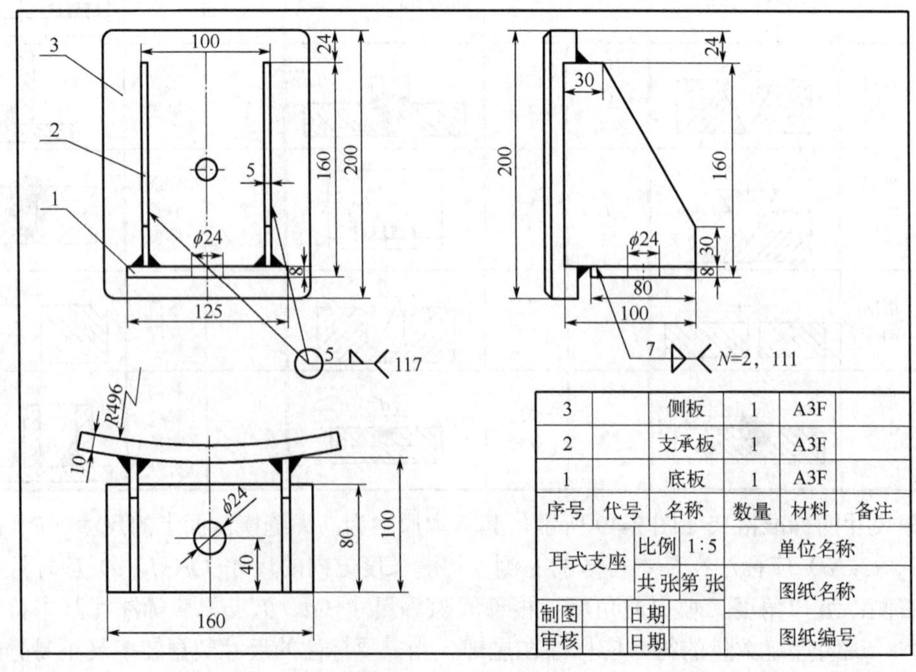


图 2-51　支座焊接图

# 第 3 章　化工设备图

化学工业的产品多种多样，它们的生产方法也各有不同，但是化工生产过程大都可归纳为一些基本操作，如蒸发、冷凝、吸收、蒸馏及干燥等，称为单元操作。为了使物料进行各种反应和各种单元操作，就需要各种专用的化工设备。化工设备分为动设备和静设备。动设备称为化工机器，如压缩机、循环机、鼓风机、泵等。静设备称为化工设备，主要包括反应罐、换热器、塔器、容器等。

## 3.1　化工设备通用零部件

化工设备零部件的种类和规格较多，工艺要求不同，结构形状也各有差异，可以分为两类：一类是通用零部件，另一类是各种典型化工设备的常用零部件。为了便于设计、制造和检修，把这些零部件的结构形状统一成若干种规格，相互通用，称为通用零部件。符合标准规格的零部件称为标准件。化工设备通用零部件主要是筒体、封头、支座、法兰、手孔和人孔、视镜、液面计、补强圈，如图 3-1 所示。

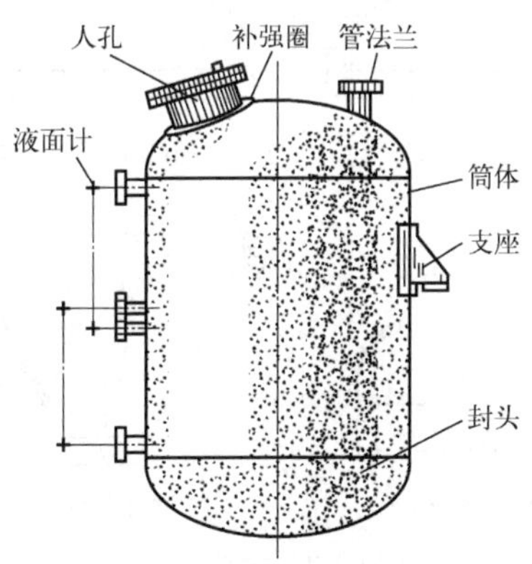


图 3-1　化工设备通用零部件

### 3.1.1　筒体

筒体是用来进行化学反应、处理或贮存物料的设备的主体部分，一般由钢板卷焊成型，其大小由工艺要求确定。当直径小于 500mm 时，可用无缝钢管作筒体。筒体的公称直径系指筒体的内径，采用无缝钢管时系指筒体的外径。筒体的主要尺寸是直径、高度(或长度)和壁厚。筒体直径应符合《压力容器公称直径》（GB/T 9019—2015）中所规定的尺寸系列，见表 3-1。

**表 3-1 压力容器公称直径** 单位：mm

| 压力容器公称直径（以内径为基准） | | | | | | | | | | |
|---|---|---|---|---|---|---|---|---|---|---|
| 300 | 350 | 400 | 450 | 500 | 550 | 600 | 650 | 700 | 750 | 800 |
| 850 | 900 | 950 | 1000 | 1100 | 1200 | 1300 | 1400 | 1500 | 1600 | 1700 |
| 1800 | 1900 | 2000 | 2100 | 2200 | 2300 | 2400 | 2500 | 2600 | 2700 | 2800 |
| 2900 | 3000 | 3100 | 3200 | 3300 | 3400 | 3500 | 3600 | 3700 | 3800 | 3900 |
| 4000 | 4100 | 4200 | 4300 | 4400 | 4500 | 4600 | 4700 | 4800 | 4900 | 5000 |
| 5100 | 5200 | 5300 | 5400 | 5500 | 5600 | 5700 | 5800 | 5900 | 6000 | |

| 压力容器公称直径（以外径为基准） | | | | | | |
|---|---|---|---|---|---|---|
| 公称直径 | 150 | 200 | 250 | 300 | 350 | 400 |
| 外径 | 168 | 219 | 273 | 325 | 356 | 406 |

筒体标记形式：名称 DN 公称直径×筒体厚度 筒体长度/高度 标准号。

［例］公称直径为 1200mm，壁厚 10mm，高或长 2500mm 的筒体，一般标记为：筒体 DN 1200×10 *H* (*L*)=2500 GB/T 9019—2015。

### 3.1.2 封头

封头是设备的重要组成部分，它与筒体一起构成设备的壳体。封头与筒体可以直接焊接，形成不可拆卸的连接，也可以分别焊上容器法兰，用螺栓、螺母锁紧，构成可拆卸的连接。常见的封头形式有半球形（HHA）、椭圆形（EHA、EHB）、蝶形（THA、THB）、锥形（CHA、CHB、CHC）及球罐形（PSH），封头图例见图 3-2。

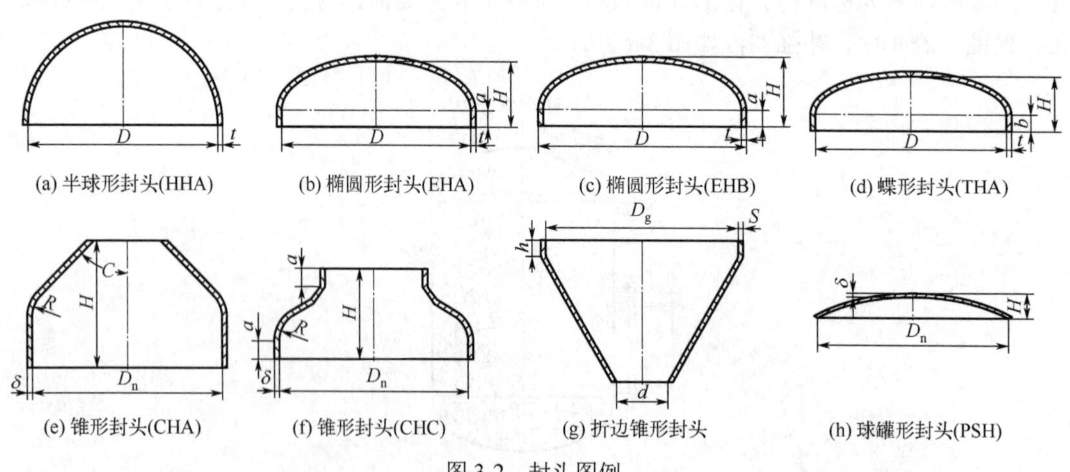


图 3-2 封头图例

封头标记示例：封头类型代号 公称直径×封头名义厚度-封头材料号 标准号。

［例 1］公称直径 325mm、名义厚度 12mm、材质为 16MnR、以外径为基准的椭圆形封头，标记为：EHB 325×12-16MnR GB/T 25198—2023。

［例 2］公称直径 2400mm、封头名义厚度 20mm、封头最小成型厚度 18.2mm、$R_i$=1.0$D_i$、$r_i$= 0.10$D_i$、材质为 Q345R 的以内径为基础的蝶形封头，标记为：THA 2400×20(18.2)-Q345R GB/T 25198—2023。

### 3.1.3　支座

设备的支座用来支承和固定设备。支座一般分为立式设备支座、卧式设备支座两大类。三种典型的标准化支座为耳式支座、支承式支座和鞍式支座。

（1）耳式支座

耳式支座简称耳座，由两块肋板和一块底板焊接而成，广泛用于支承在钢架、墙体或梁上。一般设备筒体四周均匀分布有四个耳座，支脚板上有螺栓孔，用螺栓固定设备。小型设备也可用两个或三个支座。耳式支座一般有 A 型、B 型和 C 型三种结构。如图 3-3 所示，A 型耳座适用于一般立式设备，B 型耳座有较宽的安装尺寸，适用于带保温层的立式设备。

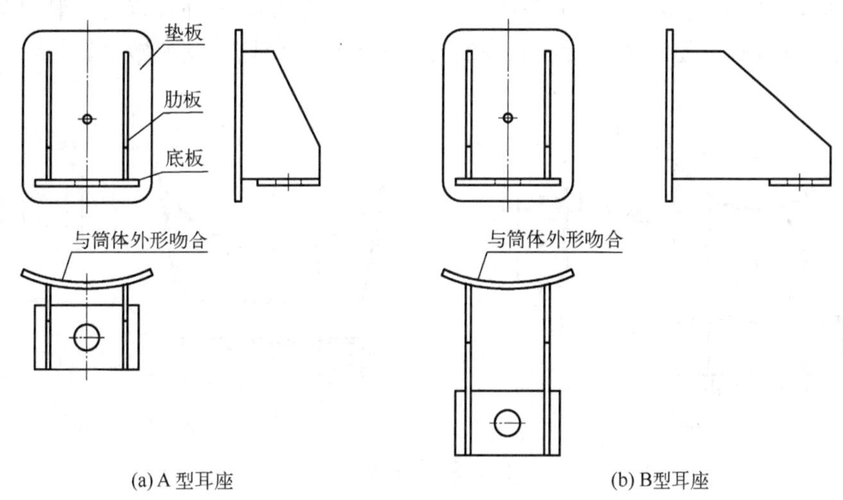


(a) A 型耳座　　(b) B型耳座

图 3-3　耳式支座

耳式支座标记示例：标准号，支座名称 型号 支座号。

［例］A 型，带垫板，3 号耳式支座，支座材料为 Q235-A，垫座材料为 Q235-A，标记为：

NB/T 47065.3—2018，耳式支座 A3-Ⅰ

材料：Q235-A/Q235-A

（2）支承式支座

支承式支座多用于安装在距地坪或基准面较近的具有椭圆式封头的立式容器，如图 3-4 所示。它是由两块肋板和一块底板焊接而成的，肋板焊于设备的下封头上，底板放置在地基上，用地脚螺栓加以固定。

支承式支座标记示例：标准号，支座名称 型号 支座号。

［例］钢板焊制的 3 号支承式支座，支座材料和垫板材料分别为 Q235-A 和 Q235-B，标记为：

NB/T 47065.4—2018，支承式支座 A3

材料：Q235-A/Q235-B

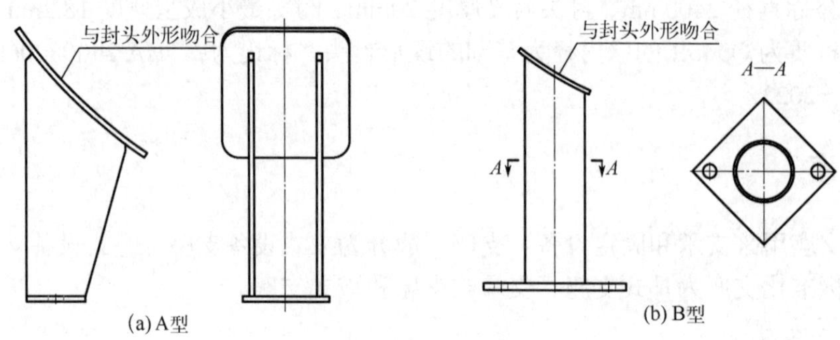


图 3-4　支承式支座

（3）鞍式支座

鞍式支座广泛用于卧式容器，如图 3-5 所示，由一块鞍形垫板、1～6 块筋板、一块底板及一块腹板组成。鞍式支座分为 A 型(轻型)和 B 型(重型)两种，重型鞍座又有 5 种型号，代号为 BⅠ～BⅤ，每种类型又分为 F 型(固定式)和 S 型(滑动式)。卧式容器一般用两个鞍式支座支承，当设备过长，超过两个支座允许的支承范围时，应增加支座数目。

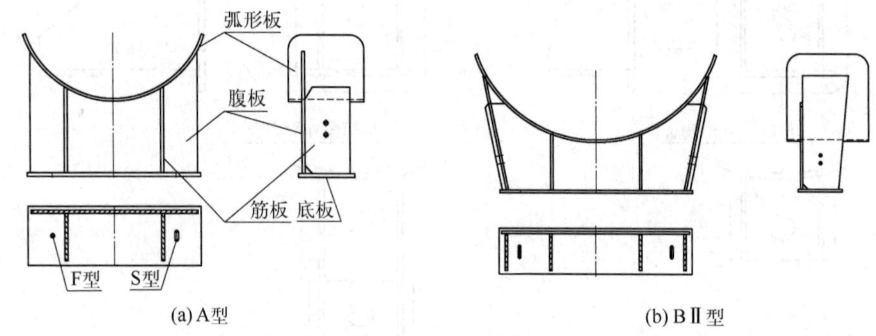


图 3-5　鞍式支座

鞍式支座标记示例：标准号，鞍座名称 型号 公称直径-鞍座类型。

［例 1］DN325mm，120°包角，重型不带垫板的标准尺寸的弯制固定式鞍座，鞍座材料为 Q235-A，标记为：NB/T 47065.1—2018，鞍座 BⅤ325-F

材料：Q235-A

［例 2］DN1600mm，重型滑动鞍座，鞍座材料 Q235-A，垫板材料 06Cr19Ni10，鞍座高度 400mm，垫板厚度 12mm，滑动长孔长度为 60mm，标记为：NB/T 47065.1—2018，鞍座 BⅡ1600-S，$h$=400mm，$\delta$=12mm，$l$=60mm

材料：Q235-A/06Cr19Ni10

### 3.1.4　法兰

法兰是法兰连接中的主要零件。法兰连接是由一对法兰、密封垫片和螺栓、螺母、垫圈等零件组成的一种可拆连接。化工设备用的标准法兰有管法兰和压力容器法兰（又称设备法兰）两大类。标准法兰的主要参数是公称直径（DN）、公称压力（PN）和密封面类型。

管法兰的公称直径为所连接的管子外径，压力容器法兰的公称直径为所连接的筒体（或封头）的内径。

（1）管法兰

管法兰用于管道间以及设备上接管与管道的连接。管法兰按其与管子的连接方式分为板式平焊法兰（PL）、带颈平焊法兰（SO）、带颈对焊法兰（WN）、承插焊法兰（SW）、螺纹法兰（TH）、对焊环松套法兰（PJ/SE）、平焊环松套法兰（PJ/PR）、整体法兰（IF）、法兰盖（BL）、衬里法兰盖[BL(S)]等，如图 3-6 所示。

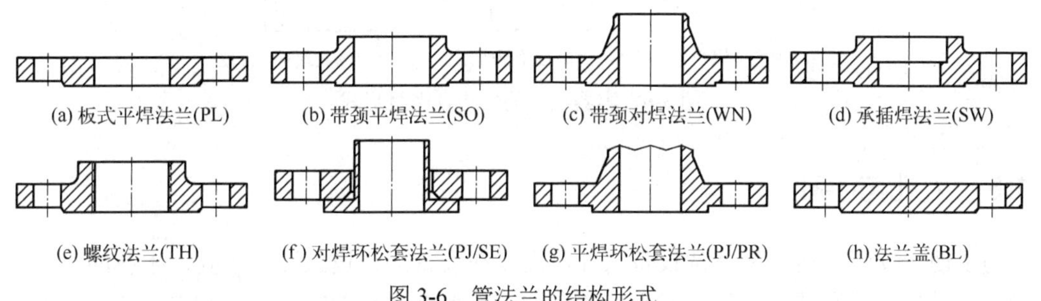


图 3-6　管法兰的结构形式

法兰密封面形式主要有突面（RF）、凹凸面（MF）、榫（T）槽（G）面、全平面（FF）和环连接面（RJ）等，如图 3-7 所示。

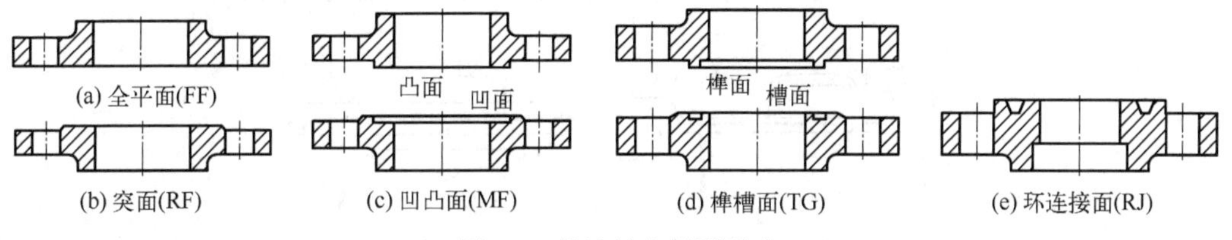


图 3-7　管法兰密封面形式

管法兰标记示例：标准号，法兰（法兰盖） 类型代号 公称直径-公称压力 密封面类型代号 钢管壁厚 材料牌号。

［例 1］公称直径 1200mm、公称压力 0.6MPa、配用公制管的突面板式平焊钢制管法兰，材料为 Q235-B，标记为：HG/T 20592—2009 法兰 PL 1200(B)-0.6 RF Q235-B。

［例 2］公称通径 100mm、公称压力 10.0MPa、配用英制管的凹面带颈对焊钢制管法兰，材料为 16Mn，钢管壁厚为 8mm，标记为：HG/T 20592—2009 法兰 WN 100-10 FM *S*=8mm 16Mn。

（2）压力容器法兰

压力容器法兰用于设备筒体与封头的连接。压力容器法兰分为甲型平焊法兰、乙型平焊法兰和长颈对焊法兰三种。压力容器法兰密封形式有平面密封面（RF）、榫（T）槽（G）密封面、凹凸密封面三种，如图 3-8 所示。

压力容器法兰标记示例：法兰名称及代号-密封面类型代号 公称直径-公称压力/法兰厚度-法兰总高度 标准号。

［例］公称压力 1.60MPa、公称直径 800mm 的榫槽密封面标准乙型平焊法兰的榫面，标记为法兰-T 800-1.60 NB/T 47022—2012，带衬环型标记为法兰 C-T 800-1.60 NB/T 47022—2012。

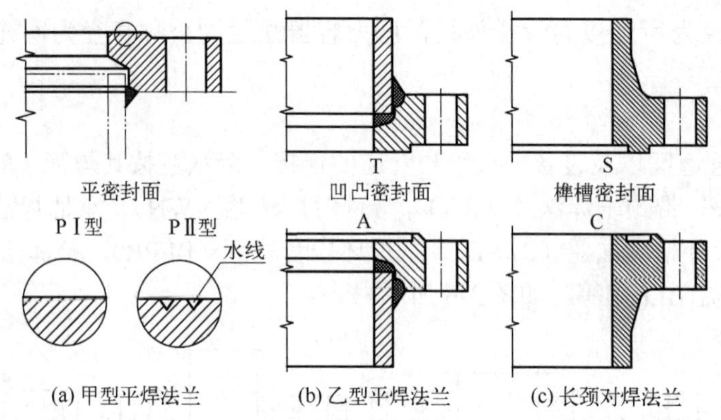


图 3-8　容器法兰的结构及密封形式

## 3.1.5　人孔与手孔

为了便于安装、检修和清洗设备内件，需要在设备上开设人孔或手孔。手孔的直径，应使操作人员戴上手套并握有工具的手能顺利通过，标准中有 DN150mm 和 DN250mm 两种。当设备的直径超过 900mm 时，应开设人孔。人孔有圆形和椭圆形两种，圆形人孔最小直径为 400mm，最大为 600mm。人（手）孔结构有多种类型，主要区别在于孔盖的开启方式和安装位置不同，以适应不同工艺和操作条件的需要。人孔基本结构见图 3-9。

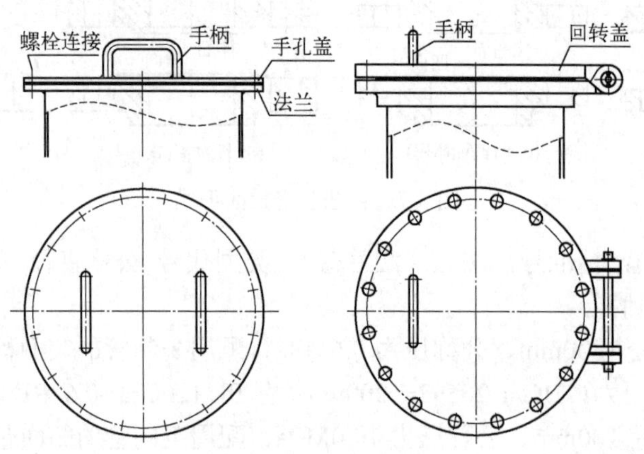


图 3-9　人孔基本结构

人孔、手孔标记示例：名称 密封面代号 材料类别代号 （垫片代号） 公称直径-公称压力 非标准高度 标准号。

［例 1］公称直径 DN 为 450mm、$H_1$=160mm，Ⅰ类材料，采用石棉橡胶板垫片的常压人孔，标记为：人孔Ⅰ（A-XB350）450 160　HG/T 21515—2014。

［例 2］公称压力 0.6MPa、公称尺寸 DN 为 200mm、$H_1$=200mm、采用Ⅱ材料、石棉橡胶板垫片的板式平焊法手孔，标记为：手孔Ⅱ（A-G）200-0.6 200　HG/T 21529—2014。

## 3.1.6　视镜

视镜的基本结构见图 3-10，可用来观察设备内物料及其反应情况，也可以作为料面指示镜。常用的视镜有视镜、带颈视镜和压力容器视镜。一般采用不带颈视镜，其结构简单，不易结料，窥视范围大。当视镜需要斜装、设备直径较小或受容器外部保温层限制时，采用带颈视镜。压力容器视镜用于公称压力较大的场合（大于 0.6MPa）。

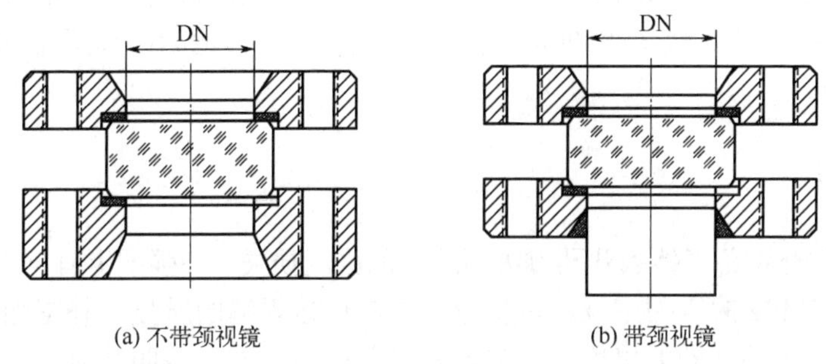


图 3-10　视镜基本结构

视镜标记示例：名称　视镜材料代号　PN 公称压力，DN 公称直径，*h*=非标准高度，标准号。

［例 1］公称压力 0.6MPa、公称直径 DN125mm 的带颈衬里视镜，标记为：带颈衬里视镜Ⅲ PN0.6，DN125，HG/T 21620—1986。

［例 2］公称压力 1.6MPa、公称直径 DN100mm，材料为碳素钢的带颈视镜，标记为：带颈视镜Ⅰ PN1.6，DN100，HG/T 21620—1986。

## 3.1.7　液面计

液面计是用来观察设备内部液面位置的装置。液面计结构有多种类型，最常用的有玻璃管（G 型）液面计（HG 21592—1995）、透光式（T 型）玻璃板液面计（HG 21589.1—1995，见图 3-11）、反射式（R 型）玻璃板液面计（HG 21590—1995），其中部分已经标准化。其性能参数主要有公称压力、使用温度、主体材料、结构形式等。

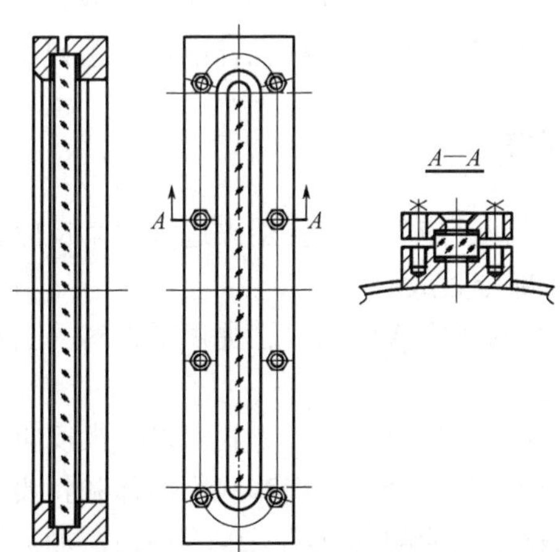


图 3-11　透光式玻璃板液面计结构

液面计标记示例：名称　密封面代号　PN 公称压力-材料类别代号　结构形式代号-L　公称长度，标准号。

［例 1］公称压力为 2.5MPa、碳钢材料(Ⅰ)、保温型(W)、排污口配阀门(V)、突面法兰连接(A)、透光式(T)，公称长度 $L$=1450mm 的玻璃板液面计，标记为：液面计 AT2.5-IW-1450V(P) HG 21589.1—1995。

［例 2］公称压力为 6.3MPa、不锈钢材料(Ⅱ)、普通型、排污口配阀门(V)、凸面法兰连接(B)、反射式(R)、公称长度 $L$=850mm 的玻璃板液面计，标记为：液面计 BR6.3-Ⅱ-850V(P) HG 21589.2—1995。

### 3.1.8　补强圈

补强圈用来弥补设备壳体因开孔过大而造成的强度损失。补强圈上有一小螺纹孔（M10），焊后通入 0.4～0.5MPa 的压缩空气，以检查补强圈连接焊缝的质量。补强圈厚度随设备壁厚不同而异，一般要求补强圈的厚度和材料均与设备壳体相同。按照焊接接头结构的要求，补强圈坡口类型有 A～E 五种，也可根据结构要求自行设计坡口形式，如图 3-12 所示。

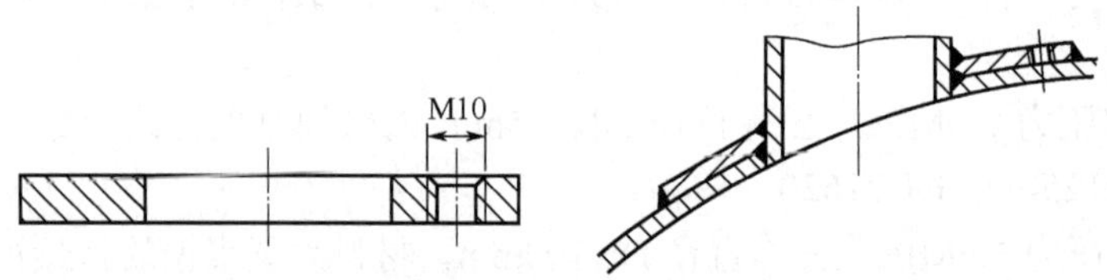


图 3-12　补强圈基本结构、与被补部分焊接后的形状结构

补强圈标记示例：公称直径×厚度-坡口类型-补强圈材料 标准号。

［例］接管公称直径 DN=100mm、补强圈厚度为 8mm、坡口类型为 D 型、材质为 Q345R 的补强圈，其标记为：DN100×8-D-Q345R NB/T 11025—2022。

## 3.2　化工设备常用零部件

在化工设备中，除前面介绍的通用零部件外，还有典型设备如反应罐、换热器、塔器、容器中常用的零部件，其中部分零部件或结构已标准化、系列化。

### 3.2.1　反应罐常用零部件

反应器通常又称为反应罐或反应釜，主要用来进行化学反应。搅拌反应釜的主要结构如图 3-13 所示，通常由如下几部分组成。

罐体。由筒体及上下两个封头焊接而成，它提供了物料的反应空间。上封头也常采用法兰结构与筒体组成可拆式连接。

传热装置。通过直接或间接的加热或冷却方式，以提供反应所需要的或带走反应产生的热量。常见的传热装置有蛇管式和夹套式，夹套式由筒体和封头焊成。

搅拌装置。为了使参与化学反应的各种物料混合均匀，加速反应进行，需要在容器内设置搅拌装置，搅拌装置由搅拌轴和搅拌器组成。

传动装置。用来带动搅拌装置，由电动机和减速器（带联轴器）组成。

轴封装置。由于搅拌轴是旋转件，而反应罐容器的封头是静止的，在搅拌轴伸出封头之处必须进行密封，以阻止罐内介质泄漏。

其他装置。设备上必要的支座、人（手）孔、各种管口等通用零部件。

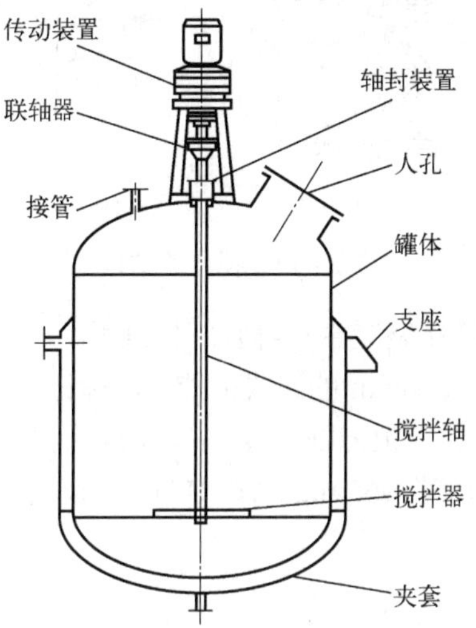


图 3-13　搅拌反应釜的结构

（1）搅拌器

搅拌器用于增强传热、传质作用，提高物料化学反应速率。根据物料性质、搅拌速度和工艺要求的不同设计了各种类型的搅拌器，如图 3-14 所示，常用的有桨式、涡轮式、推进式、框式和锚式、螺带式等搅拌器。大部分搅拌器已经标准化，其主要性能参数有搅拌装置直径和轴径。

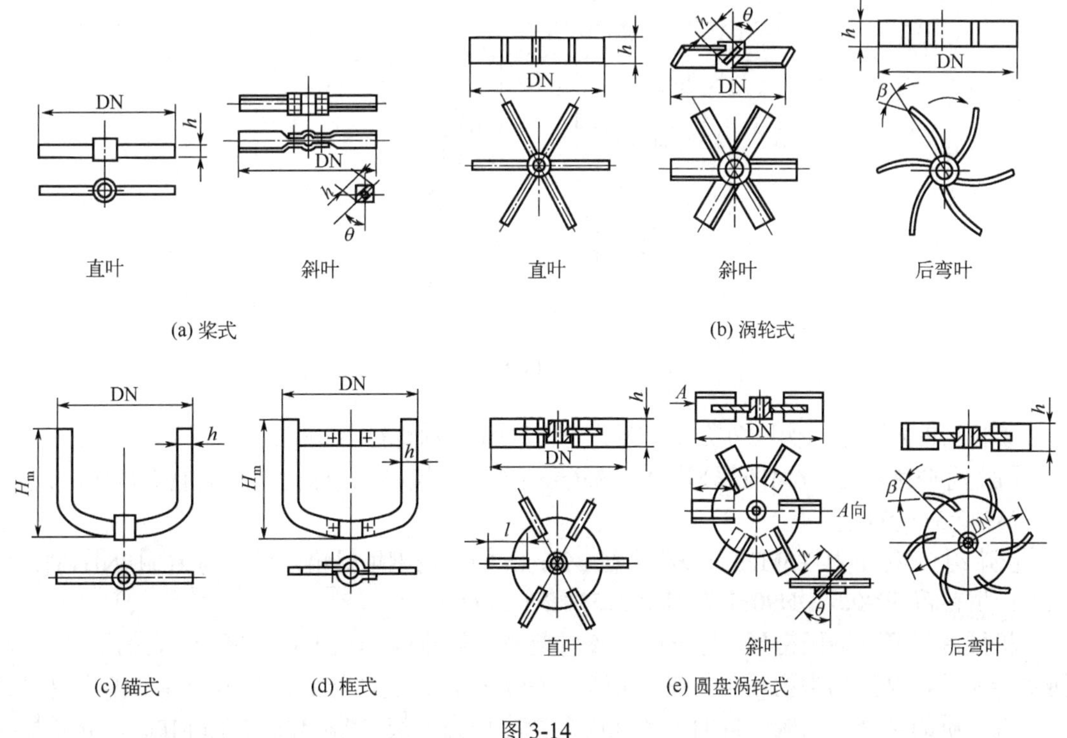


图 3-14

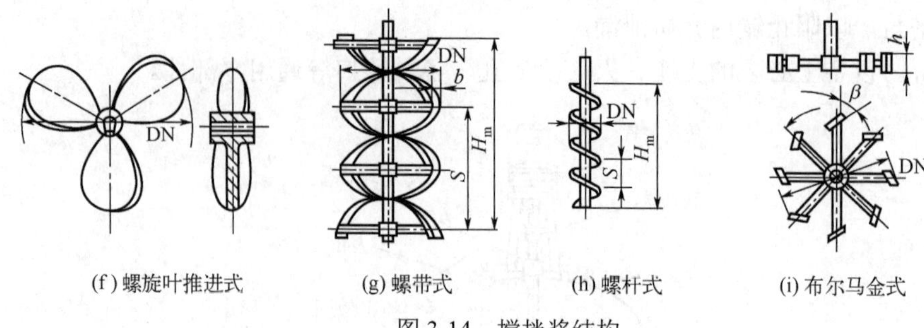


图 3-14　搅拌桨结构

搅拌器标记示例：名称 搅拌装置直径-轴径 标准号。

［例 1］直径 600mm、轴径 $\phi$40mm 的桨式搅拌器，标记为：搅拌器 600-40 HG/T 2051.4—2019。涡轮式和推进式搅拌器的标记方法与桨式搅拌器的相同。

［例 2］直径为 1140mm、轴径 $\phi$65mm、1Cr18Ni9Ti 制造的框式搅拌器，标记为：搅拌器 Ⅱ 1140-65 HG/T 2051.2—2019。

（2）轴封装置

密封装置按密封面间有无相对运动，分为静密封和动密封两类。法兰连接属于静密封，轴封属于动密封。反应罐中的轴封主要有填料箱密封、机械密封。

填料箱密封的结构简单，制造、安装、检修均较方便，应用较为普遍，如图 3-15 所示。填料箱密封的种类很多，有带衬套的、带油环的、带冷却夹套的等多种结构。填料箱的主体材料有铸铁、碳钢和不锈钢三种，公称压力有常压 0.1MPa 和 0.6MPa 两种，公称直径 DN 系列为 30mm、40mm、50mm、60mm、70mm、80mm、90mm、100mm、110mm、120mm、130mm、140mm 和 160mm 等。

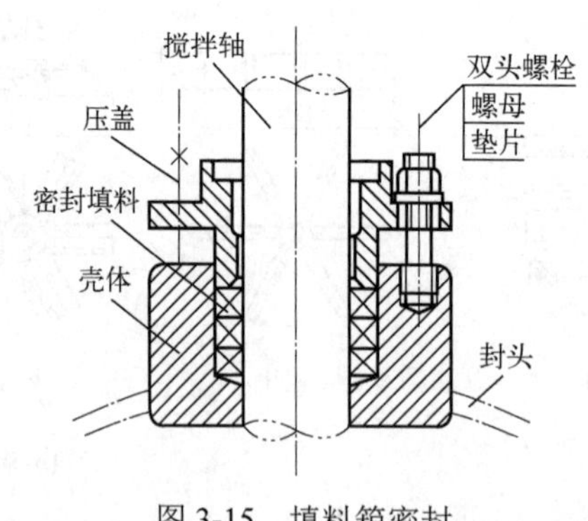


图 3-15　填料箱密封

填料箱密封标记示例：名称 PN 公称压力 DN 公称直径 标准号。

［例 1］公称压力 1.6MPa、公称直径 $\phi$50mm 的碳钢填料箱，标记为：填料箱 PN1.6 DN50 HG 21537.3—1992。

［例 2］公称压力 0.6MPa、公称直径 $\phi$90mm 的不锈钢填料箱，材料为 1Cr18Ni11Ti，标记为：填料箱 PN0.6 DN90 Ⅰ型 HG 21537.2—1992。

机械密封又称端面密封，是一种比较新型的密封结构，如图 3-16 所示。它的泄漏量少，使用寿命长，摩擦功率损耗小，轴或轴套不受磨损，耐震性能好，常用于高低温、易燃易爆有毒介质的场合。机械密封的主要性能参数有压力等级（0.6MPa 和 1.6MPa）、介质情况

（一般介质和易燃、易爆、有毒介质）、介质温度（≤80℃和>80℃）及公称直径（30mm、40mm、50mm、60mm、70mm、80mm、90mm、100mm、110mm、120mm、130mm、140mm 和 160mm）。

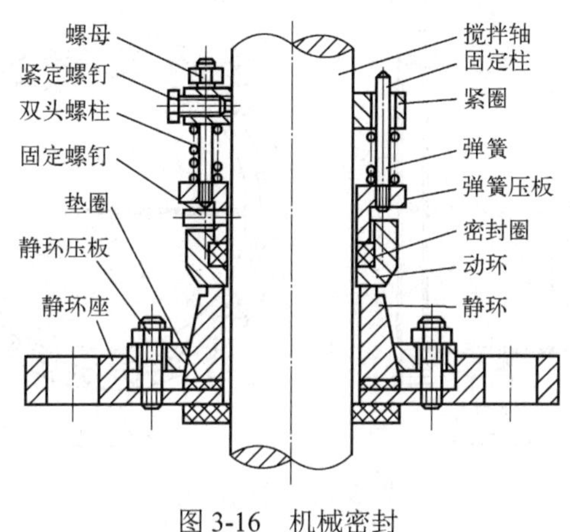


图 3-16 机械密封

## 3.2.2 换热器常用零部件

换热器主要用来使两种不同温度的物料进行热量交换，以达到加热或冷却的目的，常见换热器种类有列管式、套管式、螺旋板式等。列管式换热器处理能力和适应性强，能承受高温、高压，是目前应用最广泛的一种换热器。列管式换热器（GB/T 151—2014）有浮头式（AES、BES）、立式固定管板式（BEM）、U 形管式（BIU）、填料函双壳程（AFP）、釜式重沸器（AKT）、填料函分流式（AJM）等多种形式。

图 3-17 为一固定管板式换热器，其主要结构除筒体、封头、支座等外，还有密集的换热管束按一定的排列方式固定在两端的管板上，管板两端用法兰与封头和管箱连接。管束与两端封头连通形成管程，筒体与管束围成的管外空间称为壳程。列管式换热器常用零部件有管箱、管板、折流板、膨胀节。

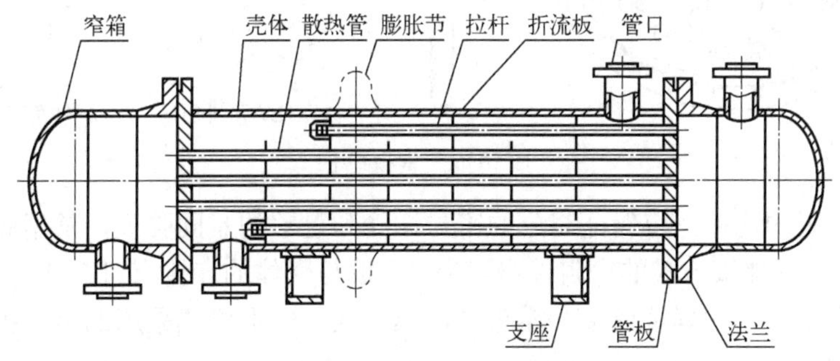


图 3-17 固定管板式换热器

（1）管箱

管箱位于壳体式换热器的两端，其作用是把管道输送来的流体均匀地分布到各换热管中，以及把换热管中的流体汇集在一起送出换热器。在多管层换热器中管箱还起着改变流体流向的作用，常见管箱基本结构如图 3-18 所示。管箱部件通常由封头、短节、容器法兰、接管及接管法兰和隔板等组成。

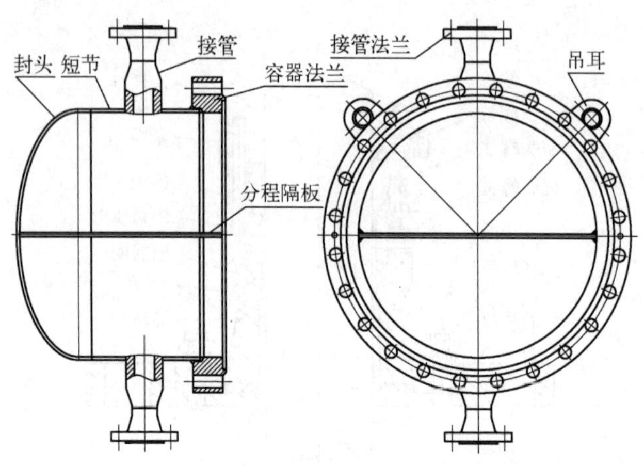


图 3-18　管箱结构

（2）管板

管板是管壳式换热器的主要零件之一，绝大多数管板是圆形平板，板上开很多管孔，每个孔固定连接着换热管，板的周边与壳体管箱相连。板上管孔的排列形式应考虑流体性质、结构紧凑等因素，有正三角形、转角正三角形、正方形、转角正方形四种排列形式，如图 3-19 所示。

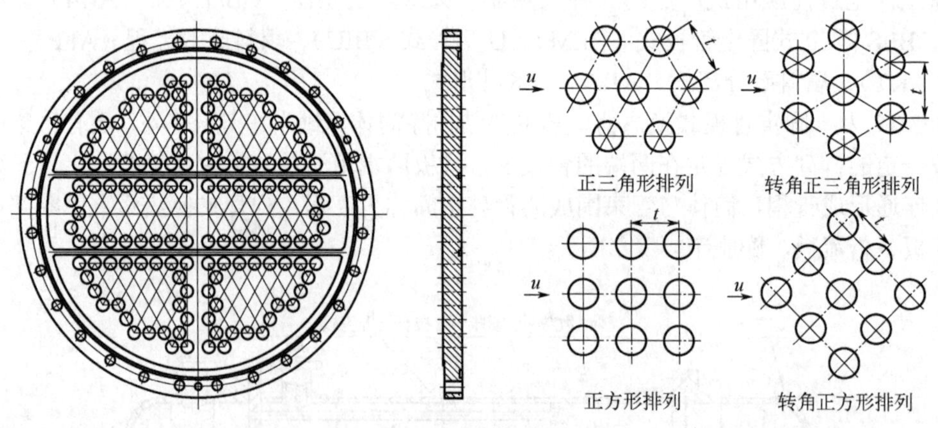


图 3-19　管板结构

换热管与管板的连接，应保证充分的密封性能和足够的紧固强度，常用胀接、焊接或胀焊并用等方法，其中焊接方式的密封性最可靠。管板与壳体的连接有可拆式和不可拆式两类。固定管板式采用不可拆的焊接连接，浮头式、填函式、U 形管式采用的是可拆连接。

（3）折流板

折流板设置在壳程，它可以提高传热效果，还起到支承管束的作用，其结构类型有弓形（或称圆缺形）、圆盘-圆环形和带扇形切口三种，如图 3-20 所示。图 3-21 所示的弓形折流板比较常用，流体只经折流板切除的圆缺部分而垂直流过管束，流动中死区较少，结构也简单。而圆盘-圆环形折流板，一般只用在压力比较高和物料清洁的场合。

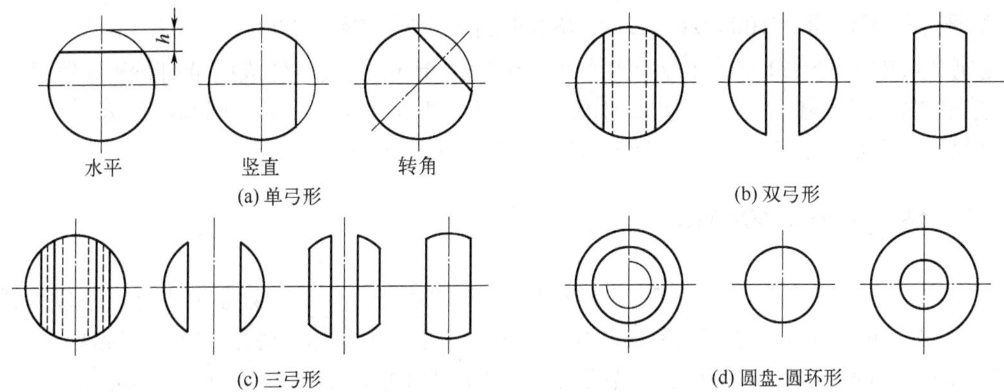


图 3-20　折流板形式

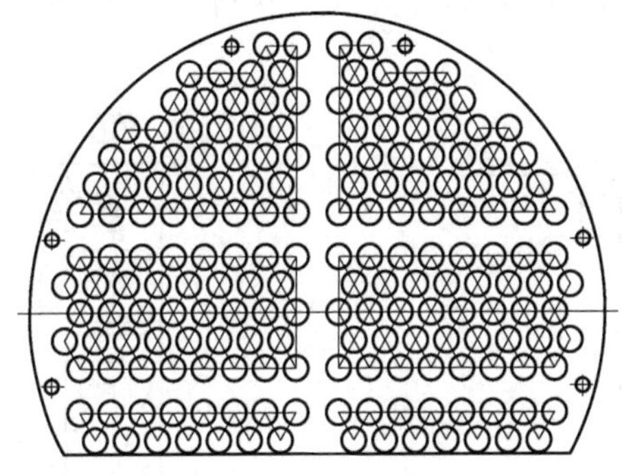

图 3-21　弓形折流板

（4）膨胀节

膨胀节是装在固定管板式换热器壳体上的挠性部件，以补偿由温差引起的变形。最常用的为波形膨胀节，如图 3-22 所示。波形膨胀节可分为整体成形小波高膨胀节（代号 ZX）、整体成形大波高膨胀节（ZD）、两半波零件焊接膨胀节（HF）和带直边两半波零件焊接膨胀节（HZ）等四类。使用时有立式(L 型)和卧式(W 型)两类，若带内衬套又分为立式(LC 型)和卧式(WC 型)。用在卧式设备上，有 A 型带丝堵、B 型无丝堵两种。

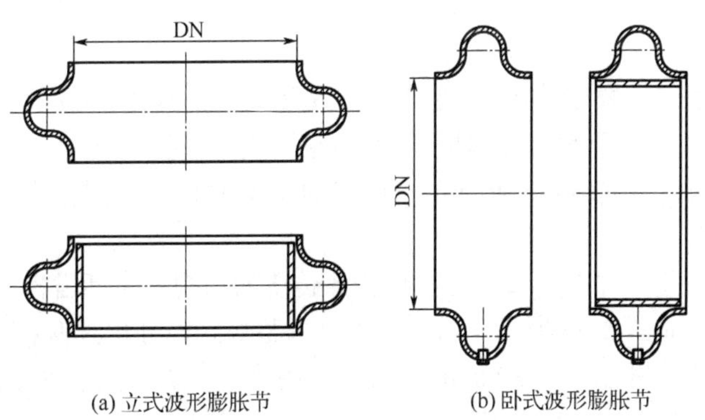


图 3-22　波形膨胀节结构

膨胀节标记示例：

［例 1］06Cr19Ni10 卧式单层(厚度 2.5mm)无加强 U 形 4 波整体成型无丝堵膨胀节（采用薄壁单层)，其公称压力 PN 为 0.6MPa、公称直径 DN 为 1000mm，则其标记为：

膨胀节 ZXW(Ⅱ)U1000-0.6-1×2.5×4(S30408) GB/T 16749—2018

［例 2］06Cr19Ni10 立式单层无加强 U 形(厚度 6mm) 2 波整体成型带内衬套膨胀节（采用厚壁单层），其公称压力 PN 为 0.6MPa、公称直径 DN 为 1000mm，则其标记为：

膨胀节 ZDLC(Ⅱ)U1000-0.6-1×6×2(S30408) GB/T 16749—2018

### 3.2.3 塔设备常用零部件

化工生产过程中的吸收、精馏、萃取以及洗涤等操作需在塔器设备中进行，塔多为圆柱形立式设备，通常分板式塔和填料塔两大类。板式塔主要由塔体、塔盘、裙座、除沫装置、气液相进出口、人孔、吊柱、液面计（温度计）等零部件组成，如图 3-23 所示。当塔盘上传质元件为泡罩、浮阀、筛孔时，分别称为泡罩塔、浮阀塔、筛板塔。填料塔主要由塔体、填料、喷淋装置、再分布器、栅板及气液体进出口、卸料孔、裙料孔、裙座等零部件组成，如图 3-24 所示。

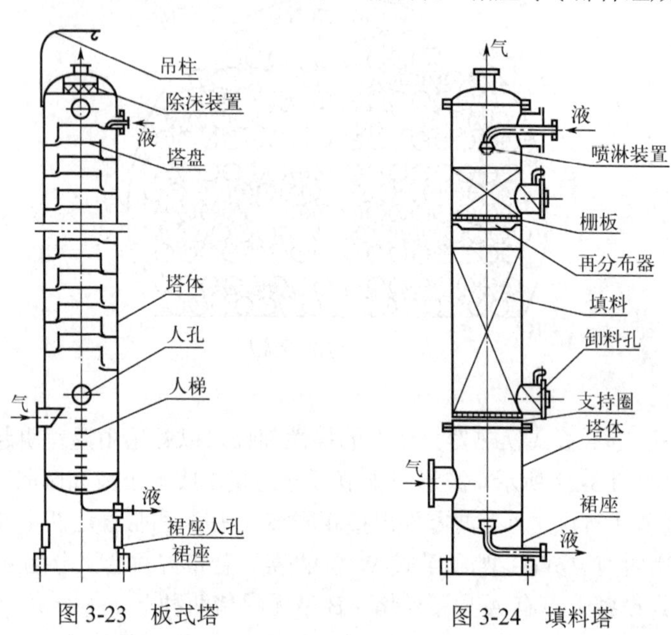


图 3-23　板式塔　　图 3-24　填料塔

（1）栅板

栅板是填料塔中的主要零件之一，它起着支承填料环的作用，栅板分为整块式和分块式，如图 3-25 所示。当直径小于 500mm 时一般使用整块式；当直径为 900～1200mm 时，可分成三块；直径再大，可分成宽 300～400mm 的更多块，以便装拆及进出人孔。

（2）塔盘

塔盘是板式塔主要部件之一，它是实现传热传质的结构，包括塔板、降液管及溢流堰、紧固件和支承件等，如图 3-26 所示。塔盘可以分为整块式与分块式两种，一般塔径为 300～800mm，采用整块式；塔径大于 800mm 可采用分块式。分块的大小以能在人孔中进出为限。

（3）浮阀与泡帽

如图 3-27 所示，浮阀和泡帽是浮阀塔和泡罩塔的主要传质零件。浮阀有圆盘形和条形两种，最常用的为 F1 型浮阀，它结构简单、制造方便、省材料，被广泛采用，标准为 NB/T 10557—2021。F1 型浮阀分为 Q 型（轻阀）和 Z 型（重阀）。材料规定为 A（06Cr13）、B（06Cr19Ni10）、C（06Cr17Ni12Mo2），主要性能还有塔板厚度（系列为 2mm、3mm、4mm）。泡帽有圆泡帽和条形泡帽两种。圆泡帽也已标准化，标准为 NB/T 10557—2021，使用材料分为Ⅰ类（Q235-A、Q235-B）、Ⅱ类（06Cr19Ni10）。圆泡帽的主要性能参数有公称直径（外径）、齿缝高、材料等，其公称直径分为 80mm、100mm、150mm 三种。

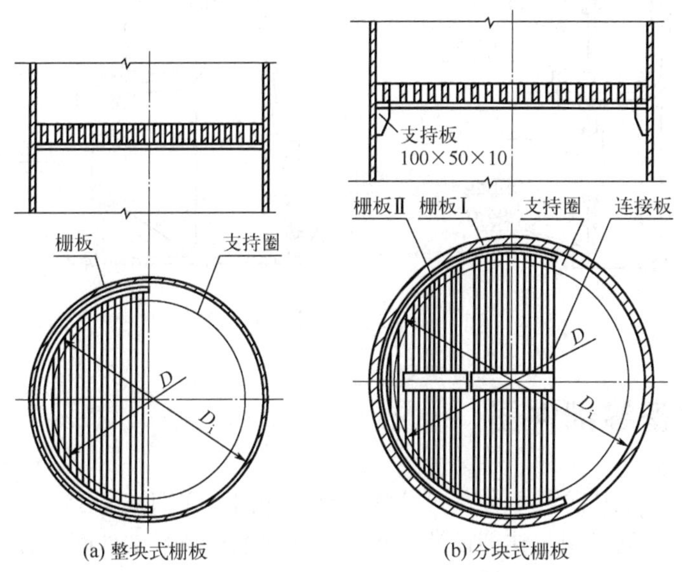


图 3-25　栅板结构

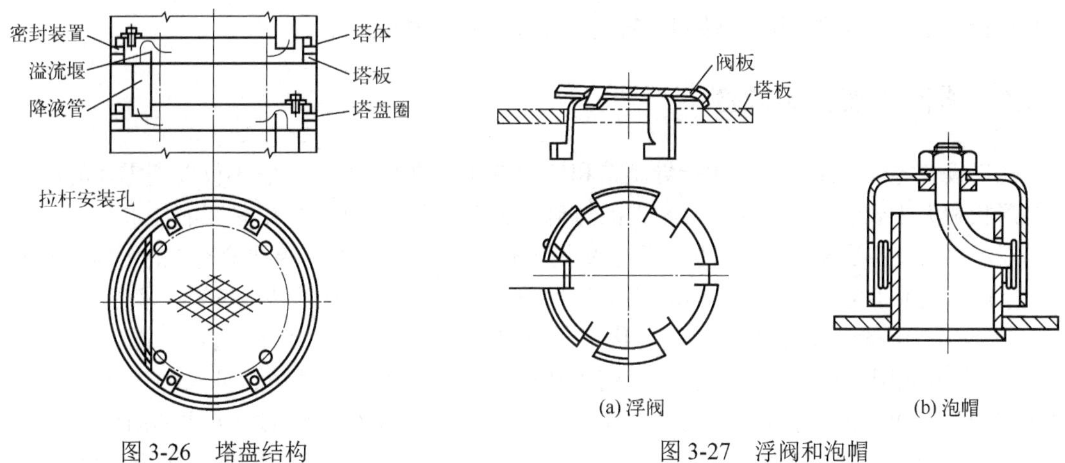


图 3-26　塔盘结构

图 3-27　浮阀和泡帽

浮阀与泡帽标记示例：

［例 1］用于塔盘板厚度为 3mm，由 06Cr19Ni10 钢(B)制成的 F 型浮阀(Z)，标记为：浮阀 F1Z-3B NB/T 10557—2021。

［例 2］圆泡帽外径 DN 为 80mm，齿缝高 $h$=25mm，材料为 Q235-A，标记为：圆泡帽 DN80-25-Ⅰ NB/T 10557—2021。

（4）*裙式支座*

裙式支座简称裙座，是塔设备的主要支承形式，如图 3-28 所示。裙式支座有圆筒形和圆锥形两种类型。圆筒形裙座的内径与塔体封头内径相等，制造方便，应用较为广泛；圆锥形裙座承载能力强、稳定性好，对于塔高与塔径之比较大的塔特别适用。

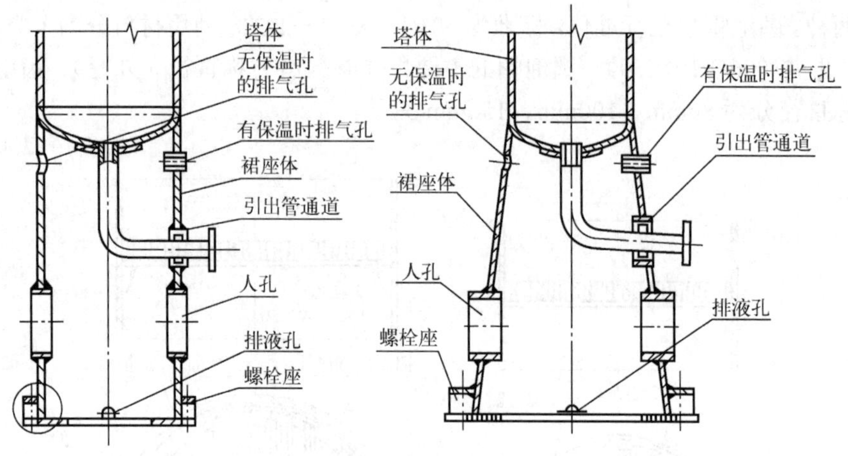


图 3-28　裙式支座

# 3.3　化工设备零部件图

化工设备图按照设计阶段划分，可分为基础设计图和详细设计图；按照用途划分，可分为工程图和施工图。施工图与详细设计图相同，含图纸和技术文件两部分。其中图纸包括总图、装配图、部件图、零件图、管口方位图、表格图、特殊工具图、标准图、梯子平台图和预焊件图等。技术文件包括技术要求、计算书、说明书及图纸目录等。化工设备的施工图样主要包括装配图、部件图、零件图、管口方位图、技术要求等。

## 3.3.1　零部件图主要内容

化工设备零部件图是生产中指导制造和检验零部件的主要图样。它不仅要把零件的内、外结构形状和大小表达清楚，还要对零件的材料、加工、检验、测量提出必要的技术要求。零件图是表示化工设备零件的结构形状、尺寸大小及加工、热处理、检验等技术资料的图样。部件图是表示可拆式或不可拆部件的结构形状、尺寸大小、技术要求和技术特性表等技术资料的图样。

图 3-29 为冷凝器管板的零件图。化工设备零部件图一般包含以下内容：

① 一组视图　用于正确、完整、清晰和简便地表达出零部件内、外结构形状的图形信息，其中包括机件的各种表达方法，如视图、剖视图、断面图、局部放大图和简化图等。

② 完整尺寸　零部件图中应正确、完整、清晰、合理地标注制造零件所需的全部尺寸信息。

③ 技术要求　技术要求是表示设备在制造、试验、验收时应遵循的条款和文件。零部件图中必须用规定的代号、数字、字母和文字注解，说明制造和检验零件时在技术指标上应达到的要求，如表面粗糙度、尺寸、公差形位、公差材料和热处理检验方法以及其他特殊要求。

④ 标题栏　位于图框的右下角，在标题栏中注写零部件的名称、材料、数量、绘图比例、图样代号等，还要注写单位名称以及设计、审核、批准者的姓名和日期等。

⑤ 明细表　由于化工设备中许多部件是由零件焊接后再进行机械加工而完成的产品，因此这类部件图中既有部件加工所需要的视图及尺寸、表面粗糙度等加工技术要求，又有表明焊接部件的零件构成的明细栏。在明细栏中填写各零部件的名称、规格、材料、数量及有关图号或标准号等内容。

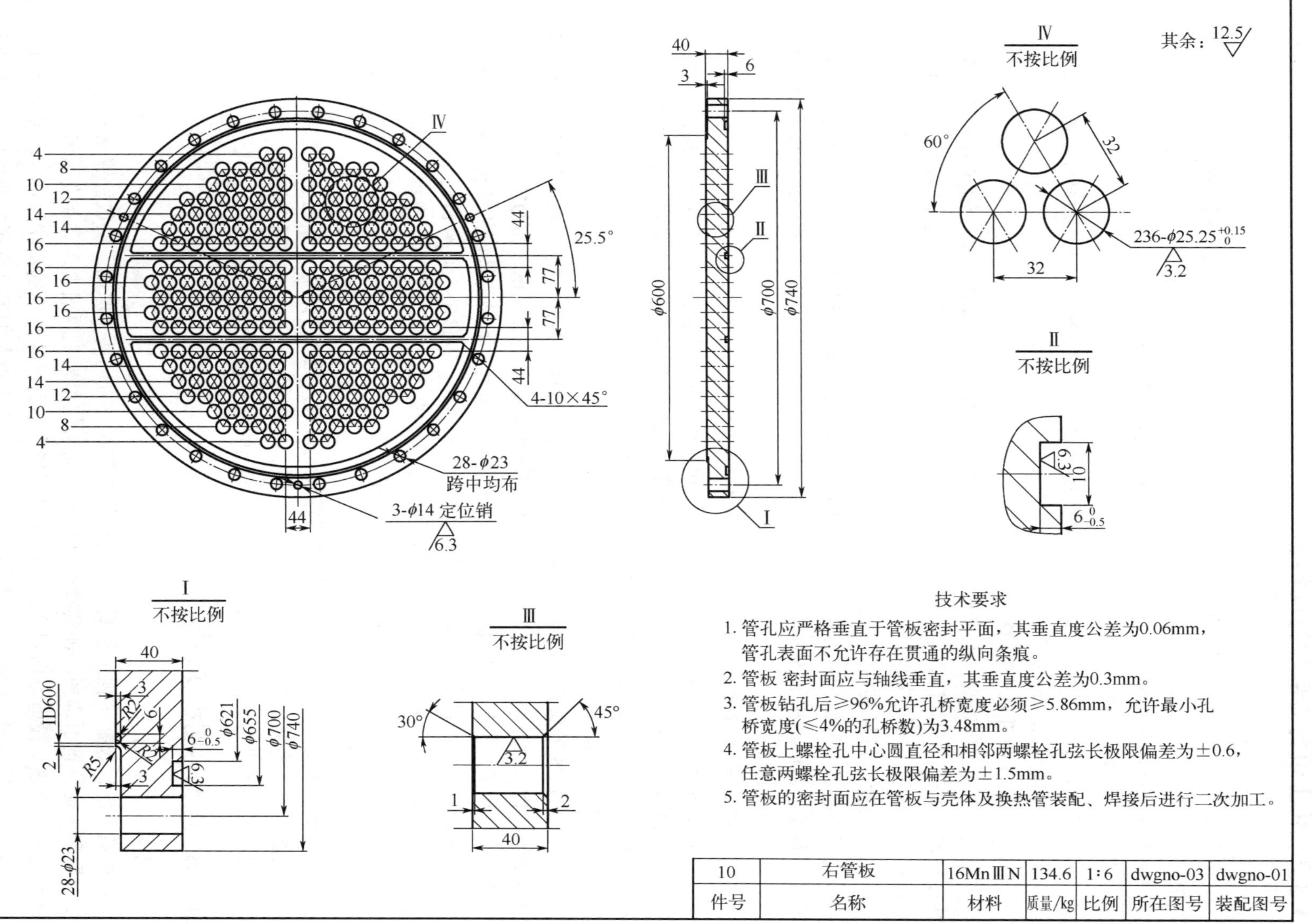


| 10 | 右管板 | 16MnⅢN | 134.6 | 1∶6 | dwgno-03 | dwgno-01 |
|---|---|---|---|---|---|---|
| 件号 | 名称 | 材料 | 质量/kg | 比例 | 所在图号 | 装配图号 |

图 3-29　冷凝器管板的零件图

### 3.3.2 化工设备零部件结构特点

（1）壳体以回转形体为主

化工设备（如各种容器、换热器、精馏塔等）的壳体主要由筒体和封头两部分组成，其中筒体以回转体为主，如圆柱形、圆球形、圆锥形、圆环形。筒体一般由钢板卷焊而成，直径小于 500mm 的筒体，也有用无缝钢管制成的。封头以椭圆形、球形等回转体最为常见。

（2）尺寸相差悬殊

化工设备的总体尺寸与设备的某些局部结构的尺寸往往相差悬殊。如精馏塔的高度和壁厚、大型容器的直径和壁厚等。

（3）有较多的开孔和管口

根据化工工艺的需要（如物料的进出、仪表的装接等）在设备壳体的轴向和周向位置上，往往有较多的开孔和管口，用于安装各种零部件和连接管路。如物料进出口、人孔、手孔、采样孔、仪表孔、视孔等。

（4）大量采用焊接结构

化工设备各部分结构的连接和零部件的安装连接，广泛采用焊接的方法。不仅筒体由钢板卷焊而成，其他结构如筒体与封头、管口、支座、管法兰、人孔、液面计、鞍座的连接，也大多采用焊接方法。

（5）广泛采用标准化、通用化、系列化的零部件

化工设备上一些常用零部件、封头、支座、管法兰、设备法兰、人（手）孔、视镜、液位计、补强圈等大多已由有关部门制订了标准。典型设备中的部分零部件，如填料箱、搅拌器、波形膨胀节、浮阀和泡罩等也有相应的行业标准。

（6）材料特殊

钢号为 Q235 的碳素结构钢是制造螺母、螺栓、拉杆、连杆、楔、轴、焊件常用的材料，较重要的工件如齿轮、连杆、螺钉需要使用屈服极限更高的碳素钢，如 Q275、Q345。弹簧、叶片等要使用 60 号或 60Mn 优质碳素钢。需要较高耐磨、耐蚀等性能的结构，使用 45Gr、45GrTnMn 等材料。机座、支座、箱体多用 ZG230-450、ZG310-570 号铸钢制造。散热器、垫片、低强度螺钉、弹簧多使用 H62 牌号的黄铜材料。还有铝、塑料、橡胶、树脂、丝绵等各种常用材料，选用时需要依据相关国家标准。

（7）有较高的密封要求

除动设备的机械端面密封和密封填料箱轴向密封，还要考虑静设备的介质密封，避免易燃、易爆、有毒介质的跑、冒、滴、漏。

因此在化工设备的表达方法上，形成了相应的图示特点。

### 3.3.3 零部件图视图表达

（1）基本视图

机械零部件选择主视图需要考虑安放位置和投射方向两个原则。安放位置从零部件的加工位置和装配位置中选择，轴套类和盘盖类以加工位置为主要因素，叉架类和箱体类以工作位置为主要因素。投射方向则要使主视图尽可能多地反映零部件的形状特征，完整清晰地表达零部件内、外结构，同时兼顾尺寸标注的需要。化工设备的零部件多为回转体，其基本视图常采用两个视图来表达零部件的主体结构情况。图 3-30 所示的立式冷凝器上管箱的零部件

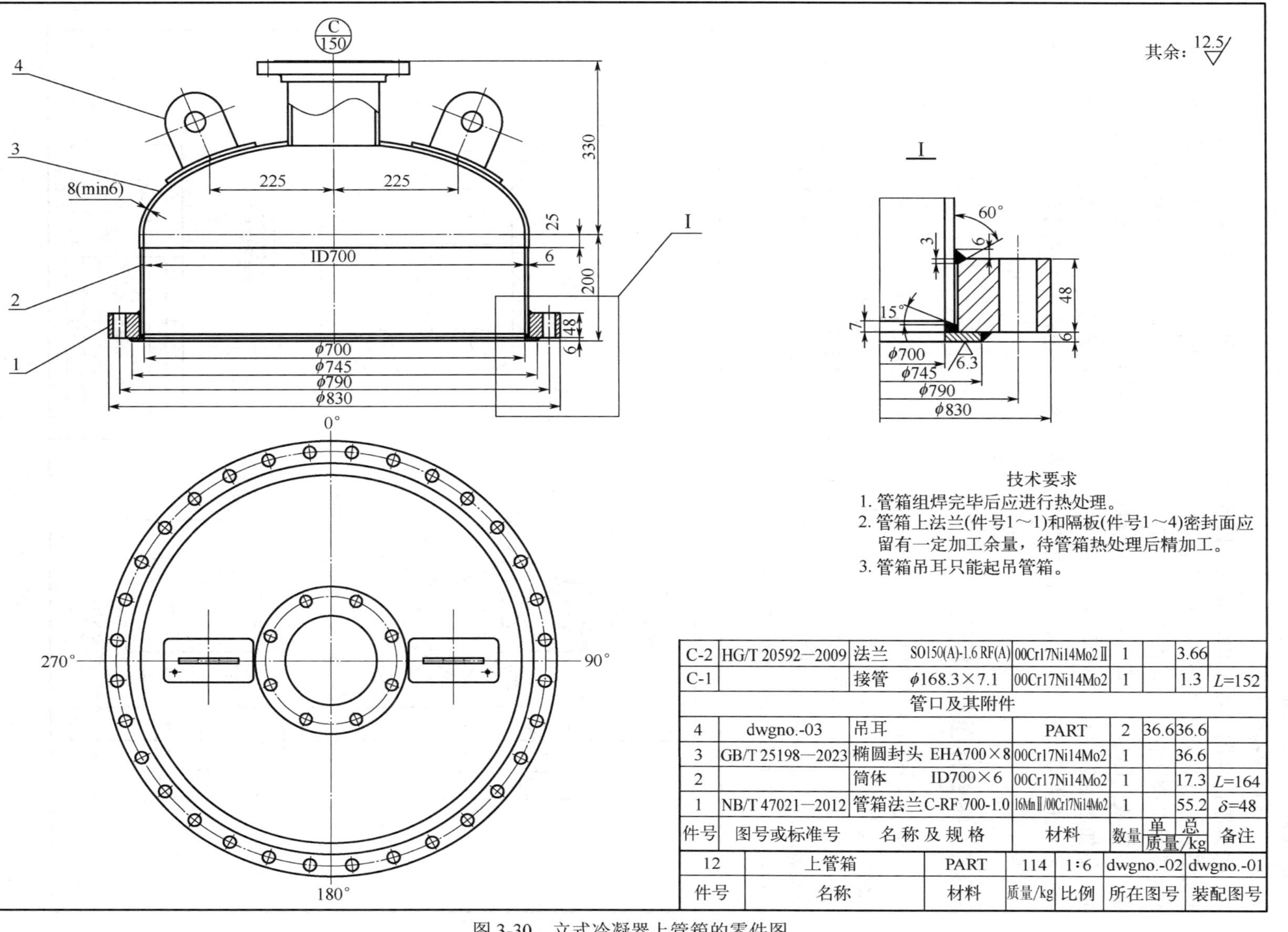


技术要求

1. 管箱组焊完毕后应进行热处理。
2. 管箱上法兰(件号1～1)和隔板(件号1～4)密封面应留有一定加工余量，待管箱热处理后精加工。
3. 管箱吊耳只能起吊管箱。

| 件号 | 图号或标准号 | 名称及规格 | 材料 | 数量 | 单质量/kg | 总质量/kg | 备注 |
|---|---|---|---|---|---|---|---|
| C-2 | HG/T 20592—2009 | 法兰　SO150(A)-1.6 RF(A) | 00Cr17Ni14Mo2 Ⅱ | 1 | | 3.66 | |
| C-1 | | 接管　$\phi$168.3×7.1 | 00Cr17Ni14Mo2 | 1 | | 1.3 | $L$=152 |
| 管口及其附件 | | | | | | | |
| 4 | dwgno.-03 | 吊耳 | PART | 2 | 36.6 | 36.6 | |
| 3 | GB/T 25198—2023 | 椭圆封头 EHA700×8 | 00Cr17Ni14Mo2 | 1 | | 36.6 | |
| 2 | | 筒体　ID700×6 | 00Cr17Ni14Mo2 | 1 | | 17.3 | $L$=164 |
| 1 | NB/T 47021—2012 | 管箱法兰C-RF 700-1.0 | 16MnⅡ/00Cr17Ni14Mo2 | 1 | | 55.2 | $\delta$=48 |

| 件号 | 名称 | 材料 | 质量/kg | 比例 | 所在图号 | 装配图号 |
|---|---|---|---|---|---|---|
| 12 | 上管箱 | PART | 114 | 1∶6 | dwgno.-02 | dwgno.-01 |

图 3-30　立式冷凝器上管箱的零件图

图采用正视图、俯视图。

（2）细部结构的视图

机械零部件图主要采用剖视图、断面图、局部视图和斜视图等多种辅助视图。而化工设备各部分尺寸相差悬殊，按照总体尺寸所选定的绘图比例往往无法将细部结构同时表达清楚。因此化工设备图中较多地采用局部放大和夸大画法来表达细部结构并标注尺寸。局部放大图也称节点详图，可按照规定比例画图也可不按照比例画图，但都需要注明。例如图 3-29 中用三处局部放大图来表示管板密封结构和管孔结构与尺寸。细小结构可以适当采用夸大画法表示，如筒体壁厚及垫片等较小结构均可采用夸大画法，适当放大表示。

## 3.3.4 零部件图尺寸标注

机械设备零部件的标注尺寸必须做到正确、完整、清晰、合理。为了做到合理标注尺寸，应恰当地选择尺寸基准及标注形式。尺寸基准是尺寸标注的起点，在零部件长、宽、高各个方向上至少要确定一个尺寸基准，以此基准标注定位尺寸和定型尺寸。常用的基准面有底板的安装面、重要的端面、装配结合面、零件对称面等；常用的基准线有回转体（如孔或轴）的轴线等。尺寸基准的选择如图 3-31 所示。

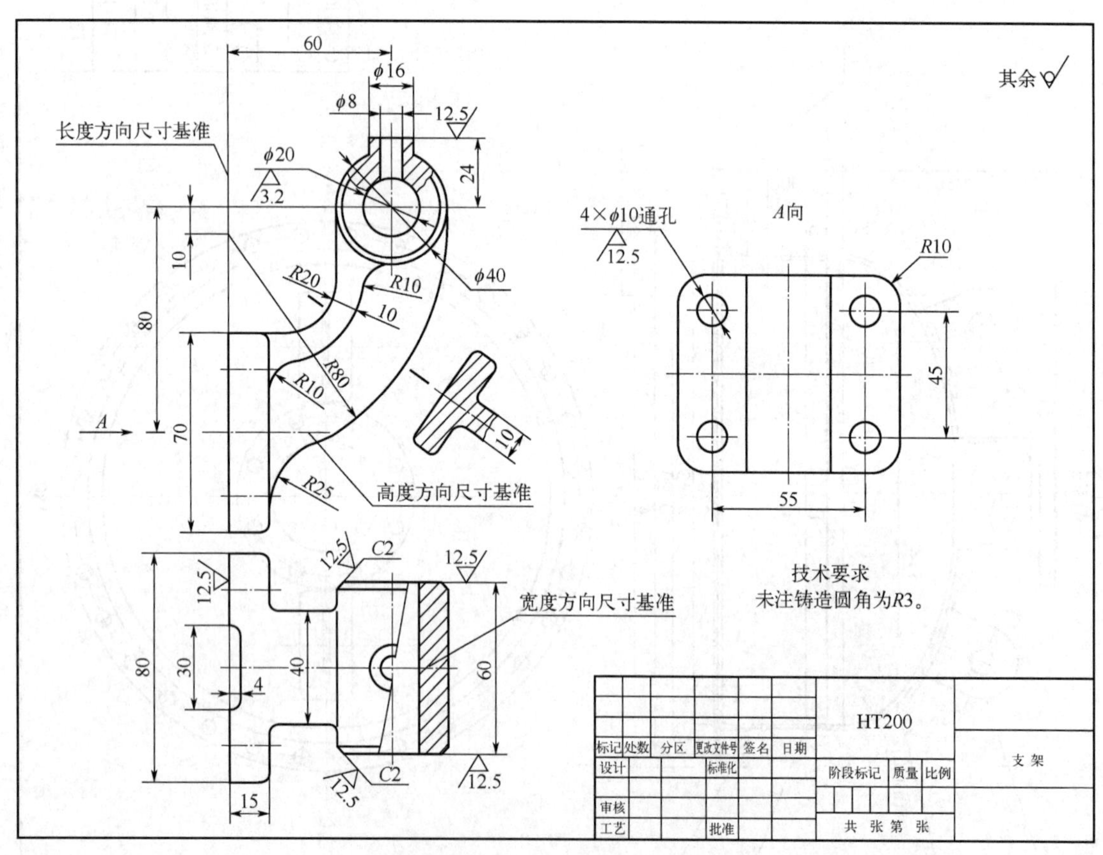


图 3-31　支架零部件的尺寸标注

机械零部件中常见的典型结构的尺寸标注有：①轴套类零件，如轴、衬套等，如

图 3-32 所示；②盘盖类零件，如端盖、阀盖、齿轮等；③叉架类零件，如拨叉、连杆、支座等；④箱体类零件，如阀体、泵体、减速箱等。除此之外还有孔、倒角、退刀槽和砂轮越程槽等标注，如表 3-2、图 3-33 所示。退刀槽一般可按“槽宽×直径”或“槽宽×槽深”的形式标注。砂轮越程槽常用局部放大图表示，其尺寸数值可查阅机械设计手册。

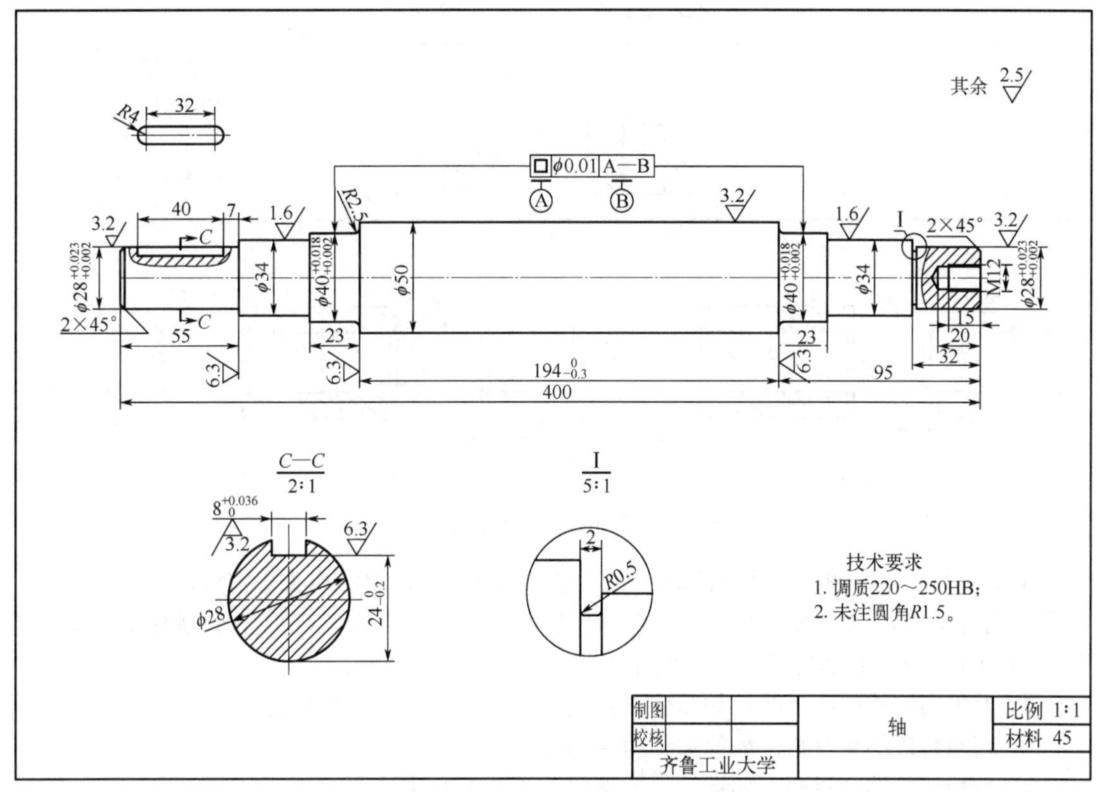


图 3-32　轴的尺寸标注

**表 3-2　常见孔的标注**

| 结构类型 | 简化标注 | 常用标注 |
|---|---|---|
| 光孔 | 4×φ4↧10 或 4×φ4↧10 | 4×φ4<br>10 |
| 螺孔 | 4×φ4↧10<br>孔↧8 或 4×φ4↧10<br>孔↧8 | 4×φ4<br>8<br>10 |
| 锥形沉孔 | 6×φ6<br>⌵φ10×90° 或 6×φ6<br>⌵φ10×90° | 90°<br>φ10<br>6×φ6 |

续表

| 结构类型 | 简化标注 | 常用标注 |
| --- | --- | --- |
| 柱形沉孔 | 8×φ6 ⌴φ12↧4.5 或 8×φ6 ⌴φ12↧4.5 | φ12 4.5 8×φ6 |
| 锪平沉孔 | 8×φ6 ⌴φ12 或 8×φ6 ⌴φ12 | ⌴φ12 8×φ6 |

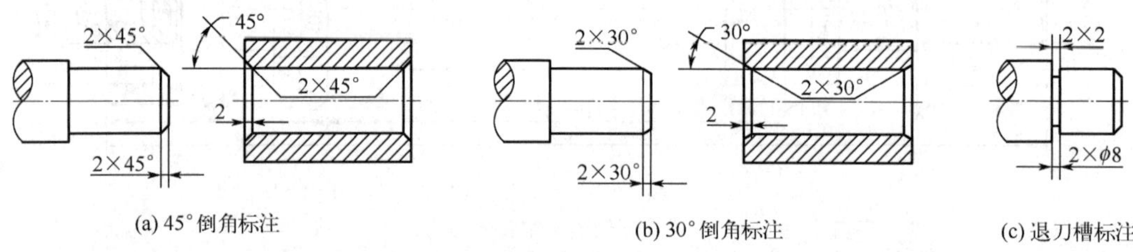


图 3-33　倒角、退刀槽的尺寸标注

化工设备零部件图的尺寸标注除了要遵守《机械制图》中的相关规定外，还要结合化工设备的结构特点，既要保证设备在制造和安装时达到设计要求，又要便于测量和检验。如图 3-34 所示，化工设备零部件图中常用的尺寸基准有以下几种：

① 各种回转体的中心线，如筒体、封头、接管、人孔等的中心线。

② 两回转体的环焊缝，如筒体和封头的焊缝。

③ 各种法兰的密封面，如接管上的法兰、筒体上的法兰。

④ 设备基础或支座的底面。

⑤ 管口的轴线与壳体表面的交线。

⑥ 基准点所在的水平线作为基准线。

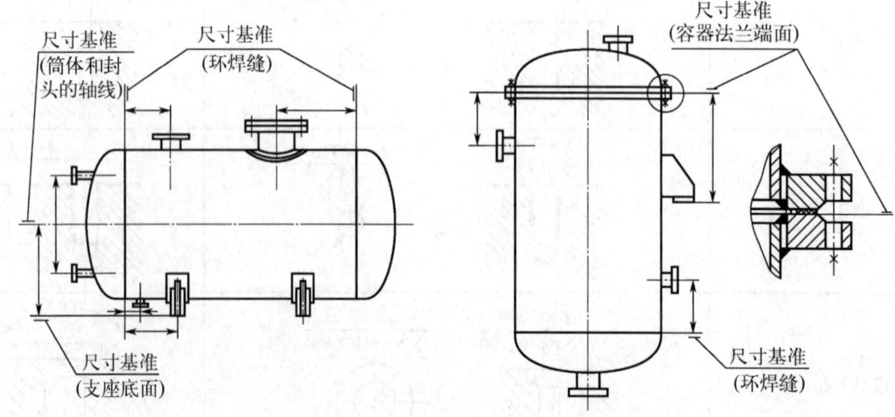


图 3-34　化工设备的尺寸基准

化工设备上典型结构的尺寸标注有：

① 筒体的尺寸标注　对于钢板卷焊的筒体一般标注内径、壁厚和高度(长度)；对于使用无缝钢管的筒体一般标注外径、壁厚和高度(长度)。

② 封头的尺寸标注　一般椭圆形、蝶形封头标注其公称直径、壁厚和直角边高度和总高，大端折边锥形封头标注其大端直径、小端直径、壁厚、直角边高度和总高。

③ 接管的尺寸标注　接管一般标注接管直径、壁厚及接管的伸出长度，如果接管为无缝钢管则一般标注“外径×壁厚”。接管的伸出长度一般标注管法兰端面到接管中心线和相接零件外表面的交点距离。

④ 填充物的尺寸标注　对于设备中的瓷环、浮球等填充物，一般要标注出总体尺寸（筒内径和堆放高度）、堆放方法及填充物规格尺寸。

## 3.3.5　零部件图技术要求

零部件图上，除了表达其形状结构的视图以及表达其大小及位置关系的尺寸外，还必须标注和说明零部件在加工制造过程中的一些技术要求。这些技术要求包括零部件的表面结构（常用表面粗糙度表示）、极限与配合要求、形状与位置公差、热处理与表面处理和表面修饰，以及对零件特殊加工检查及实验的说明、有关结构的统一要求，如圆角、倒角尺寸等。

（1）表面粗糙度

表面粗糙度是零件加工表面上具有的较小间距和峰谷不平度所组成的微观几何特性。加工过程中的刀痕、切削分离时的塑性变形、刀具与已加工表面间的摩擦、工艺系统的高频振动都是形成表面粗糙度的原因。表面粗糙度会对零件的耐磨性、配合性质的稳定性、疲劳强度、抗腐蚀性、密封性等造成影响。它是评价零件表面质量的一项重要指标。

① 评定参数　国家标准规定了表面粗糙度的三项评定参数：轮廓算术平均偏差 *Ra*、微观不平度十点高度 *Rz* 和轮廓最大高度 *Ry*。最常用的是轮廓算术平均偏差 *Ra*，其表示在取样长度内，轮廓偏距绝对值的算术平均值，如图 3-35 所示。常见加工方法对应的 *Ra* 值见表 3-3。机械加工中常用的 *Ra* 值为 25μm、12.5μm、6.3μm、3.2μm、1.6μm、0.8μm。*Ra* 值越小，表面质量要求越高，表面越光滑。

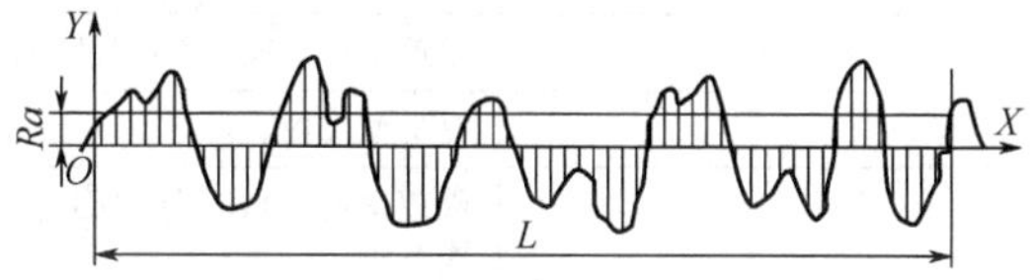


图 3-35　轮廓算术平均偏差 *Ra*

**表 3-3　*Ra* 值与加工方法**

| *Ra*/μm | 表面特征 | 加工方法 | *Ra*/μm | 表面特征 | 加工方法 |
|---|---|---|---|---|---|
| 50 | 明显可见刀痕 | 粗加工面：粗车、粗刨、粗铣、钻孔 | 0.8 | 可辨加工痕迹的方向 | 精加工面：精镗、精磨、精铰、抛光、研磨 |
| 25 | 可见刀痕 | | 0.40 | 微辨加工痕迹的方向 | |
| 12.5 | 微见刀痕 | | 0.20 | 不可辨加工痕迹的方向 | |
| 6.3 | 可见加工痕迹 | 半精加工面：精车、精刨、精铣、精镗、铰孔、粗磨、刮研 | 0.10 | 暗光泽面 | 光加工面：细磨、抛光、研磨 |
| 3.2 | 微见加工痕迹 | | 0.05 | 亮光泽面 | |
| 1.6 | 看不见加工痕迹 | | 0.025 | 镜状光泽面 | |
| | | | 0.012 | 雾状光泽面 | |
| | | | 0.006 | 镜面 | |

② 表面粗糙度的基本符号　基本符号如图 3-36 所示。

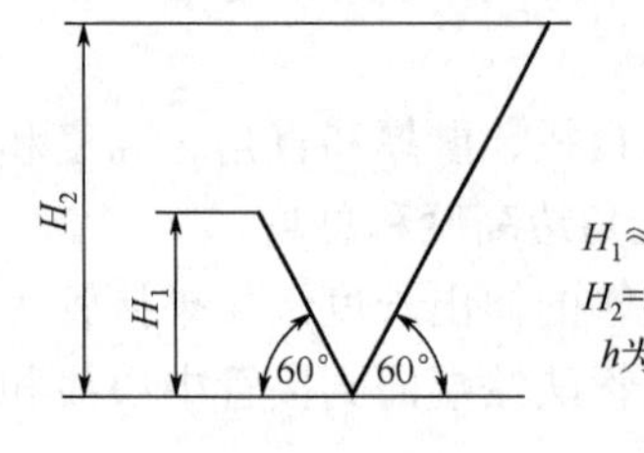


| 轮廓线线宽$d_1$/mm | 0.35 | 0.5 | 0.7 | 1 | 1.4 |
|---|---|---|---|---|---|
| 数字与字母高度$h$/mm | 2.5 | 3.5 | 5 | 7 | 10 |
| 符号的线宽$d_2$/mm | 0.25 | 0.35 | 0.5 | 0.7 | 1 |
| 高度$H_1$/mm | 3.5 | 5 | 7 | 10 | 14 |
| 高度$H_2$/mm | 8 | 11 | 15 | 21 | 30 |

图 3-36　表面粗糙度基本符号

③ 表面粗糙度代号　表面粗糙度的代号、含义及其画法见表 3-4。纹理符号及含义见表 3-5。

**表 3-4　表面粗糙度的代号及其含义**

| 粗糙度符号 | 意义及说明 | 标注相关参数及说明 |
|---|---|---|
|  | 基本符号，用任何方法获得的表面当不加注粗糙度参数值或有关说明（如表面处理、局部热处理状况等）时，仅适用于简化代号标注 | $a_1$ $a_2$ $b$ $c/f$ $e$ $d$<br>$a_1$,$a_2$——粗糙度高度参数代号及其数值，μm<br>$b$——加工方法<br>$c$——取样长度，mm，或波纹度，μm<br>$d$——加工纹理方向符号<br>$e$——加工余量，mm<br>$f$——粗糙度间距参数值，mm，或轮廓支承长度率 |
|  | 用去除材料的方法获得的表面，如车、铣、磨、剪切、抛光、腐蚀、电火花加工、气割等 |  |
|  | 用不去除材料的方法获得的表面，如铸、锻、冲压变形、热轧、冷轧、粉末冶金等，或保持原供应状态的表面 |  |
|  | 以上三个符号加一横线，用于标注有关参数和说明 |  |
|  | 以上三个符号加一小圆，表示所有表面具有相同的表面粗糙度要求 |  |

**表 3-5　纹理符号及含义**

| 符号 | 含义 | 符号 | 含义 |
|---|---|---|---|
| = | 纹理平行于视图所在投影面 | ⊥ | 纹理垂直于视图所在投影面 |
| × | 交叉型纹理 | M | 纹理呈多方向 |
| C | 纹理呈同心圆，且圆心与表面有关 | R | 纹理呈近似放射状，且与表面圆心有关 |
| P | 纹理呈微粒、凸起、无方向 |  |  |

④ 表面粗糙度的符号标注　表面粗糙度代号一般应标注在可见轮廓线、尺寸界线或其延长线上，符号的尖端必须从材料外指向表面。在同一图样上，每一表面一般只标注一次代号，并尽可能地靠近相关的尺寸线。当空间狭小或不便标注时，可以引出标注。当零件大部分表面具有相同的表面粗糙度要求时，对使用最多的一种代号可以标注在图样的右上角并加注“其余”二字，如图 3-37 所示。

表面粗糙度代号中数字及符号的方向必须按照图 3-38（a）的规定标注，带有引出线的表面粗糙度符号应按图 3-38（b）的规定标注。

零件上连续表面、重复要素（如孔、齿、槽）的表面和用细实线连接不连续的同一表面，其表面粗糙度代号只注一次，如图 3-39 所示。齿轮、螺纹等工作表面没有画出齿形时，其表面粗糙度标注，如图 3-40 所示。

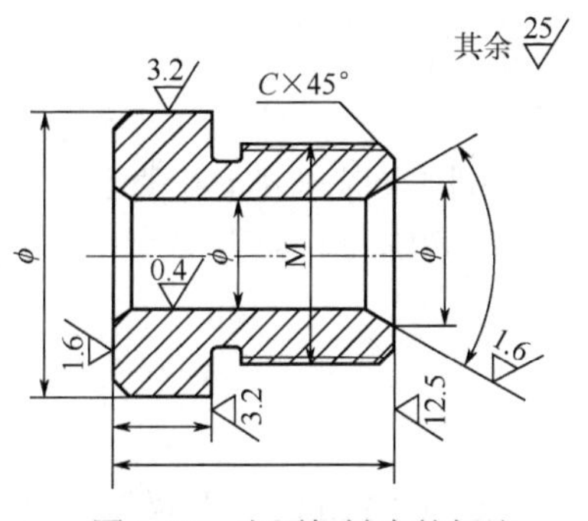


图 3-37 表面粗糙度的标注

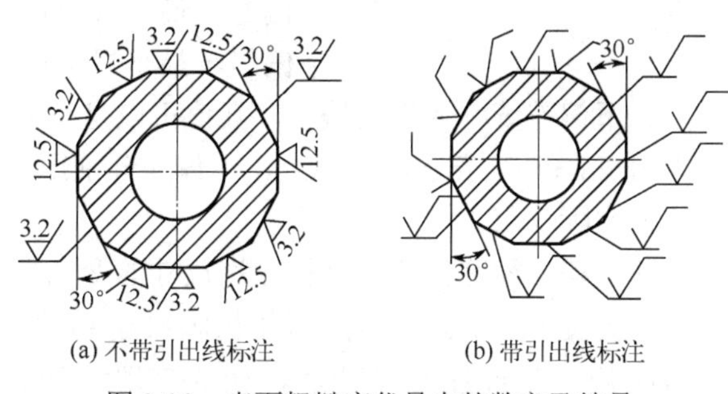


图 3-38 表面粗糙度代号中的数字及符号

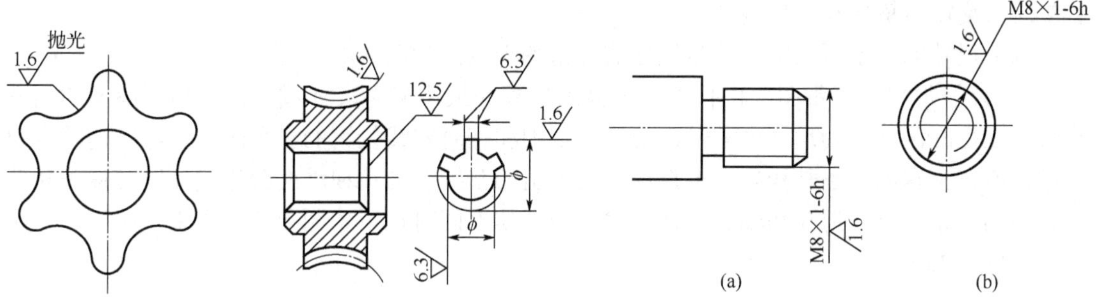


图 3-39 连续表面、重复要素的表面粗糙度标注　　图 3-40 螺纹工作表面的表面粗糙度标注

中心孔的工作表面，键槽的工作表面，倒角、圆角的表面粗糙度代号可以简化标注，如图 3-41 所示。

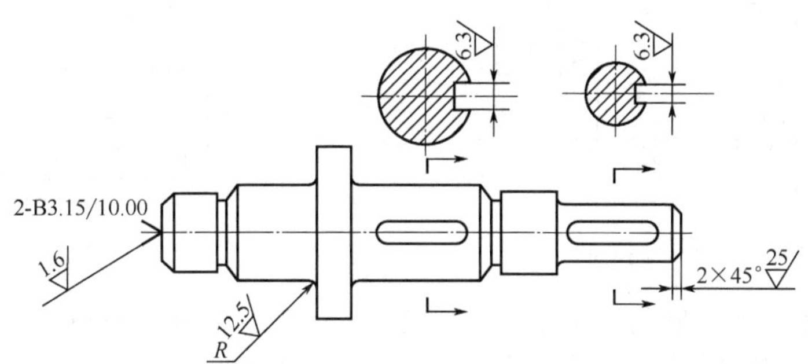


图 3-41 中心孔、键槽、倒角、圆角表面粗糙度标注

（2）公差与配合

零件具有互换性，同种零件替换后性能不变。但在零件加工过程中总会有误差，为了保证零件的互换性，必须将零件尺寸的加工误差控制在允许的变动范围内，这个尺寸变动量称为尺寸公差，简称公差。在把轴装在孔里的过程中，两个零件结合时要求有一定的松紧程度，这就是配合。为了保证互换性，就必须规定两个零件表面的配合性质，从而建立公差与配合制度。

① 尺寸公差　设计尺寸是零件的基本尺寸，是确定偏差的起始尺寸。实际测量得到的尺寸称为实际尺寸。允许零件实际尺寸变化的两个极限值称为极限尺寸。其由基本尺寸为基数来确定，其中大的一个称为最大极限尺寸，小的一个称为最小极限尺寸。尺寸偏差是指某

一极限尺寸减去其基本尺寸所得的代数差。

上偏差 = 最大极限尺寸−基本尺寸

下偏差 = 最小极限尺寸−基本尺寸

上、下偏差统称为极限偏差，其值可以是正值、负值或零。国家标准规定孔的上、下偏差分别用 *ES* 和 *EI* 表示，轴的上、下偏差分别用 *es* 和 *ei* 表示。实际尺寸减去基本尺寸的代数差称为实际偏差。

尺寸公差，简称公差，是指允许尺寸的变动量。

尺寸公差=最大极限尺寸−最小极限尺寸=上偏差−下偏差

极限偏差要标注在尺寸后，如 $\phi 27^{+0.012}_{+0.001}$ 表示上极限偏差是 0.012mm，下极限偏差是 0.001mm，那么该零件的尺寸公差是（0.012−0.001）mm = 0.011mm。当上下极限偏差绝对值相等时，采用对称标注，如 $\phi 27\pm 0.012$。

以上尺寸的关系可以由公差与偏差的示意图表示，如图 3-42 所示。

② 公差带和公差带图　由代表最大极限尺寸和最小极限尺寸或上偏差和下偏差的两条直线所限定的区域称为尺寸公差带，是公差范围和相对零线位置的一个区域。零线是基本尺寸端点所在位置的一条基线。为了直观地表示出相互结合的孔和轴的公称尺寸以及偏差和公差之间的关系，可以把孔和轴的公称尺寸和极限偏差同时在示意图上表示出来，称为公差带图，如图 3-43 所示。

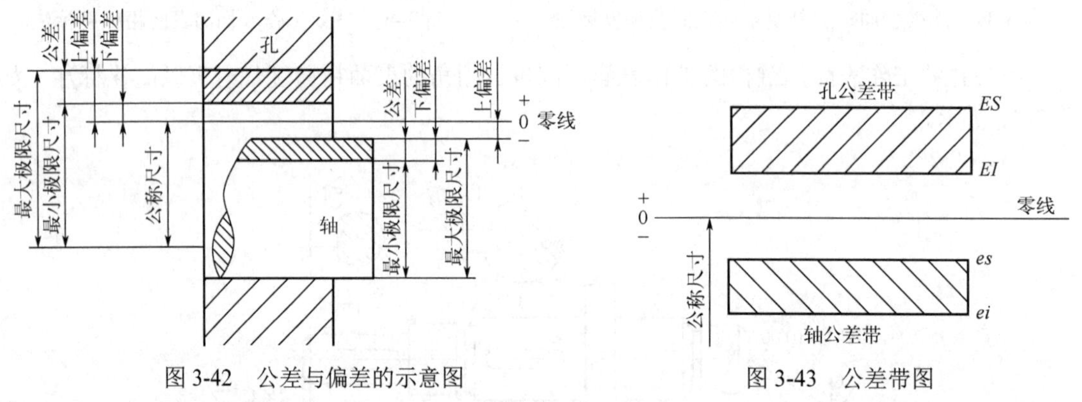


图 3-42　公差与偏差的示意图　　图 3-43　公差带图

③ 标准公差和基本偏差　国家标准规定了公差带由标准公差和基本偏差两个因素组成。公差确定公差带的大小，而基本偏差确定公差带的位置。

标准公差的数值由基本尺寸和公差等级来决定，其中公差等级确定尺寸精确程度。标准公差分为 20 等级，包括 IT01、IT0、IT1～IT18。其中的“IT”表示标准公差，公差等级的代号用阿拉伯数字表示，从 IT01 至 IT18 等级依次降低。对于一定的基本尺寸，公差等级愈高，标准公差值愈小，尺寸的精确程度愈高。

基本偏差是标准所列的用于确定公差带相对零线位置的偏差，一般指靠近零线的那个偏差，用来衡量相对于基本尺寸的最小偏离程度。基本偏差共有 28 级，其代号用拉丁字母表示，大写字母表示孔的基本偏差，小写字母表示轴的基本偏差。

基本偏差如图 3-44 所示。孔的基本偏差代号 A～H 为下偏差，J～ZC 为上偏差；轴的基本偏差代号 a～h 为上偏差，j～zc 为下偏差。JS 和 js 的公差带对称分布于零线两侧，上、下偏差分别为+IT/2、−IT/2。

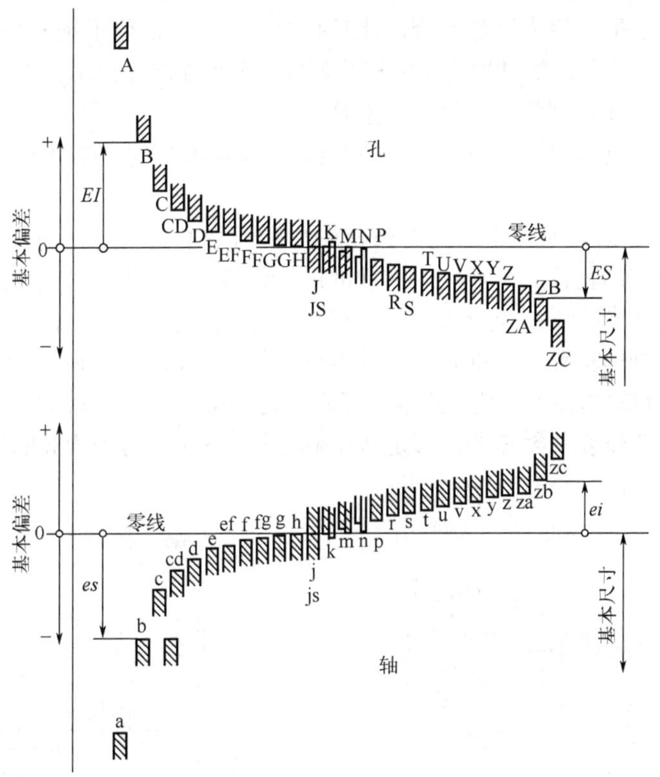


图 3-44　标准公差与基本偏差

在公差尺寸的标注方法中，孔和轴的公差带代号用基本偏差代号和公差等级代号组成。标注格式如下：

$\phi100$g6 标注轴基本尺寸 $\phi100$ 和公差带代号 g6，g 为基本偏差代号，6 为公差等级代号。

$\phi100^{-0.012}_{-0.034}$ 标注轴基本尺寸和上下极限偏差。

$\phi100\text{g6}(^{-0.012}_{-0.034})$ 标注轴基本尺寸、公差带代号及上、下极限偏差。

④ 配合及其种类　机件基本尺寸相同的、相互结合的轴和孔公差带之间的关系称为配合。根据公差带相对位置的不同，配合分为间隙配合、过盈配合和过渡配合，如图 3-45 所示。

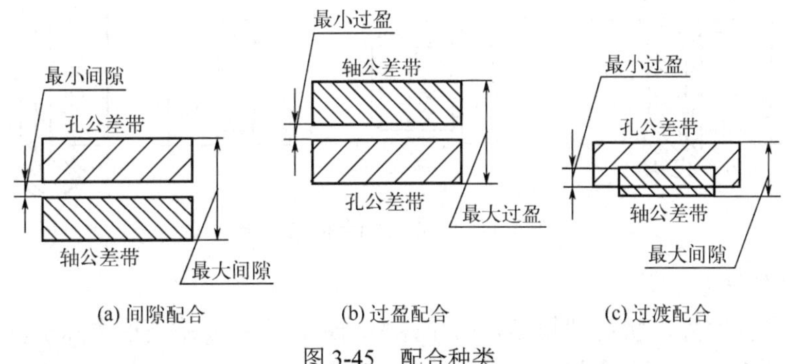


(a) 间隙配合　　(b) 过盈配合　　(c) 过渡配合

图 3-45　配合种类

间隙配合。当孔的尺寸减去相配合的轴的尺寸，所得的代数差为正值时称为间隙，用符号 X 表示。具有间隙的配合，称为间隙配合。此时孔的公差带一定位于轴的公差带的上方。

过盈配合。当孔的尺寸减去相配合的轴的尺寸所得的代数差为负值时称为过盈，用符号

Y表示。具有过盈的配合称为过盈配合，此时孔的公差带一定位于轴的公差带的下方。

过渡配合。孔与轴在装配过程中可能产生间隙，也可能产生过盈的配合，称为过渡配合。在公差带图上，此时孔与轴的公差带相互重叠。

⑤ 配合基准及配合代号　根据生产的需要，国家标准规定了基孔制和基轴制两种基准，如图3-46所示。

基孔制是指基本偏差为一定的孔的公差带与不同基本偏差的轴的公差带形成各种配合的一种制度。基孔制的孔称为基准孔，其基准偏差代号为H，其下偏差为零。

基轴制是指基本偏差为一定的轴的公差带与不同基本偏差的孔的公差带形成各种配合的一种制度。基轴制的轴称为基准轴，其基准偏差代号为h，其上偏差为零。

配合代号由孔和轴的公差带代号组成，写成分数形式，分子为孔的公差带代号，分母为轴的公差带代号。凡是分子中含H的，都是基孔制配合；凡是分母中含h的，都是基轴制配合。

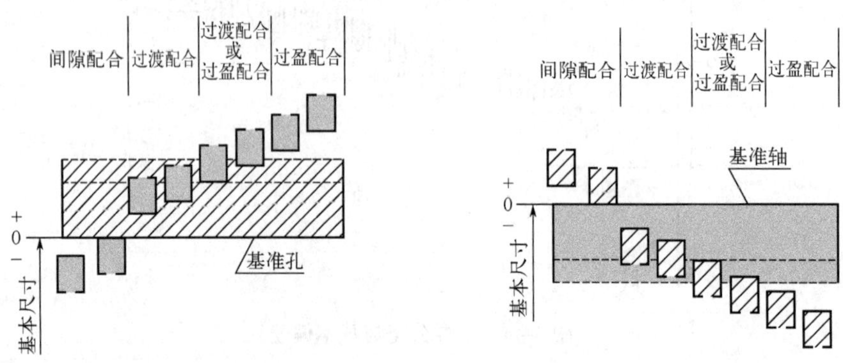


图3-46　配合基准

例如$\phi$25H8/f7的含义是该配合的基本尺寸为$\phi$25，属于基孔制的间隙配合，基准孔的公差带为H8（基本偏差为H，公差等级为8级），轴的公差带为f7（基本偏差为f，公差等级为7级）。

在装配图上标注公差与配合，采用组合式标注法，在零件图上标注公差有三种形式：只标注公差带代号，只标注极限偏差数值，标注公差带代号及极限偏差数值，如图3-47所示。

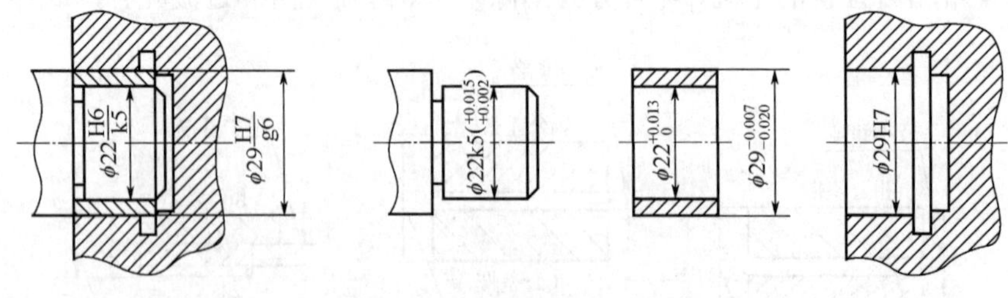


图3-47　公差与配合标注方法

（3）形状与位置公差

形状公差是指实际形状对理想形状的允许变动量，位置公差是指实际位置对理想位置的允许变动量，两者简称形位公差。

国家标准GB/T 1182—2018规定用代号来标注形状和位置公差。形位公差代号包括形位公差框格、形位公差项目代号、形位公差数值、指引线、基准字母、基准代号和其他相关符号等。形位公差代号及基准代号的标注如图3-48所示，形位公差各项目代号如表3-6所示。

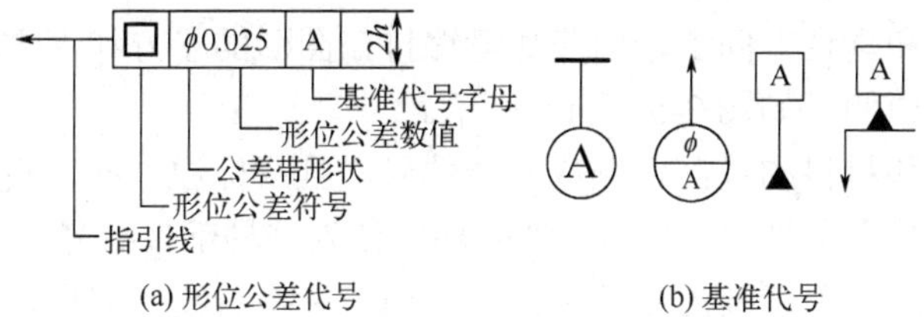

(a) 形位公差代号　　(b) 基准代号

图 3-48　形位公差代号及基准代号

**表 3-6　形位公差各项目代号**

| 分类 | 名称 | 代号 | 分类 | | 名称 | 代号 |
|---|---|---|---|---|---|---|
| 形状公差 | 直线度 | — | 位置公差 | 定向 | 平行度 | // |
| | 平面度 | ▱ | | | 垂直度 | ⊥ |
| | 圆度 | ○ | | | 倾斜度 | ∠ |
| | 圆柱度 | ⌭ | | 定位 | 同轴度 | ◎ |
| | 线轮廓度 | ⌒ | | | 对称度 | ⌯ |
| | | | | | 位置度 | ⌖ |
| | 面轮廓度 | ⌓ | | 跳动 | 圆跳动 | ↗ |
| | | | | | 全跳动 | ⌰ |

## 3.3.6　零部件图其他内容

（1）零部件序号

为了便于看图和图样管理，设备部件图和装配图中所有的零部件必须编写序号。

序号编写的形式由原点、指引线、水平线（或圆）及数字组成，如图 3-49（a）所示。指引线和水平线均为细实线，数字写在水平线上方，序号的字号一般比尺寸标注的字号大一号。指引线应从所指零件的可见轮廓内引出，并在末端画一圆点。当所指部分不宜画圆点时，可在指引线末端画一箭头，如图 3-49（b）所示。指引线应尽量分布均匀，彼此不能相交，当通过剖面线区域时，需避免与剖面线平行，必要时指引线可曲折一次，如图 3-49（c）所示。对于一组装配关系清楚的组件，允许采用公共指引线，如图 3-49（d）所示。

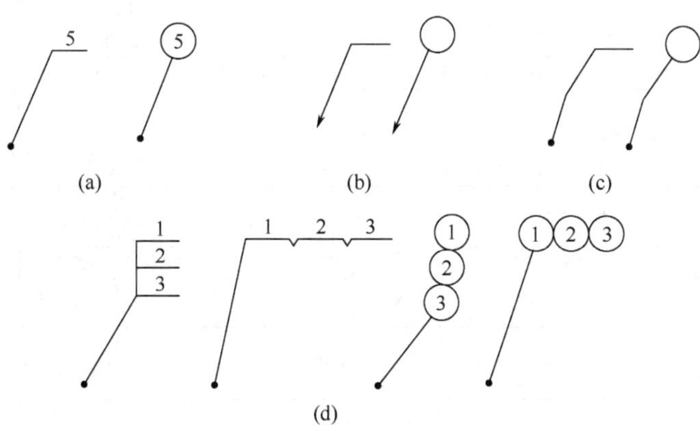

图 3-49　零部件序号的形式

件号应尽量编排在主视图上，并由左下方或左上方开始，按顺或逆时针方向连续顺序编号，整齐排列在水平和垂直方向上，但应尽量编排在图形的左方和上方，尽量编排在左侧或上方以及外形尺寸的内侧，如图 3-50（a）所示。

同一结构、规格和材料的零部件编成同一件号，且只标注一次。没有零部件图的部件，如薄衬层、厚涂层等同样需要编写件号，外购部件作为一种部件编号。一组紧固件（如螺栓、螺母、垫片等）或装配关系清晰的零件组，可共用一条指引线，但局部放大图中件号应分开编写。在部件图中，组成该部件的零件或二级部件的件号由两部分组成，一个为该部件的设备装配图中的部件件号，另一个为零件或二级部件的顺序号，中间用横线隔开，如图 3-50（b）所示。

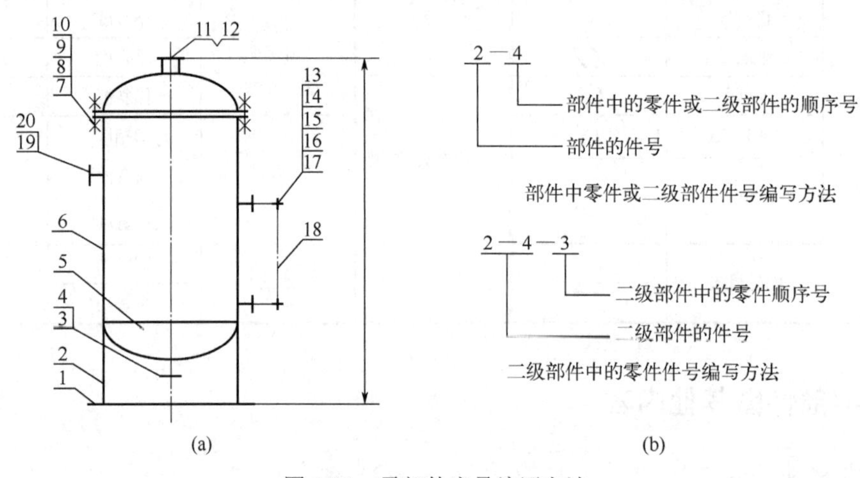


图 3-50　零部件序号编写方法

（2）明细表

化工明细表是表示化工设备零部件图或者总装图中各组成部分的详细目录，主要内容包括序号、图号或标准号、名称、数量、材料、质量、备注等。明细表的格式及尺寸如图 3-51 所示。线型为左、右、下边框粗实线，其余细实线。明细表位于标题栏的上方。

| 15 | 30 | 55 | 10 | 30 | 10 | 10 | 20 | |
|---|---|---|---|---|---|---|---|---|
| 7 | | 槽钢 (20a, $L$=2.0) | 1 | Q235-A | | 2.88 | | 8 |
| 6 | | 角钢 ∠63×63×6 $L$=1.20 | 1 | Q235-A | | 1.20 | | 8 |
| 5 | | 筋板 $\delta$=(20) | 1 | Q235-A | | 0.28 | | 8 |
| 4 | GB/T 25198—2023 | 封头 EHA、EHB、DHA、DHB | 1 | Q235R | | 2.88 | | 8 |
| 3 | | 筒体 DN 1000×10 $H$=2000 | 1 | Q345R | | 8.88 | | 8 |
| 2 | HG/T 20592—2009 | 法兰 PL 50(B)-10 RF | 1 | 20Ⅱ | | 0.38 | | 8 |
| 1 | | 接管 $\phi$57×4 $L$=100 | 1 | 20Ⅱ | | 0.88 | | 8 |
| 件号 | 图号或标准号 | 名　称 | 数量 | 材料 | 单<br>质量/kg | 总<br>质量/kg | 备注 | 15 |

| 1 | XXXXXX | XXXX | XXXX | X∶X | JXX.XXX-X.X | JXX.XXX-X.X | 8 |
|---|---|---|---|---|---|---|---|
| 件号 | 名　称 | 材 料 | 质量/kg | 比例 | 所在图号 | 装配图号 | 12 |
| 20 | 45 | 30 | 20 | 15 | 25 | 25 | |

180

图 3-51　换热器零部件的明细表示例

明细表中的件号填写设备各零部件的序号，且应自下而上按顺序填写。图框或标准号一栏中，凡已绘制了零部件图的零部件都必须填写相应的图号。若为标准件，则必须填写相应的标准号，若为通用件，则必须填写相应的通用图图号。

名称栏填写零部件的名称与规格，标准件必须按规定的标注方法填写，外购件则需按商品的规格型号填写，不另绘图的零件，在名称之后应给出相关尺寸数据。

数量栏填写图示设备上归属同一件号的零部件的全部件数。材料栏填写各零部件所采用的材料名称或代号，材料名称或代号必须按国家标准或部颁标准所规定的名称或代号填写，无标准规定的材料，则应按工程习惯注写相应的名称。

质量栏填写零部件的真实质量，以 kg 为单位，一般零部件精确到小数点后两位。备注栏仅对需要说明的零部件附加简单的说明，如对外构件可填写外购字样，对接管可填写接管长度。

（3）技术特性表

技术特性表是表明化工设备主要设计数据的一览表，是将该设备的工作压力、工作温度、物料名称等以及反应设备特征和生产能力的重要设计数据指标以表格形式单独列出。技术特性表格根据不同的设备会有不同的形式，一般每列长度为 40mm，每行宽度为 8mm，安排在管口表上方，列和行的数目可根据实际需要而定，表格的外框线及表头和列分割线采用粗实线，其他采用细实线。不同类型的设备，增加的内容不一样，如容器类，增加全容积($m^3$)；反应器类，增加全容积和搅拌转速等；换热器类，增加换热面积等。

技术特性表的格式可参阅表 3-7 和表 3-8，这两种格式适用于不同类型的设备。

**表 3-7　技术特性表（一）**

| 工作压力/MPa | | 工作温度/℃ | |
|---|---|---|---|
| 设计压力/MPa | | 设计温度/℃ | |
| 物料名称 | | | |
| 焊缝系数 | | 腐蚀裕度/mm | |
| 容器类别 | | | |

**表 3-8　技术特性表（二）**

| 项目 | 管程 | 壳程 |
|---|---|---|
| 工作压力/MPa | | |
| 工作温度/℃ | | |
| 设计压力/MPa | | |
| 设计温度/℃ | | |
| 物料名称 | | |
| 换热系数 | | |
| 焊缝系数 | | |
| 腐蚀裕度/mm | | |
| 容器类别 | | |

## 3.3.7　零部件图阅读

以图 3-52 所示的卧式冷凝器左管箱的零部件图为例，介绍零件图的阅读步骤。

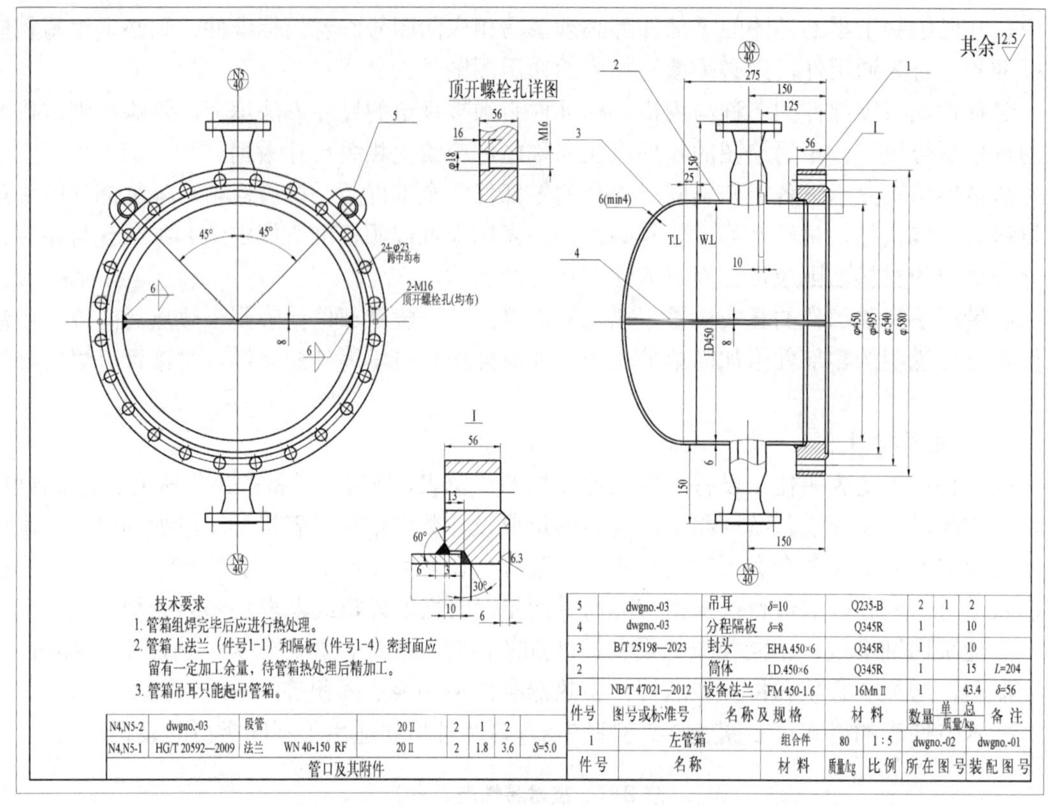


图 3-52　卧式冷凝器左管箱的零件图

（1）读取标题栏、明细表，了解零部件的概括

通过标题栏了解零部件的名称材料以及画图比例等，对零件的大致形状、在设备中的作用等有一个初步的认识。

通过图 3-52 的标题栏可知该部件的名称为左管箱，属于焊接件，是由设备法兰、筒体、椭圆形封头、分程隔板、吊耳、接管、管法兰焊接而成的。设备法兰的材料为 16MnⅡ，筒体、椭圆形封头、分程隔板的材料为 Q345R，吊耳的材料为 Q235-B，接管、管法兰的材料为 20Ⅱ，画图比例为 1∶5，总重 80kg。

（2）读取各视图、局部视图，分析零部件的结构尺寸、连接方式及相互位置

从图 3-52 中可以看出，左管箱部件由主视图和右视图两个基本视图组成，主视图采用全剖视图，另外还有两个局部放大图。主视图表达了该零部件的主体各结构尺寸及连接关系。右视图表达了法兰上螺栓孔的个数和位置、进出接管的位置、吊装用吊耳的形状和位置。两个局部视图分别表达了法兰和封头的焊接结构和尺寸、顶开螺栓孔的详情。

（3）读取各零件的尺寸标注及技术要求

从图 3-52 中可以看出，左管箱部件为回转结构，径向尺寸基准为回转轴线，长度以安装面为主要尺寸基准。详细读图可知：筒体尺寸为 $\phi$450mm×6mm；封头为 EHA 形式，尺寸 $\phi$450mm×6mm；法兰螺栓孔数为 24，直径 $\phi$23mm，跨中均布。由于主管箱为焊接部件，因此只对焊接后需加工的表面标注表面粗糙度，如法兰密封面的粗糙度 $Ra$ 值为 6.3μm，其他加工表面 $Ra$ 值为 12.5μm。

左管箱部件图的技术要求中指明了零部件热处理、精加工及安装要求等内容。

# 3.4　化工设备装配图

化工设备装配图，简称为化工设备图，是表示化工设备各主要部分的结构特征、各零部件间的装配连接关系、主要特征尺寸和外形尺寸，并写明技术要求和设计数据等的图样与技术资料。化工设备图也是按正投影法和机械制图国家标准绘制的，但由于化工设备主要是用钢板卷制、开孔及焊接等，通常可以直接依据化工设备图进行制造，因而化工设备图在内容、画法和某些要求方面与机械制图有所区别，还采用了一些特殊的表达方法。

## 3.4.1　化工设备图主要内容

由于化工设备的结构和表达要求上具有特殊性，化工设备图的内容和表达方法上也就具有一些特殊性。图 3-53 为容积 3000L 的不锈钢反应釜的装配图，可知一张完整的化工设备装配图，应包括以下基本内容：

① 一组视图　用一组视图表示该设备的主要结构形状和零部件之间的装配连接关系。

② 基本尺寸　图上标注必要的尺寸，以表示设备的总体大小、规格、装配和安装等尺寸数据，为制造、装配、安装、检验等提供依据。

③ 零部件编号及明细栏　对组成该设备的每一种零部件必须依次编号，并在明细栏中填写各零部件的名称、规格、材料、数量及有关图号或标准号等内容。

④ 管口符号和管口表　设备上所有的管口（物料进、出管口，仪表管口等），均需注出符号（按拉丁字母顺序编号）。在管口表中列出各管口的有关数据和用途等内容。

⑤ 设计数据表　用表格形式列出设备的主要工艺特性（工作压力、工作温度、物料名称等）及其他特性（容器类别等）等内容。

⑥ 技术要求　用文字说明设备在制造、检验时应遵循的规范和规定以及对材料表面处理、涂饰、润滑、包装、保管和运输等的特殊要求。

⑦ 标题栏　用于填写该设备的名称、主要规格、作图比例、设备单位、图样编号以及设计、制图、校审人员签字等项内容。

## 3.4.2　化工设备图视图选择

一般情况下，按设备的工作位置将最能表达各种零部件装配关系、设备工作原理及主要零部件关键结构形状的视图作为化工设备装配图的主视图。化工设备（如罐体、换热器、反应釜、塔器等）的主体结构以回转体居多，常常将回转体主轴所在的平面作为主视图的投影平面。为表达内部结构，主视图常采用整体全剖视图、局部部分剖（如引出的接管、人孔等）并通过多次旋转的画法，将各种管口（可作旋转）、人孔、手孔、支座等零部件的轴向位置、装配关系及连接方法表达出来。

选定主视图后，一般再选择一个基本视图。对于立式设备，一般选择俯视图作为另一个基本视图，而对于卧式设备，一般选择左视图或右视图作为另一个基本视图，主要用于表达管口、温度测量孔、手孔、人孔等各种有关零部件在设备上的径向方位，如图 3-54、图 3-55 所示。

根据设备的复杂程度，常需要各种辅助视图及其他表达方法，如局部放大图、某向视图等，用于补充表达零部件的连接、管口和法兰的连接以及其他由于尺寸过小无法在基本视图

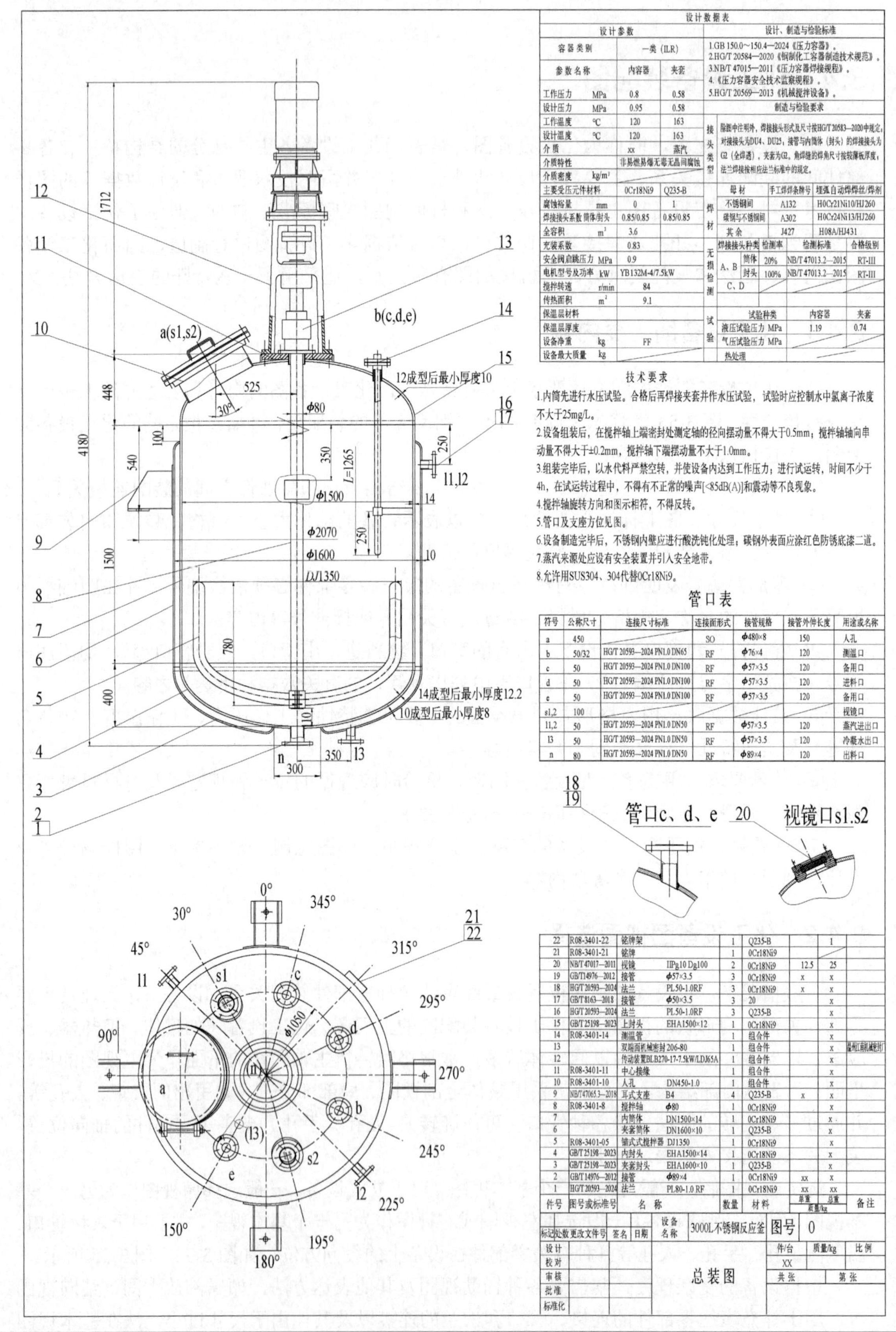


图 3-53　不锈钢反应釜的装配图

中表达清楚的装配关系和主要尺寸。不管是局部放大图还是某向视图，均需在基本视图中做上标记，并在辅助视图中也标上相同的标记。辅助视图可按比例绘制，也可不按比例绘制，而仅表示结构关系。允许将部分视图放在多张图纸上，但主视图应与管口表、设计数据表、技术要求等安排在一张图纸上。

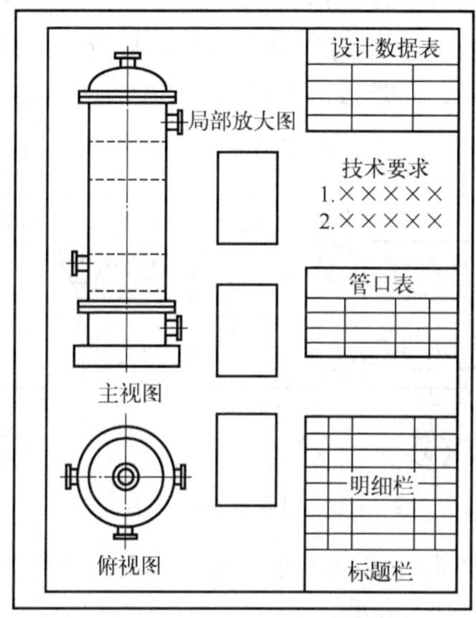


图 3-54　立式设备的视图表达

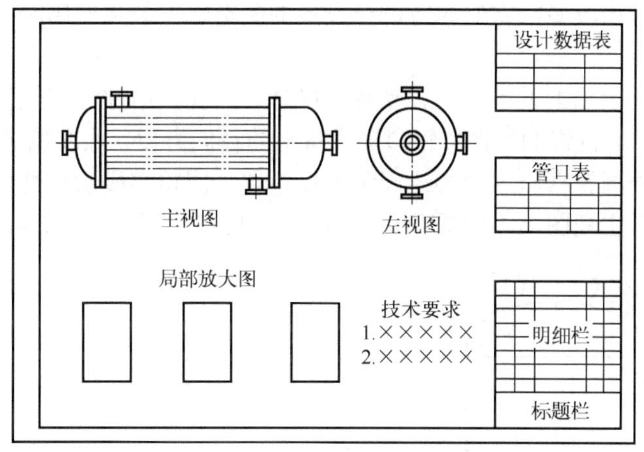


图 3-55　卧式设备的视图表达

## 3.4.3　化工设备图表达方法

化工设备图中，除采用国家标准《技术制图》和《机械制图》的规定画法和简化画法外，根据化工设备的特点，并在多年实践的基础上形成了化工设备图样的表达方法和简化规定画法。

### 3.4.3.1　化工设备图表达方法

（1）设备整体示意画法

为了表达设备的完整形状、有关结构的相对位置和尺寸，可采用设备整体的示意画法，即按比例用单线（粗实线）画出设备外形和必要的设备内件，并标注设备的总体尺寸、接管口、人（手）孔的位置等尺寸，如图 3-56 所示的化工设备设计条件图里的设备简图。

（2）多次旋转表达方法

化工设备壳体周围分布着各种管口或零部件，为了在主视图上清楚地表达它们的真实形状、装配关系和轴向位置，可采用多次旋转的表达方法，即假想将设备周向分布的一些接管、孔口或其他结构，分别旋转到与主视图所在的投影面平行的位置画出，得到反映实形的视图或剖视图。图 3-57 中人孔是按逆时针方向旋转 45°，接管 c 是按逆时针方向旋转 30° 在主视图上画出其投影图的；管口 $a_1$、$a_2$ 是按顺时针旋转 30° 后在主视图上画出的。

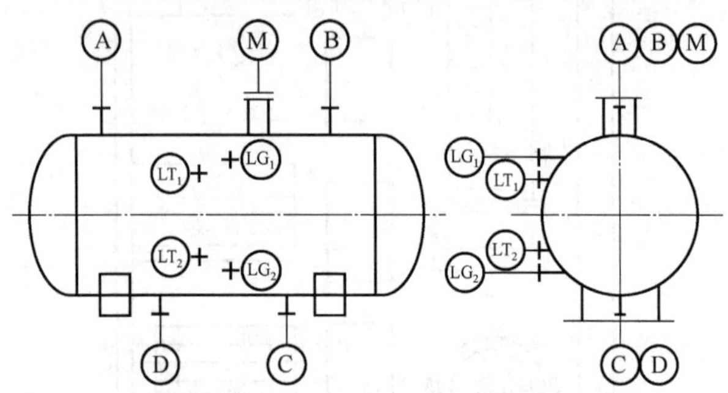


图 3-56　设备整体的示意画法

在化工设备图中采用多次旋转的表达方法时，一般不作标注，但这些结构的周向方位要以管口方位图(或俯视图、左视图)为准。

（3）管口方位表达方法

化工设备上的管口较多，它们的方位在设备的制造、安装和使用时，都极为重要，必须在图样中表达清楚。

**管口方位图**。表示化工设备管口、支耳、吊耳、人孔、吊柱等方位位置，并注明管口与支座、地脚螺栓的相对位置的视图。管口在设备上的径向方位，除在俯（左）视图上表示外，还可仅画出设备的外圆轮廓，用中心线表示管口位置，用粗实线示意性地画出设备管口。管口方位图上应标注与主视图上相同的管口符号，如图 3-57、图 3-58 所示。

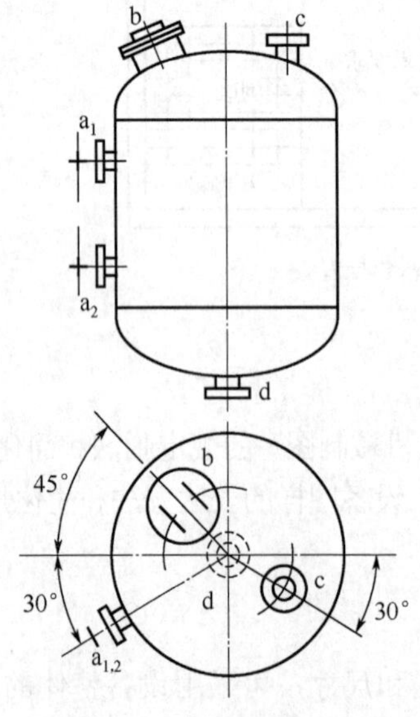


图 3-57　多次旋转的表达方法

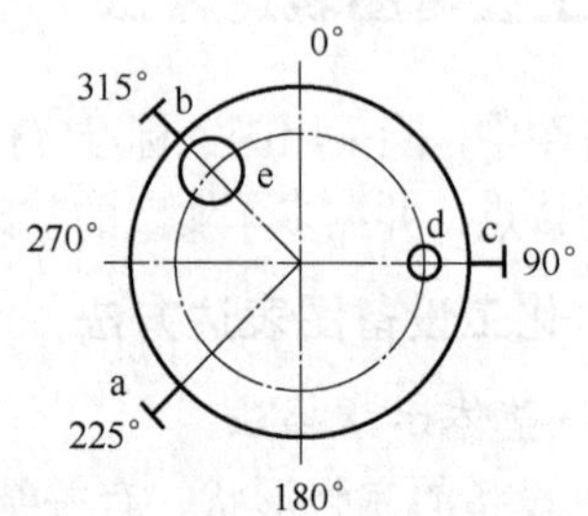


图 3-58　管口方位图

管口方位图不仅是化工设备图的一种表达方法，而且也是化工工艺图的一项重要内容，其取决于管道的布置。在化工设备图上，可用来对俯（左）视图进行补充或简化代替，当必须画出俯（左）视图，而管口方位在该视图上又能表达清楚时，可不必再画管口方位图。

**管口的标注**。主视图采用多次旋转画法后，为避免混乱，在不同视图上，同一管口需用相同的小写字母 a、b、c 等（称为管口符号）加以编号。相同管口的管口符号可用不同下标的相同字母表示，如 $b_1$、$b_2$。

（4）局部结构表示方法

化工设备中某些零部件的大小与总体结构尺寸相差悬殊，按基本视图的绘图比例，往往无法同时将其局部结构表达清楚，采用局部放大的画法放大表达局部结构，如设备中的焊缝可以单独画出，其局部放大图又称节点图，如图 3-59 所示。

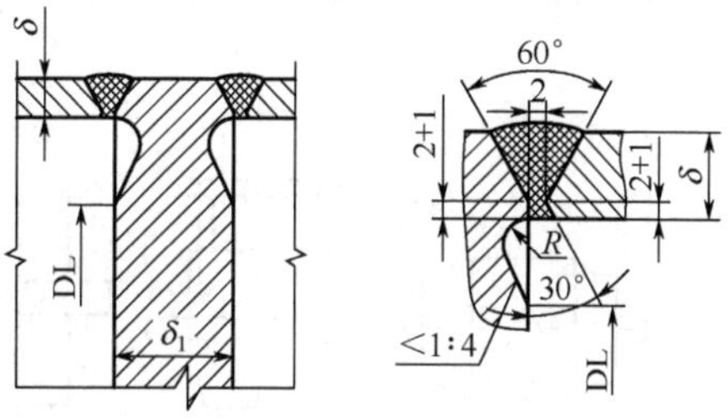

图 3-59　筒体与管板连接局部放大图

（5）断开和分段表达方法

较长（或较高）的设备，且在一定长度（或高度）方向上的结构形状相同或按规律变化或重复时，可采用断开的画法，即用双点画线将设备中重复出现的结构或相同结构断开，除去相同部分，使长度减小，简化绘图，如图 3-60（a）所示，在填料层部分采用了断开画法。有些设备（如塔器）形体较长，又不适合用断开画法，为了合理地选用比例和充分利用图纸，可把整个装置分成若干段（层）画出，以利于图面布置和比例选择，如图 3-60（b）所示的分段画法。

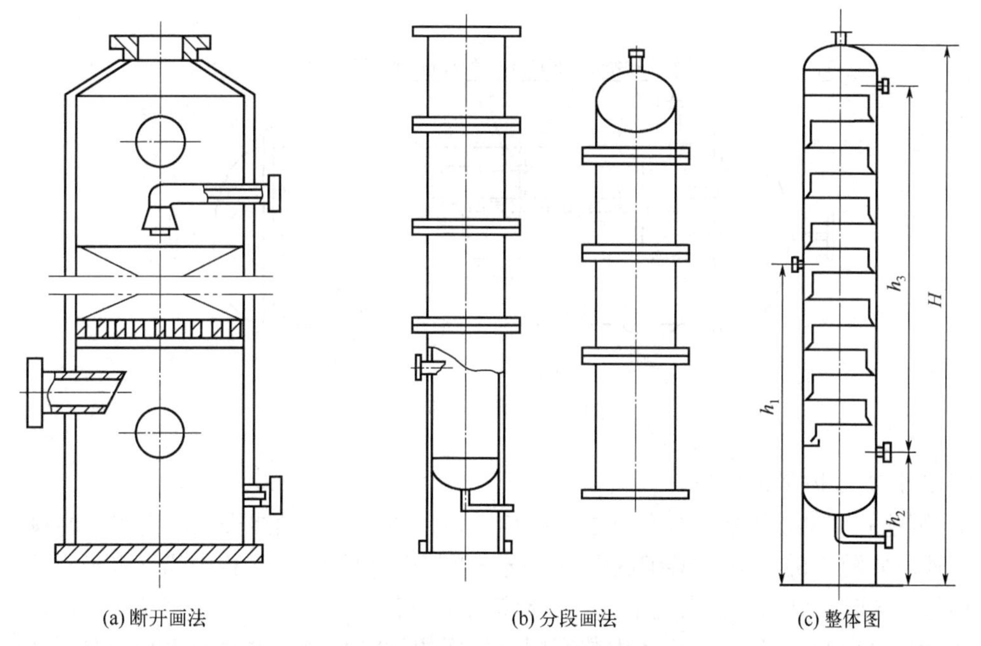


(a) 断开画法　(b) 分段画法　(c) 整体图

图 3-60　设备断开、分段及整体表示法

当主视图采用了断开或分段（层）画法，不能完整地反映设备的整体形状和各部分的相对位置时，可采用缩小的比例，一般用单线示意性地画出设备整体外形图或剖视图。在整体

图上，可标注总高尺寸、各零部件定位尺寸及各管口的标高尺寸，如图3-60（c）所示。

#### 3.4.3.2 化工设备图简化画法

（1）标准零部件简化画法

减速机、电动机、人（手）孔、视镜、填料箱、搅拌桨叶等标准件、外购件，只需按比例画出其外形轮廓即可，但要在明细栏中注写其名称、规格、标准号等。图3-61中列出了几种零部件的外形轮廓画法。

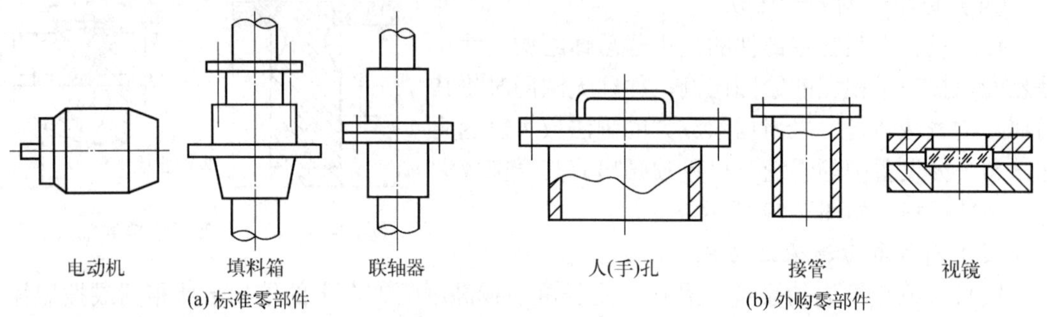


图3-61 标准零部件和外购零部件的简化画法

（2）单线示意画法

当化工设备上某些结构已有零部件图，或采用剖视、剖面、局部放大图等方法已表示清楚时，设备装配图上允许用单线(粗实线)表示，如图3-62中的封头、筒体、折流板、拉杆、定距管、法兰、补强圈等。

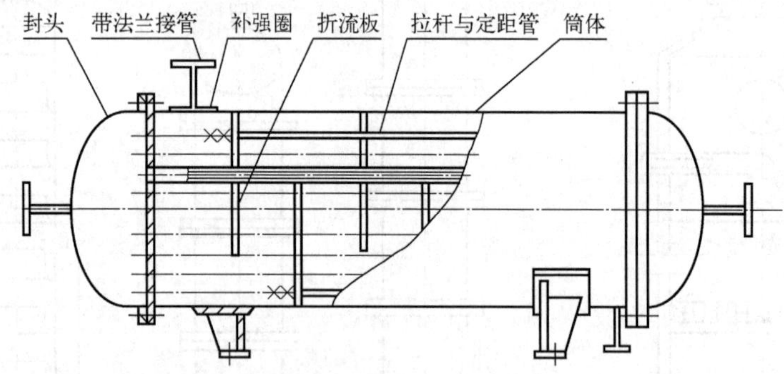


图3-62 单线示意画法

（3）重复结构简化画法

① 螺栓孔和螺栓连接的简化画法 螺栓孔可用中心线和轴线表示，而圆孔的投影则可省略不画，如图3-63所示。装配图中的螺栓连接可用符号“×”（粗实线）表示，若数量较多且均匀分布时，可以只画出几个符号表示其分布方位。

② 填充物的表示法 当设备中装有同一规格的材料和同一堆放方法的填充物时，在剖视图中可用交叉的细实线表示，同时注写有关的尺寸和文字说明（规格和堆放方法）。当设备中装有不同规格的材料或不同堆放方法的填充物时，必须分层表示，并分别注明填充物的规格和堆放方法，如图3-64所示。

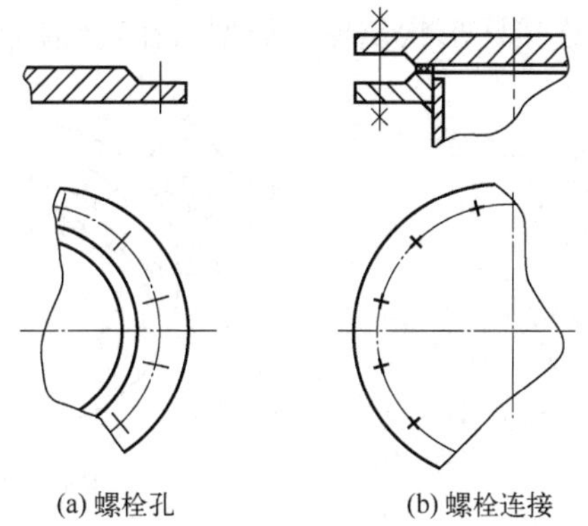


图 3-63　螺栓孔及螺栓连接的简化画法

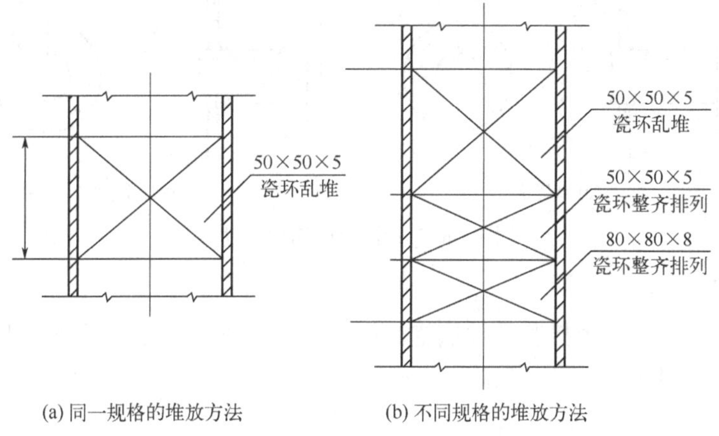


图 3-64　填充物的简化画法

③ 管束的表示法　当设备中有密集的管子，且按一定的规律排列或成管束时（如列管式换热器中的换热管），在装配图中可只画出其中一根或几根管子，而其余管子均用中心线表示，如图 3-65 所示。

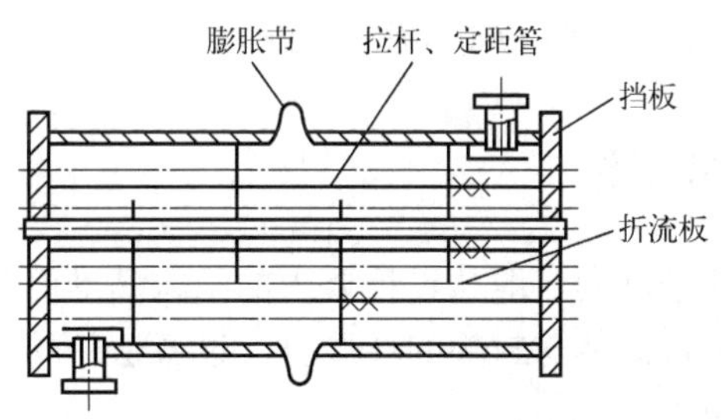


图 3-65　密集管子的简化画法

④ 多孔板的表示法　多孔板上直径相同且按一定角度规则排列的孔，可用按一定的角度交叉的细实线表示出孔的中心位置及孔的分布范围，只需画出几个孔并注明孔数和孔径，如图 3-66（a）所示；若孔径相同且以同心圆的方式排列时，其简化画法如图 3-66（b）所示；多孔板在剖视图中，可只画出孔的中心线，如图 3-66（c）所示。

（4）管法兰简化画法

在装配图中，不论管法兰的连接面是什么形式（全平面、凹凸面、榫槽面），法兰均可按图 3-67 方法简化表示，其连接面形状及焊接类型可在明细栏及管口表中注明。

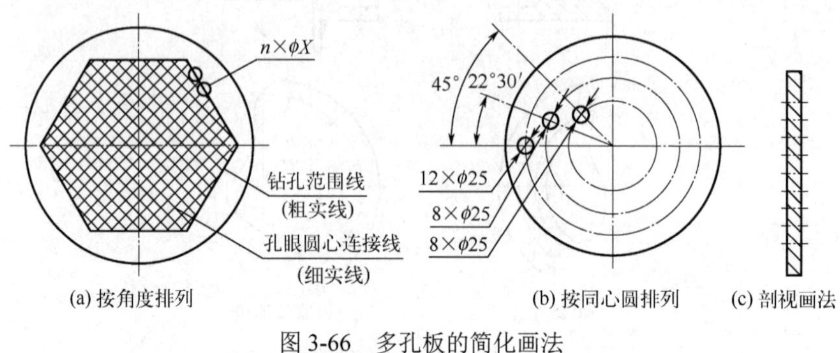


图 3-66　多孔板的简化画法

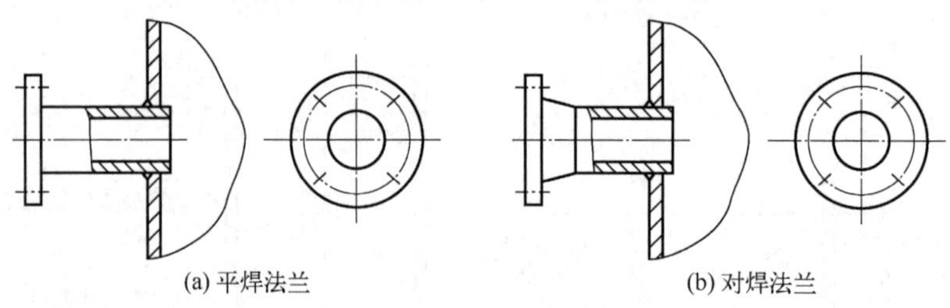


图 3-67　管法兰的简化画法

（5）*液面计画法*

在设备图中，带有两个接管的玻璃管液面计，可用细点画线和符号“**+**”（粗实线）简化表示，如图 3-68 所示。

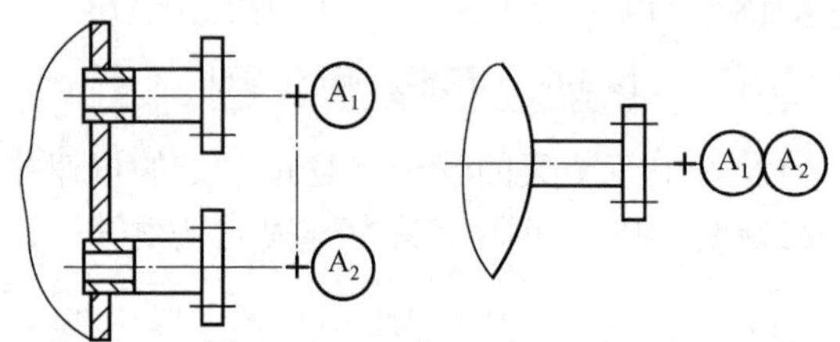


图 3-68　液面计的简化画法

## 3.4.4 化工设备图尺寸标注

化工设备图的尺寸标注基准面一般从设计要求的结构基准面开始，常见的尺寸基准为：设备筒体和封头的轴线；设备筒体与封头的环焊缝；设备法兰的连接面；设备支座裙座的底面；接管轴线与设备表面交点。

化工设备图上需标注的尺寸有以下几种：

① 特性尺寸　反映化工设备的主要性能、规格、特征及生产能力的尺寸。这些尺寸是设备设计时确定的，是了解设备工作能力的重要依据。在图 3-69 中设备筒体的内径“ϕ2600”、筒体长度“4800”等尺寸，表示该设备的主要规格。

② 装配尺寸　表示零部件间装配关系和相对位置的尺寸，是制造化工设备的重要依据。化工设备图的尺寸数量比机械装配图多，主要体现在这类尺寸上。应做到每一种零部件在设备图上都有明确的定位。如图 3-69 中接管口 A 装配位置的尺寸“600”和角度“45°”、管口

的伸出长度“300”、罐体与支座的定位尺寸“3500”。

③ 安装尺寸　表明设备安装在基础上或与其他设备及部件相连接时所需的尺寸。如裙座上地脚螺栓孔的中心距“$\phi$2080”及孔径。

④ 外形（总体）尺寸　表示该设备总长、总宽、总高的尺寸，以表示设备的空间大小，为设备的包装、运输、安装以及厂房设计提供数据。有些设备的总尺寸并不一定绝对精确，在装配过程中允许有一定的误差，通常在尺寸数字前加注“～”表示近似；有些尺寸数字加圆括号“（ ）”，以示参考。如图 3-69 中总长“6416”和总高“3300”都是设备的总体尺寸。

⑤ 其他尺寸　化工设备图根据需要还应注出：a. 一些零部件的规格尺寸，如人孔尺寸“外径×壁厚”、接管尺寸“外径×壁厚”，如图 3-70 所示；b. 经设计计算确定的重要尺寸，如筒体壁厚、搅拌桨尺寸等；c. 焊缝结构形式尺寸，在一些重要焊缝的局部放大图中，应标注横截面的形状尺寸；d. 不另行绘图的零部件的结构尺寸和某些重要尺寸。

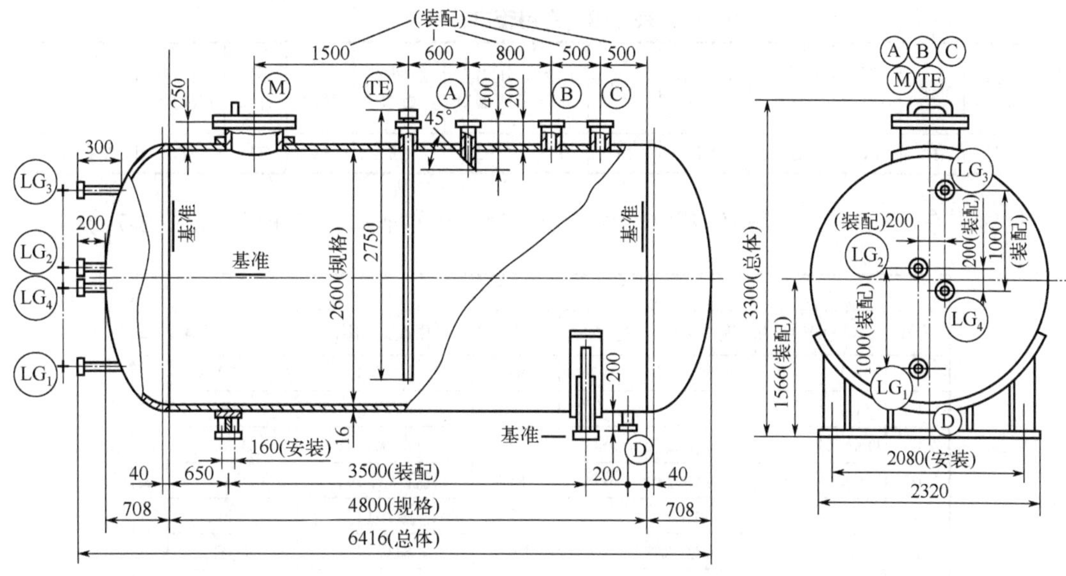


图 3-69　化工设备的尺寸标注

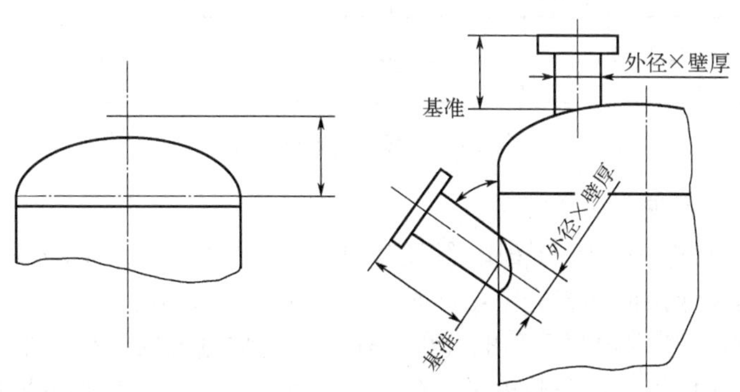


图 3-70　化工视图的尺寸基准

接管在设备上伸出的长度一般标注接管法兰密封面至容器中心线之间的距离，除在管口表中已注明外，均应在图中标注。封头上的接管伸出长度一般以封头切线为基准，标注封头切线至接管法兰密封面的距离。接管伸出长度也可标接管法兰密封面至接管中心线与相接壳体外表面焦点间的距离。

## 3.4.5 化工设备图表与栏

### 3.4.5.1 管口表

管口表是说明设备上所有管口的用途、规格、连接面类型等内容的一种表格，供备料、制造、检验、使用时参阅，也是读图时了解物料来龙去脉的重要依据。

为了更好地分清不同的接管，均需在各种接管的管口投影旁注写管口符号，管口符号应从主视图的左下方开始，按顺时针方向依次编写。用小写英文字母表示，相同性质接管的管口符号可采用相同的英文字母和不同的下标表示，如 $d_1$、$d_2$ 表示某液位计的两个管口。常用管口符号如表 3-9 所示。

表 3-9 常用管口符号

| 管口名称或用途 | 手孔 | 液位计口 | 液位开关口 | 液位变送器口 | 人孔 | 压力计口 | 压力变送器口 | 在线分析口 | 安全阀口 | 温度计口 | 温度计口(现场) | 裙座排气口 | 裙座入口 |
|---|---|---|---|---|---|---|---|---|---|---|---|---|---|
| 管口符号 | H | LG | LS | LT | M | PI | PT | QE | SV | TE | TI | VS | W |

同时需在图纸的右边居中位置填写管口表，管口表的基本内容和尺寸如图 3-71 所示。

| 管口表 | | | | | | | |
|---|---|---|---|---|---|---|---|
| 符号 | 公称直径 | 公称压力 | 连接标准 | 法兰类型 | 连接面类型 | 用途或名称 | 设备中心线至法兰密封面距离 |
| a | DN25 | 1.6 | HG/T 20592—2009 | WN | RF | 排气口 | 480 |
| b | 600 | 2.0 | HG/T 20615—2009 | / | / | 人孔 | 见图 |
| c | DN125 | 1.6 | HG/T 20592—2009 | WN | RF | 冷却水出口 | 540 |
| d | DN300 | 2.0 | HG/T 20592—2009 | WN | RF | 混合气体入口 | 560 |
| e | 20 | / | NPT | / | 内螺纹 | 放净口 | 480 |
| f | DN25 | 1.6 | HG/T 20592—2009 | SO | MF | 取样口 | 见图 |
| g | DN125 | 1.6 | HG/T 20592—2009 | WN | RF | 冷却水入口 | 540 |
| h | 20/50 | 1.6 | HG/T 20592—2009 | SO | RF | 回流管 | 300 |

15 15 15 25 20 20 40 180 8 10 n×8

图 3-71 管口表规格尺寸

填写管口表的内容时应注意：

① “符号”栏内的字母应与图中管口的符号一一对应，按 a、b、c 顺序自上而下填写。当管口规格、用途及连接面形式完全相同时，可合并成一项填写，如 $b_{1\text{-}2}$。

② “公称直径”栏内填写管口的公称直径。无公称直径的管口，则按管口实际内径填写。盲板可拆卸套接接管，以分数表示，分子为接管尺寸，分母为带盲板接管尺寸。

③ “公称压力”栏内按所选接管标准中压力等级填写，压力等级应高于设计压力。

④ “连接标准”栏内填写管法兰的执行标准；“连接类型”栏内填写法兰连接方式，如平焊 PL、带颈平焊 SO、带颈对焊 WN、承插焊 SW 等；“连接面类型”栏内填写法兰密封面类型，如突面 RF、凹凸面 MF、榫槽面 TG；法兰不对外连接的管口（如人孔、视镜等），则

不填写具体内容，螺纹连接管口填写螺纹规格。

⑤ “用途或名称”栏内填写工艺名称和用途，如人孔、气体进口等。

⑥ “设备中心线至法兰密封面距离”栏内填写垂直于设备中心线各接管的实际距离。已在栏内填写的图样，图中可不标注尺寸，已在图中标注尺寸的接管，栏内可填写“见图”字样。

### 3.4.5.2　设计数据表

设计数据表，又称技术特性表，是表示化工设备重要设计数据和技术要求的一览表，其内容包括操作压力和温度、介质及其状态、材质、容积、传热面积、搅拌器形式、功率、转速、传动方式以及安装、保温等各项要求。设计数据表位于装配图右上角。

设计数据表中的线型为边框粗实线，其余细实线；设计压力、工作压力为表压。其他填写的内容依据设备的不同而有所不同。搅拌设备一般要填写电机型号及功率、搅拌转速、全容积，必要时还要填写操作容积或充装系数等，采用盘管加热时，还应增加盘管的设计数据。若夹套和盘管同时存在时，应分别列出各自的设计参数，图 3-72 为夹套式搅拌反应器设计数据表。换热器设有壳程、管程设计数据栏，增加程数、管束等级、换热面积、换热管规格等，图 3-73 为列管式换热器设计数据表。对塔器设备，增加塔板类型/塔板数、填料高度、基本风压、抗震等级等内容，图 3-74 为塔器设计数据表。

<table>
<tr><td colspan="10">设计数据表</td></tr>
<tr><td colspan="3">设计参数</td><td colspan="7">设计、制造与检验标准</td></tr>
<tr><td>容器类别</td><td colspan="2">×</td><td colspan="7" rowspan="5">GB 150.1～150.4—2024《压力容器》<br>HG/T 20584—2020《钢制化工容器制造技术规范》<br>HG/T 20569—2013《机械搅拌设备》</td></tr>
<tr><td>参数名称</td><td>容器</td><td>夹套(盘管)</td></tr>
<tr><td>工作压力　MPa</td><td>×××</td><td>×××</td></tr>
<tr><td>设计压力　MPa</td><td>×××</td><td>×××</td></tr>
<tr><td>工作温度　℃</td><td>×××</td><td>×××</td></tr>
<tr><td>设计温度　℃</td><td>××</td><td>××</td><td colspan="7">制造与检验要求</td></tr>
<tr><td>介　质</td><td>气体</td><td>冷水</td><td colspan="7" rowspan="7">1. 除图中注明外，焊接接头类型及尺寸按HG/T 20583—2020中的规定；角焊缝的焊角尺寸按较薄板厚度；法兰焊接按相应法兰标准中的规定。<br>2. 法兰的螺栓孔跨容器水平及垂直中心线布置。</td></tr>
<tr><td>介质特性</td><td>不易燃 无毒</td><td>不易燃 无毒</td></tr>
<tr><td>介质密度　kg/m³</td><td>×××</td><td>×××</td></tr>
<tr><td>主要受压元件材料</td><td>×××</td><td>×××</td></tr>
<tr><td>腐蚀裕量　mm</td><td>×</td><td>×</td></tr>
<tr><td>焊接接头系数　筒体/封头</td><td>××</td><td>××</td></tr>
<tr><td>全容积　m³</td><td>×</td><td>×</td></tr>
<tr><td>充装系数</td><td>×</td><td>×</td><td colspan="5">焊接材料选用</td><td colspan="2">按NB/T 47015—2023</td></tr>
<tr><td>电机型号及功率　kW</td><td colspan="2">×××</td><td rowspan="5">无损检测</td><td colspan="2">焊接接头种类</td><td>检测率/%</td><td>RT技术等级</td><td>检测标准</td><td>合格级别</td></tr>
<tr><td>搅拌转速　r/min</td><td colspan="2">×××</td><td rowspan="3">A、B</td><td>筒体</td><td>≥20</td><td>AB</td><td>NB/T 47013.2—2015</td><td>RT-××</td></tr>
<tr><td>传热面积　m²</td><td colspan="2">×××</td><td>夹套</td><td>≥20</td><td>AB</td><td>NB/T 47013.2—2015</td><td>RT-××</td></tr>
<tr><td>保温材料</td><td colspan="2">×××</td><td>封头</td><td>100</td><td>AB</td><td>NB/T 47013.2—2015</td><td>RT-××</td></tr>
<tr><td>保温厚度　mm</td><td colspan="2">×××</td><td colspan="2">C、D</td><td></td><td></td><td></td><td></td></tr>
<tr><td>设备净重　kg</td><td colspan="2">×××</td><td rowspan="3">试验</td><td colspan="4">试验种类</td><td>容器</td><td>夹套</td></tr>
<tr><td>其中不锈钢质量　kg</td><td colspan="2">×××</td><td colspan="4">液压试验压力　MPa</td><td>×××</td><td>×××</td></tr>
<tr><td>最大吊装质量　kg</td><td colspan="2">×××</td><td colspan="4">气密试验压力　MPa</td><td>×××</td><td>×××</td></tr>
<tr><td>设备充水质量　kg</td><td colspan="2">×××</td><td colspan="3">热处理</td><td colspan="4">×××</td></tr>
<tr><td colspan="10">其他技术要求：<br>筒体、封头及其相互间对接焊和接管角焊缝全截面焊透。</td></tr>
</table>

图 3-72　夹套式搅拌反应器设计数据表及尺寸

<table>
<tr><td colspan="10">设计数据表</td></tr>
<tr><td colspan="3">设计参数</td><td colspan="7">设计、制造与检验标准</td></tr>
<tr><td>容器类别</td><td colspan="2">×</td><td colspan="7" rowspan="5">GB 150.1～150.4—2024《压力容器》<br>GB/T 151—2014《热交换器》<br>HG/T 20584—2020《钢制化工容器制造技术规范》</td></tr>
<tr><td>参数名称</td><td>壳程</td><td>管程</td></tr>
<tr><td>工作压力 MPa</td><td>×××</td><td>×××</td></tr>
<tr><td>设计压力 MPa</td><td>×××</td><td>×××</td></tr>
<tr><td>工作温度 进/出 ℃</td><td>×××</td><td>×××</td></tr>
<tr><td>设计温度 ℃</td><td>××</td><td>××</td><td colspan="7">制造与检验要求</td></tr>
<tr><td>平均金属壁温 ℃</td><td>××</td><td>××</td><td colspan="7" rowspan="5">1. 除图中注明外，焊接接头类型及尺寸按HG/T 20583—2020中的规定；角焊缝的焊角尺寸按较薄板厚度；法兰焊接按相应法兰标准中的规定。<br>2. 法兰的螺栓孔跨容器水平及垂直中心线布置。</td></tr>
<tr><td>介 质</td><td>气体</td><td>冷水</td></tr>
<tr><td>介质特性</td><td>不易燃 无毒</td><td>不易燃 无毒</td></tr>
<tr><td>主要受压元件材料</td><td>×××</td><td>×××</td></tr>
<tr><td>腐蚀裕量 mm</td><td>×</td><td>×</td></tr>
<tr><td>焊接接头系数 筒体/封头</td><td>××</td><td>××</td><td colspan="5">焊接材料选用</td><td colspan="2">按NB/T 47015—2023</td></tr>
<tr><td>程 数</td><td>×</td><td>×</td><td rowspan="4">壳程无损检测</td><td colspan="2">焊接接头种类</td><td>检测率/%</td><td>RT技术等级</td><td>检测标准</td><td>合格级别</td></tr>
<tr><td>管束等级</td><td colspan="2">I</td><td>A</td><td>筒体</td><td>≥20</td><td>AB</td><td>NB/T 47013.2—2015</td><td>RT-××</td></tr>
<tr><td>保温材料</td><td colspan="2"></td><td>B</td><td>封头</td><td>100</td><td>AB</td><td>NB/T 47013.2—2015</td><td>RT-××</td></tr>
<tr><td>保温厚度 mm</td><td colspan="2"></td><td colspan="2">C D</td><td></td><td></td><td></td><td></td></tr>
<tr><td>传热面积 m²</td><td colspan="2">×××</td><td rowspan="3">管程无损检测</td><td>A</td><td>筒体</td><td>≥20</td><td>AB</td><td>NB/T 47013.2—2015</td><td>RT-××</td></tr>
<tr><td>换热管规格 φ×t×l mm</td><td colspan="2">φ25.4×2.0×3000</td><td>B</td><td>封头</td><td>100</td><td>AB</td><td>NB/T 47013.2—2015</td><td>RT-××</td></tr>
<tr><td>管子与管板连接方式</td><td colspan="2">强度焊密封胀</td><td colspan="2">C D</td><td></td><td></td><td></td><td></td></tr>
<tr><td>设备净重 kg</td><td colspan="2">×××</td><td rowspan="2">试验</td><td colspan="4">液压试验压力 MPa</td><td>壳程: ×××</td><td>壳程: ×××</td></tr>
<tr><td>其中不锈钢质量 kg</td><td colspan="2">×××</td><td colspan="4">气密性试验压力 MPa</td><td></td><td></td></tr>
<tr><td>最大吊装质量 kg</td><td colspan="2">×××</td><td colspan="3">热处理</td><td colspan="4">×××</td></tr>
<tr><td colspan="10">其他技术要求：<br>筒体、封头及其相互间对接焊和接管角焊缝全截面焊透。</td></tr>
</table>

图 3-73　列管式换热器设计数据表

### 3.4.5.3　标题栏、质量及盖章栏

化工设备图中的标题栏位于图面的右下角，签署栏位于标题栏上方。标题栏、签署栏的内容、格式如图 3-75 所示。

标题栏中的“图名”第一行填写设备名称、设备号，第二行填写设备主要规格，按设备类型分别填写，塔设备应填“公称直径×总高”，搅拌设备和储罐应填全容积“$V$=____m$^3$”，换热器应填写换热面积“$F$=____m$^2$”。签署栏中版次栏以阿拉伯数字 0、1、2、3…表示，说明栏一般表示此版次图纸的用途，如施工图、询价用等，当图纸修改时填写修改内容；签署栏通常为三级签署，按相关规定执行。

化工设备图的质量及盖章栏位于签署栏之上，其内容、格式见图 3-76。

① 设备净质量表示设备所有零部件及金属和非金属材料质量的总和。当设备中有特殊材料如不锈钢、贵金属、催化剂、填料等应分别列出。

② 空质量为设备净质量、保温材料质量、防火材料质量、梯子平台质量的总和。

③ 操作质量为设备空质量与操作介质质量之和。

④ 盛水质量为设备空制量与充水质量之和。

⑤ 最大可拆件质量包括 U 形管管束或浮头换热器浮头管束质量等。

| 设计数据表 | | |
|---|---|---|
| **设计参数** | | |
| 容器类别 | | × |
| 工作压力 | MPa | ××× |
| 设计压力 | MPa | ××× |
| 工作温度 | ℃ | ××× |
| 设计温度 | ℃ | ××× |
| 介质 | | 4-苯基异氰酸酯 |
| 介质特性 | | 无毒、不易燃 |
| 主要受压元件材料 | | ××× |
| 腐蚀裕量 | mm | ××× |
| 焊接接头系数 | 筒体/封头 | ××× |
| 全容积 | $m^3$ | ××× |
| 塔板类型/塔板数 | | ××× |
| 填料高度 | mm | ××× |
| 基本风压 | $N/m^2$ | ××× |
| 地震设防烈度 | 度 | ××× |
| 保温材料 | | ××× |
| 保温厚度 | mm | ××× |
| 设备质量 | kg | ××× |
| 其中不锈钢质量 | kg | ××× |
| 最大吊装质量 | kg | ××× |
| 设备充水质量 | kg | ××× |

**设计、制造与检验标准**

GB 150.1～150.4—2024《压力容器》
NB/T 47041—2014《塔式容器》
HG/T 20584—2020《钢制化工容器制造技术规范》
HG 20652—1998《塔器设计技术规定》

**制造与检验要求**

1. 除图中注明外，焊接接头类型及尺寸按HG/T 20583—2020中的规定；角焊缝的焊角尺寸按较薄板厚度；法兰焊接按相应法兰标准中的规定。
2. 法兰的螺栓孔跨容器水平及垂直中心线布置。

| 焊接材料选用 | | | | 按NB/T 47015—2023 | |
|---|---|---|---|---|---|
| 无损检测 | 焊接接头种类 | 检测率/% | RT技术等级 | 检测标准 | 合格级别 |
| | A、B 筒体 | ≥20 | AB | NB/T 47013.2—2015 | RT-×× |
| | A、B 封头 | 100 | AB | NB/T 47013.2—2015 | RT-×× |
| | C、D | | | | |
| 试验 | 液压试验压力 | MPa | | 立试：××× | 卧试：××× |
| | 气密性试验压力 | MPa | | | |
| 热处理 | | ××× | | | |

其他技术要求：
筒体、封头及其相互间对接焊和接管角焊缝全截面焊透。

图 3-74　塔器设计数据表

| | | | | | | |
|---|---|---|---|---|---|---|
| | | | | | | |
| | | | | | | |
| 0 | | | | | | |
| 版次 | 说　明 | 设 计 | 校 核 | 审 核 | 批 准 | 日 期 |

| 本图纸为×××××工程公司财产，未经本公司许可不得转给第三者或复制 | | | | | | | | |
|---|---|---|---|---|---|---|---|---|
| ×××××××工程公司 | | | | 资 质 等 级 | 甲 级 | 证书编号 | / | |
| 项 目 | / | | | 图 名 | 换热器E0201装配图 ($F$=84.9 $m^2$) | | | |
| 装置/工区 | / | | | | | | | |
| 2018山东 | 专业 | 设备 | 比例 | 1∶1 | 第 张 共 张 | 图 号 | / | |

图 3-75　带签署栏的标题栏

| 设备净质量 | | kg | / |
|---|---|---|---|
| 其中 | 瓷环 | kg | / |
| | 不锈钢 | kg | / |
| | 钛材 | kg | / |
| 空质量 | | kg | / |
| 操作质量 | | kg | / |
| 盛水质量 | | kg | / |
| 最大可拆件质量 | | kg | / |

图 3-76　质量及盖章栏

#### 3.4.5.4 技术要求

技术要求的文字说明包括设备在制造、装配、试验和验收时应遵循的标准或规范，以及材料、表面处理及涂饰、润滑、包装、运输等方面的特殊要求，是化工设备图上不可缺少的一项重要内容，而且已趋于规范化。如图 3-77 所示，技术要求通常包括以下几方面内容：

① 通用技术条件　通用技术条件是同类化工设备在制造（机加工和焊接）、装配、检验等方面的技术规范，已形成标准，在技术要求中直接引用。

② 焊接要求　焊接是化工设备的主要制造工艺，是决定设备质量的一个重要方面，因而是检验设备的一项主要内容。在技术要求中，通常对焊接方法、焊条、焊剂等提出要求。

③ 设备的检验要求　化工设备的质量不但影响设备的使用性能，而且影响整个化工过程的连续化生产，中、高压设备甚至直接关系着人身安全。因此，化工设备必须经过严格的检验。一般需对主体设备进行水压和气密性试验，对焊缝进行探伤等。技术要求中应对检验的项目、方法、指标作出明确要求。

④ 其他要求　说明在图中不能（或没有）表示出来的设备制造、装配、安装要求，以及在设备的防腐、保温、包装、运输等方面的特殊要求。

技术要求

1. 膨胀节的制造、检验及验收按GB/T 16749—2018《压力容器波形膨胀节》标准的规定。
2. 换热管与管板之间的接头至少应焊两道，焊完第一道后做______MPa的气密性试验。
3. 换热管与管板之间焊接接头射线检测的比例为接头总数的2%，且每块管板不少于5个，合格标准按______公司技术标准附录2的规定。
4. 管箱应进行焊后消除应力热处理、管箱法兰和分程隔板的密封面应在热处理后进行加工。
5. 壳程和管程的耐压试验结束后，按HG/T 20584—2020附录K的B法对管子与管板的连接接头进行氨渗漏试验。
6. 管箱上的吊耳只能用来起吊管箱，不得用来起吊整台换热器。
7. 设备开车时，应松开保护圈(件号)上的螺母，保证膨胀节(件号)能自由伸缩。

图 3-77　某换热器的技术要求

### 3.4.6 化工设计条件单

化工工艺人员依据工艺要求提出设备设计条件单。

（1）设备简图

单线条绘成的简图，用来表示工艺设计所要求的设备结构形式、尺寸、管口及其初步方位等。

（2）设计特性指标

表格列出介质的性质、工作压力和温度、设备的容积、传热面积和搅拌器形式、功率转速、推荐使用的材质、设备的安装和检修等工艺要求。

（3）管口表

表格注明各管口符号、公称压力、用途和连接面形式等。

设备设计条件单目前无统一规定的格式，不同种类的设备有不同的条件单，图 3-78 为一张固定床反应器设计条件单。

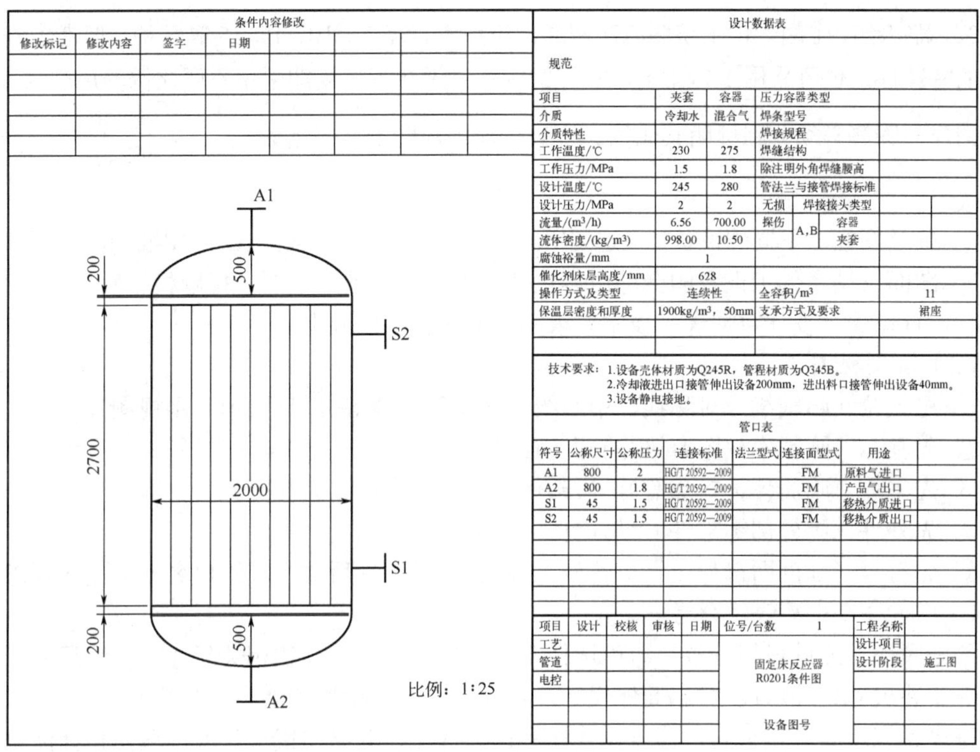


| 条件内容修改 | | | | | | | |
|---|---|---|---|---|---|---|---|
| 修改标记 | 修改内容 | 签字 | 日期 | | | | |

设计数据表

规范

| 项目 | 夹套 | 容器 | 压力容器类型 | | | |
|---|---|---|---|---|---|---|
| 介质 | 冷却水 | 混合气 | 焊条型号 | | | |
| 介质特性 | | | 焊接规程 | | | |
| 工作温度/℃ | 230 | 275 | 焊缝结构 | | | |
| 工作压力/MPa | 1.5 | 1.8 | 除注明外角焊缝腰高 | | | |
| 设计温度/℃ | 245 | 280 | 管法兰与接管焊接标准 | | | |
| 设计压力/MPa | 2 | 2 | 无损 | 焊接接头类型 | | |
| 流量/($m^3$/h) | 6.56 | 700.00 | 探伤 | A，B | 容器 | |
| 流体密度/($kg/m^3$) | 998.00 | 10.50 | | | 夹套 | |
| 腐蚀裕量/mm | 1 | | | | | |
| 催化剂床层高度/mm | 628 | | | | | |
| 操作方式及类型 | 连续性 | | 全容积/$m^3$ | | 11 | |
| 保温层密度和厚度 | 1900kg/$m^3$，50mm | | 支承方式及要求 | | 裙座 | |

技术要求：1.设备壳体材质为Q245R，管程材质为Q345B。
2.冷却液进出口接管伸出设备200mm，进出料口接管伸出设备40mm。
3.设备静电接地。

管口表

| 符号 | 公称尺寸 | 公称压力 | 连接标准 | 法兰型式 | 连接面型式 | 用途 |
|---|---|---|---|---|---|---|
| A1 | 800 | 2 | HG/T 20592—2009 | | FM | 原料气进口 |
| A2 | 800 | 1.8 | HG/T 20592—2009 | | FM | 产品气出口 |
| S1 | 45 | 1.5 | HG/T 20592—2009 | | FM | 移热介质进口 |
| S2 | 45 | 1.5 | HG/T 20592—2009 | | FM | 移热介质出口 |

| 项目 | 设计 | 校核 | 审核 | 日期 | 位号/台数 | 1 | 工程名称 | |
|---|---|---|---|---|---|---|---|---|
| 工艺 | | | | | 固定床反应器<br>R0201条件图 | | 设计项目 | |
| 管道 | | | | | | | 设计阶段 | 施工图 |
| 电控 | | | | | | | | |
| | | | | | 设备图号 | | | |

图 3-78　固定床反应器设计条件单

# 3.5　化工设备图绘制与阅读

## 3.5.1　化工设备图绘制

完成化工设备图的绘制，一般包括三个方面的工作。①根据设备设计条件单进行设备的设计。②根据设备的工艺条件，围绕设备内、外附件的选型进行机械结构设计。③先进行视图的选择，然后进行化工设备图的绘制。

### 3.5.1.1　化工设备机械设计的步骤

化工设备机械设计是根据工艺条件围绕设备内、外附件的选型进行机械结构设计，围绕材料厚度进行强度、刚度和稳定性的设计和校核计算。一般步骤包括：

① 全面考虑按压力、温度和腐蚀性等因素来选材。

② 选用零部件类型，如塔板及附件、搅拌器、法兰、支座、加强圈、开孔附件等。

③ 计算外载荷，包括内压、外压、设备自重、零部件的偏载、风载、地震载荷等。

④ 强度、刚度、稳定性设计项校核计算，确定各零部件的合理结构尺寸。

### 3.5.1.2　化工设备图绘制的步骤

（1）选择视图表达方案、绘制比例和图面安排

① 选择视图表达方案　选用两个基本视图，立式设备可采用主视图和俯视图，卧式设备可采用主视图和左视图。主视图以全剖视图表达内部结构及装配关系，左（俯）视图表达外形及各管口方位。局部放大图和 $X$ 向视图等表达局部结构的形态及尺寸。

② 确定绘图比例　化工绘图的比例通常采用 1∶5、1∶10、1∶15 等几种，但考虑到化工设备的特殊性，也可采用 1∶6、1∶30 等比例。对于和基本视图采用不同比例的局部放大图、剖视的局部图等必须分别标明其比例。一般在辅助视图上方采用如 $\frac{\text{I}}{\text{M5:1}}$、$\frac{A—A}{\text{M2:1}}$、$\frac{A—A}{\text{不按比例}}$ 方法表示。

③ 确定图幅　不同的设备特点选用不同的图幅，一般选用 A1、A2 号图纸，也可加长幅面。

④ 图面安排　化工设备的全部内容包括基本视图、辅助视图、标题栏、质量及盖章栏、明细栏、管口表、设计数据表、技术要求等全部布置在图幅上。

（2）绘制视图

① 先定位（画轴线、对称线、中心线、作图基准线等），后定形（画视图）。

② 先基本（画基本视图），后局部（画局部视图）。

③ 先主体（画筒体、封头等），后部件（接管、支座、人孔等）。

④ 先外件（画外部零部件），后内件（内部零部件）。

⑤ 先符号（画剖面符号、管口符号、视图符号等），后文字（管口名称、技术要求等）。

（3）标注尺寸及焊缝代号

画好底稿后经过仔细校核，即可选择合理的尺寸基准，标注相关尺寸（特性尺寸、装配尺寸、安装尺寸、外形尺寸）。筒体尺寸一般标注内径、壁厚和高度（长度），封头尺寸一般标注壁厚、直边高、封头高。管口尺寸标注管口直径、壁厚和接管长度。填充物标注总体尺寸及填充物规格尺寸。根据国家标准的要求对焊缝接头进行尺寸标注或符号标注。

（4）编写零部件件号，填写明细表

明细栏的零部件序号应与图中的零部件序号一致。

（5）编写管口符号，填写管口表

所有视图中按规定依次编写管口序号，同一管口在各视图中的管口符号要一一对应并与管口表中符号一致。

（6）填写设计数据表，编写技术要求

根据不同设备要求填写相应的设计数据表。技术要求一般填入设备在制造、检验、安装等方面的要求、方法和指标，设备的保温、防腐蚀等要求及设备制造中所需依据的通用技术条件。

（7）填写标题栏

（8）校核、审定

## 3.5.2　化工设备图阅读

化工设备装配图是化工设备设计、制造、使用和维修的重要技术文件，从事化工生产的工程技术人员必须具备阅读化工设备装配图的能力。

### 3.5.2.1　化工设备图阅读过程

（1）阅读化工设备装配图的基本要求

① 了解设备的名称、用途、性能和主要技术特性。

② 了解设备上各零部件的材料、结构形状、尺寸以及零部件间的装配关系。

③ 了解设备整体的结构特征和工作原理。

④ 了解设备上的管口数量和方位。

⑤ 了解设备在设计、制造、检验和安装等方面的标准和技术要求。

（2）阅读化工设备图的方法和步骤

阅读化工设备图，一般可按下列方法步骤进行。

① 概况了解　首先看标题栏，了解设备名称、规格、绘图比例等内容；看明细栏，了解零部件的数量及主要零部件的选型和规格等；粗看视图并概括了解设备的管口表、设计数据表及技术要求中的基本内容。

② 详细分析

a．视图分析。了解设备图上共有多少个视图，哪些是基本视图，各视图采用了哪些表达方法，并分析各视图之间的关系和作用。

b．零部件分析。以主视图为中心，结合其他视图，将零部件逐一从视图中分离出来，并通过序号和明细栏联系起来进行分析。零部件分析的内容包括：结构分析，搞清该零部件的类型和结构特征，想象出其形状；尺寸分析，包括规格尺寸、定位尺寸及注出的定型尺寸和各种代（符）号；功能分析，搞清各零部件在设备中所起的作用。零部件分析一定要分清主次，按先主后次、先大后小、先易后难的步骤，也可按序号顺序逐一地进行分析。

c．设备分析。在视图分析和零部件分析的基础上，详细了解设备的装配关系、形状、结构、各接管及零部件方位，对设备形成一个总体的认识，再结合有关技术资料进一步了解设备的结构特点、工作原理和操作过程等内容。

d．工作原理分析。结合管口表，分析每一管口的用途及其在设备的轴向和径向位置，并从管口表中了解其用途，从而搞清各种物料在设备内的进、出流向，这实际上是设备的工作原理分析的主要方面。

e．技术特性分析和技术要求。通过设计数据表和技术要求，明确该设备的性能、主要技术指标和在制造、检验、安装等方面所依据的技术规定和要求，以及焊接方法、装配要求、质量检验等的具体要求。

③ 归纳总结　在零部件详细分析的基础上，将各零部件的形状以及在设备中的位置和装配关系，加以综合归纳，并分析设备的整体结构特征，对技术特性、主要零部件的作用、各种物料的进出流向、设备的工作原理和工作过程等进行归纳和总结。

#### 3.5.2.2 换热器装配图阅读

下面以图3-79为例，说明化工设备图的读图方法和步骤。

（1）概括了解

从标题栏可知设备是换热器E0201，属于列管式固定管板换热器，其用途是使两种不同温度的物料进行热量交换，换热面积$F$=84.9m$^2$，绘图比例1∶10。

从明细表中可知该换热器由24种零部件组成，其中有17种标准件。

从设计数据表中可知换热器壳程内的介质是循环冷却水，工作压力为1.1MPa，工作温度为23.4℃；管程内介质是$C_4$混合气体，工作压力为0.1MPa，工作温度为61.6℃，换热器共有8个接管，其用途、尺寸见管口表。还可以了解到设备的设计压力、设计温度、焊缝系数、腐蚀裕度、容器类别等指标。管子与管板的连接方式为强度焊密度胀。

该设备视图采用了1个主视图、1个左视图、4个局部放大图、1个向视图和3个示意图。

（2）详细分析

① 视图分析　图3-79中主视图采用全剖视图表达换热器的主要结构、各个管口和零部

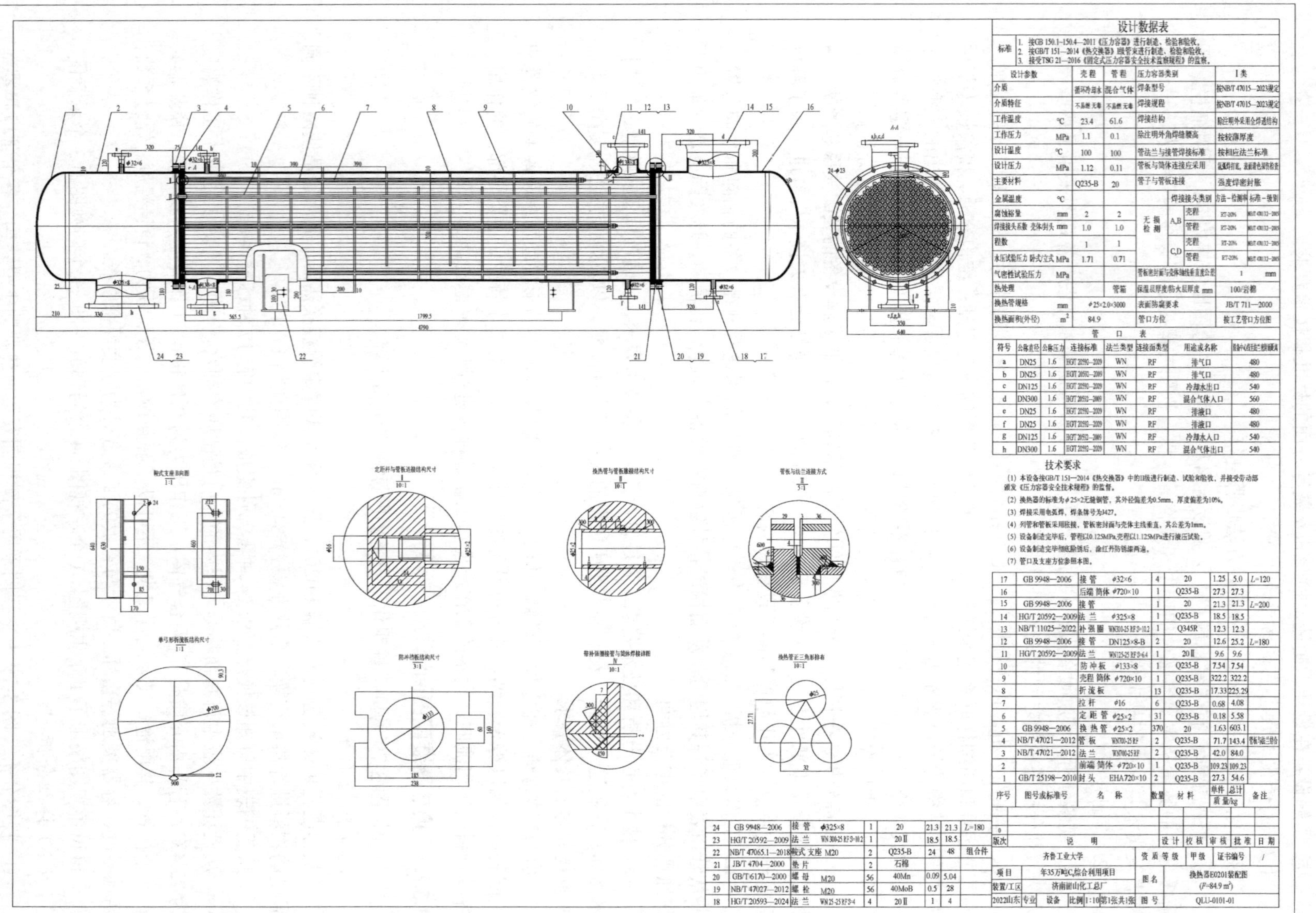


设计数据表

| 标准 | 1. 按GB 150.1~150.4—2011《压力容器》进行制造、检验和验收。<br>2. 按GB/T 151—2014《热交换器》Ⅱ级管束进行制造、检验和验收。<br>3. 接受TSG 21—2016《固定式压力容器安全技术监察规程》的监察。 | | | | | | |
|---|---|---|---|---|---|---|---|
| 设计参数 | | 壳程 | 管程 | 压力容器类别 | | Ⅰ类 | |
| 介质 | | 循环冷却水 | 混合气体 | 焊条型号 | | 按NB/T 47015—2023规定 | |
| 介质特征 | | 不易燃 无毒 | 不易燃 无毒 | 焊接规程 | | 按NB/T 47015—2023规定 | |
| 工作温度 | ℃ | 23.4 | 61.6 | 焊接结构 | | 除注明外采用全焊透结构 | |
| 工作压力 | MPa | 1.1 | 0.1 | 除注明外角焊缝腰高 | | 按较薄厚度 | |
| 设计温度 | ℃ | 100 | 100 | 管法兰与接管焊接标准 | | 按相应法兰标准 | |
| 设计压力 | MPa | 1.12 | 0.11 | 管板与筒体连接应采用 | | 氩弧焊打底，表面着色探伤检查 | |
| 主要材料 | | Q235-B | 20 | 管子与管板连接 | | 强度焊密封胀 | |
| 金属温度 | ℃ | | | 无损检测 | 焊接接头类别 | 方法-检测率 | 标准-级别 |
| 腐蚀裕量 | mm | 2 | 2 | | A,B 壳程 | RT-20% | NB/T 47013.2—2015 |
| 焊接接头系数 壳体/封头 | mm | 1.0 | 1.0 | | A,B 管程 | RT-20% | NB/T 47013.2—2015 |
| 程数 | | 1 | 1 | | C,D 壳程 | RT-20% | NB/T 47013.2—2015 |
| 水压试验压力 卧式/立式 | MPa | 1.71 | 0.71 | | C,D 管程 | RT-20% | NB/T 47013.2—2015 |
| 气密性试验压力 | MPa | | | 管板密封面与壳体轴线垂直度公差 | | 1 mm | |
| 热处理 | | | 管箱 | 保温层厚度/防火层厚度 mm | | 100/岩棉 | |
| 换热管规格 | mm | $\phi25\times2.0\times3000$ | | 表面防腐要求 | | JB/T 711—2000 | |
| 换热面积(外径) | $m^2$ | 84.9 | | 管口方位 | | 按工艺管口方位图 | |

管口表

| 符号 | 公称直径 | 公称压力 | 连接标准 | 法兰类型 | 连接面类型 | 用途或名称 | 设备中心线至法兰密封面距离 |
|---|---|---|---|---|---|---|---|
| a | DN25 | 1.6 | HG/T 20592—2009 | WN | RF | 排气口 | 480 |
| b | DN25 | 1.6 | HG/T 20592—2009 | WN | RF | 排气口 | 480 |
| c | DN125 | 1.6 | HG/T 20592—2009 | WN | RF | 冷却水出口 | 540 |
| d | DN300 | 1.6 | HG/T 20592—2009 | WN | RF | 混合气体入口 | 560 |
| e | DN25 | 1.6 | HG/T 20592—2009 | WN | RF | 排液口 | 480 |
| f | DN25 | 1.6 | HG/T 20592—2009 | WN | RF | 排液口 | 480 |
| g | DN125 | 1.6 | HG/T 20592—2009 | WN | RF | 冷却水入口 | 540 |
| h | DN300 | 1.6 | HG/T 20592—2009 | WN | RF | 混合气体出口 | 540 |

技术要求

(1) 本设备按GB/T 151—2014《热交换器》中的Ⅱ级进行制造、试验和验收，并接受劳动部颁发《压力容器安全技术规程》的监督。

(2) 换热器的标准为$\phi25\times2$无缝钢管，其外径偏差为0.5mm，厚度偏差为10%。

(3) 焊接采用电弧焊，焊条牌号为J427。

(4) 列管和管板采用胀接，管板密封面与壳体主线垂直，其公差为1mm。

(5) 设备制造完毕后，管程以0.125MPa,壳程以1.125MPa进行液压试验。

(6) 设备制造完毕彻底除锈后，涂红丹防锈漆两遍。

(7) 管口及支座方位参照本图。

| 序号 | 图号或标准号 | 名称 | 数量 | 材料 | 单件质量/kg | 总计质量/kg | 备注 |
|---|---|---|---|---|---|---|---|
| 17 | GB 9948—2006 | 接管 $\phi32\times6$ | 4 | 20 | 1.25 | 5.0 | $L$=120 |
| 16 | | 后端筒体 $\phi720\times10$ | 1 | Q235-B | 27.3 | 27.3 | |
| 15 | GB 9948—2006 | 接管 | 1 | 20 | 21.3 | 21.3 | $L$=200 |
| 14 | HG/T 20592—2009 | 法兰 $\phi325\times8$ | 1 | Q235-B | 18.5 | 18.5 | |
| 13 | NB/T 11025—2022 | 补强圈 WN300-25 RF S=10.2 | 1 | Q345R | 12.3 | 12.3 | |
| 12 | GB 9948—2006 | 接管 DN125×8-B | 2 | 20 | 12.6 | 25.2 | $L$=180 |
| 11 | HG/T 20592—2009 | 法兰 WN125-25 RF S=6.4 | 1 | 20Ⅱ | 9.6 | 9.6 | |
| 10 | | 防冲板 $\phi133\times8$ | 1 | Q235-B | 7.54 | 7.54 | |
| 9 | | 壳程筒体 $\phi720\times10$ | 1 | Q235-B | 322.2 | 322.2 | |
| 8 | | 折流板 | 13 | Q235-B | 17.33 | 225.29 | |
| 7 | | 拉杆 $\phi16$ | 6 | Q235-B | 0.68 | 4.08 | |
| 6 | | 定距管 $\phi25\times2$ | 31 | Q235-B | 0.18 | 5.58 | |
| 5 | GB 9948—2006 | 换热管 $\phi25\times2$ | 370 | 20 | 1.63 | 603.1 | |
| 4 | NB/T 47021—2012 | 管板 WN700-25 RF | 2 | Q235-B | 71.7 | 143.4 | 管板与法兰组合 |
| 3 | NB/T 47021—2012 | 法兰 WN700-25 RF | 2 | Q235-B | 42.0 | 84.0 | |
| 2 | | 前端筒体 $\phi720\times10$ | 1 | Q235-B | 109.23 | 109.23 | |
| 1 | GB/T 25198—2010 | 封头 EHA720×10 | 2 | Q235-B | 27.3 | 54.6 | |

| 序号 | 图号或标准号 | 名称 | 数量 | 材料 | 单件质量/kg | 总计质量/kg | 备注 |
|---|---|---|---|---|---|---|---|
| 24 | GB 9948—2006 | 接管 $\phi325\times8$ | 1 | 20 | 21.3 | 21.3 | $L$=180 |
| 23 | HG/T 20592—2009 | 法兰 WN 300-25 RF S=10.2 | 1 | 20Ⅱ | 18.5 | 18.5 | |
| 22 | NB/T 47065.1—2018 | 鞍式支座 M20 | 2 | Q235-B | 24 | 48 | 组合件 |
| 21 | JB/T 4704—2000 | 垫片 | 2 | 石棉 | | | |
| 20 | GB/T 6170—2000 | 螺母 M20 | 56 | 40Mn | 0.09 | 5.04 | |
| 19 | NB/T 47027—2012 | 螺栓 M20 | 56 | 40MoB | 0.5 | 28 | |
| 18 | HG/T 20593—2024 | 法兰 WN 25-25 RF S=4 | 4 | 20Ⅱ | 1 | 4 | |

| 0 | | | | | | |
|---|---|---|---|---|---|---|
| 版次 | 说明 | 设计 | 校核 | 审核 | 批准 | 日期 |
| 齐鲁工业大学 | | 资质等级 | 甲级 | 证书编号 | / | |
| 项目 | 年35万吨$C_4$综合利用项目 | 图名 | 换热器E0201装配图 ($F$=84.9 $m^2$) | | | |
| 装置/工区 | 济南崮山化工总厂 | | | | | |
| 2022山东 专业 设备 | 比例 1:10 第1张共1张 | 图号 | QLU-0101-01 | | | |

图 3-79　$C_4$产品换热器装配图

件在轴线方向上的位置和装配情况；*A*—*A* 剖视图表示了各管口的周向方位和换热管的排列方式；*B* 向视图补充表达了鞍座的结构形状和安装等有关尺寸。局部放大图Ⅰ表达了定距杆与管板之间的螺纹连接情况及结构尺寸；局部放大图Ⅱ表达了换热管与管板之间的胀接连接情况及结构尺寸；局部放大图Ⅲ表达了管板与法兰的连接方式及结构尺寸；局部放大图Ⅳ表达了带补强圈接管与筒体焊接详图；示意图分别表达了单弓形折流板结构尺寸、防冲挡板结构尺寸、换热管正三角形排布情况。

② 零部件分析　该设备由前端筒体（件 2）、壳程筒体（件 9）、后端筒体（件 16）、封头（件 1）、管板（件 4）、容器法兰（件 3）及换热管束（件 5）、折流挡板（件 8）组成；筒体内径为 700mm，壁厚 10mm，材料为 Q235-B；封头规格为 EHA 720×10，材料 Q235-B；管板规格为 WN 700-25 RF；带颈对焊法兰，突面密封，材料为 Q235-B。

前后端筒体与封头之间、前后端筒体与容器法兰之间、壳程筒体与管板之间的连接都采用焊接，管板与法兰连接方式及结构尺寸见局部放大图Ⅲ；各接管与壳体的连接，补强圈与筒体、封头的连接也都采用焊接。封头与管板用法兰连接，法兰与管板间有垫片（件 21）形成密封，防止泄漏。

换热管规格 $\phi 25\times 2.0\times 3000$，共 370 根，材料为 20。换热器管束采用了简化画法，仅画一根，其余用中心线表示。换热管与管板的连接采用强度焊密度胀方式，见局部放大图Ⅱ。

壳程筒体内部有上弓形折流板 6 块，下弓形折流板 7 块，折流板间距 390mm，其装配位置的尺寸见主视图，结构尺寸见示意图。拉杆（件 7）（$\phi 16$）左端螺纹旋入管板，共 6 根；拉杆上套上定距管（件 6）（规格 $\phi 25\times 2$，31 根）用以确定折流挡板之间的距离，见局部放大图Ⅰ。防冲挡板距离管口 40mm，尺寸见示意图。

混合气体进、出管口规格为 $\phi 325\times 8$，冷却水进、出管口规格为 $\phi 133\times 8$，排气管和排水管规格为 $\phi 32\times 6$。管法兰为带颈对焊法兰，突面密封，材料为 20。各接管的轴向位置与周向方位可由主视图和 *A*—*A* 剖视图读出。鞍式支座的安装尺寸可由 *B* 向图读出。接管和鞍式支座均是标准件，具体结构和尺寸需查阅有关标准确定。

③ 设备分析　固定管板式换热器构造简单，结构紧凑。换热器两端管板直接与筒体焊接在一起且兼并法兰。管束胀接在管板上，管束与管板、壳体与管板都是刚性固定，因此属于刚性结构。换热器每根管子都能单独更换和清洗管内，但管外清洗困难，因而应用于壳程介质清洁且管壁与壳壁温差不大的场合。设备共有 8 个接管口和 8 套管法兰，下部有两个鞍式支座支承。

④ 工作原理分析（管口分析）　从管口表可知设备工作时，温度高的 $C_4$ 混合气体自接管 d 进入换热管，由接管 h 流出；冷却水从接管 g 进入壳体，经折流挡板转折流动，与管程内的冷却水进行热量交换后，由接管 c 流出。另有两个排气管和排水管。

⑤ 技术特性分析和技术要求　从图中可知该设备按《热交换器》等进行制造、试验和验收，并对焊接方法、焊接形式、质量检验提出要求，制造完后除进行水压试验外，还需进行气密性试验。

（3）归纳总结

由前面的分析可知，该换热器的主体结构由圆柱形筒体和椭圆形封头通过法兰连接构成，其内部有 370 根换热管，并有 13 个折流板。

设备工作时，冷却水走壳程，自接管 g 进入换热管，由接管 c 流出；高温物料走管程，从接管 d 进入壳体，由接管 h 流出。物料与管程内的冷却水逆向流动，并通过折流板增加接触时间，从而实现热量交换。

# 第4章 工艺流程图

化工工艺图是表达化工生产过程与联系的图样，其作用是表达化工生产过程和设备的连接顺序，说明物料流向和能量传递情况。化工工艺图的设计绘制是化工工艺人员进行工艺设计的主要内容，也是进行装置设计、制造、安装和指导施工、生产的重要技术文件。化工工艺图主要包括工艺流程图、设备布置图和管道布置图。

## 4.1 工艺流程图分类

工艺流程图是用于表达生产过程中物料的流动次序和生产操作顺序的图样。由于不同的使用要求，其在内容、重点和深度方面也不一致，因此属于工艺流程图性质的图样有若干种。较规范的工艺流程图一般为：方案流程图、物料流程图（PFD）、带控制点的工艺流程图和管道及仪表流程图（PID）。

（1）*方案流程图*

方案流程图又称为全厂总工艺流程图，是表示全厂各生产单位之间从原料到产品或半成品的生产工艺中所采用的各种设备和工艺流程线的图样。方案流程图是以车间或工段为单位，按照工艺流程的顺序，定性地将各种化工单元及设备从左到右展开绘制在图面上，各设备之间按照工艺流程原理绘制出主要物料管线、物料流向顺序，并标注相应的符号和必要的说明。如图4-1所示，方案流程图一般包括：

① 设备示意图　用示意图表示生产过程中所使用的机器、设备，用文字、字母、数字注写设备的名称和位号。用细实线画出设备示意图，一般可不按比例，但应保持相对大小。各设备之间的高低位置及设备上重要接管口的位置，应大致符合实际情况；各设备之间应保留适当的距离，以便布置流程线。同样的设备可只画一套。

② 工艺管线及流向箭头　画出全部物料管线、部分辅助管线，并标注物料名称。主要工艺管线用粗实线绘制，辅助管线用中粗实线绘制，流程线一般画成水平或垂直。在管线上用箭头表示物料的流向。

③ 图例　主要标出管线图例，阀门、仪表等不必标出。

④ 设备一览表　包括图名、图号、设计阶段等内容。

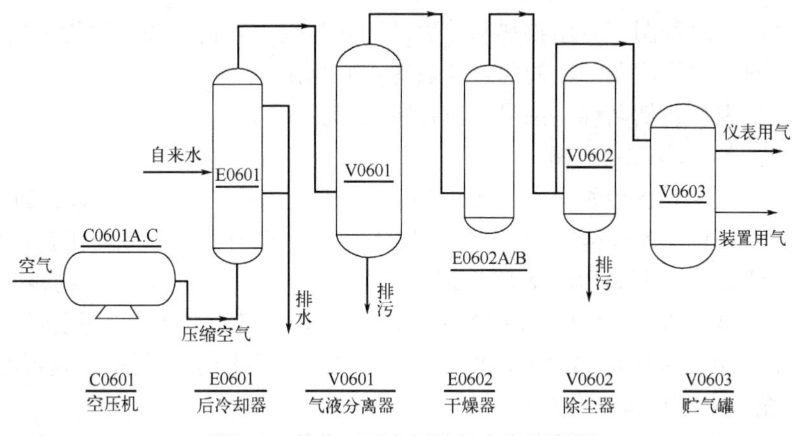


图 4-1　某化工厂空气站的方案流程图

（2）物料流程图

物料流程图是在初步设计阶段完成生产装置全过程的物料衡算和热量衡算后绘制的。它是在方案流程图的基础上，采用图形和表格相结合的形式反映物料衡算和热量衡算结果的图样。它为设计审查提供资料，也是进一步工艺详细设计的依据，为生产操作、技术改造提供参考。如图 4-2 所示。

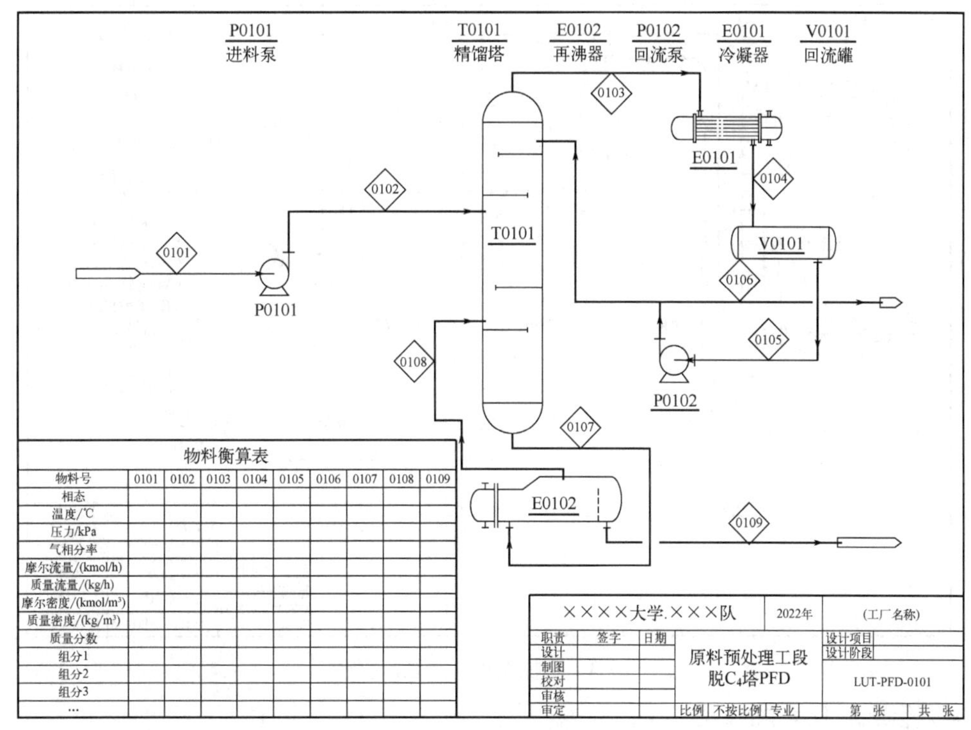


图 4-2　物料流程图

物料流程图一般包括：

① 设备示意图　包括设备示意图形、设备的位号、名称及一些特性数据。

② 带流向的工艺物料管线　主要在流程的起始部位和物料产生变化的设备之后，要从物料管线上引线列表注明物料变化前后组分的名称、流量、组成等参数和各项的总和。某些工艺参数（如温度、压力等），可在流程线旁注出。

③ 物料表　在流程图下方用物料衡算表的形式列出。表格线和引线均采用细实线。

④ 图例　只标出管线图例，阀门、仪表等不必标出。

⑤ 设备一览表　包括名称、图号、设计阶段等。

（3）带控制点的工艺流程图

带控制点的工艺流程图也称管道及仪表流程图初步条件版，是工程项目设计的一个指导性文件，也是各专业开展设计的依据之一。带控制点的工艺流程图中应画出所有工艺设备、工艺物料管线、辅助物料管线、主要阀门以及工艺参数（温度、压力、流量、液位、物料组成、浓度等）的测量点，并表示出自动控制的方案。如图 4-3 所示，带控制点的工艺流程图主要包括以下内容：

① 设备示意图　包括全部设备、机械、驱动机及备台的示意图形、设备的位号、名称及一些特性数据，未定设备在备注栏说明。

② 工艺物料管线　包括主要工艺物料管道、辅助物料管道、公用工程管线，需标注物料代号、公称直径，可暂不标注管道顺序号、管道等级，以及隔热、隔声代号等。蒸汽管道的物料代号应反映压力等级。

③ 阀门与管件　应标注对工艺生产起控制、调节作用的主要阀门、管件，并标注编号。

④ 控制仪表　标注主要控制仪表以及功能标识，标明仪表显示和控制的位置。

⑤ 首页图　包括文字代号、缩写字母、各类图形符号以及仪表图形符号说明。

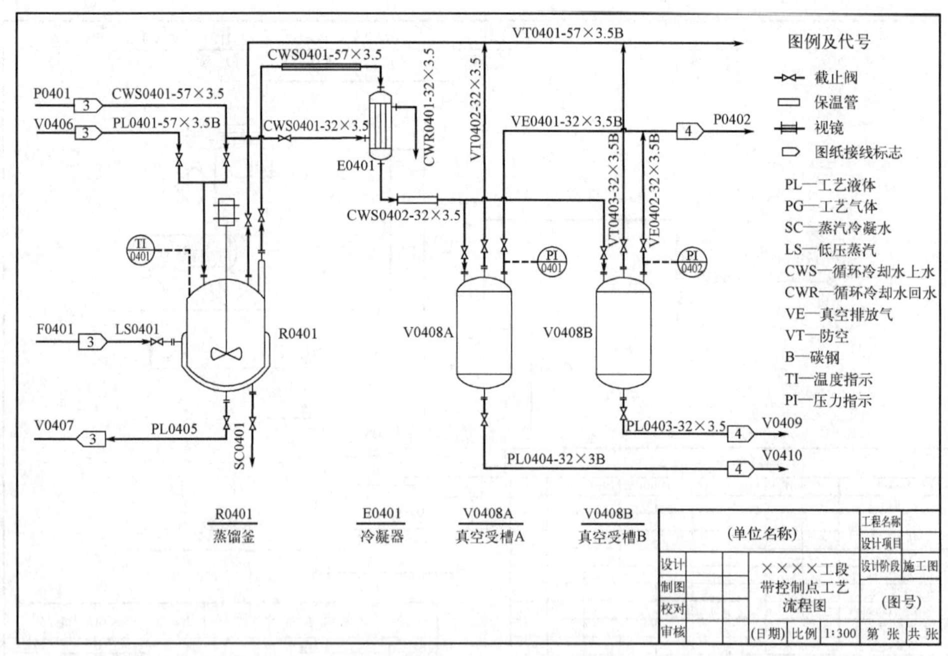


图 4-3　带控制点的工艺流程图

（4）管道及仪表流程图

管道及仪表流程图又称为施工流程图，是借助统一规定的图形符号和文字代号，用图示方法将化工生产过程的全部设备、仪表、管道及主要管件，按其各自的功能，为满足工艺要求组合起来，以起到描述工艺装置结构和功能的作用。它是施工设计阶段的主要产品之一，是工艺流程设计、设备设计、管道布置设计和自控仪表设计的综合成果。不仅是设计、施工的依据，也是企业管理、操作、维修、开停车等所需的完整技术资料的一部分。

如图 4-4 所示，管道仪表流程图主要包括以下内容：

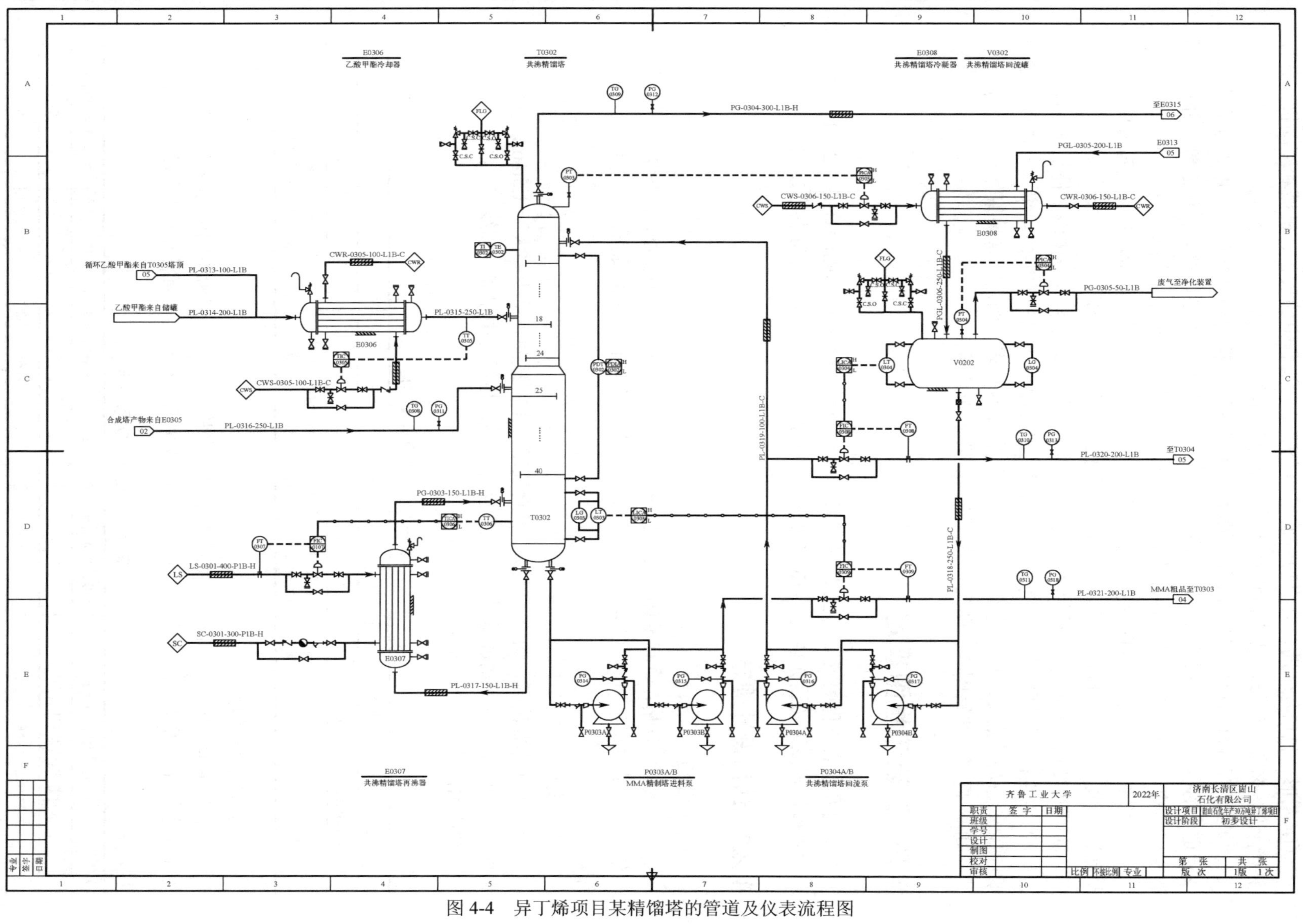


图 4-4　异丁烯项目某精馏塔的管道及仪表流程图

① 图形　包括各辅助、公用物料使用的全部工艺过程中的设备、机械和驱动机，并标注所有设备名称、位号，以及必要的尺寸、特性数据等。

② 管道与阀门管件　包括所有主要工艺物料管道、辅助物料管道、公用工程管道，以及管道上的所有管件、阀门等，标注所有管道的管道代号、管径、材质、保温等，并标注所有阀门、管件及备件的编号。标注物料的来源、去向和特殊要求，如坡度。

③ 检测控制仪表　包括所有检测、指示、控制功能仪表和分析取样点的符号图形、控制回路管线，并标注测量、指示、调节仪表和控制器的功能标识。

④ 图例和首页图　包括所有设备图例、物料代号和设备代号、管道标注、控制仪表说明等。

⑤ 备注栏、样图和表格　包括需要说明的设计要求、生产安装注意事项、需要详细说明的局部图(如节点图、仪表与管道带尺寸详图)和特殊仪表、阀门、管件编号一览表等。

⑥ 标题栏　注写图名、图号、设计阶段、设计单位等。

## 4.2　工艺流程图规定

管道及仪表流程图应按《化工工艺设计施工图内容和深度统一规定》(HG/T 20519—2009)和《管道仪表流程图设计规定》(HG 20559—1993)的有关规定进行标准图形绘制。

### 4.2.1　通用设计规定

（1）图幅

工艺流程图规格：带有设计单位名称统一标题栏的标准规格的图纸，一般采用 A1 或 A0 图纸，流程简单可采用 A2 图纸，对同一装置只能使用一种规格的图纸，一般不允许加长或缩短。

（2）图线宽度

所有图线都要清晰、均匀，宽度应符合要求，平行线间距至少要大于 1.5mm，以保证复制件上的图线不会分不清或重叠。图线宽度分三种：粗线、中粗线、细线。

图线用法及宽度的一般规定见表 4-1。

**表 4-1　图线用法及宽度**

| 类型 | 粗线条 | 中线条 | 细线条 |
|---|---|---|---|
| 线宽类别/mm | 0.6～0.9 | 0.3～0.6 | 0.15～0.25 |
| 使用情况 | 主物料和产品管线、设备位号线 | 次物料、产品管线和其他辅助物料管道，设备外形轮廓、管道的图纸接续标志等 | 阀门、管件等图形符号，仪表图形符号，表格线，保温等辅助线条 |

（3）文字与字母

文字和字母规定：7 号和 5 号字体用于设备名称、备注栏、图题字体；5 号和 3.5 号字体用于文字标注、说明、注释等；文字、字母、数字的大小在同类标注中应相同，见表 4-2。

**表 4-2　文字和字母规定**

| 书写内容 | 推荐字高/mm | 书写内容 | 推荐字高/mm |
|---|---|---|---|
| 图表中的图名及视图符号 | 5～7 | 图名 | 7 |
| 工程名称 | 5 | 表格中的文字 | 5 |

续表

| 书写内容 | 推荐字高/mm | 书写内容 | 推荐字高/mm |
|---|---|---|---|
| 图纸中的文字说明及轴线号 | 5 | 表格中的文字（格高小于 6mm 时） | 3 |
| 图纸中的数字及字母 | 2～3 | | |

（4）相同系统的绘制方法

当一个流程中包括两个或两个以上相同的系统（如聚合釜、气流干燥、后处理等）时，需绘出一张总图表示各系统间的关系，再单独绘出一个系统的详细流程图，其余系统以细双点画线的方框表示，框内注明系统名称及其编号。当多个不同系统流程比较复杂时，可以分别绘制各系统单独的流程图。在总流程图中，各系统采用细双点画线方框表示，框内注明系统名称、编号和各系统流程图图号，如图 4-5 所示。

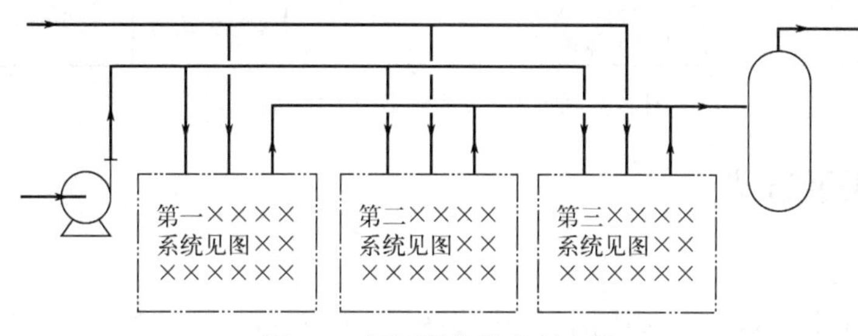


图 4-5 相同系统的绘制方法

（5）标题栏

工艺流程图的标题栏与机械制图中的标题栏有所不同，现行标准对工艺流程图的标题栏规定如图 4-6 所示。

<table>
<tr><td colspan="5">(单位名称)</td><td colspan="2">(工程名称)</td><td>13</td></tr>
<tr><td>职责</td><td>签字</td><td>日期</td><td colspan="2" rowspan="5">(图名)</td><td>设计项目</td><td></td><td>6</td></tr>
<tr><td>设计</td><td></td><td></td><td>设计阶段</td><td></td><td>6</td></tr>
<tr><td>绘图</td><td></td><td></td><td colspan="2" rowspan="3">(图号)</td><td rowspan="3">18</td></tr>
<tr><td>校核</td><td></td><td></td></tr>
<tr><td>审核</td><td></td><td></td></tr>
<tr><td colspan="3">年限</td><td>比例</td><td></td><td>第 张</td><td>共 张</td><td>7</td></tr>
<tr><td>20</td><td>25</td><td>15</td><td>15</td><td>45</td><td>25</td><td>35</td><td>50</td></tr>
<tr><td colspan="7">180</td><td></td></tr>
</table>

图 4-6 工艺流程图标题栏格式

（6）图面布置

如图 4-7 所示，管道仪表流程图的图面布置要考虑以下几点：

① 设备一般是顺流程从左到右排布，但同时也要顺应管道连接走向。

② 塔、反应器、储罐、换热器、加热炉等设备一般在图面的水平中线往上布置。

③ 泵、压缩机、鼓风机、振动机器、离心机、运输设备布置在图面 1/4 线以下，中线以下 1/4 高度供管道使用。

④ 对于没有安装高度要求的设备，在图面上的位置要符合流程流向，便于管道连接。对于有安装高度要求的设备及关键的操作台，要在图面适宜位置表示出此平台与地面或其他

设备的相对位置，标注尺寸或标高。

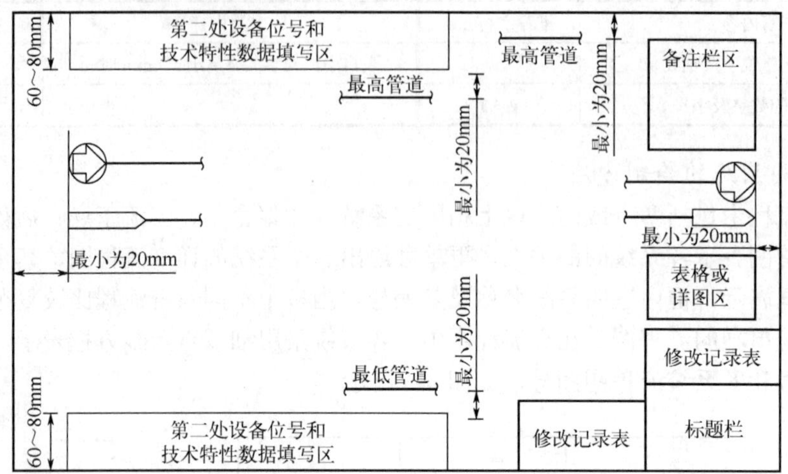


图 4-7　管道及仪表流程图的图面布置

## 4.2.2　设备表示方法

（1）设备画法

化工设备在图上一般可不按比例，用中线条按 HG/T 20519.2—2009 工艺系统规定的设备和机器的图例画出能够显示设备形状特征的主要轮廓，并表示出设备类型特征以及内部、外部构件。常见的设备、机器的图例见表 4-3。未规定的设备、机器的图形可以根据其实际外形和内部结构特征绘制，只取相对大小，不按实物比例，如图 4-8 所示。

**表 4-3　设备代号及图例**

| 设备类别及代号 | 图例 | 设备类别及代号 | 图例 |
|---|---|---|---|
| 泵<br>（P） | 离心泵　水环式真空泵　旋转泵齿轮泵<br>螺杆泵　往复泵　隔膜泵<br>液下泵　喷射泵　旋涡泵 | 换热器<br>（E） | 换热器(简图)　固定管板式列管换热器　U形管式换热器<br>浮头式列管换热器　套管式换热器　釜式换热器<br>板式换热器　螺旋式换热器　翅片管换热器<br>蛇管式(盘管式)换热器　喷淋式冷却器　刮板式薄膜蒸发器 |

续表

| 设备类别及代号 | 图例 | 设备类别及代号 | 图例 |
| --- | --- | --- | --- |
| 压缩机（C） | 鼓风机<br>(卧式)　(立式)<br>旋转式压缩机<br>离心式压缩机<br>M<br>往复式压缩机<br>M<br>M<br>二段往复式压缩机(L形)<br>四段往复式压缩机 | 换热器（E） | 列管式(薄膜)蒸发器<br>抽风式空冷器<br>送风式空冷器<br>带风扇的翅片管式换热器 |
| 塔（T） | 填料塔<br>板式塔<br>喷洒塔 | | |
| 工业炉（F） | 箱式炉<br>圆筒炉 | 火炬、烟囱（S） | 烟囱<br>火炬 |
| 塔内件 | 降液管<br>受液盘<br>泡罩塔塔板<br>浮阀塔塔板<br>格栅板<br>升气管<br>湍球塔<br>筛板塔塔板<br>分配(分布)器、喷淋器<br>丝网除沫层<br>填料除沫层 | 容器（V） | 锥顶罐<br>(地下、半地下)池、槽、坑<br>浮顶罐<br>圆顶锥底容器<br>碟形封头容器<br>平顶容器<br>干式气柜<br>湿式气柜<br>球罐<br>卧式容器 |

续表

| 设备类别及代号 | 图例 | 设备类别及代号 | 图例 |
| --- | --- | --- | --- |
| 反应器（R） | 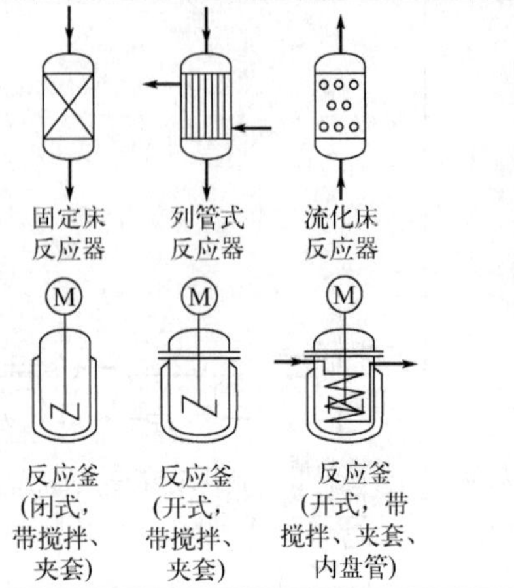 固定床反应器<br>列管式反应器<br>流化床反应器<br>反应釜(闭式，带搅拌、夹套)<br>反应釜(开式，带搅拌、夹套)<br>反应釜(开式，带搅拌、夹套、内盘管) | 容器（V） | 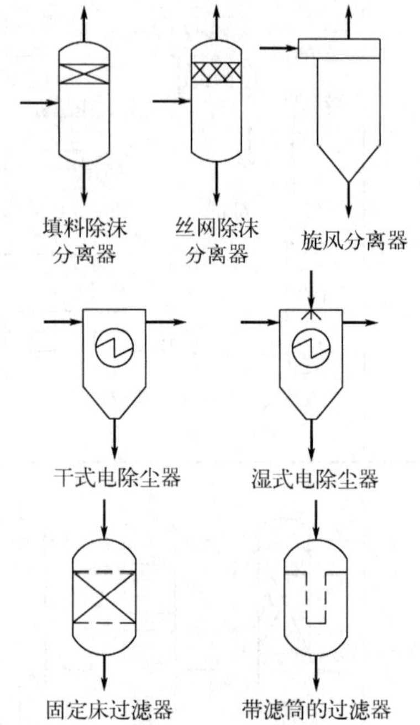 填料除沫分离器<br>丝网除沫分离器<br>旋风分离器<br>干式电除尘器<br>湿式电除尘器<br>固定床过滤器<br>带滤筒的过滤器 |
| 设备内件附件 | 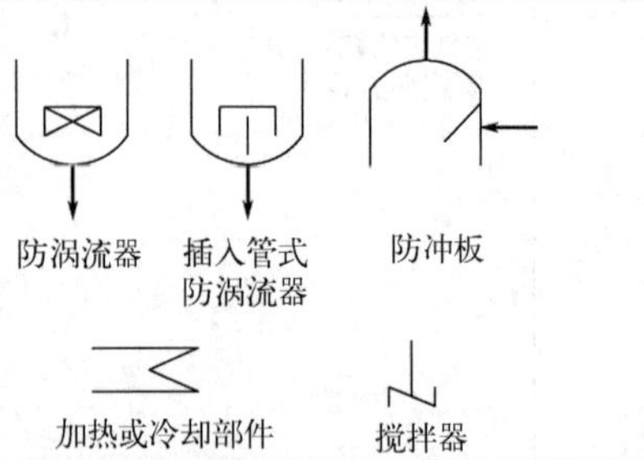 防涡流器<br>插入管式防涡流器<br>防冲板<br>加热或冷却部件<br>搅拌器 | | |

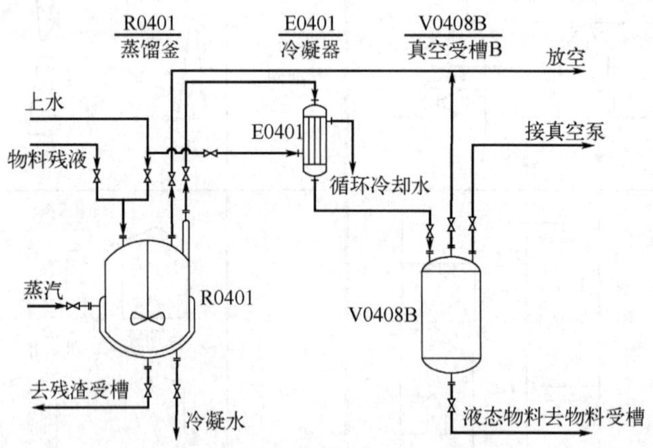


图 4-8　流程图中的设备表示法

设备、机器上的所有接口（包括人孔、手孔、卸料口等）宜全部画出，其中与配管有关以及与外界有关的管口（如直连阀门的排液口、排气口、放空口及仪表接口等）则必须画出。用方框内一位英文字母或字母加数字表示管口编号。管口一般用单细实线表示，也可以与所连管道线宽度相同，允许个别管口用双细实线绘制。设备管口法兰可用细实线表示。

图中各设备、机器的位置安排要便于管道连接和标注，其中相互间物流关系密切者（如高位槽液体自流入贮罐，液体由泵送入塔顶等）的高低相对位置要与设备实际布置相吻合。

（2）设备标注

所有机械和设备均要标注设备位号和名称，且在整个车间内不能重复。施工图设计与初步设计中的编号应该一致。工艺流程图上一般有两处标注设备位号：第一处在设备内或设备旁，用粗实线画一水平位号线，上方标注设备位号，但不标注设备名称。第二处在流程图的正上方或正下方，标注设备位号、设备位号线和设备名称，且尽量正对设备。当几台设备或机器垂直排列时，它们的位号和名称可以由上而下按顺序标注也可水平标注。设备（机器）位号和名称标注如图 4-9 所示。

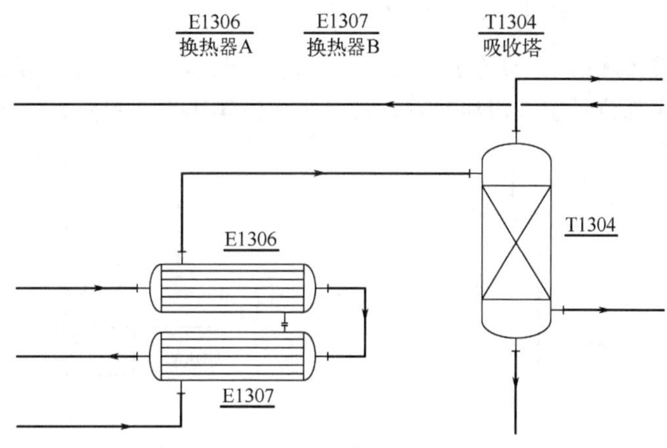


图 4-9 设备位号和名称标注

设备位号包括设备类别号、车间或工段号、设备顺序号和相同设备尾号，如图 4-10 所示。每个工艺设备均应编一个位号，在流程图设备布置图和管道布置图上，标注位号时，应在位号下方画一条粗实线，图线宽度为 0.9～1.2mm。

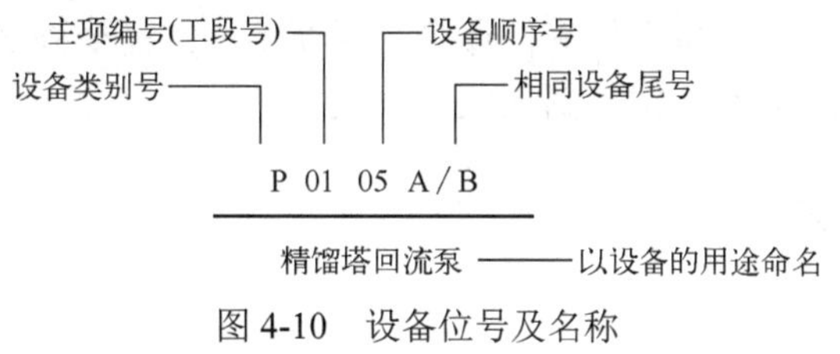


图 4-10 设备位号及名称

① 设备类别号　设备类别号见表 4-4。

② 主项编号（工段号）　采用两位数字顺序表示，一般为 01～99，由项目负责人给定。

③ 设备顺序号　按工艺流程中流向的先后顺序编制，采用两位数字顺序表示，一般为 01～99。

④ 相同设备尾号　两台或多于两台设备并联，在尾部加注 A、B、C 等字样。

**表 4-4 设备类别号**

| 设备类别 | 代号 | 设备类别 | 代号 | 设备类别 | 代号 |
|---|---|---|---|---|---|
| 压缩机、风机 | C | 泵 | P | 塔 | T |
| 换热器 | E | 反应器 | R | 容器 | V |
| 工业炉 | F | 火炬、烟囱 | S | 计量设备 | W |
| 起重运输机械 | L | 其他机械 | M | 其他设备 | X |

根据工程需要，可在设备名称下面标注该设备、机械、驱动机的主要技术特性数据和结构材料，如图 4-11 所示。

| P0105A<br>回流泵 | E0105<br>冷却器 | T0105<br>精馏塔 |
|---|---|---|
| $1.2m^3/h$, 0.08/0.15MPa<br>1.2kW<br>陶瓷材料 | 3.2×106kJ/h<br>700ID×500, $120m^2$<br>T.:S.S.1Cr18Ni9Ti<br>S.:C.S. | 1000ID×25000TL/TL<br>S.:C.S. |

图 4-11　具有技术特性数据的设备位号标注

对于需绝热的设备和机器，要在其相应部位画出一段绝热层图例，必要时注出其绝热厚度；有伴热者，要在相应部位画出一段伴热管，必要时注出伴热类型和介质代号，如图 4-12 所示。

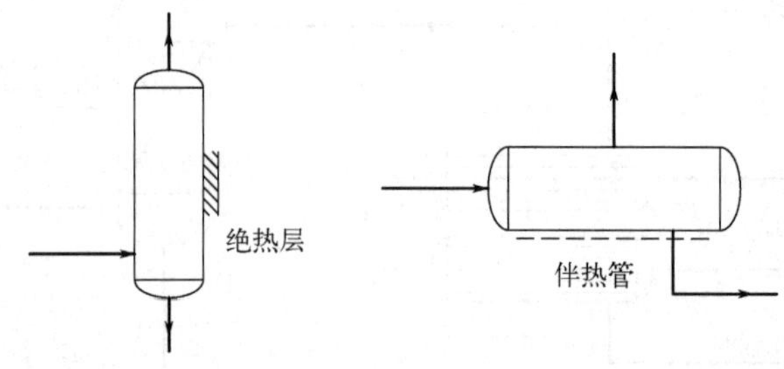


图 4-12　绝热或伴热设备标注方法

地下或半地下设备、机器在图上要表示出一段相关的地面，地面以“～”表示。

设备、机器的支承和底（裙）座可不表示。复用的原有设备、机器及其包含的管道可用框图注出其范围，并加必要的文字标注和说明。

设备、机器自身的附属部件与工艺流程有关者，例如柱塞泵所带的缓冲罐、安全阀，列管换热器管板上的排气口，设备上的液位计等，即便不一定需要外部接管，但对生产操作和检测都是必需的，有的还需要调试，图上应予以表示。

## 4.2.3 管道表示方法

（1）管道画法

在工艺管道仪表流程图上要表示出全部工艺管道、阀门和主要管件，表示出与设备、机械工艺管道相连接的全部辅助物料和公用物料的连接管道，以及用来生产、开停车、气体置换、吹扫等的管道，间断加料和出料的管道，放空和放净的管道。管道所用的图形符号见《管道仪表流程图管道和管件图形符号》（HG 20559.3—1993）的规定，如表 4-5 所示。

表 4-5　管道和管件图形符号

| 名称 | 管道符号标记 | | 名称 | 管道符号标记 |
|---|---|---|---|---|
| 主要物料管道 | | 粗实线 0.6～1.0mm | 原有管线 | |
| 其他物料管道、设备轮廓 | | 中粗线 0.3～0.5mm | 蒸汽伴热管道 | |
| 引线、阀门、管件、仪表图例 | | 细实线 0.15～0.25mm | 电伴热管道 | |
| 仪表管线 | | 电动信号线 | 伴冷管道 | |

续表

| 名称 | 管道符号标记 | | 名称 | 管道符号标记 |
|---|---|---|---|---|
| 仪表管线 | | 气动信号线 | 夹套管道 | |
| | | 毛细管线 | 管道绝热层 | |
| | | 机械连线 | 翅片管 | |
| | | 内部系统线 | 柔性管 | |
| | | 液压信号线 | 喷淋管 | |

在每根管道的适当位置上标绘物料流向箭头，箭头一般标绘在管道改变走向、分支和进入设备接管处，所有靠重力流动的管道应标注流向箭头，并标明“重力流”字样。

管道流程线用水平和垂直线表示，注意避免穿过设备或使管道交叉，在不可避免时，则将其中一管道断开一段，如图 4-13 所示，管道转弯处一般画成直角。

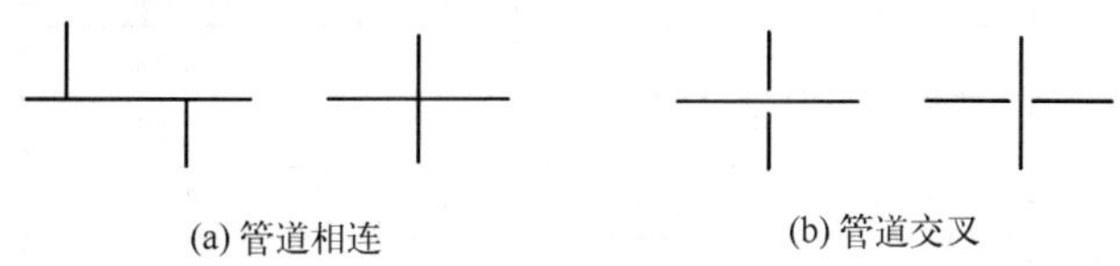

(a) 管道相连　(b) 管道交叉

图 4-13　管道交叉与相连的表示方法

装置内各管道仪表流程图之间相连接的管道，用图纸接续标志来表明，接续标志用中线条表示。在接续标志空心箭头内注明与其相关图纸的图号或序号，在其上方注明来或去的设备位号或管道号或仪表位号。进出界区（装置）的管道要用管道的界区标志来表明，该标志用中线条表示。在管道界区标志旁的连接线管线上（或下）方标明来自（或去）的装置位号和接续界区的管道号，如图 4-14 所示。

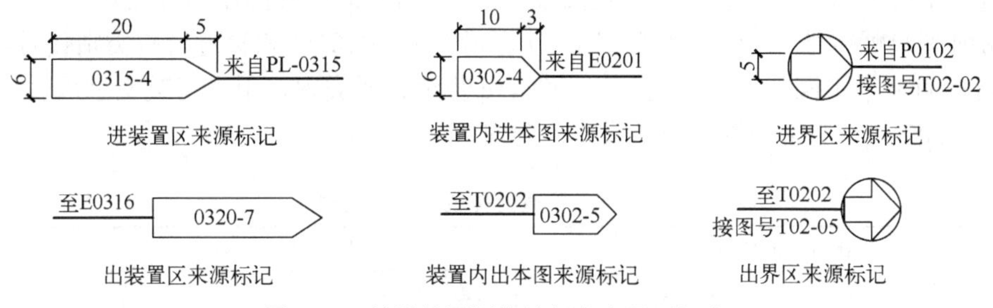


图 4-14　管道的图纸接续标志和界区标志

### （2）管道标注

所有的管道均要标注管道号，管道号由五部分组成：物料代号、管道编号、管道规格、管道等级和绝热（或隔声）等代号。水平管道的标注应写在管道上方，垂直管道的标注应平行地写在管道左侧，当管道密集或管道太短而无法标注时，可以用引线引出标注。标注方法如图 4-15 所示。

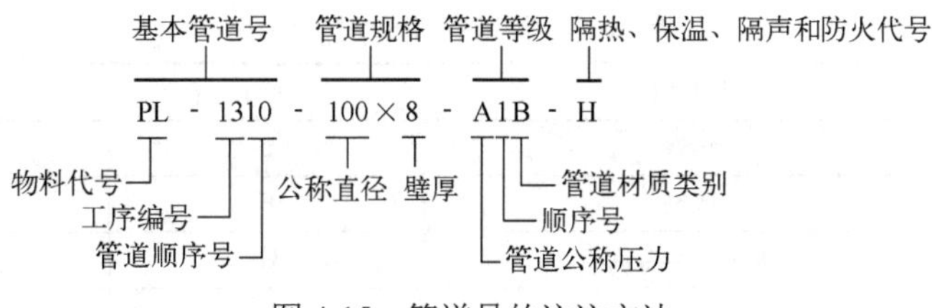


图 4-15　管道号的注注方法

① 物料代号 HG/T 20519.2—2009 行业标准规定，物料代号通常按物料的名称和状态，由其英文名词的字头组成。常见物料代号见表 4-6。

**表 4-6 常用物料代号**

| 代号 | 物料名称 | 代号 | 物料名称 | 代号 | 物料名称 | 代号 | 物料名称 |
|---|---|---|---|---|---|---|---|
| AL | 液氨 | FG | 燃料气 | LO | 润滑油 | RW | 原水、新鲜水 |
| AR | 空气 | FO | 燃料油 | LS | 低压蒸汽 | RWR | 冷冻盐水回水 |
| AW | 氨水 | FSL | 熔盐 | MS | 中压蒸汽 | SC | 蒸汽冷凝水 |
| BD | 排污 | FV | 火炬排放气 | NG | 天然气 | SL | 泥浆 |
| BR | 盐水 | GO | 填料油 | N | 氮 | SO | 密封油 |
| BW | 锅炉给水 | H | 氢 | O | 氧 | SW | 软水 |
| CS | 化学污水 | HM | 载热体 | PA | 工艺空气 | TS | 伴热蒸汽 |
| CWR | 循环冷却水回水 | HO | 热导油 | PG | 工艺气体 | TG | 尾气 |
| CWS | 循环冷却水上水 | HS | 高压蒸汽 | PL | 工艺液体 | VE | 真空排放气 |
| DM | 脱盐水 | HWR | 热水回水 | PW | 工艺水 | VT | 放空气 |
| DR | 排液、导淋 | HWS | 热水上水 | R | 冷冻剂 | WO | 废油 |
| DW | 饮用水、生活用水 | IA | 仪表空气 | RO | 原油 | WW | 生产废水 |

② 管道编号 该管道所在工序(主项)的工程工序(主项)编号和管道顺序号。工序编号按工程规定的主项编号填写，采用两位数字，从 01 到 99。管道顺序号按相同类别的物料在同一主项内以流向先后为序，顺序编号采用两位数字，从 01 到 99。

③ 管道规格 包括管道公称直径和壁厚，以 mm 为单位，只标数字，不注单位。

④ 管道等级 管道等级代号由三部分组成：a.管道公称压力等级代号，用大写英文字母表示，A～G 用于 ANSI 标准压力等级代号，H～Z 用于国内标准压力等级代号，见表 4-7。b.管道材料等级顺序号，由阿拉伯数字 1～9 表示。在压力等级和管道材质类别代号相同的情况下，可以有 9 个不同系列的管道材料等级。c.管道材质类别，用大写英文字母表示，HG/T 20519.6—2009 规定的常用管道材质类别代号见表 4-8。

**表 4-7 管道公称压力等级代号**

| 压力等级（ANSI 标准） | | | | 压力等级（国内标准） | | | | | |
|---|---|---|---|---|---|---|---|---|---|
| 代号 | 公称压力/LB | 代号 | 公称压力/LB | 代号 | 公称压力/MPa | 代号 | 公称压力/MPa | 代号 | 公称压力/MPa |
| A | 150 | E | 900 | L | 1.0 | Q | 6.4 | U | 22.0 |
| B | 300 | F | 1500 | M | 1.6 | R | 10.0 | V | 25.0 |
| C | 400 | G | 2500 | N | 2.5 | S | 16.0 | W | 32.0 |
| D | 600 | | | P | 4.0 | T | 20.0 | | |

**表 4-8 管道材质类别代号**

| 代号 | 材料名称 | 代号 | 材料名称 |
|---|---|---|---|
| A | 铸铁 | E | 不锈钢 |
| B | 碳钢 | F | 有色金属 |
| C | 普通低合金钢 | G | 非金属 |
| D | 合金钢 | H | 衬里及内防腐 |

⑤管道隔热、保温、防火和隔音代号　根据 HG/T 20519.2—2009 按绝热及隔音功能类型的不同，以大写英文字母作为代号，见表 4-9。

表 4-9　隔热及隔声代号

| 代号 | 功能类别 | 备注 | 代号 | 功能类别 | 备注 |
| --- | --- | --- | --- | --- | --- |
| H | 保温 | 采用保温材料 | S | 蒸汽伴热 | 采用蒸汽伴管和保温材料 |
| C | 保冷 | 采用保冷材料 | W | 热水伴热 | 采用热水伴管和保温材料 |
| P | 人体防护 | 采用保温材料 | O | 热油伴热 | 采用热油伴管和保温材料 |
| D | 防结露 | 采用保冷材料 | J | 夹套伴热 | 采用夹管套和保温材料 |
| E | 电伴热 | 采用电热带和保温材料 | N | 隔声 | 采用隔声材料 |

(3) 管道编号与标注基本规则

① 工序内管道的编号顺序，通常从管道仪表流程图第一张图起，按图序和流程顺序对每一种物料介质管道逐根进行编号。每张流程图上，按流程图所示从设备到设备向前流动的进程编号。

② 两设备之间的管道，不论规格或尺寸改变与否，只编一个管道号，若中间有分支到其他设备或管道的管道，则另编管道号，如图 4-16 所示。

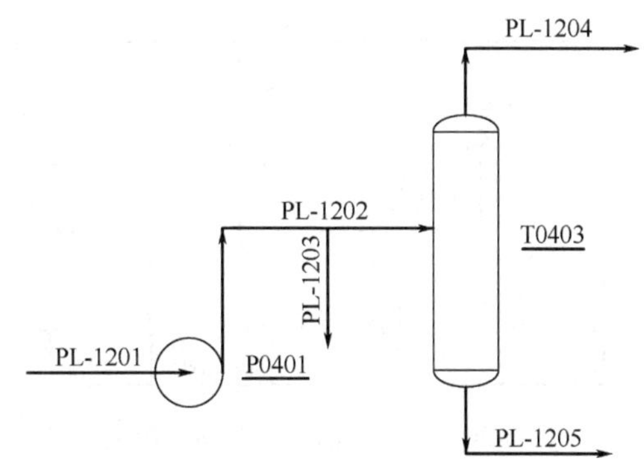


图 4-16　分支管道标注

③ 管道顺序号应至一台设备或另一条管道的连接点中止，如图 4-17 所示。

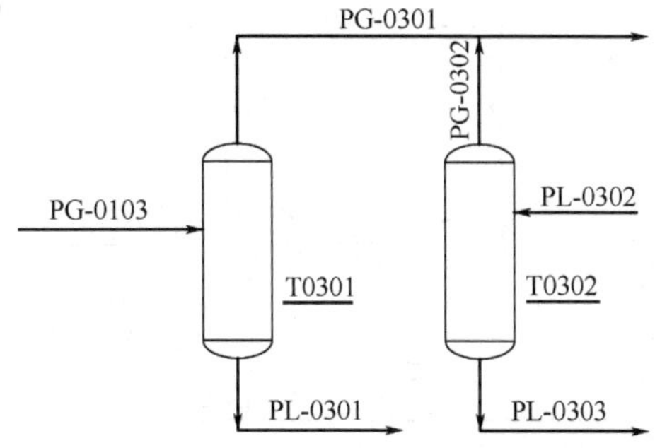


图 4-17　管道标注连接点中止

④ 管道上的阀门、管道附件的公称通径与所在管道公称通径不同时要注出它们的尺寸，必要时还需要注出它们的型号。它们之中的特殊阀门和管道附件还要进行分类编号，必要时

以文字、放大图和数据表加以说明。

⑤ 同一个管道号只是管径不同时，可以只注管径；同一个管道号而管道等级不同时，应表示出等级的分界线，并注出相应的管道等级，如图 4-18 所示。

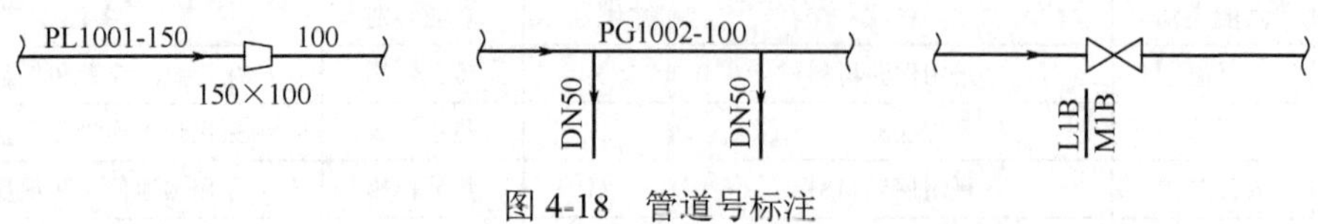


图 4-18　管道号标注

⑥ 异径管一律以大端公称直径乘以小端公称直径表示，如图 4-19 所示。

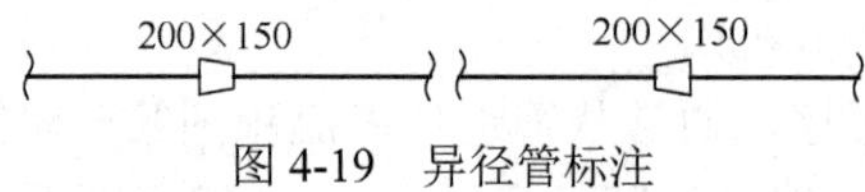


图 4-19　异径管标注

⑦ 由设备或管道到同一位号加下标区分的多个设备的连接管道以及多个同位号设备到另外设备或汇集管道的各分管道要编管道号。有总管时，总管编一管道号，到每台设备的分管道需另编号，如图 4-20 所示。

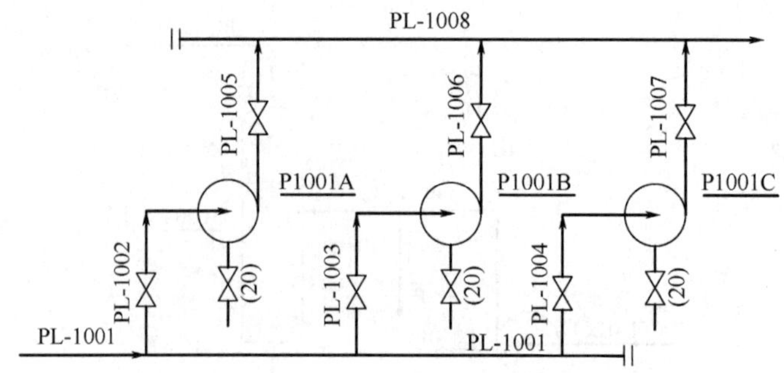


图 4-20　有总管的分管道编号标注

无总管时，以到同一位号最远的一台设备的管道编一个管道号，其余的管道则另编管道号，如图 4-21 所示。

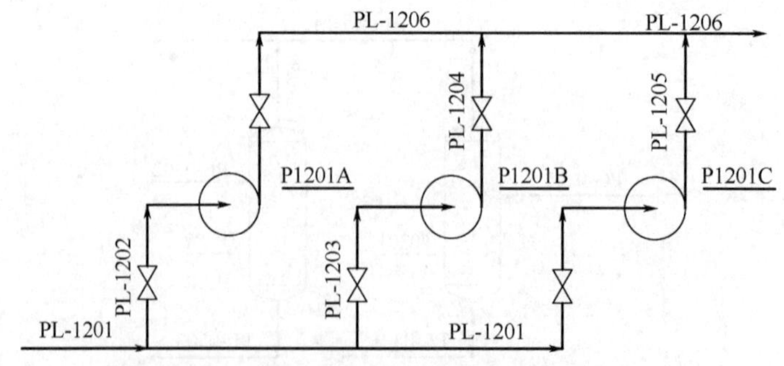


图 4-21　无总管的分管道编号标注

⑧ 一台设备的不同管口到另一设备的不同管口，每根管都要编管道号，如图 4-22 所示。

一台设备的不同管口到另一台设备的相同管口，每根管都要编管道号，如图 4-23 所示。

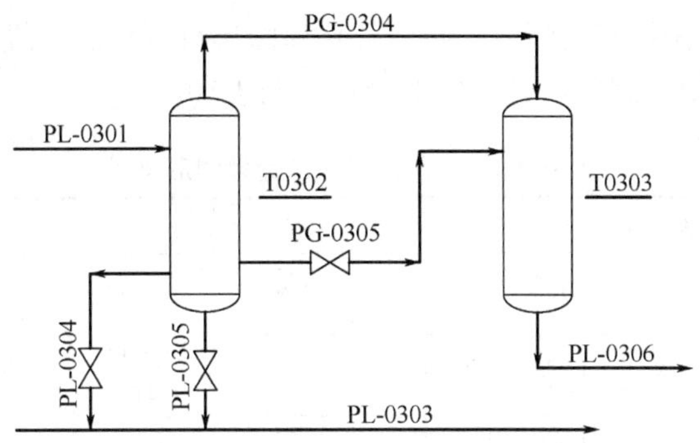


图 4-22　两设备间多管道编号标注一

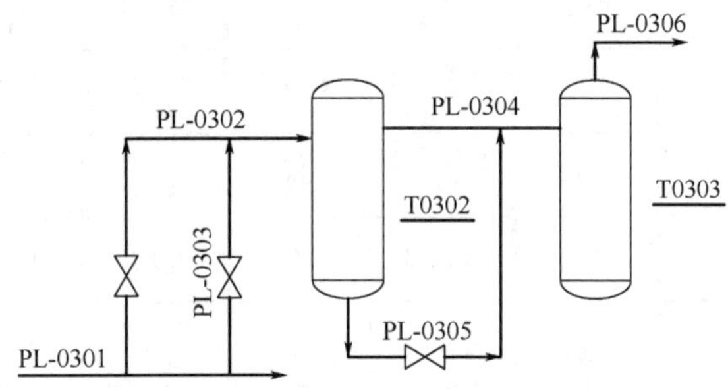


图 4-23　两设备间多管道编号标注二

一台设备的一个管口到另一台设备上的多个管口，如多个管口用途相同，则只编一个管道号；如多个管口用途不相同，则每根管道均需编管道号，如图 4-24 所示。

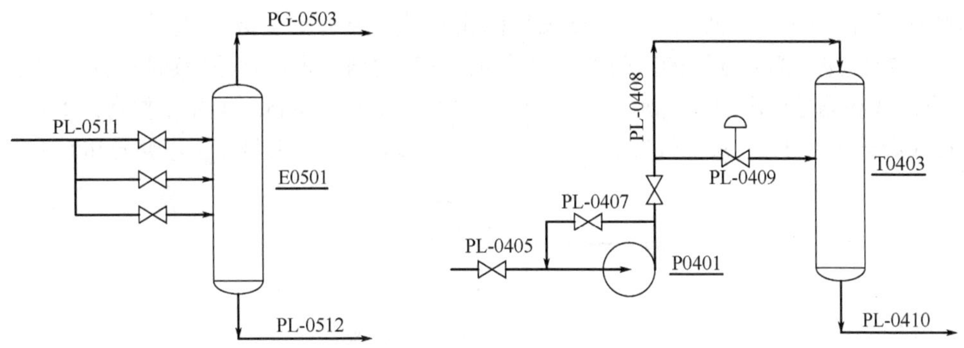


图 4-24　多支管道、回流管道编号标注

⑨ 连通两根管道的旁路管、安全阀进出口的旁路管以及设备、管道的回流管均要编管道号。如图 4-24 中的泵回流管 PL-0407。

### 4.2.4　阀门与管件表示方法

（1）阀门与管件画法

管道上的管道附件有各类阀门、管接头、异径管接头、弯头、三通、四通、法兰、盲板等，这些管件可以使管道改变方向、调整口径，实现连通和分流以及调节和切换管道中的流体。管道及仪表流程图采用 HG/T 20519.2—2009 规定的管道、管件、阀门及管道附件图例，用细实线按规定的符号在相应处画出。阀门与管件图形符号尺寸一般为长 6mm、宽 3mm 或长 8mm、宽 4mm。常用的阀门、管件图形符号见表 4-10。

表 4-10　常用的阀门、管件图形符号

| 名称 | 符号 | 名称 | 符号 | 名称 | 符号 | 名称 | 符号 | 名称 | 符号 |
|---|---|---|---|---|---|---|---|---|---|
| 截止阀 | | 三通截止阀 | | 四通截止阀 | | 电磁阀 | | 螺纹管帽 | |
| 闸阀 | | 三通球阀 | | 四通球阀 | | 消防报警阀 | | 管帽 | |
| 节流阀 | | 三通旋塞阀 | | 三通旋塞阀 | | 旋转阀 | | 法兰连接 | |
| 球阀 | | 升降式止回阀 | | 角式弹簧安全阀 | | 节流孔 | | 管端法兰 | |
| 旋塞阀 | | 旋启式止回阀 | | 角式重锤安全阀 | | Y 型过滤器 | | 管端盲板 | |
| 隔膜阀 | | 蝶阀 | | 平衡锤安全阀 | | 篮式过滤器 | | 圆形盲板（常开） | |
| 直流截止阀 | | 减压阀 | | 针形阀 | | 爆破片 | | 圆形盲板（常闭） | |
| 角式截止阀 | | 疏水阀 | | 电动阀 | | 锥型过滤器 | | 8 字盲板（常开） | |
| 角式节流阀 | | 底阀 | | 气动阀 | | 管道混合器 | | 8 字盲板（常闭） | |
| 角式球阀 | | 呼吸阀 | | 液动阀 | | 鹤管 | | 取样阀 | |

（2）阀门与管件标注

阀门与管件的标注有两类，一类是编号标注，另一类是安全要求的标注。

① 编号标注　需要标注的阀门和管件用引出线引至编号框内标注类别和编号，如图 4-25 所示，引出线和编号框用细实线画出，编号框尺寸为 10mm×10mm。类别主要有：RO（限流孔板）、RP（爆破片）、RV（减压阀）、SV（安全阀）、T（疏水阀）。编号由工序编号和顺序号组成。

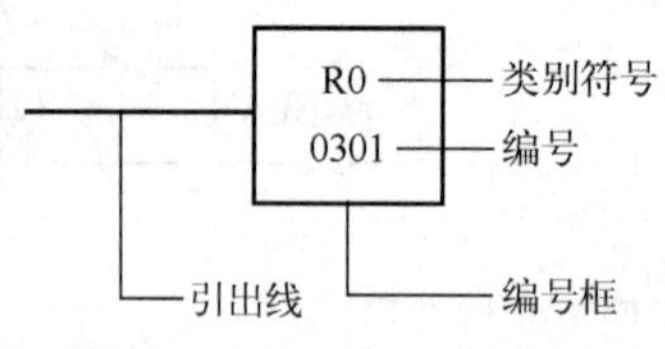


图 4-25　阀门与管件编号标注

② 安全要求的标注　有些阀门或管件对于安全操作事故处理有重大影响，应加注规定的文字代号。如爆破片要标注爆破压力 B.P. 3530.53kPa(表)；安全阀标注整定压力 $P_{sv}$ 1.8MPa(表)；用于事故处理的阀门，标注 CSO 表示阀门在开启状态下铅封，标注 CSC 表示阀门在关闭状态下铅封；用于开工、停工、定期检修的阀门，标注 LO 表示阀门在开启状态下加锁，标注 LC 表示在关闭状态下加锁。

### 4.2.5 仪表控制表示方法

管道及仪表流程图上要以规定的图形符号和文字代号表示出在设备、机械和管道上的全部检测仪表、调节控制仪表、分析取样点和取样阀。仪表控制点用符号表示，并从其安装位置引出。仪表图形符号和文字代号应符合《过程测量与控制仪表的功能标志及图形符号》HG/T 20505—2014 的统一规定，图形符号和字母代号组合起来可以表示工业仪表功能、被测变量、测量方法，字母代号和阿拉伯数字编号组成仪表位号。

（1）仪表图形符号

在管道及仪表流程图上监控仪表的图形符号用规定的图形和细实线画出，如检测、显示、控制等仪表的图形符号是一个细实线圆圈，其直径约为 10mm，圈外用一条细实线指向工艺管线或设备轮廓线的检测点；DCS 图形由正方形与内切圆组成；控制计算机图形为正六边形。仪表及其安装位置的图形符号如表 4-11 所示。

**表 4-11　仪表及其安装位置的图形符号**

| 仪表类型 | 现场安装 | 控制室安装 | 现场盘装 | 集中盘后安装 | 现场盘后安装 |
|---|---|---|---|---|---|
| 常规仪表 | | | | | |
| DCS 控制 | | | | | |
| 计算机功能 | | | | | |
| 可编程逻辑控制功能 | | | | | |

（2）仪表位号

在检测系统中构成一个回路的每个仪表都有自己的仪表位号，仪表位号由仪表功能标志和仪表回路编号组成。仪表功能标志由 1 个首位字母和 1～3 个后继字母组成，第 1 个字母表示被测变量，后继字母表示读出功能、输出功能等。仪表回路编号可以由工序号和顺序号组成，一般用三位或四位数字表示。仪表位号如图 4-26 所示。

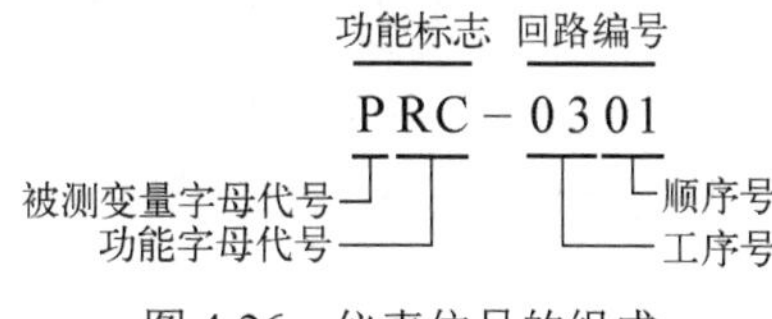


图 4-26　仪表位号的组成

仪表位号标注方法是把字母代号填写在圆圈的上半圆中，数字编号填写在圆圈的下半圆中，如图 4-27 所示。常见被测变量及仪表功能的字母组合见表 4-12。

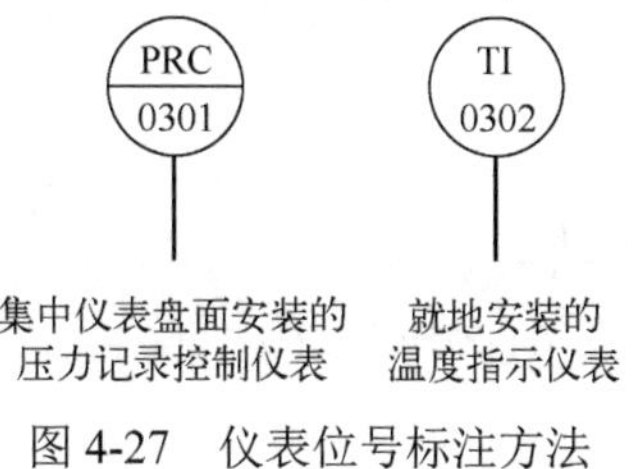


图 4-27　仪表位号标注方法

表 4-12 被测变量及仪表功能的字母组合示例

| 仪表功能 | 被测变量 | | | | | | | | |
|---|---|---|---|---|---|---|---|---|---|
| | 温度 T | 温差 Td | 压力 P | 压差 Pd | 流量 F | 流量比率 Ff | 分析 A | 密度 D | 黏度 VI |
| 指示 I | TI | TdI | PI | PdI | FI | FfI | AI | DI | VI |
| 指示 I、控制 C | TIC | TdIC | PIC | PdIC | FIC | FfIC | AIC | DIC | VIC |
| 指示 I、报警 A | TIA | TdIA | PIA | PdIA | FIA | FfIA | AIA | DIA | VIA |
| 指示 I、开关 S | TIS | TdIS | PIS | PdIS | FIS | FfIS | AIS | DIS | VIS |
| 记录 R | TR | TdR | PR | PdR | FR | FfR | AR | DR | VR |
| 记录 R、控制 C | TRC | TdRC | PRC | PdRC | FRC | FfRC | ARC | DRC | VRC |
| 记录 R、报警 A | TRA | TdRA | PRA | PdRA | FRA | FfRA | ARA | DRA | VRA |
| 记录 R、开关 S | TRS | TdRS | PRS | PdRS | FRS | FfRS | ARS | DRS | VRS |
| 控制 C | TC | TdC | PC | PdC | FC | FfC | AC | DC | VC |
| 控制 C、变速 T | TCT | TdCT | PCT | PdCT | FCT | FfCT | ACT | DCT | VCT |
| 报警 A | TA | TdA | PA | PdA | FA | FfA | AA | DA | VA |
| 开关 S | TS | TdS | PS | PdS | FS | FfS | AS | DS | VS |
| 指示灯 L | TL | TdL | PL | PdL | FL | FfL | AL | DL | VL |

分析取样点在选定的位置（设备管口或管道）标注，其取样阀（组）、取样冷却器也要绘制和标注或加文字注明，如图 4-28 所示。

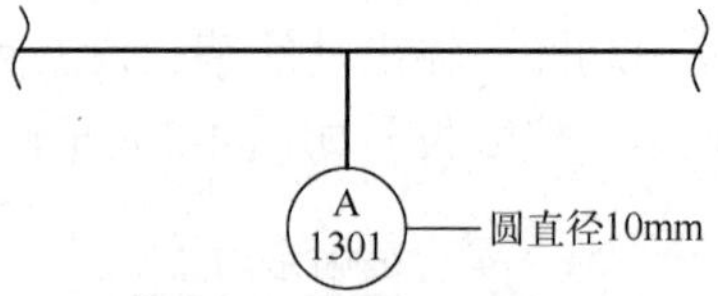


图 4-28 分析取样点标注

A—人工取样点；1301—取样点编号（13 为主项编号，01 为取样点序号）

（3）仪表控制回路

仪表控制回路功能示例见图 4-29。

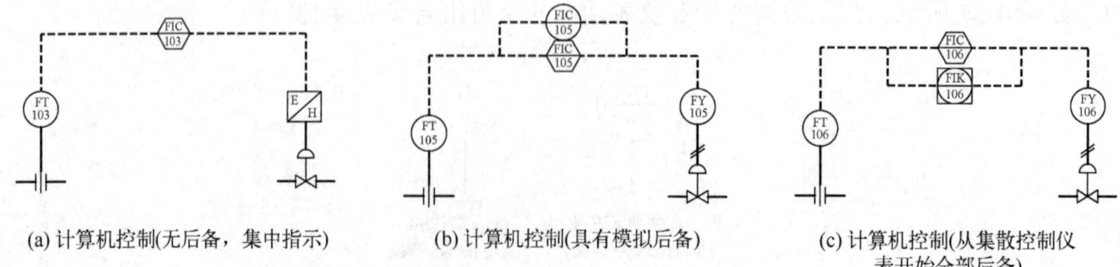


(a) 计算机控制(无后备，集中指示)　(b) 计算机控制(具有模拟后备)　(c) 计算机控制(从集散控制仪表开始全部后备)

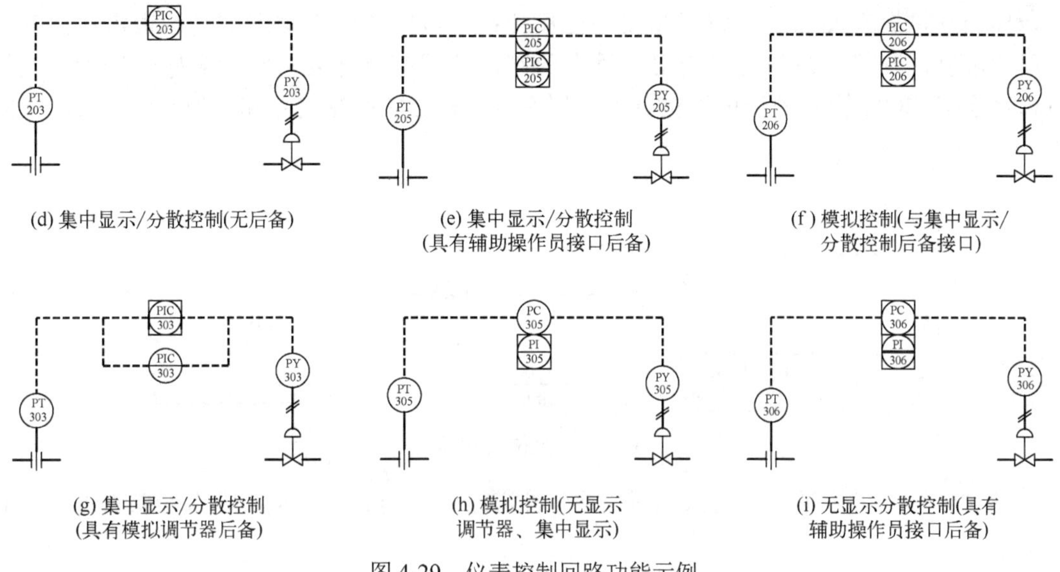


(d) 集中显示/分散控制(无后备)

(e) 集中显示/分散控制(具有辅助操作员接口后备)

(f) 模拟控制(与集中显示/分散控制后备接口)

(g) 集中显示/分散控制(具有模拟调节器后备)

(h) 模拟控制(无显示调节器、集中显示)

(i) 无显示分散控制(具有辅助操作员接口后备)

图 4-29　仪表控制回路功能示例

## 4.2.6　其他表达

（1）成套设备（机组）供货范围

由制造厂提供的成套设备（机组）在管道及仪表流程图上以双点画线框图表示出制造厂的供货范围。框图内注明设备位号，绘出与外界连接的管道和仪表线，如果采用制造厂提供的管道及仪表流程图则要注明厂方的图号。也可以参照设备、机器图例规定画出其简单外形及其与外部相连的管路，并注明位号、设备或机组自身的管道及仪表流程图（此流程图另行绘制）图号。

若成套设备（机组）的工艺流程简单，可按一般设备（机器）对待，但仍需注出制造厂供货范围。对成套设备（机组）以外的，可由制造厂一起供货的管道、阀门、管件和管道附件加文字标注卖方，也可加注英文字母 B.S 表示，还可在流程附注中加以说明。

（2）特殊设计要求

对一些特殊设计要求可以在管道及仪表流程图上加附注说明或者加简图说明。

设计中设备（机器）、管道、阀门、管件和管道附件相互之间或其本身可能有一定特殊要求，这些要求均要在图中相应部位予以表示。这些特殊要求一般包括：

① 特殊定位尺寸。设备间相对高度差有要求的，需注出其最小限定尺寸；液封管应注出其最小高度，其位置与设备（或管道）有关系时，应注出所要求的最小距离，如图 4-30 所示。

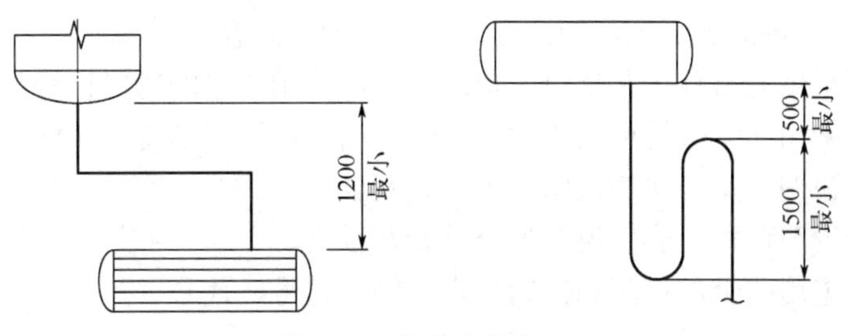


图 4-30　特殊定位尺寸

异径管位置有要求时，应标注其定位尺寸；管段的长度必须限制时，也需注出其长度尺寸限度；支管与总管连接，对支管上的阀门位置有特殊要求时，应标注尺寸；支管与总管连接，对支管上的管道等级分界位置有要求时，应标注尺寸和管道等级。如图4-31所示。

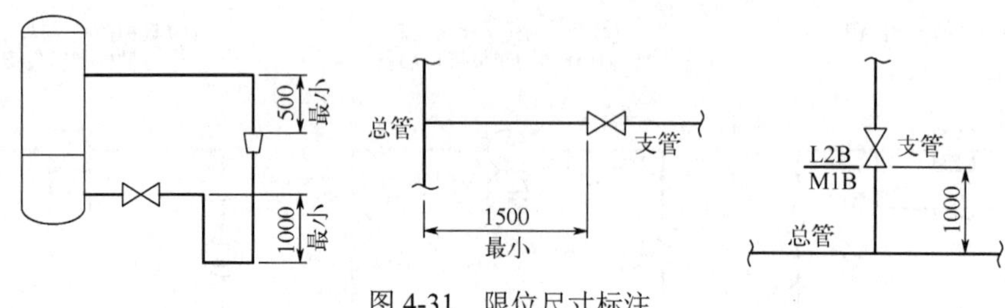


图4-31　限位尺寸标注

对安全阀入口管道压降有限制时，要在管道近旁注明管段长度及弯头数量，如图4-32所示。

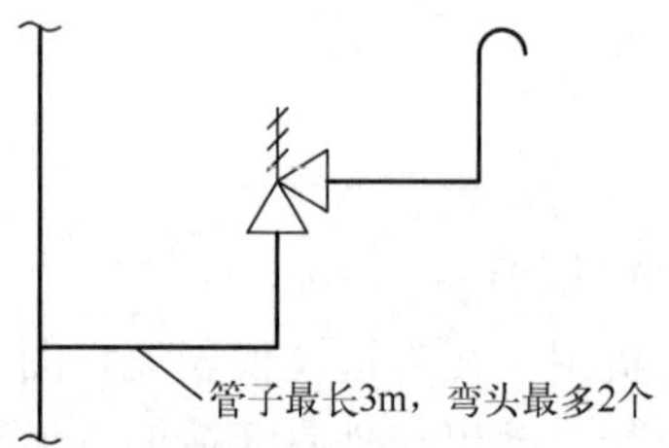


图4-32　安全阀特殊说明

对于火炬、放空管最低高度有要求和对排放点的低点高度有要求时，均应标注出来。

② 流量孔板前后直管段长度要求。

③ 管线的坡向和坡度要求。

④ 一些阀门、管件或支管安装位置的正常操作状态下阀门是锁开还是锁关；是否为临时使用的阀门、管件等。

⑤ 特殊设计要求。对于上述这些特殊要求应加文字、数字注明，必要时还要用详图表示。

### 4.2.7　首页图

在工艺设计施工图中，以整个装置为基准将设计中所采用的部分规定以图表形式编制一份首页图，以便更好地了解和使用各设计文件。图幅一般为A1，特殊情况下为A0。图4-33是异丁烯项目某精馏塔的首页图示例，它主要包括如下内容：

① 装置中所采用的全部工艺物料、辅助物料和公用物料的物料代号、缩写字母。

② 装置中所采用的全部管道、阀门、管件等的图例、类别符号和标注说明。

③ 管道编号说明，举一实例说明各个单元及含义。

④ 设备编号说明，举一实例说明各个单元及含义。

⑤ 装置中所采用的全部检测和控制仪表图例、符号、代号。

⑥ 公用工程站的编号说明，举一实例说明各个单元及含义。

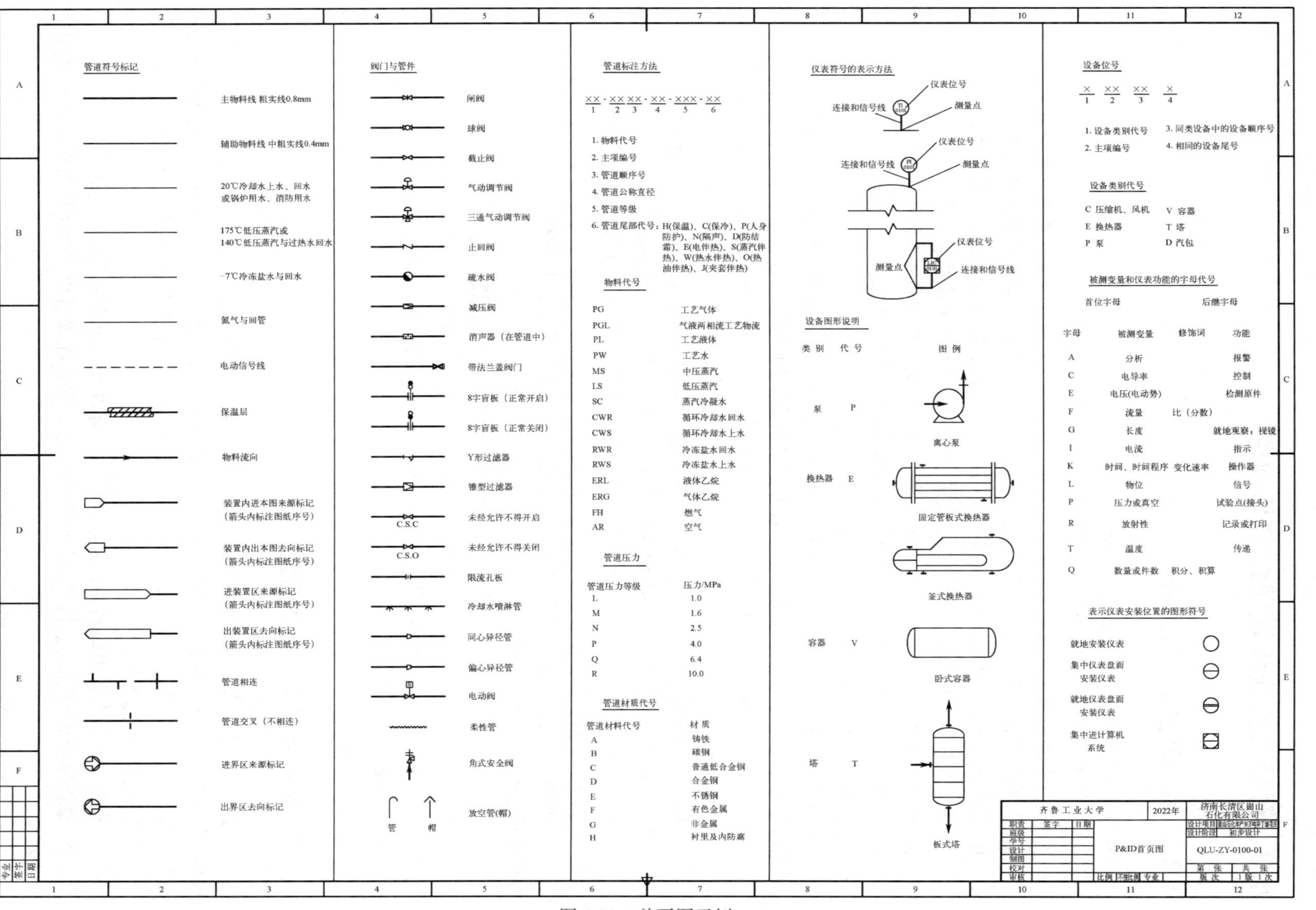

管道符号标记
主物料线 粗实线0.8mm
辅助物料线 中粗实线0.4mm
20℃冷却水上水、回水
或锅炉用水、消防用水
175℃低压蒸汽或
140℃低压蒸汽与过热水回水
-7℃冷冻盐水与回水
氮气与回管
电动信号线
保温层
物料流向
装置内进本图来源标记
(箭头内标注图纸序号)
装置内出本图去向标记
(箭头内标注图纸序号)
进装置区来源标记
(箭头内标注图纸序号)
出装置区去向标记
(箭头内标注图纸序号)
管道相连
管道交叉（不相连）
进界区来源标记
出界区去向标记
阀门与管件
闸阀
球阀
截止阀
气动调节阀
三通气动调节阀
止回阀
疏水阀
减压阀
消声器（在管道中）
带法兰盖阀门
8字盲板（正常开启）
8字盲板（正常关闭）
Y形过滤器
锥型过滤器
C.S.C
未经允许不得开启
C.S.O
未经允许不得关闭
限流孔板
冷却水喷淋管
同心异径管
偏心异径管
电动阀
柔性管
角式安全阀
管
帽
放空管(帽)
管道标注方法
XX - XX XX - XX - XXX - XX
1 2 3 4 5 6
1. 物料代号
2. 主项编号
3. 管道顺序号
4. 管道公称直径
5. 管道等级
6. 管道尾部代号：H(保温)、C(保冷)、P(人身防护)、N(隔声)、D(防结露)、E(电伴热)、S(蒸汽伴热)、W(热水伴热)、O(热油伴热)、J(夹套伴热)
物料代号
PG 工艺气体
PGL 气液两相流工艺物流
PL 工艺液体
PW 工艺水
MS 中压蒸汽
LS 低压蒸汽
SC 蒸汽冷凝水
CWR 循环冷却水回水
CWS 循环冷却水上水
RWR 冷冻盐水回水
RWS 冷冻盐水上水
ERL 液体乙烷
ERG 气体乙烷
FH 燃气
AR 空气
管道压力
管道压力等级 压力/MPa
L 1.0
M 1.6
N 2.5
P 4.0
Q 6.4
R 10.0
管道材质代号
管道材料代号 材质
A 铸铁
B 碳钢
C 普通低合金钢
D 合金钢
E 不锈钢
F 有色金属
G 非金属
H 衬里及内防腐
仪表符号的表示方法
仪表位号
连接和信号线
测量点
TI 0101
PI 0101
LIC 0101
设备图形说明
类别 代号 图例
泵 P
离心泵
换热器 E
固定管板式换热器
釜式换热器
容器 V
卧式容器
塔 T
板式塔
设备位号
× ×× ×× ×
1 2 3 4
1. 设备类别代号
2. 主项编号
3. 同类设备中的设备顺序号
4. 相同的设备尾号
设备类别代号
C 压缩机、风机
E 换热器
P 泵
V 容器
T 塔
D 汽包
被测变量和仪表功能的字母代号
首位字母 后继字母
字母 被测变量 修饰词 功能
A 分析 报警
C 电导率 控制
E 电压(电动势) 检测原件
F 流量 比（分数）
G 长度 就地观察，视镜
I 电流 指示
K 时间、时间程序 变化速率 操作器
L 物位 信号
P 压力或真空 试验点(接头)
R 放射性 记录或打印
T 温度 传递
Q 数量或件数 积分、积算
表示仪表安装位置的图形符号
就地安装仪表
集中仪表盘面安装仪表
就地仪表盘面安装仪表
集中进计算机系统
齐鲁工业大学
2022年
济南长清区崮山石化有限公司
职责 签字 日期
设计项目
设计阶段 初步设计
P&ID首页图
QLU-ZY-0100-01
第 张 共 张
版 次 1版 1次
比例 专业


图 4-33　首页图示例

## 4.3 管道及仪表流程图绘制与阅读

### 4.3.1 管道及仪表流程图绘制

管道仪表流程图的绘制方法与步骤如下：

① 根据工艺流程草图的内容，选定图幅，进行图面布置。

② 根据图面布置确定设备的图例大小、位置及相互之间的距离，绘制工艺流程图。

a．设备在图面上的布置，一般应顺流程从左到右，同时也应顺应管道的连接。

b．绘制区域一般为图幅的3/4～4/5，并注意与图框线保留10～20mm的距离。

c．塔、反应器、贮罐、换热器、加热炉一般从图面水平中线往上布置。

d．泵、压缩机、鼓风机、振动设备、离心机、运输设备等布置在图面1/4线以下。

e．中线以下1/4高度供走管线使用。其他设备布置在流程要求的位置。

f．总图面的安排不宜太挤，四周要留有一定的空隙。

③ 用细实线按流程顺序和标准图例绘制出设备的图例，设备之间应留有一定的空隙，一般排成一排，且要保证在设备图中留有标出设备位号的空间。

④ 按流程顺序和物料种类，逐一画出各物料管线。一般先用粗实线绘制出主物料管道流程线，再用中实线画出辅助物料、公用物料管道流程线，并配以表示流向的箭头。

a．物料流程线的相对位置应合理，一般两条之间的距离要大于或等于5mm，并且尽可能缩短流程线的长度，减少物料流程线的转折和交叉，尽量避免其穿过设备。

b．物料流程线进出设备接口的相对位置应与实际情况相近，并与相应的管道、阀门、设备的文字标注保持一定的空间。

⑤ 用细实线画出管道流程线上的阀门、管件及与工艺有关的检测仪表、调节控制系统，分析取样点的符号和代号等。

⑥ 对设备、管道及检测仪表等进行标注。设备位号应尽量设计在同一水平线上。

⑦ 给出图例、代号及符号的说明。所有管道、管件、阀门、检测仪表、相关的符号和代号等均应给出图例，且大小与图中实际大小相同，一般在图纸的右上角。

⑧ 填写备注栏详图和表格。

⑨ 填写标题栏及修改栏。

### 4.3.2 管道及仪表流程图阅读

管道及仪表流程图是绘制设备布置图和管道布置图的设计依据，也是企业管理、试运转、操作、维修和开停车所需的技术资料之一。它给出了满足工艺生产的一切条件，包括设备的数量、名称、位号，管道的编号、规格，阀门和控制点的名称以及物料的工艺流程。

阅读管道及仪表流程图的目的有以下几点：

① 全面了解所有使用该辅助、公用物料的所有设备或装置的名称和数量。

② 掌握两台或两台以上相同设备的连接关系，保证在设备出现故障情况时，正确做出处理决定。

③ 了解管道上的控制、限流、开闭管件的设置情况。

④ 了解检测仪表、分析取样点的设置情况，以便操作和检修。

阅读管道及仪表流程图的一般顺序为：

① 阅读首页图弄清管道仪表流程图中各种图形符号、文字代号的含义以及管道标注符号、仪表标注符号等。

② 阅读标题栏，了解所读图样的名称，并了解本张图在系统中的位置。

③ 读懂工艺管道及仪表流程图所描述的工艺装置结构和功能。主要包括：系统中设备的数量、名称及位号；主要物料的工艺流程；其他物料的工艺流程；仪表控制点情况；阀门的种类、作用、数量等；主要管件的种类、作用、数量等。

［例］以图 4-4、图 4-33 为例，阅读异丁烯项目某精馏塔的管道及仪表流程图。

① 阅读首页图图例。阀门有截止阀、闸阀、止回阀和疏水阀等。物料中 PL 代表工艺液体，PG 代表工艺气体、LS 代表低压蒸汽、SC 代表蒸汽冷凝水、CWS 代表循环冷却水上水、CWR 代表循环冷却水回水。PICA 代表有报警功能的压力控制指示仪表，FIC 代表流量控制指示仪表，LIC 表示液位显示控制仪表，TI 表示温度显示仪表。

② 阅读标题栏。该流程图为异丁烯项目某精馏塔的管道及仪表流程图。

③ 了解设备的数量、名称和位号。共 9 台设备。其中 MMA 精制塔进料泵两台（P0303A、P0303B），共沸精馏塔回流泵两台（P0304A、P0304B），共沸精馏塔再沸器一台（E0307），乙酸甲酯冷却器一台（E0306），共沸精馏塔一台（T0302），共沸精馏塔冷凝器一台（E0308），共沸精馏塔回流罐一台（V0302）。

④ 了解主要物料的工艺流程。来自 T0305 塔顶的循环乙酸甲酯（72%）甲醇溶液流股，与由储罐送进的乙酸甲酯原料液流股在管道内混合后，进入乙酸甲酯冷却器 E0306，经冷却后进入共沸精馏塔 T0302 第 18 块塔板；来自合成塔的 MMA（17%）甲醇溶液流股，经 E0305 换热后，进入共沸精馏塔 T0302 第 25 块塔板；这两股进料与塔顶流下的乙酸甲酯（32%）甲醇溶液在共沸精馏塔 T0302 内进行三元共沸精馏，二元共沸体系乙酸甲酯与甲醇共沸物流股由塔顶馏出，塔釜为 MMA（27%）的甲醇溶液流股。

来自换热器 E0313 的乙酸甲酯（32%）甲醇气液混合流股与循环冷却水在共沸精馏塔冷凝器 E0308 进行换热，进入共沸精馏塔回流罐 V0302，废气经管道进入净化装置，液相由回流泵 P0304A/B 输送至共沸精馏塔 T0302 第 1 块塔板，最后在塔釜由 MMA 精馏塔进料泵 P0303A/B 泵送至 MMA 精馏塔 T0303。

⑤ 了解辅助物料的工艺流程。乙酸甲酯冷却器 E0306 与共沸精馏塔冷凝器 E0308 都是由循环冷却水作为冷却剂，共沸精馏塔再沸器 E0307 由低压蒸汽加热。

⑥ 了解仪表控制点情况。此共沸精馏塔单元中有乙酸甲酯冷却器 E0306 的出口温度控制检测仪表、共沸精馏塔再沸器 E0307 的低压蒸汽入口流量控制检测仪表、共沸精馏塔 T0302 塔釜液位与塔釜流股流量连锁控制检测仪表、共沸精馏塔回流罐 V0302 液位与出塔流股流量连锁控制检测仪表、共沸精馏塔 T0302 塔顶压力与共沸精馏塔冷凝器 E0308 循环冷却水流量连锁控制检测仪表、共沸精馏塔 T0302 塔顶塔底压差显示报警检测仪表。同时还有离心泵压力显示仪表 4 个，出塔流股温度、压力显示仪表各 3 个。

⑦ 了解阀门种类、作用和数量。此共沸精馏塔工艺系统各管段均装有阀门，对物料进行控制。共使用了以下阀门：闸阀 30 个、截止阀 60 个、止回阀 7 个、疏水阀 1 个、“8”字盲板 7 个、角式弹簧安全阀 5 个、Y 形过滤器 7 个。

# 第 5 章　化工设备布置图

工艺流程设计所确定的全部设备，必须根据生产工艺的要求和场地的地形地貌，以及不同设备的具体情况，在厂房建筑物的内外进行合理的布置并安装固定，才能确保生产的顺利进行。用于表达厂房建筑物内外设备安装位置的图样称为设备布置图。根据《化工装置设备布置设计规定》（HG/T 20546—2009）的要求，通常需提供下列图样：设备布置图、分区索引图、设备安装图和管口方位图。

由于设备布置图主要表达的内容是建（构）筑物与设备，因此首先介绍有关厂房建筑图的基本知识，并在此基础上讲述设备布置图的相关知识。

## 5.1　厂房建筑图

厂房建筑图是用于指导建筑施工的成套图纸，它表示一幢拟建房屋的内外形状、大小，以及各部分的结构、构造、装饰、设备等，是按照国家标准的规定用正投影的方法画出的图样。一套完整的厂房施工图按其专业内容或作用的不同，一般分为三类：建筑施工图、结构施工图和设备施工图。其中按《建筑制图标准》（GB/T 50104—2010）规定，建筑施工图包括建筑平面图、建筑立面图、建筑剖面图和建筑详图等几种。

### 5.1.1　厂房建筑结构

建筑是建筑物与构筑物的总称。凡供人们在其中生产、生活或其他活动的房屋或场所，都称为“建筑物”，如住宅、学校、工厂的车间等。人们不在其中生产、生活的建筑，则称为“构筑物”，如水塔、电塔、烟囱、桥梁、堤坝、城墙等。

建筑按其实用性能一般分为民用建筑和公用建筑，但各种不同的建筑其构造组成大致相同，如图 5-1 所示。

① 支承荷载作用的承重结构，如基础、柱、墙、梁、楼板等。

② 防止外界自然侵蚀或干扰的围墙结构，如墙面、外墙、雨篷等。

③ 沟通房屋内外与上下的交通结构，如门、走廊、楼梯、台阶、坡道等。

④ 起保护墙身作用的排水结构，如挑檐、天沟、雨水管、勒脚、散水、明沟等。

⑤ 起通风采光、隔热作用的窗户、天井、隔热层等。

⑥ 起安全和装饰作用的扶手、栏杆、女儿墙等。

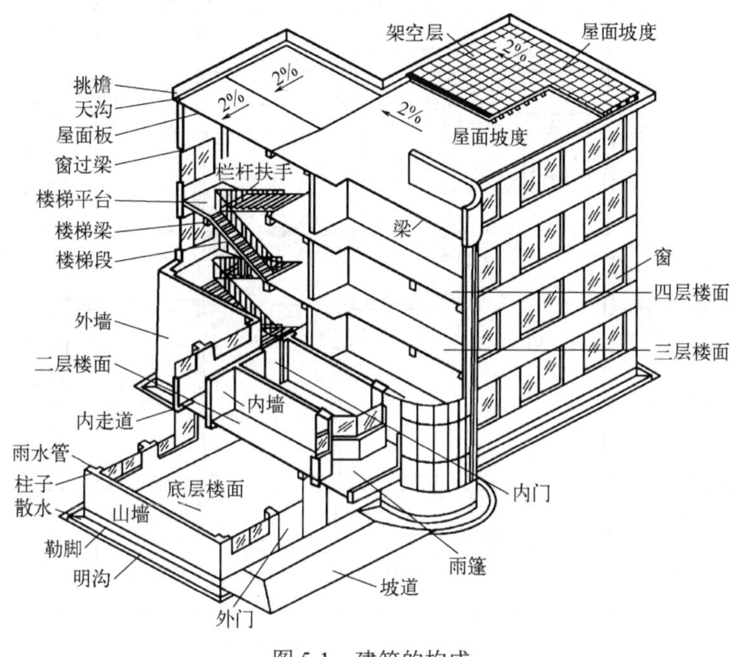


图 5-1　建筑的构成

## 5.1.2　建筑施工图

（1）建筑平面图

建筑平面图是假想用水平的剖切平面经建筑物的门窗洞口处将房屋抛开，并将剖切平面以下的部分向下投射而得到的水平投影图。一般情况下房屋的建筑物的每一层都有平面图，并在图下方注明相应图名，如首层平面图（图 5-2）、二层平面图……顶层平面图。也可以用标高形式表示，如“±0.00 平面图”“+5.00 平面图”。

建筑平面图主要包括以下基本内容：

① 建筑物的平面形状、大小、朝向，并标注承重墙和非承重墙、柱的定位轴线和编号。

② 各房间的形状、大小、位置和相互关系，并标明各房间名称或编号、特殊设计要求。

③ 建筑物的尺寸，包括外墙尺寸和内部尺寸。

④ 内外门窗类型、位置、编号及开启方向。

⑤ 走道、楼梯、电梯、门厅的位置及楼梯形式和上下方向。

⑥ 固定设施、重要设备及各种平台的位置，铁轨位置、轨距，吊车类型、吨位、跨距、行驶范围等。

⑦ 室内地面标高、楼层及设备位置标高。

⑧ 首层平面图需标有指北针标明建筑物的朝向、剖面图的剖切位置、投射方向和编号。

（2）建筑立面图

建筑立面图就是向平行于建筑某一外墙面的投影面所做的视图，包括正立面图、侧立面图和背立面图。如图 5-3 所示，建筑立面图主要包括以下基本内容：

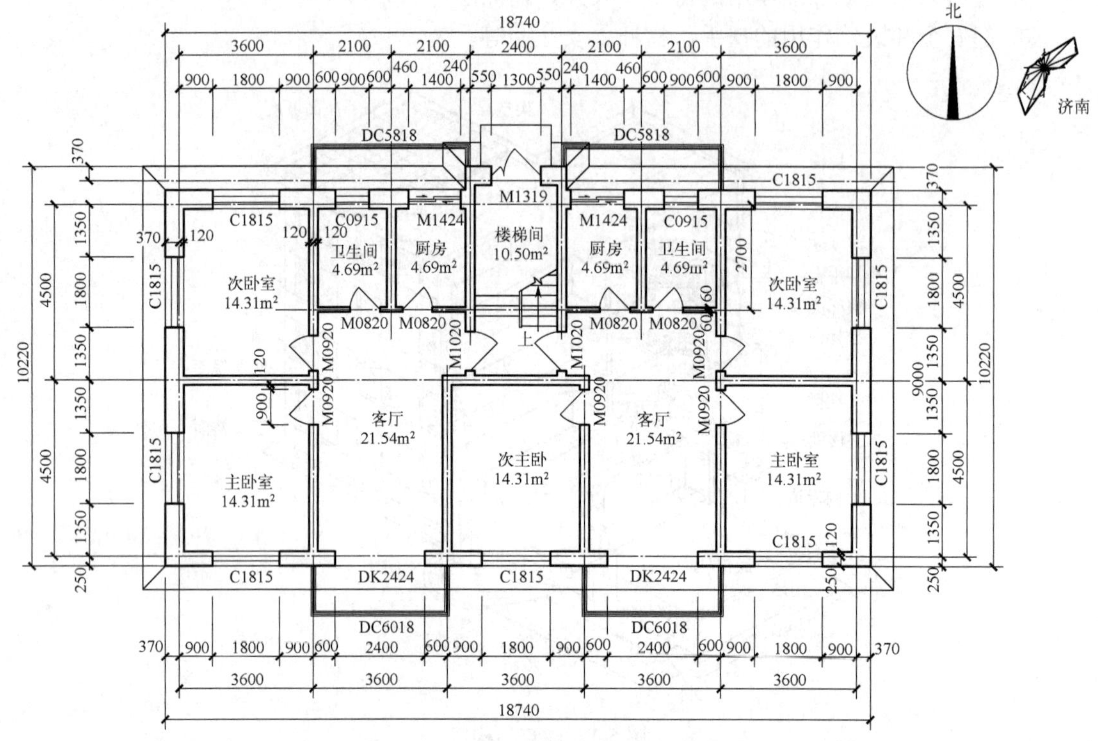


首层平面图 1∶100

图 5-2　建筑物的首层平面图

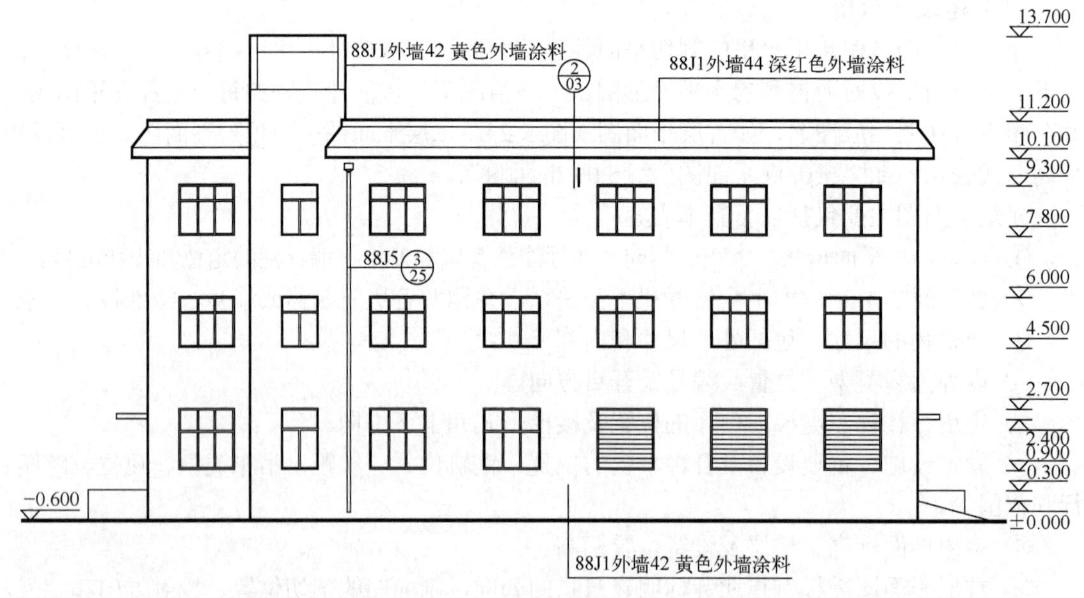


⑧～①立面图　1∶100

图 5-3　建筑物的正立面图

① 建筑物外形的长度、高度、层数，门窗的大小、样式、位置、层面形式，台阶、雨篷、阳台、外墙装饰组合等外貌。

② 建筑物立面两端或分段的定位轴线和编号。

③ 窗台、门窗、阳台、台阶等的标高及室外地坪标高。

④ 建筑外墙所用装饰材料的名称、色彩及做法等的文字说明。

（3）建筑剖面图

建筑剖面图是假想用一平面把建筑物沿垂直方向剖开，将剖开后的部分做正立投影的视图。剖切面的剖切位置及编号应在首层平面图上标注。建筑剖面图主要用于表示建筑物垂直方向的房屋内部及外部结构分层情况及各部分的联系等。由图 5-4 可知建筑剖面图主要内容有：

① 被剖切到的墙柱之间的尺寸及定位轴线和编号。

② 各部位的高度：各层标高、建筑总高、室内外地坪标高、门窗及窗台高度、隔断高度、楼梯平台标高等。

③ 建筑物主要承重构件的相互关系：各层梁板的位置及其与墙柱的关系，楼顶的结构形式等。

④ 用文字注明地坪层、楼板层、屋面层等各层的构造和工程做法。

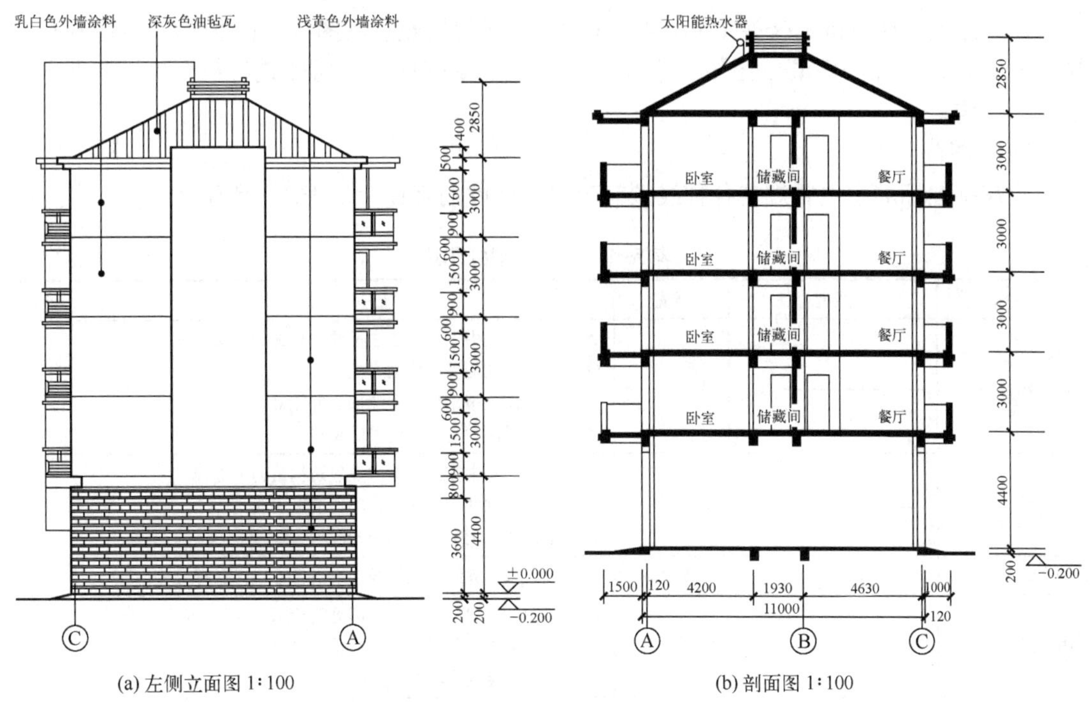


图 5-4　建筑物的左侧立面图与其剖视图

（4）建筑详图

建筑详图是将建筑平面图、立面图、剖面图中表达不清楚的建筑细部结构、配件形状、大小、材料、做法等单独用较大的比例详细绘制出的图样。常见的有：①特殊设备的房间，用详图给出固定设备的设置和形状，以及所需的埋件、沟槽等的位置及其大小。②特殊装修的房间，须绘出装修详图，如吊顶平面等。③局部构造详图，如墙身剖面、楼梯、门窗等详图，如图 5-5 所示。

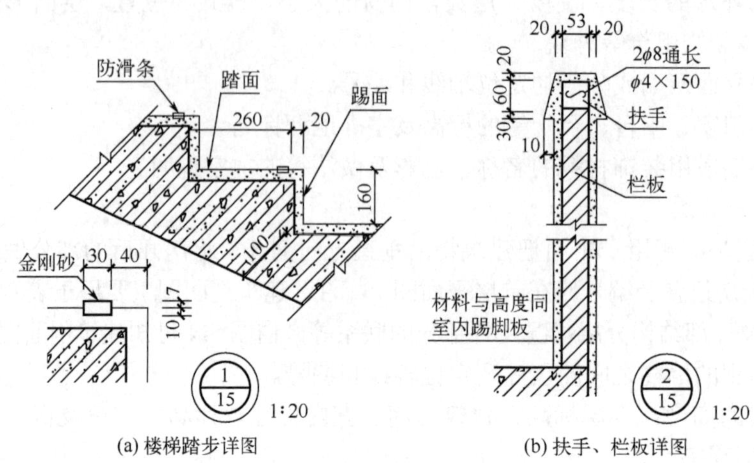


(a) 楼梯踏步详图　(b) 扶手、栏板详图

图 5-5　建筑详图示例

### 5.1.3　建筑施工图国家标准

在《建筑制图标准》（GB/T 50104—2010）和《房屋建筑制图统一标准》（GB/T 50001—2017）中对建筑图的图幅、图线、字体、比例等基本规格、常用建筑材料图例、符号等做了统一规定。

（1）图线

建筑制图标准中主要规定各种线型在建筑专业中的用途，如表 5-1 所示。

**表 5-1　建筑制图的图线**

| 名称 | 线型 | 线宽 | 用途 |
|---|---|---|---|
| 粗实线 | ———— | $b$ | ①平、剖面图中被剖切的主要建筑构造的轮廓线<br>②建筑立面图的外轮廓线<br>③构造详图中被剖切的主要部分的轮廓线<br>④构配件详图中构配件的外轮廓线 |
| 中实线 | ———— | $0.5b$ | ①平、剖面图中被剖切的次要建筑构造的轮廓线<br>②平、立、剖面图中建筑构配件的轮廓线<br>③构造详图及构配件详图中一般轮廓线 |
| 细实线 | ———— | $0.25b$ | 尺寸线、尺寸界线、图例线、索引符号、标高符号等 |
| 中虚线 | ---------- | $0.5b$ | ①建筑构造及建筑构配件不可见的轮廓线<br>②平面图中的起重机（吊车）轮廓线<br>③拟扩建的建筑物轮廓线 |
| 细虚线 | ---------- | $0.25b$ | 图例线小于 $0.5b$ 的不可见轮廓线 |
| 粗点画线 | —·—·— | $b$ | 起重机（吊车）轨道线 |
| 细点画线 | —·—·— | $0.25b$ | 设备、管口中心线、建筑轴线、对称线、定位轴线 |
| 折断线 | —\/— | $0.25b$ | 不需画全的断开界线 |
| 波浪线 | ～～ | $0.25b$ | 不需画全的断开界线、构造层次的断开界线 |

（2）比例

《建筑制图标准》中规定了各种图样所采用的比例，如表 5-2 所示。

表 5-2　建筑制图比例

| 图名 | 比例 |
|---|---|
| 建筑物或构筑物的平面图、立面图、剖面图 | 1∶50、1∶100、1∶150、1∶200、1∶300 |
| 建筑物和构筑物的局部放大图 | 1∶10、1∶20、1∶25、1∶30、1∶50 |
| 配件及构造详图 | 1∶1、1∶2、1∶5、1∶10、1∶15、1∶20、1∶25、1∶30、1∶50 |

（3）定位轴线

把建筑物的墙柱等承重构件的轴线用细点画线画出并进行编号，称为定位轴线。定位轴线主要用来确定建筑物主要承重构件位置及作为标注尺寸的基线。

定位轴线的编号应注写在轴线端部的圆内，圆应用细实线绘制，直径为 8mm，详图可增至 10mm。定位轴线圆的圆心应在定位轴线的延长线上或延长线的折线上。

平面图上定位轴线的编号，宜标注在图样的下方与左侧。横向（柱距）编号应用阿拉伯数字，从左到右顺序编写，竖向（跨度）编号应用大写拉丁字母，从下至上顺序编写，如图 5-6 所示。横向定位轴线编号①、②、③，竖向定位轴线编号Ⓐ、Ⓑ、Ⓒ，拉丁字母 I、O、Z 不得用作轴线编号。在某一定位轴线之后的附加轴线的编号应用分数表示，分母表示前一轴线的编号，分子表示附加轴线的编号，宜用阿拉伯数字顺序编写。

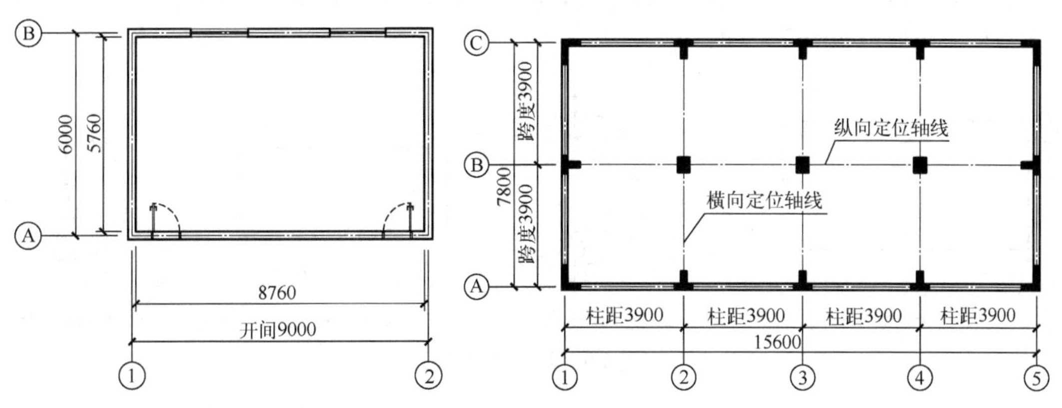


图 5-6　定位轴线及其编号顺序

（4）符号

① 索引符号　图样中的某一局部或构件如需零件详图，应以索引符号表示。它是用细实线绘制直径为 10mm 的圆，用引出线索引，并注明详图所在位置和详图编号，如图 5-7（a）所示。索引剖视详图时，应在被剖切的部位绘制剖切位置线，引出线所在一侧为剖视方向，如图 5-8 所示。

② 详图符号　详图符号是详图的标志，它是用粗实线绘制直径为 14mm 的圆，并注明详图编号及被索引图纸编号，如图 5-7（b）所示。

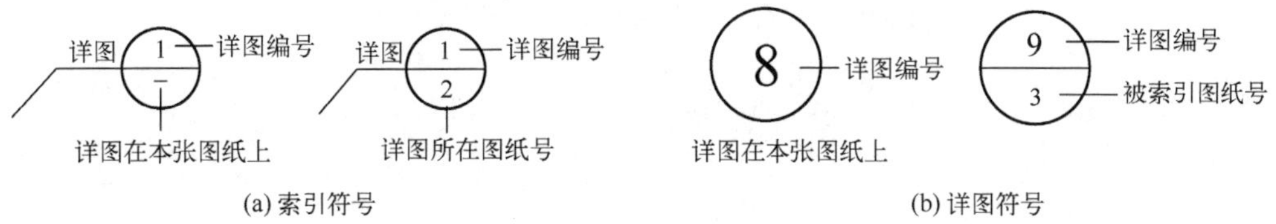


图 5-7　索引符号及详图符号画法

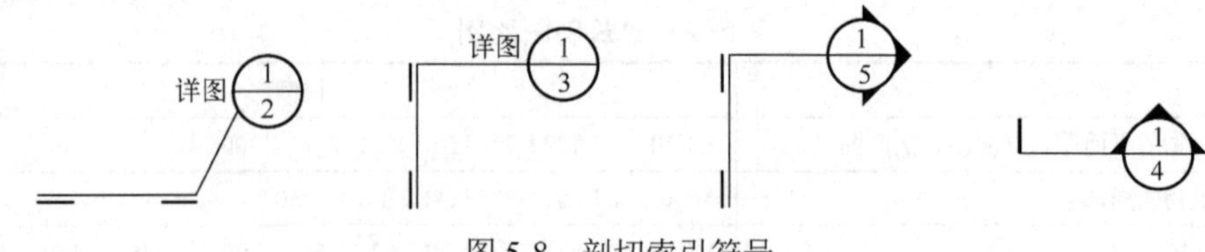


图5-8 剖切索引符号

③ 剖切符号 应由剖切位置线及投射方向线组成，均应为初始线绘制，剖切位置线的长度为6～10mm，投射方向线应垂直于剖切位置，线长度应短于剖切位置线，宜为4～6mm。剖切符号不应与其他图线相接触。剖切符号的编号宜采用阿拉伯数字，按顺序由左至右、由下至上连续编排并应注写在剖视方向线的端部，需要转折的剖切位置线应在转角的外侧加注与该符号相同的编号，如图5-9（a）所示。

④ 对称符号 用细实线绘制，平行线长度宜为6～10mm，平行线间距为2～3mm，平行线在对称线两侧的长度应相等，如图5-9（b）所示。

⑤ 连接符号 对于较长的构件，当其长度方向的形状相同或按一定规律变化时，可断开绘制，断开处应用连接符号表示。连接符号为折断线（细实线），并用大写字母表示连接编号，如图5-9（c）所示。

⑥ 指北针符号 指北针用细实线绘制，圆的直径为24mm，指针尾部的宽度宜为3mm，指针方向为北向，如图5-9（d）所示。

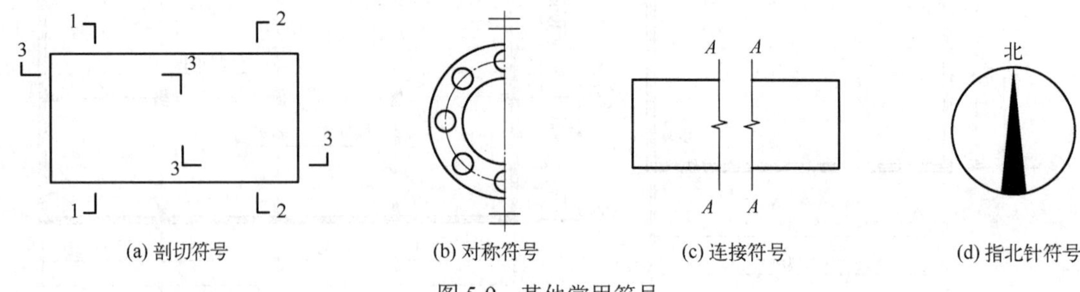


(a) 剖切符号 (b) 对称符号 (c) 连接符号 (d) 指北针符号

图5-9 其他常用符号

（5）风玫瑰图

风向频率玫瑰图，简称风玫瑰图。风向频率是在一定时间内各种风向出现的次数占所有观察次数的比例。根据各方向风的出现频率，以相应的比例长度，按风向中心吹，描在用8个或16个方位所表示的图上，然后将各相邻方向的端点用直线连接起来，绘成一个闭合折线，就是风玫瑰图，如图5-10所示。

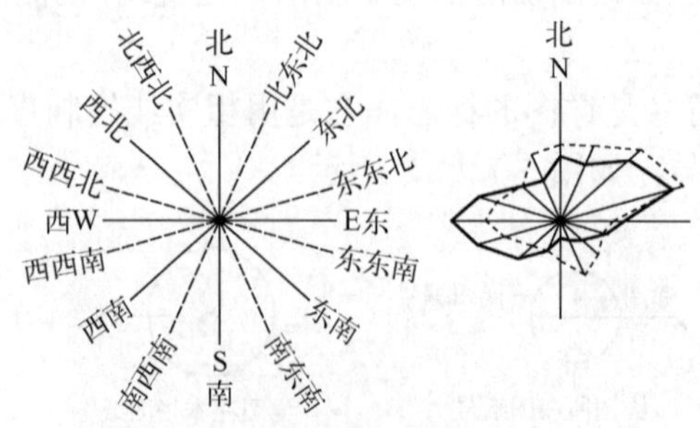


图5-10 风玫瑰图

实线表示常年主导风向，虚线表示夏季主导风向，风玫瑰图均按上北下南绘制，线段最长者即为当地主导风向。

建筑物的位置和当地主导风向有密切关系。如把清洁建筑物布置在主导风向的上风向，把污染建筑物布置在主导风向的下风向，以免清洁建筑物受污染建筑散发的有害物的影响。

（6）尺寸标注

建制建筑制图尺寸标注的尺寸终端符号一般用中粗短斜线绘制，其倾斜方向应与尺寸界线呈顺时针 45° 角，长度为 2～3mm，此种尺寸标注形式的单位为 mm，如图 5-11 所示。尺寸数字一般应尽量标注在尺寸线上方的中间位置，当尺寸界线之间的距离较窄时，可将数字标注在相应尺寸界线的外侧、尺寸线的下方或采用引出方式标注在附近合适的位置。高度位置以标高来标注，一般以细实线绘制，标高符号的尖端应指至被注高度的位置，可向上也可向下。此种尺寸标注形式的单位为 m。

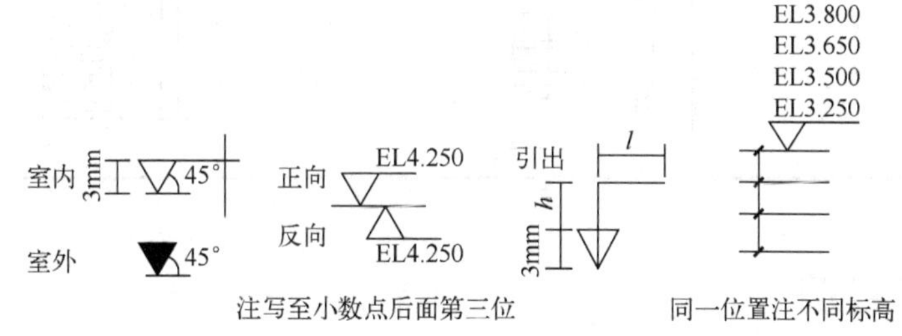


图 5-11　标高尺寸标注

*l*—取适当长度注写标高数字；*h*—根据需要取适当高度

① 外部尺寸　在水平方向和竖直方向各标注三道。

a．第一道尺寸。标注建筑物的总长、总宽尺寸，称为总尺寸。

b．第二道尺寸。标注建筑物的柱距、跨度尺寸，称为轴线尺寸。

c．第三道尺寸。标注建筑物外墙的墙段、门窗洞口等尺寸，称为细部尺寸。

② 内部尺寸　标出各房间长、宽方向的净空尺寸，墙厚及轴线之间的关系，柱子截面、房内部门窗洞口、门垛等细部尺寸。

③ 标高尺寸　平面图中应标注不同楼地面标高、房间及室外地坪等标高，以 m 为单位，注写至小数点后第三位。

（7）常见图例

由于房屋建筑的材料和构造、配件种类较多，为作图简便，国家标准规定了一系列的图形符号来代表建筑物的材料和构造及配件等。常用建筑材料及构造、配件图例见表 5-3、表 5-4。

**表 5-3　常用建筑材料图例（GB/T 50104—2010）**

| 名称 | 图例 | 名称 | 图例 | 名称 | 图例 |
|---|---|---|---|---|---|
| 自然土壤 | | 普通砖 | | 毛石 | |
| 夯实土壤 | | 混凝土 | | 饰面砖 | |
| 砂、灰土 | | | | | |
| 粉刷 | | 钢筋混凝土 | | 木材 | |

表 5-4 常用构造及配件图例（GB/T 50104—2010）

| 图例 | 名称 | 图例 | 名称 | 图例 | 名称 |
|---|---|---|---|---|---|
|  | 墙体 |  | 检查孔 |  | 双扇门（包括平开或双面弹簧门） |
|  | 烟道 |  | 孔洞 |  |  |
|  | 通风道 |  | 坑槽 |  | 单扇门（包括平开或单面弹簧门） |
| 上 | 底层楼梯 | 下 | 顶层楼梯 |  |  |
| 下 上 | 中间层楼梯 |  | 百叶窗 |  | 竖向卷帘门 |

## 5.2 设备布置图

### 5.2.1 设备布置设计内容

设备布置设计主要包括装置（或车间）内厂房布置设计和装置（或车间）内设备布置设计两部分内容。厂房的整体布置设计的主要内容有：①生产设施，生产厂房、各工序的原料和产品仓库、控制室、露天堆场和贮罐区等；②生产辅助设施，配电间、维修间、化验室等；③生活行政设施，办公室、更衣室、浴室、休息室、厕所等；④其他特殊用房，劳动保护室、保健室等；⑤发展用地，如考虑今后扩建或增加部分设备等所需要的场地。

当车间的基本组成确定后，按车间设备布置情况，确定厂房的结构类型、跨度、长度、层高及厂房的总高度和它们之间的相互关系、相对位置；确定车间的有关场地、道路的位置和大小。厂房内设备布置设计的主要内容有：①确定各设备在车间范围内的平面与立面上的准确的、具体的位置；②确定场地与建（构）筑物的尺寸；③安排工艺管道、电气仪表管线、采暖通风管线的位置。

在设备布置设计中一般应提供设备布置图、分区索引图、设备安装详图、管口方位图。

（1）设备布置图内容

设备布置图是表示设备与建筑物、设备与设备之间的相对位置，一个车间或工段的生产和辅助设备在厂房建筑内外安装布置的图样，是设备布置设计中的主要图样。一般来说，设备布置图是在厂房建筑图上以建筑物的定位轴线或墙面、柱面等为基准，按设备的安装位置，绘出设备的图形或标记，并标注其定位尺寸。在设备布置图中必须注意和建筑物绘制保持一致比例的精确的安装尺寸及设备的主要外轮廓线尺寸。

设计布置图是按正投影原理绘制的，如图 5-12 和图 5-13 所示，图样一般包括以下几个内容。

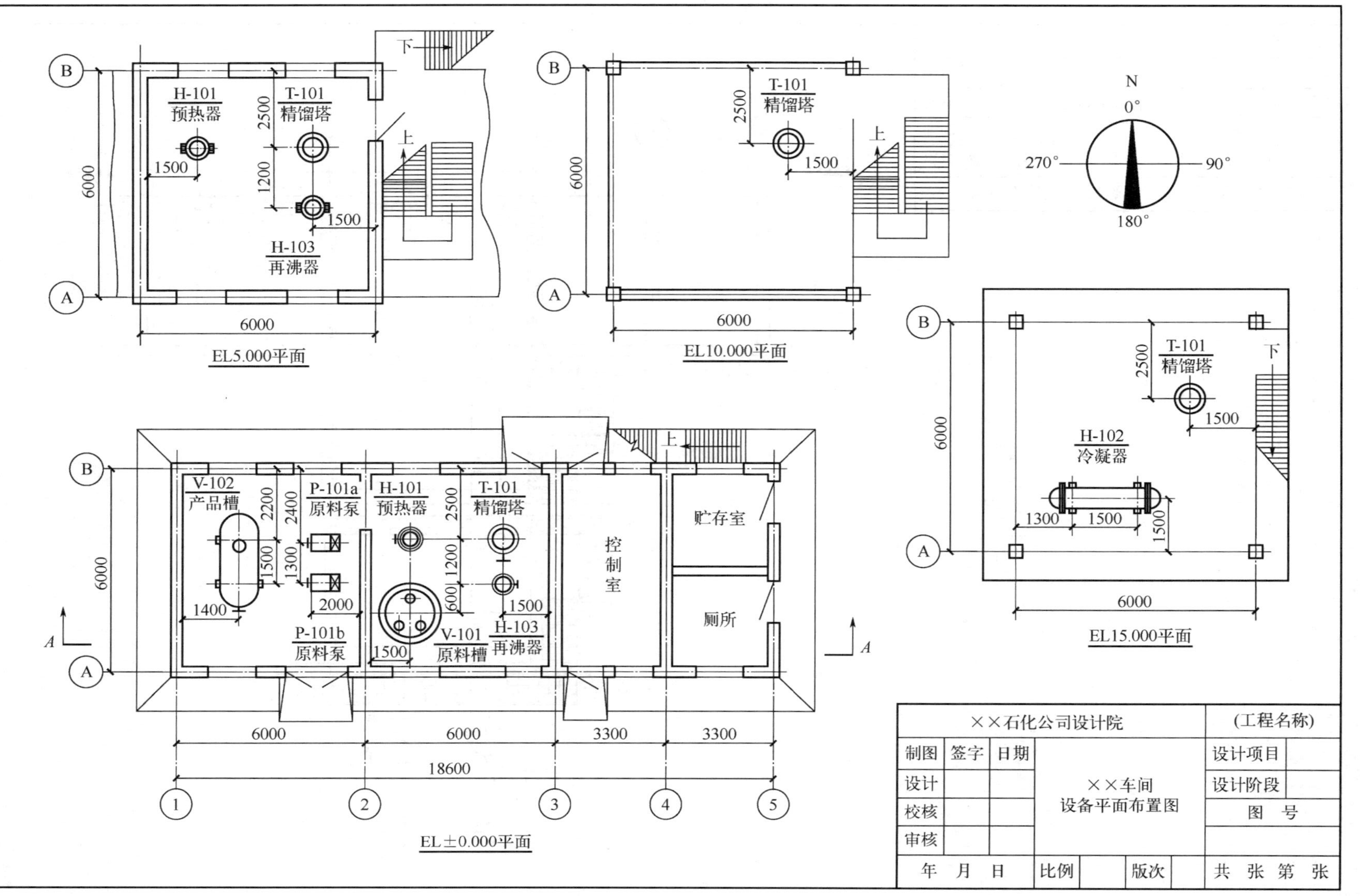


图 5-12　设备平面布置图

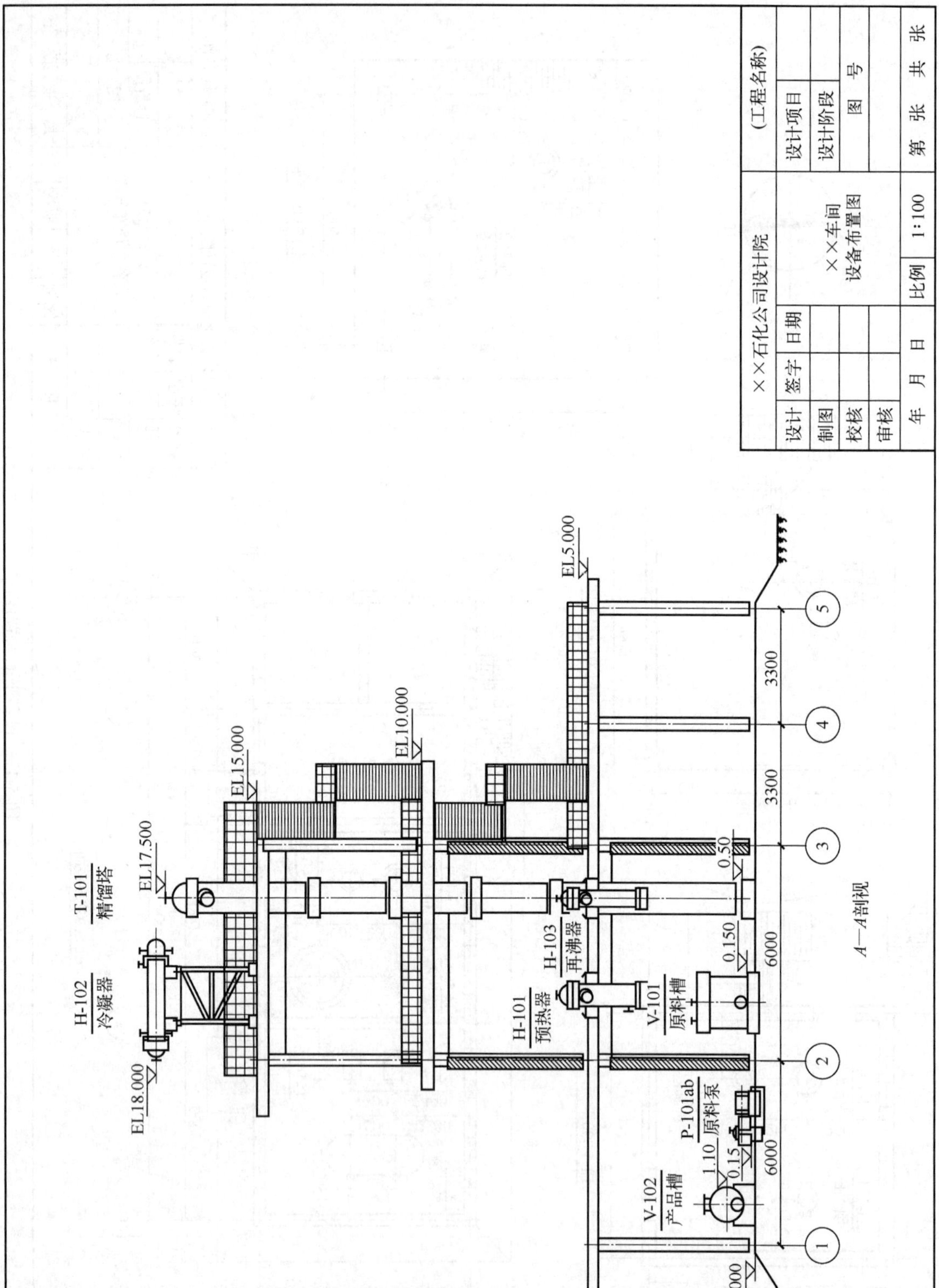

| ××石化公司设计院 | | | | | (工程名称) | |
|---|---|---|---|---|---|---|
| 设计 | 签字 | 日期 | ××车间<br>设备布置图 | | 设计项目 | |
| 制图 | | | | | 设计阶段 | |
| 校核 | | | | | 图　号 | |
| 审核 | | | | | | |
| 年　月　日 | | | 比例 | 1:100 | 第　张　共　张 | |

图 5-13　设备立面布置图

① 一组视图　表示厂房建筑的基本结构和设备在厂房内外的布置情况，包括设备平面布置图和设备立面布置图。

② 尺寸及文字标注　在图形中标注厂房的轴线编号、设备名称、位号以及与设备安装有关的定位尺寸。

③ 安装方位标　指示厂房和设备安装方向的基准和图标。

④ 说明与附注　对设备安装布置有特殊要求的说明。

⑤ 设备一览表　详细列出设备布置图上的各设备的名称、位号、型号规格、数量及所在图号等相关信息。

⑥ 标题栏　注写图名、图号、比例和设计阶段等内容。

（2）分区索引图内容

分区索引图是用来提供设备布置图所在界区的位置，以及与相关生产车间（装置）之间的相对位置、相互关系的图样。主要用于大型联合生产企业一张设备布置图图面难以表达清楚的情况，使阅图者能从整体上全面了解生产装置的概貌与现场布置情况，以及图示车间或工段所在的具体位置。分区索引图的主要内容有：①生产装置所在厂房内外的大致情况与分区范围，包括建筑物和构筑物的总体尺寸、地面标高、定位轴线、主要建筑指标与方向标等；②图面分区方式与界区范围及分区的名称与代号；③各公用工程的接管位置；④生产装置及各分区外接管道的位置；⑤生产装置的外接管道一览表，用于详细说明外接管道的编号、名称、规格、标高和用途，以及管道的来源与去向等。

（3）设备安装详图内容

设备安装详图是用来详细表达在现场为安装、固定设备必须提供的各种附属装置结构的图样。其所表达的主要内容为：安装、固定设备所需的支架、吊架、挂架与平台；实际操作中所需的操作平台、高位设备之间的栈桥、旋梯等。设备安装图的内容：

① 一组视图　表示各组成部分的结构形状、装配关系、挡架与设备的连接情况等。

② 尺寸和标注　标明各组成部分的定型、定位尺寸以及与设备安装定位有关的尺寸。

③ 说明或附注　编写技术要求或施工要求及采用的标准和规范。

④ 明细栏和标题栏　对各组成进行编号并列出明细栏，填写标题栏。

（4）管口方位图内容

管口方位图是用来详细表达设备上各管口及支座、地脚螺栓等周向安装方位的图样。它是制造设备时确定各管口方位、支座及地脚螺栓等相对位置的图样，也是设备安装时确定安装方位的依据。如图 5-14 所示，管口方位图的内容：

① 一组视图　管口方位图只简化画出一个能反应设备管口方位的视图（立式设备采用俯视，卧式设备采用左视图或右视图）。一个非定型设备一般绘制一张管口方位图。对于多层设备且管口较多时，则应分层绘制。用细点画线和粗实线画出设备中心线及设备轮廓外形，再用粗实线画出各管口、人孔及地脚螺栓等。

② 尺寸及标注　按顺时针方向标出各管口、人孔及地脚螺栓的安装方位角，各管口用小写英文字母加方框按顺序编写管口符号。

③ 管口表　在标题栏上方列出管口表，以注写各管口符号、公称直径、压力、连接面形式及管口用途等内容。

④ 方位标、必要说明和标题栏。

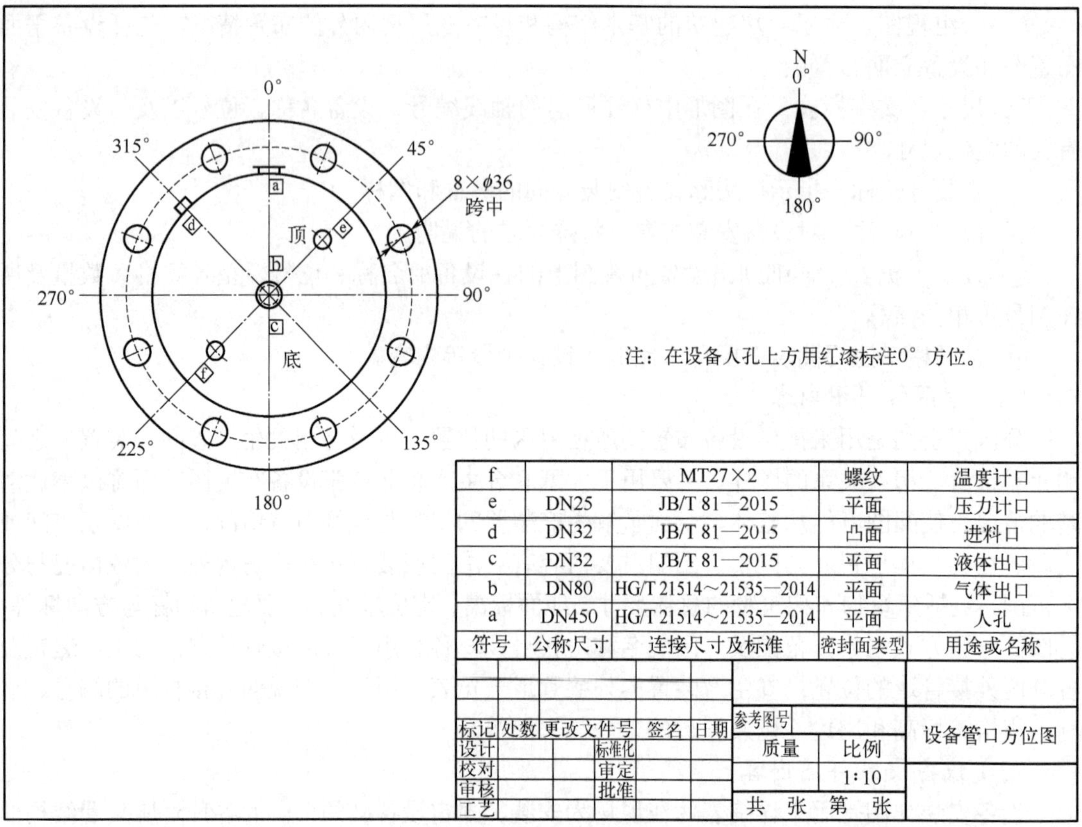

0° 315° 45° 270° 90° 225° 135° 180°

8×$\phi$36
跨中

顶 底 a b c d e

N 0° 270° 90° 180°

注：在设备人孔上方用红漆标注0° 方位。

| 符号 | 公称尺寸 | 连接尺寸及标准 | 密封面类型 | 用途或名称 |
|---|---|---|---|---|
| f | | MT27×2 | 螺纹 | 温度计口 |
| e | DN25 | JB/T 81—2015 | 平面 | 压力计口 |
| d | DN32 | JB/T 81—2015 | 凸面 | 进料口 |
| c | DN32 | JB/T 81—2015 | 平面 | 液体出口 |
| b | DN80 | HG/T 21514～21535—2014 | 平面 | 气体出口 |
| a | DN450 | HG/T 21514～21535—2014 | 平面 | 人孔 |

| 标记 | 处数 | 更改文件号 | 签名 | 日期 | 参考图号 | | 设备管口方位图 |
|---|---|---|---|---|---|---|---|
| 设计 | | 标准化 | | | 质量 | 比例 | |
| 校对 | | 审定 | | | | 1:10 | |
| 审核 | | 批准 | | | | | |
| 工艺 | | | | | 共 张 第 张 | | |

图 5-14 设备管口方位图

## 5.2.2 设备布置图视图要求

化工设备布置图的内容表达及画法应要遵循《化工装置设备布置设计规定》（HG/T 20546—2009），具体到设备布置图的绘制应遵循下列规定。

（1）图幅与比例

一般采用 A1 图幅，不加长加宽，特殊情况也可采用其他图幅。同一车间应尽可能绘于同一张图纸上，也可分开绘在几张图纸上，但要求采用相同的幅面，以求整齐，并利于装订及保存。图纸内框的长边和短边的外侧，以 3mm 长的粗线划分等分，在长边等分的中点自标题栏侧依次书写 A、B、C、D 等，在短边等分的中点自标题栏侧依次书写 1、2、3、4 等。A1 图幅长边 8 等分，短边 6 等分；A2 图幅长边 6 等分，短边 4 等分。如图 5-15 所示。

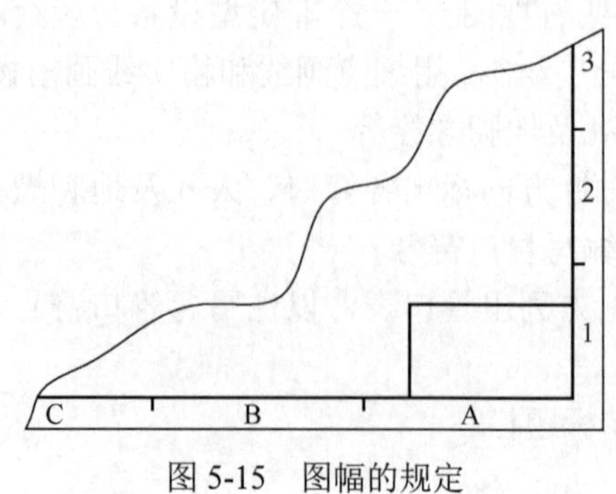


图 5-15 图幅的规定

比例通常采用 1∶100，根据情况，也可采用 1∶50 或 1∶200，但需分段绘制设备布置图时，必须采用同一比例，比例大小均在标题栏中注明。

（2）图线规定

图线规定如表 5-5 所示。

表 5-5　图线规定

| 线型 | 粗线<br>（0.6～0.9mm） | 中粗线<br>（0.3～0.5mm） | 细线<br>（0.15～0.25mm） |
|---|---|---|---|
| 实线 | ①可见设备轮廓线<br>②动设备的基础 | 设备基础 | ①原有设备轮廓线<br>②设备管口<br>③土建的柱、梁、门窗、楼梯、墙、楼板、开孔等 |
| 虚线 | ①不可见设备轮廓线<br>②不可见动设备的基础 | 不可见设备基础 | |
| 点画线 | | | ①设备中心线<br>②设备管口中心线<br>③建筑轴线 |
| 双点画线 | 界区线、区域分界线、接续分界线 | | 预留设备 |

（3）尺寸单位

设备布置图中标注的标高、坐标以 m 为单位，小数点后取三位数至 mm 为止，其余的尺寸一律以 mm 为单位，只注数字，不注单位。

（4）图名

一般应分为两行，上行写“××××设备布置图”，下行写“EL××.×××平面”或“×—×剖视”等。

（5）编号

每张设备布置图均应单独编号。同一主项的设备布置图不得采用一个号，不应采用“第×张共×张”的编号方法。

（6）标高

一般以厂房内地面为基准（作为零点）进行标注，零点标高标成“EL±0.000”，而且一个装置宜采用同一基准标高。标高的表示方法宜用“EL−××.×××”“EL+××.×××”，“EL+××.×××”也可将“+”省略，表示为“EL××.×××”。单位用 m(不注)，取小数点后三位数字，而且一个装置宜采用同一基准标高。

（7）分区

布置图一般以车间（装置）为单位进行绘制，当车间范围较大，图样不能表达清楚时，则应将车间划分区域，然后分别绘制各区的设备布置图。

① 分区的原则　以使该小区的设备平面布置图在一张图纸上绘制完成为原则。

② 分区的方法　界区内小区的总数不超过 9 个，用一位数编号。若超过 9 个，则采用大小区相结合的方式，且大小区都不超过 9 个。如果是大小区相结合的方式分区，大区采用一位数编号，小区采用两位数编号，其中第一位是大区号，第二位是该大区内的小区号。分区号一般写在各分区界线的右下角 16mm×6mm 的粗实线矩形框内，字高为 4mm。

③ 分区的表示方法　无大区只分小区，分区线采用粗双点画线表示。大小区相结合，大区采用粗双点画线，小区采用中粗双点画线。左下角用一直径为 10mm 的细实线圆表示基准点。

（8）图面安排及视图要求

设备布置图中视图的表达内容主要是两部分，一是建筑物及其构件，二是设备。

① 设备布置图一般包括平面图和立面剖视图，剖视图中将有一张表示装置整体的剖视图。对于较复杂的装置或有多层建筑物、构筑物的装置，当平面图表示不清楚时，可绘制多张剖视图或局部剖视图。剖视符号规定用 *A*—*A*、*B*—*B*、*C*—*C* 等大写英文字母或Ⅰ—Ⅰ、Ⅱ—Ⅱ、Ⅲ—Ⅲ等数字形式表示。

② 设备布置图一般以联合布置的装置或独立的主项为单元绘制，界区以粗双点画线表示。

③ 多层建筑物或构筑物，应依次分层绘制各层的设备布置平面图。如在同一张图纸上绘几层平面时，应从最低层平面开始，在图纸上由下至上或由左至右按层次顺序排列，并在图形下方注明“EL−×.×××平面”“EL±0.000 平面”“EL+××.×××平面”或“×—×剖视”等。

④ 一般情况下，每一层只画一个平面图。当有局部操作平台时，在该平面上可以只画操作台下的设备，局部操作台及其上面的设备可以另画局部平面图。如不影响图面清晰，也可重叠绘制，操作台下的设备画虚线。

⑤ 一个设备穿越多层建筑物、构筑物时，在每层平面上均需画出设备的平面位置，并标注设备位号。各层平面图是以上一层的楼板底面水平剖切的俯视图。

⑥ 整个图形应尽量布置在图纸中心位置，详图表示在周围空间。一般情况下，图形应与图纸左侧及顶部边框线留有 70mm 净空距离。标题栏的上方不宜绘制图形，应依次布置缩制的分区索引图、设计说明、设备一览表等。

## 5.2.3 视图的表达方法

### 5.2.3.1 建筑物一般要求

（1）建筑物的模数

化工建筑物一般应按照建筑统一模数设计，常用模数如下：

跨度：6.0m、7.5m、9.0m、10.5m、12.0m、15.0m、18.0m。

柱距：4.0m、6.0m、9.0m、12.0m，钢筋混凝土结构厂房的柱距多用 6m。

进深：4.2m、4.8m、5.4m、6.0m、6.6m、7.2m。

开间：2.7m、3.0m、3.3m、3.6m、3.9m。

层高：2.4+0.3 的倍数，单位为 m。

走廊宽度：单面 1.2m、1.5m，双面 2.4m、3.0m。

吊车轨顶：600mm 的倍数（厂房高±200mm）。

吊车跨度：用于电动梁式、桥式吊车时，跨度 1.5m；用于手动吊车时，跨度 1.0m。

（2）厂房的平面形式

厂房的平面形式主要有长方形、L 形、T 形和 Π 形。长方形厂房具有结构简单、施工方便、设备布置灵活、采光通风效果好等优点，因此是最常用的厂房平面形式。当厂房较长或受工艺、地形等条件限制，也可采用 L 形、T 形和 Π 形，此时应充分考虑采光、通风、交通通道、进出口等问题。

（3）厂房的层数

工业厂房可以是单层，也可以是单层和多层相结合的形式。单层厂房投资较少、利用率较高，但占地面积较大。多层相结合厂房的剖面形式如图 5-16 所示。

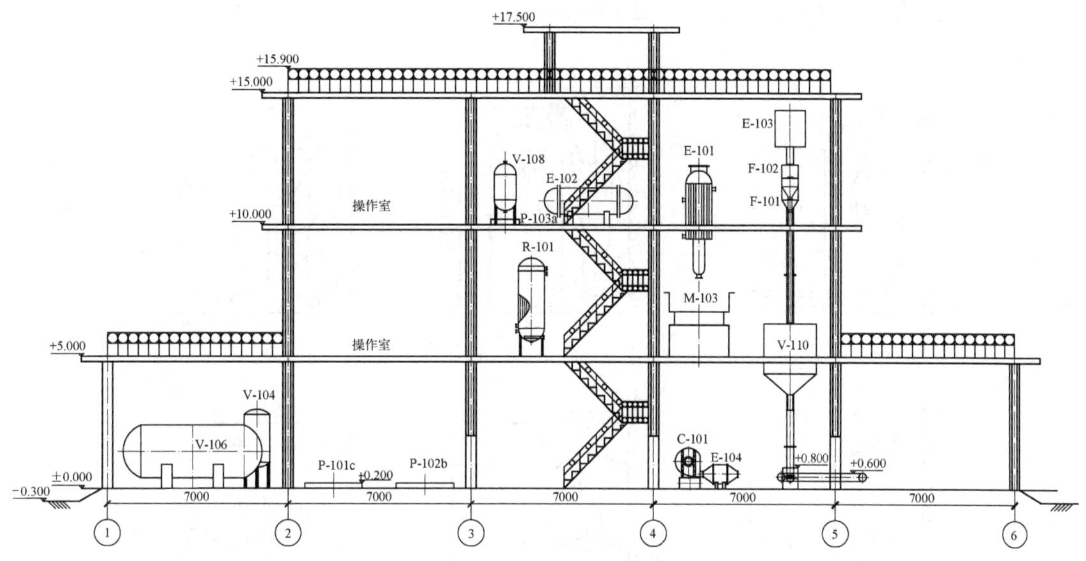


图 5-16　工业单层和多层相结合厂房剖面示意图

（4）设备排列方式

宽度不超过 9m 的厂房，可将设备布置在厂房一边，另一边作为操作位置和通道，如图 5-17（a）所示。宽度在 12～15m 的厂房布置两排设备，且两排设备集中布置在厂房中间，在两边留出操作位置和通道，如图 5-17（b）所示。宽度＞18m 的厂房，可在厂房中间留出 3m 左右的通道，两边分别布置两排设备，每排设备各留出 1.5～2m 的操作位置，如图 5-17（c）所示。

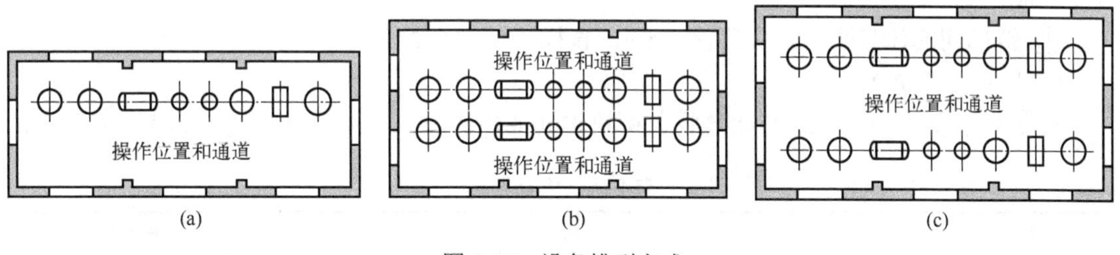


图 5-17　设备排列方式

（5）操作通道宽度

在布置设备时，不仅要考虑设备自身所占的位置，而且要考虑相应的操作位置和运输通道。主要车行道最小宽度为 6m；次要车行道路最小宽度为 4m；道路两边的人行道最小宽度为 1m；装置内的操作通道一般为 800～1000mm；不常通行的最小距离为 650mm；斜梯宽度最小为 600mm，斜梯着地宽度为 900～1200mm。操作人员操作设备所需的最小距离如图 5-18 所示。

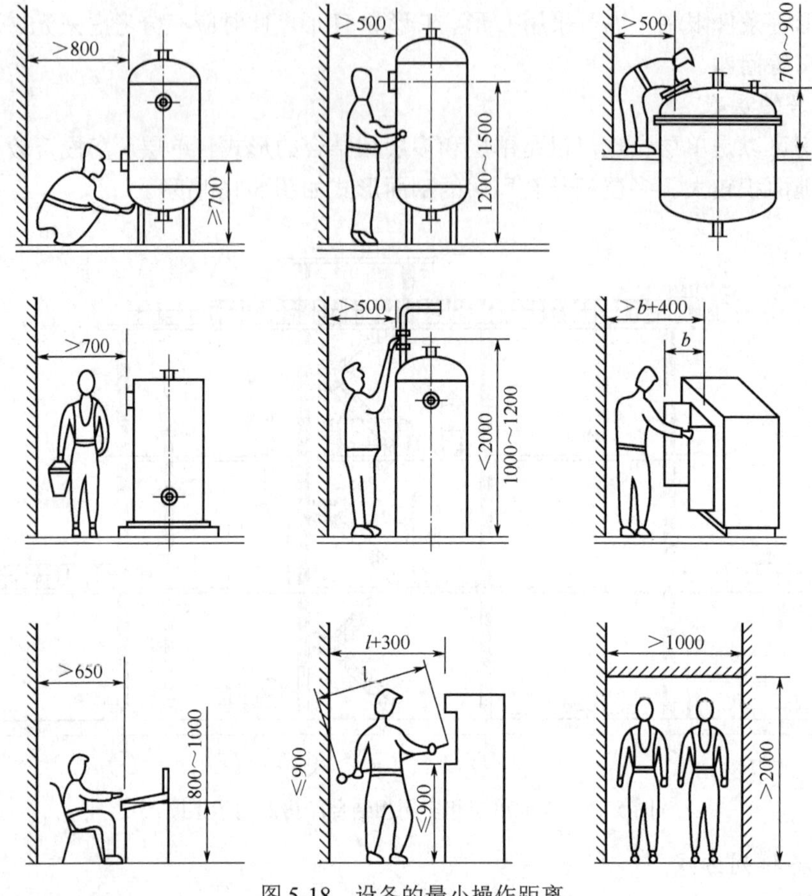


图 5-18　设备的最小操作距离

（6）操作平台和梯子

① 操作平台的高度不小于 2m，以免碰伤头部，宽度一般大于 800mm。

② 高出地面 3.6m 以上的设备或装置必须设置平台。

③ 辅助操作平台和容器操作平台必须设置直梯，超过 6m 的直梯，自 2.5m 开始应设有安全护圈。

④ 斜梯间的休息平台最大距离 5.5m，直梯一个平台最大距离 9m。

（7）安全距离

设备与设备之间或设备与建筑物、构筑物（或障碍物）间的安全距离，如表 5-6 所示。

表 5-6　安全距离

| 区域 | 内容 | 最小间距/mm |
| --- | --- | --- |
| 生产控制区 | 控制室、配电室至加热炉 | 15000 |
| 管廊下或两侧 | 两塔之间（考虑设置平台，未考虑基础大小） | 2500 |
| | 塔内设备的外壁至管廊（或建筑物）的柱子 | 3000 |
| | 容器壁或换热器端部至管廊（或建筑物）的柱子 | 2000 |
| | 两排泵之间的维修通道 | 3000 |
| | 相邻两排泵之间（考虑基础及管道） | 800 |
| 建筑物内部 | 两排泵之间或单排泵至墙的维修通道 | 2000 |
| | 泵的端面或基础至墙或柱子 | 1000 |

续表

| 区域 | 内容 | 最小间距/mm |
|---|---|---|
| 任意区 | 操作、维修及逃生通道 | 800 |
| | 两个卧式换热器之间维修净距 | 600 |
| | 两个卧式换热器之间有操作时净距（考虑阀门、管道） | 750 |
| | 卧式换热器外壳侧面至墙或柱（通行时） | 1000 |
| | 卧式换热器外壳侧面至墙或柱（维修时） | 600 |
| | 卧式换热器封头前面（轴向）的净距 | 1000 |
| | 卧式换热器法兰边周围的净距 | 450 |
| | 换热器管束抽出净距（$L$ 为管束长） | $L$+1000 |
| | 两个卧式容器之间（平行、无操作） | 750 |
| | 两个容器之间 | 1500 |
| | 立式容器基础至墙 | 1000 |
| | 立式容器人孔至平台边（三侧面）距离 | 750 |
| | 立式换热器法兰至平台边（维修净距） | 600 |
| | 立式压缩机周围（维修及操作） | 2000 |
| | 压缩机 | 2400 |
| | 反应器与提供反应热的加热炉 | 4500 |

（8）吊装孔的位置

当厂房较短时，吊装孔可设在厂房的一端；当厂房较长（>36m）时，吊装孔应设在厂房的中央。多层楼面的吊装孔应在每一楼层相同的平面位置设置，并在底层吊装孔附近设一大门，以便需吊装的设备能够顺利进出，如图 5-19 所示。

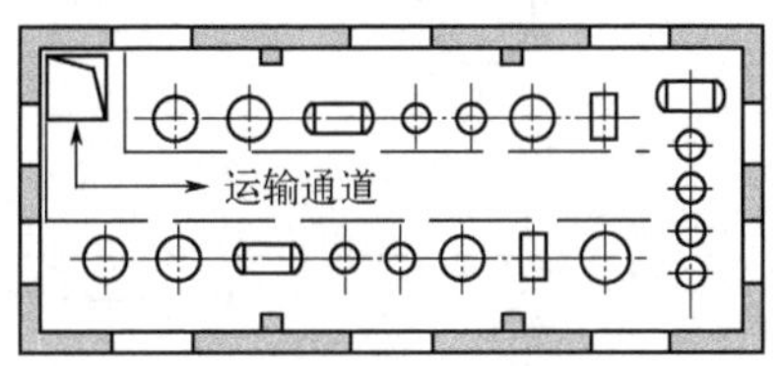

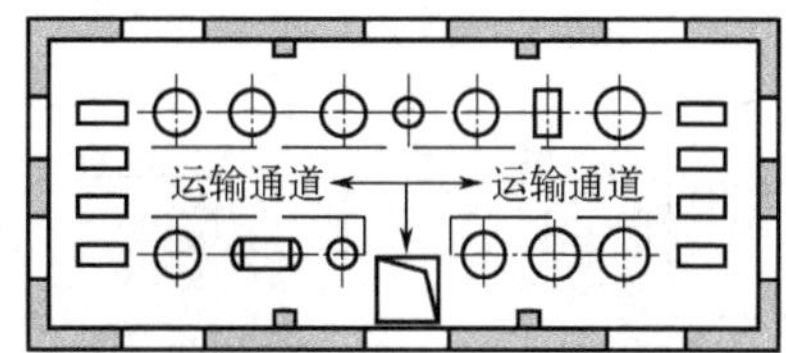


图 5-19　吊装孔及设备运输通道

（9）放空口高度

① 紧靠建筑物、构筑物或室内布置的设备放空管，应高出建构筑物 2m 以上。

② 除无毒不可燃介质外，排放口的高度至少应比其出口管边缘水平 20m 半径内的操作平台或厂房屋顶高出 3.5m 以上。

③ 蒸汽等排放口必须防止位于地面上或平台上的操作人员和维修人员遭受噪声或烫伤危害。

#### 5.2.3.2　建筑物表示方法

厂房建筑物及其构件用细实线、细点画线绘制，按建筑图纸所示，并采用规定的比例和图例，画出厂房建筑的平面图和剖面图。画图时要注意以下几点：

① 一般情况下，只画出厂房建筑的空间大小、内部分隔及与设备安装定位有关的基本结构，包括门、窗、墙、柱、楼梯、楼板和梁、操作及检修平台、栏杆、管廊、安装孔洞、地坑、地沟、管沟、散水坡、吊轨及吊车等。

② 设备布置图中的承重墙、柱等结构，用细点画线画出其建筑定位轴线，建筑物及其构件的轮廓用细实线绘出。

③ 与设备地位关系不大的门、窗等构件，一般只在平面图上画出它们位置及门的开启

方向等，在剖视图上一般不予表示。

④ 在平面图上表示重型或超限设备吊装的预留空地和空间。在框架上抽管束需要用起吊机具时，宜在需要最大起吊机具的停车位置上，画出最大起吊机具占用位置的示意图。

⑤ 对于生活室和专业用房间，如配电室、控制室、维修间等均应画出，但只以文字标注房间名称。

#### 5.2.3.3 设备表示方法

① 定型设备一般用粗实线按比例画出其外形轮廓，被遮盖的设备轮廓一般不予画出。对于外形比较复杂的设备，可以只画出基础外形。设备的中心线用细点画线画出。见附录 1。在平面布置图上，动设备（如泵、压缩机、风机、过滤机等）可适当简化，只画出其基础所在位置，标注特征管口和驱动机的位置，如图 5-20 所示。

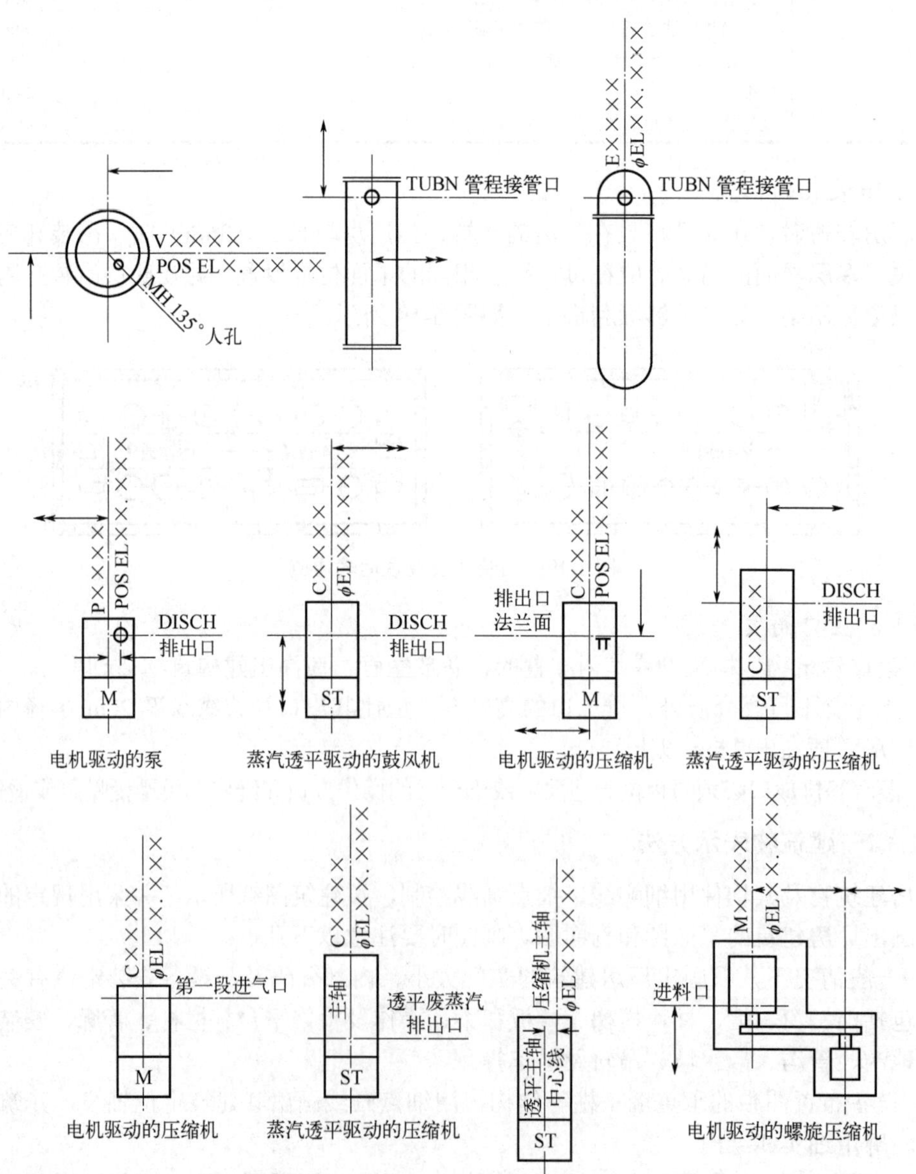


电机驱动的泵　蒸汽透平驱动的鼓风机　电机驱动的压缩机　蒸汽透平驱动的压缩机

电机驱动的压缩机　蒸汽透平驱动的压缩机　电机驱动的螺旋压缩机

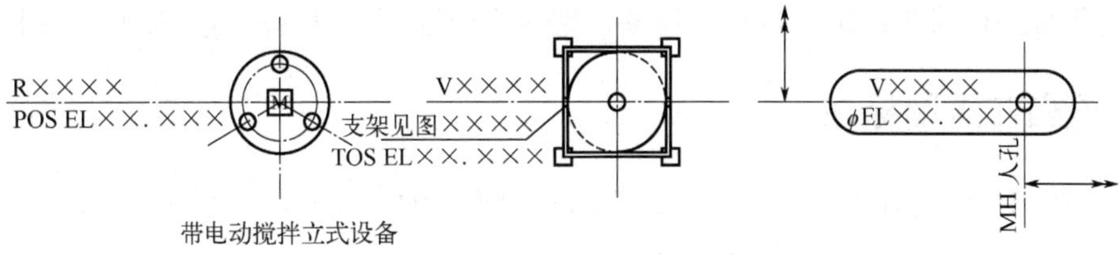


图 5-20　典型设备的标注

② 非定型设备一般用粗实线，按比例采用简化画法画出其外形轮廓（根据设备总装图），包括操作台、梯子和支架(应注出支架图号)。非定型设备若没有绘管口方位图的设备，应用中实线画出其特征管口(如人孔、手孔、主要接管等)，详细注明其相应的方位角，如图 5-21 所示。卧式设备，应画出其特征管口或标注固定端支座。

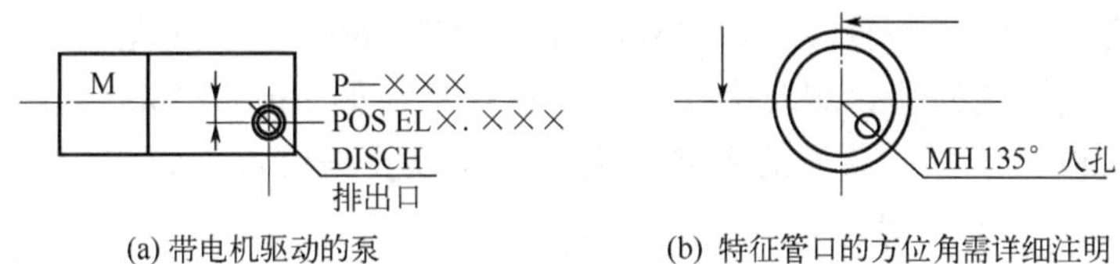


(a) 带电机驱动的泵　　(b) 特征管口的方位角需详细注明

图 5-21　非定型设备绘制格式

③ 设备穿过楼板被剖切在相应的平面图中，设备的剖视图应按规定方法表示，图中楼板孔洞不必画阴影部分。若钢筋混凝土基础与设备的外形轮廓组合在一起时，可将其与设备一起画成粗实线，如图 5-22 所示。

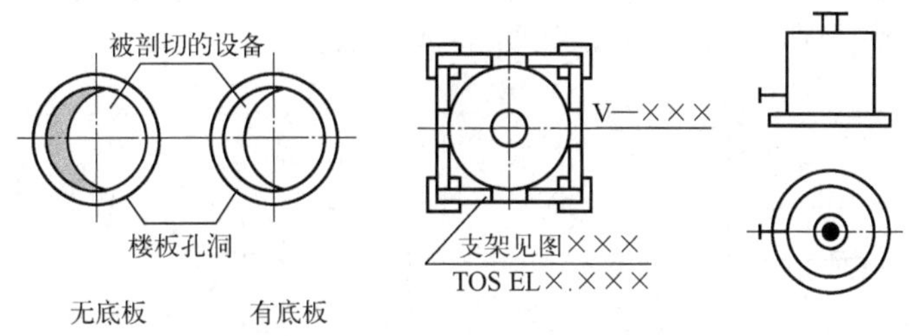


图 5-22　穿过楼板设备剖视图、基础与设备的外形轮廓组合画法

④ 在设备平面布置图上，还应根据检修需要，用虚线表示预留的检修场地(如换热器管束用地)，按比例画出，不标尺寸，如图 5-23 所示。

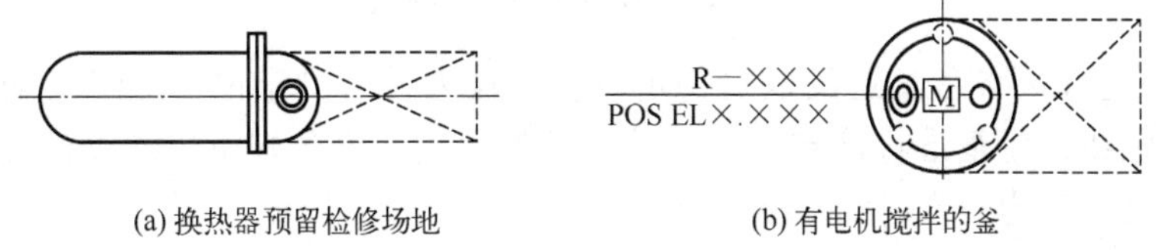


(a) 换热器预留检修场地　　(b) 有电机搅拌的釜

图 5-23　用虚线表示预留的检修场地

⑤ 同一位号的设备多于三台时，在平面图上可以表示首末两台设备的外形，中间的仅画出基础，或用双点画线的方框表示。

⑥ 在设备布置图中还需要标注管廊、埋地管道、埋地电缆、排水沟和进出界区管线等。

⑦ 预留位置或第二期工程安装的设备，可在图中用细双点画线绘制。

⑧ 位于室外而又与厂房不连接的设备、架和平台等，一般只需在底层平面图上表示。

## 5.2.4 设备布置图标注

设备布置图标注内容包括：①标注建筑物和构筑物的轴线号及轴线间尺寸，并标注室内外的地坪标高；②在平面布置图上标注与设备定位有关的建筑物的尺寸、建筑物与设备之间的定位尺寸、设备与设备之间的定位尺寸、设备名称和位号；③在立面剖面图上标注设备、管口及设备基础标高，设备名称和位号，建筑物轴线编号。

### 5.2.4.1 建筑物尺寸标注

建筑物和构筑物标注内容有以下几种：

① 厂房建筑的长度、宽度总尺寸，如 6000、18600 等，并标注室内外地坪标高。

② 柱、墙定位轴线的编号及间距尺寸，如①、②，6000、3300 等。

③ 为设备安装预留的孔、洞及沟、坑等定位尺寸，如 1500、2500 等。

④ 地面、楼板、平台、屋面的主要高度尺寸，以及与设备安装有关的建（构）筑物的高度尺寸，如−0.30、10.00 等。

### 5.2.4.2 设备标注

（1）设备定位尺寸

设备布置图中一般不标注设备定型尺寸，而只注定位尺寸，如设备与建筑物之间、设备与设备之间的定位尺寸等，设备的定位尺寸标注在平面图上。设备的平面定位尺寸应以建（构）筑物的轴线或管架、管廊的柱中心线进行标注，也可采用坐标系标注定位尺寸，要尽量避免以区的分界线为基准标注尺寸，如图 5-24 所示。

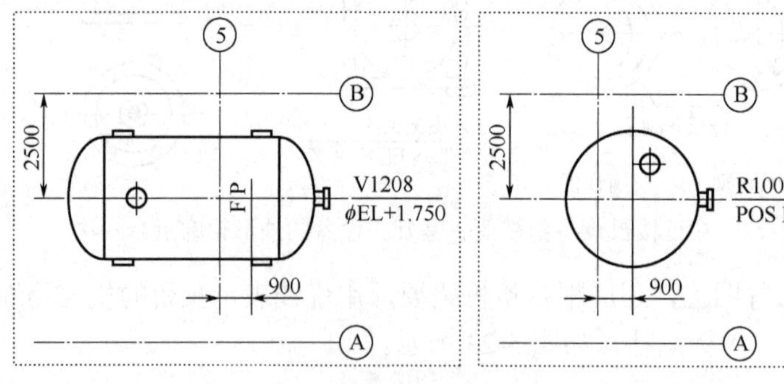


图 5-24 设备定位尺寸标注

① 一般应选择离设备最近的建筑物定位轴线作为设备的定位基准线。当某一设备已选择建筑物定位轴线作为基准标注定位尺寸后，其他邻近的设备则可依次以该设备已定位的中心轴线为基准来标注定位尺寸。

② 卧式容器和换热器以设备中心线和固定端或滑动端中心线为基准线。

③ 立式反应器、塔、槽、罐和换热器以设备中心线为基准线。

④ 离心泵、压缩机、鼓风机、蒸汽透平以设备中心线和出口管中心线为基准线。

⑤ 往复式泵、活塞式压缩机以缸中心线和曲轴（或电动机轴）中心线为基准线。

⑥ 板式换热器以设备中心线和某一出口法兰端面为基准线。

⑦ 直接与主要设备有密切关系的附属设备，如再沸器、回流冷凝器等，应主要以设备的中心线为基准予以标注。

（2）设备标高

设备高度方向的定位尺寸以标高表示，一般要标注出设备、设备管口等的标高。标高标准一般选择建筑物首层室内地面，以确定设备基础面或设备中心线的高度尺寸。地面设计标高宜用 EL±0.000 表示，且一个装置宜采用同一基准标高。在设备中心线的上方标注设备位号，下方标注支承点的标高“POS EL××.×××”或主轴中心线的标高“EL××.×××”。

① 卧式换热器、槽、罐以中心线标高表示（$\phi$EL+××.×××）。

② 立式、板式换热器以支承点标高表示（POS EL+××.×××）。

③ 反应器、塔、立式槽罐以支承点标高表示（POS EL+××.×××）。

④ 泵、压缩机以主轴中心线标高表示（$\phi$EL+××.×××）或以底盘底面（即基础顶面标高）表示（POS EL+××.×××）。

⑤ 对于管廊、管架应标注出架顶的标高（TOS EL+××.×××）。

⑥ 对于有支耳的设备以支承点标高表示（POS EL+××.×××），无支耳的卧式设备以中心线标高表示，无支耳的立式设备以某一管口的中心线标高表示（$\phi$EL+××.×××）。

（3）其他标注

① 立面布置图中的设备应标注出相应的标高。

② 在平面布置图上标注重型或超限设备吊装的预留空地和空间。在框架上抽管束需要用起吊机具时，宜在需要最大起吊机具的停车位置上画出最大起吊机具占用位置的示意图。对于进出装置区有装卸槽车时，宜将槽车外形图示意在停车位置上。

③ 对有坡度要求的地沟等构筑物，标注其底部较高一端的标高，同时标注其坡向及坡度。

④ 在平面布置图上标注平台的顶面标高、栏杆、外形尺寸。

#### 5.2.4.3　安装方位标

在设备平面布置图中，应在图纸的右上方绘制一个表示设备安装方位基准的安装方位标。一般以北向或接近北向的建筑轴线为 0° 方位基准。该方位一经确定，设计项目中所有需要表示方位的图样，如设备布置图、管口方位图、管段图等，均应采用统一的方位标和基准方位。

方位标由用粗实线画出的直径为 20mm 的圆和水平、垂直两轴线构成，并分别注以 0°、90°、180°、270°等字样。一般采用建筑北向（以“N”表示）作为 0° 方向基准，如图 5-25 所示。

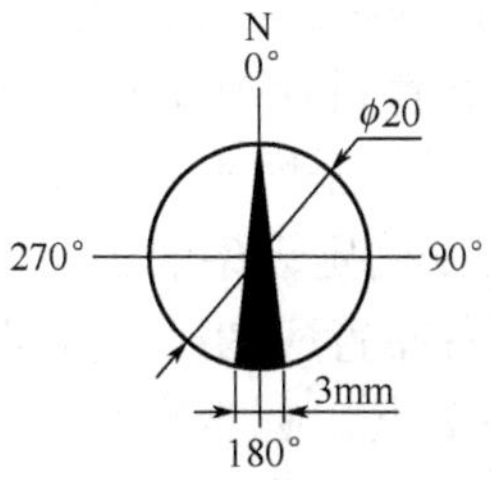


图 5-25　方位标画法

### 5.2.5 设备一览表

应将设备的位号、名称、规格、图号或标准号等列于设备一览表，应单独制表附于设计文件中，一般设备布置图中可不列出，见表 5-7。

表 5-7 设备一览表

| 序号 | 设备位号 | 设备名称 | 技术规格/（mm×mm） | 图号或标准号 | 材料 | 数量 | 质量/kg | | 备注 |
|---|---|---|---|---|---|---|---|---|---|
| | | | | | | | 单 | 总 | |
| 1 | R0401 | 蒸馏釜 | 立式 $\phi$1400×2706 | | | 1 | | | |
| 2 | E0401 | 冷凝器 | 立式 $\phi$1400×2706 | | | 1 | | | |
| 3 | V0408A | 真空受槽 A | 立式 $\phi$1000×1936 | | | 1 | | | |
| 4 | V0408B | 真空受槽 B | 立式 $\phi$1000×1936 | | | 1 | | | |

当装置的设备数量、种类及楼层较多，在图中直接查找设备不方便时，可在设备布置图中设置简单的设备一览表。此表一般布置在图中右上角，以设备位号的字母顺序、数字顺序自上而下进行排列。参考格式见表 5-8。

表 5-8 设备布置图中的设备一览表

| 设备位号 | 设备名称 | 支承点标高 | 设备位号 | 设备名称 | 支承点标高 |
|---|---|---|---|---|---|
| C1001 | 氢气压缩机 | +0.300 | E1010 | 一段气体换热器 | +0.600 |
| T1001 | 二氧化碳吸收塔 | +0.300 | E1050 | 塔顶分馏换热器 | +0.600 |
| V1001 | 氮气缓冲罐 | +0.300 | P1001A/B | T1001 塔釜液泵 | +0.600 |

## 5.3 设备布置图绘制与阅读

### 5.3.1 设备布置图绘制

#### 5.3.1.1 绘图前准备

（1）了解有关图纸和资料

绘制设备布置图时，应以流程图、厂房建筑图、设备设计条件单等原始资料为依据，通过这些图纸资料充分了解工艺过程的特点和要求以及厂房建筑的基本结构等。

（2）考虑设备布置的合理性

对于设备布置的合理性，主要需要掌握《化工装置设备布置设计规定》的知识。

① 满足生产工艺要求　在设备布置设计中要考虑设备的主导风向，由主导风向决定某些设备的位置。设备布置设计要考虑工艺流程和工艺要求，应按照管道仪表说明图中的物料流动顺序和同类设备适当集中的原则来确定设备的平面位置。

② 便于操作、安装和检修　设备布置应为操作人员提供一个良好的操作条件，如操作及检修通道，合理的设备间距和净空高度，必要的平台、楼梯和安全出入口等。设备布置应考虑换热器、加热炉、压缩机驱动机等在安装或维修时要有足够的场地拆卸区和通道。为满

足大型设备的吊装，建筑物、构筑物在必要时设置起重机、吊柱或吊梁。

③ 符合安全生产的要求　设备布置应考虑安全生产的要求，在化工生产中易燃、易爆、高温、有毒的物品较多，其与设备、建筑物、构筑物之间的距离应符合安全规范要求，火灾危险性分类相近的设备宜集中布置在一起；若场地受到限制，则要求在危险设备的周围设置防火或防爆的混凝土墙，需要泄压的敞开口一侧应对着空地；高温设备和管道应布置在操作人员不宜触及的地方或采用保温措施；明火设备要远离泄漏可燃气体设备，并集中布置在下风口处。较重及振动较大的设备应布置在建筑物、构筑物底层，建筑物的安全疏散门应向外开启。

④ 符合经济合理的要求　设备布置在满足工艺要求的基础上，应尽可能做到布置合理、节约投资。如所有的塔、贮槽和换热器应安置在中央通道的两侧，中央通道之外是载重汽车道路，可供换热器管束抽芯和作为设备的检修通道。

设备布置应尽可能整齐、美观、协调，如离心泵的排列应以泵出口管中心线取齐；换热器并排布置时推荐靠管廊侧管层接管中心线取齐；成排布置的塔，应尽可能设置联合平台，人孔方位应一致；所有容器或储罐尽量按直径大小分组排列。

#### 5.3.1.2　绘图方法与步骤

① 考虑设备布置图的视图配置。根据设备的复杂程度，适当地选择视图类型和数量。

② 选定绘图比例与图幅。常用 1∶100 比例和 A1 图纸。

③ 绘制设备平面布置图时从底层平面起逐个绘制：

a．用细点画线画出建筑定位轴线。

b．用细实线按比例画出与设备安装布置有关的厂房建筑基本结构，如墙、柱、门、窗、楼梯等，注写厂房定位轴线编号。

c．用细点画线画出设备的中心轴线。

d．用粗实线线画出设备、支架、操作平台等的外形轮廓和管口。

e．标注厂房定位轴线间的尺寸，标注设备基础的定型和定位尺寸。

f．标注定位轴线编号及设备位号、名称及支承点标高。

g．图上如果分区，还需画分界线并作标注。

④ 绘制设备立面布置图的步骤与平面布置图大致相同，逐个画出各立面布置图。

a．用细实线画出厂房立面布置图，用细点画线画出设备定位线，标注厂房定位轴线编号。与设备安装定位关系不大的门窗等构件和表示墙体材料的图例，在立面布置图上一概不予表示。

b．用粗实线按比例画出带管口的设备立面示意图，并标注设备位号及名称，被遮挡的设备轮廓一般不宜画出。

c．标注厂房定位轴线间的尺寸。

d．标注厂房室内外地面标高、厂房各层标高、设备基础标高、操作平台或设备上各层平台的标高，必要时，标注主要管口中心线、设备最高点等标高。

⑤ 绘制方位标。

⑥ 编制设备一览表，注写有关说明，填写标题栏。

⑦ 检查、校核，最后完成图样。

### 5.3.2　设备布置图阅读

阅读设备布置图的目的是了解设备在工段的具体布置情况，指导设备的安装施工及开工后的操作、维修或改造，并为管道布置建立基础。阅读设备布置图的步骤如下：

（1）明确视图关系，了解设备布置概况

设备布置图是由一组平面布置图和立面布置图组成，看图时首先要清点设备布置图的张数，明确各张图上平面布置图和立面布置图的配置，进一步分析各立面布置图在平面布置图上的剖切位置，弄清各个视图之间的关系。

根据设备一览表了解基本工艺过程及设备的种类、名称、位号及数量；通过分区索引图了解设备的分区情况、设备占用建筑物和相关建筑物的情况；通过设备布置图上的标题栏了解每张图表达的重点。

（2）看懂建筑结构

阅读设备布置图的建筑结构主要是以平面布置图和立面布置图分析建筑物的层次，了解各层厂房建筑的标高，每层中的楼板、墙、柱、梁、楼梯、门窗及操作平台、坑、沟等结构情况，以及它们的相对位置。由厂房的定位轴线间距了解厂房的大小。

（3）掌握设备布置情况

先从设备一览表了解设备的种类、名称、位号和数量等内容，再从平面布置图和立面布置图中分析设备与建筑结构、设备与设备的相对位置及设备的标高。

根据设备在平面布置图和立面布置图中的投影关系、设备的位号，明确其定位尺寸，即在平面布置图中查阅设备的平面定位尺寸，在立面布置图中查阅设备高度方向的定位尺寸。平面定位尺寸基准一般是建筑定位轴线，高度方向的定位尺寸基准一般是厂房室内地面，从而确定设备与建筑结构、设备与设备的相对位置。

其他各层平面布置图中的设备都可按此方法进行阅读，在阅读过程中可参考有关建筑施工图、工艺流程图、管道布置图以及其他的设备布置图以确认读图的准确性。

**[例]** 如图5-26所示，阅读天然气脱硫系统设备布置图。

① 标题栏：天然气脱硫系统设备布置图。

两个视图：EL100.000平面图和*A—A*剖视图。

概况：设备8台，泵区在室内，塔区在室外。

② 看懂建筑基本结构。

泵区是一个单层建筑物，西面一扇门，南面两个窗供采光。

厂房建筑定位轴线编号分别为：1、2和A、B，横向定位轴线间距9000mm，纵向定位轴线间距4500mm。标高：室内外地面标高EL100.000m，房顶标高EL104.200m。

③ 掌握设备布置情况。

方向标：指明了有关厂房和设备的安装方位基准。

a．罗茨鼓风机（C0701A/B）。支承点标高：100.200m；横向定位尺寸（与1轴线）：1800mm；相同设备中心线间距：2300mm；进出口管口标高：100.800m；靠墙部分为管道的出入口。

b．贫氨水泵（P0701和P0702）。支承点标高：100.200m；横向定位尺寸（与2轴线）：1200mm；相同设备中心线间距：1300mm；泵出口管线的标高：101.000m；靠墙部分为管道的出入口，靠中间为电机。

c．脱硫塔（T0701）。支承点标高：100.200m；横向定位尺寸（与2轴线）：2000mm；纵向定位尺寸（与A轴线）：1200mm；塔底、塔顶标高分别为100.200m和104.000m；其他管线进出口标高：102.400m和103.600m。脱硫塔在氨水储罐的正南方，两者间距为2500mm，在除尘塔的正西方，两者间距为2500mm。

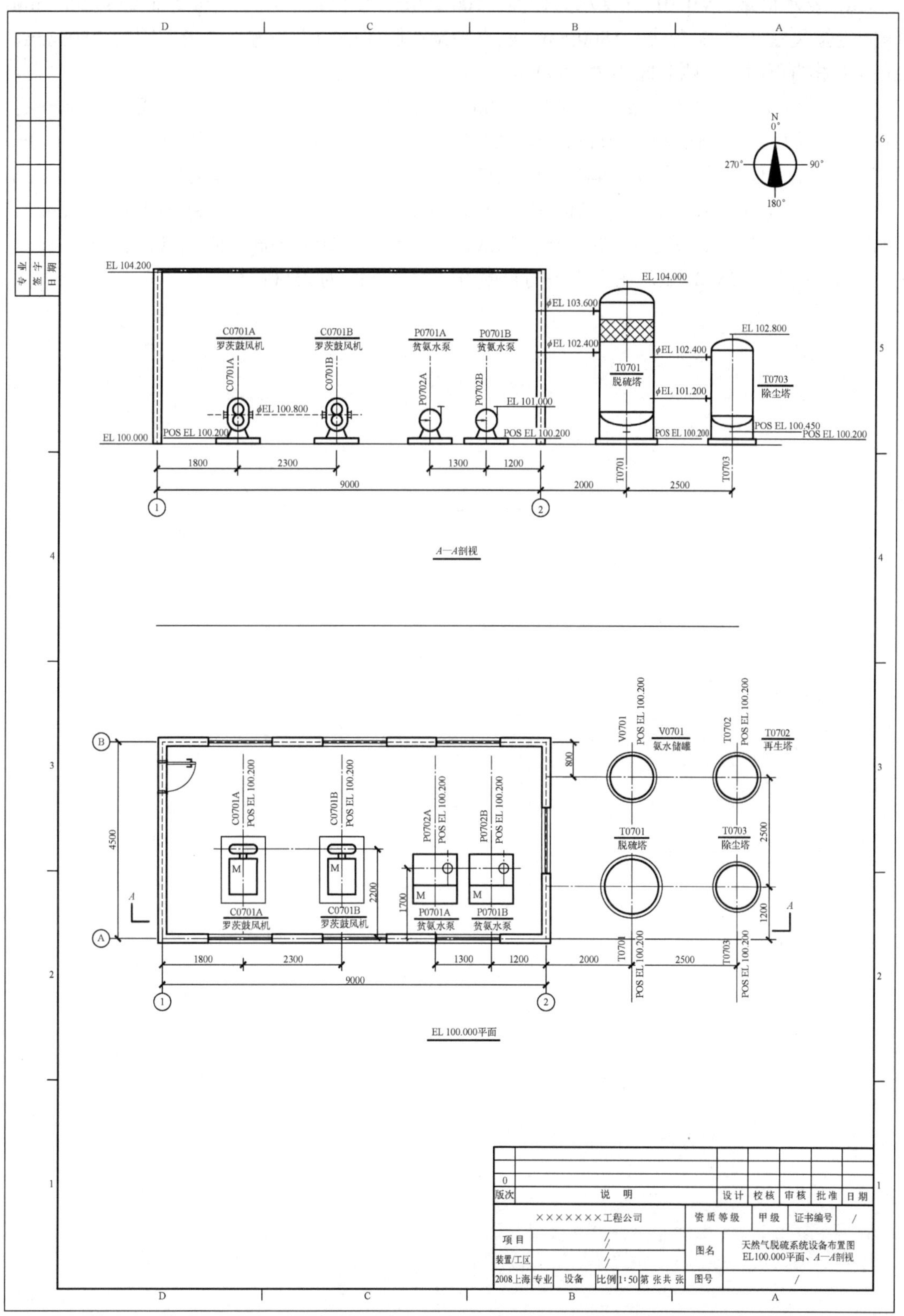


图 5-26　天然气脱硫系统设备布置图

d．氨水储罐（V0701）。支承点标高：100.200m；横向定位尺寸（与 2 轴线）：2000mm；纵向定位尺寸（与 B 轴线）：800mm。氨水储罐在脱硫塔的正北方，两者间距为 2500mm，在再生塔的正西方，两者间距为 2500mm。

e．再生塔（T0702）。支承点标高：100.200m；横向定位尺寸（与 2 轴线）：4500mm；纵向定位尺寸（与 B 轴线）：800mm；塔下部管口标高：101.200m；塔上部管口标高：102.400m。再生塔在氨水储罐的正东方，两者间距为 2500mm，在除尘塔的正北方，两者间距为 2500mm。

f．除尘塔（T0703）。支承点标高：100.200m；横向定位尺寸（与 2 轴线）：4500mm；纵向定位尺寸（与 A 轴线）：1200mm；塔底部管口标高：100.450m。除尘塔在脱硫塔的正东方，两者间距为 2500mm，在再生塔的正南方，两者间距为 2500mm。

# 第 6 章　工艺管道布置图

管道布置设计是在施工图设计阶段进行的，它通常以管道与仪表流程图、设备布置图，以及相关土建、仪表、电气、机泵等方面的图纸和资料为依据，对工艺管道进行合理的布置，设计首先应满足工艺操作要求，便于安装、操作和维修，并要合理、整齐和美观。

## 6.1　管道布置设计图样

（1）管道布置图

管道的正投影图，表达车间（装置）内管道空间位置等的平面、立面布置情况的图样，是管道布置设计中的主要图样。

（2）管道轴测图

也叫管道空视图。用来表达一个设备至另一个设备的一个管段及其所附管件、阀门、控制点等布置情况的立面图样。按正等轴测投影绘制，立体感强，图面清晰美观，便于阅读，利于施工。

（3）蒸汽伴热管道图

表达车间内各蒸汽分配管与冷凝液收集管系统平面、立面布置的图样。当伴管系统较简单时，也可表示在工艺管道布置图上。

（4）管口方位图

表示设备管口、吊柱、支腿、接地板等构件的方位。

（5）管架图

表达管架的零部件图样，有标准管架图、非标管架图。

（6）管件图

表达管件的零部件图样。

## 6.2　管道布置图内容

管道布置图，又称管道安装图或配管图，主要表达车间或装置内管道和管件、阀门、仪表控制点的空间位置、尺寸和规格，以及与有关机器、设备的连接关系。管道布置图是管道安装施工的重要依据。如图 6-1 所示，管道布置图一般包括：

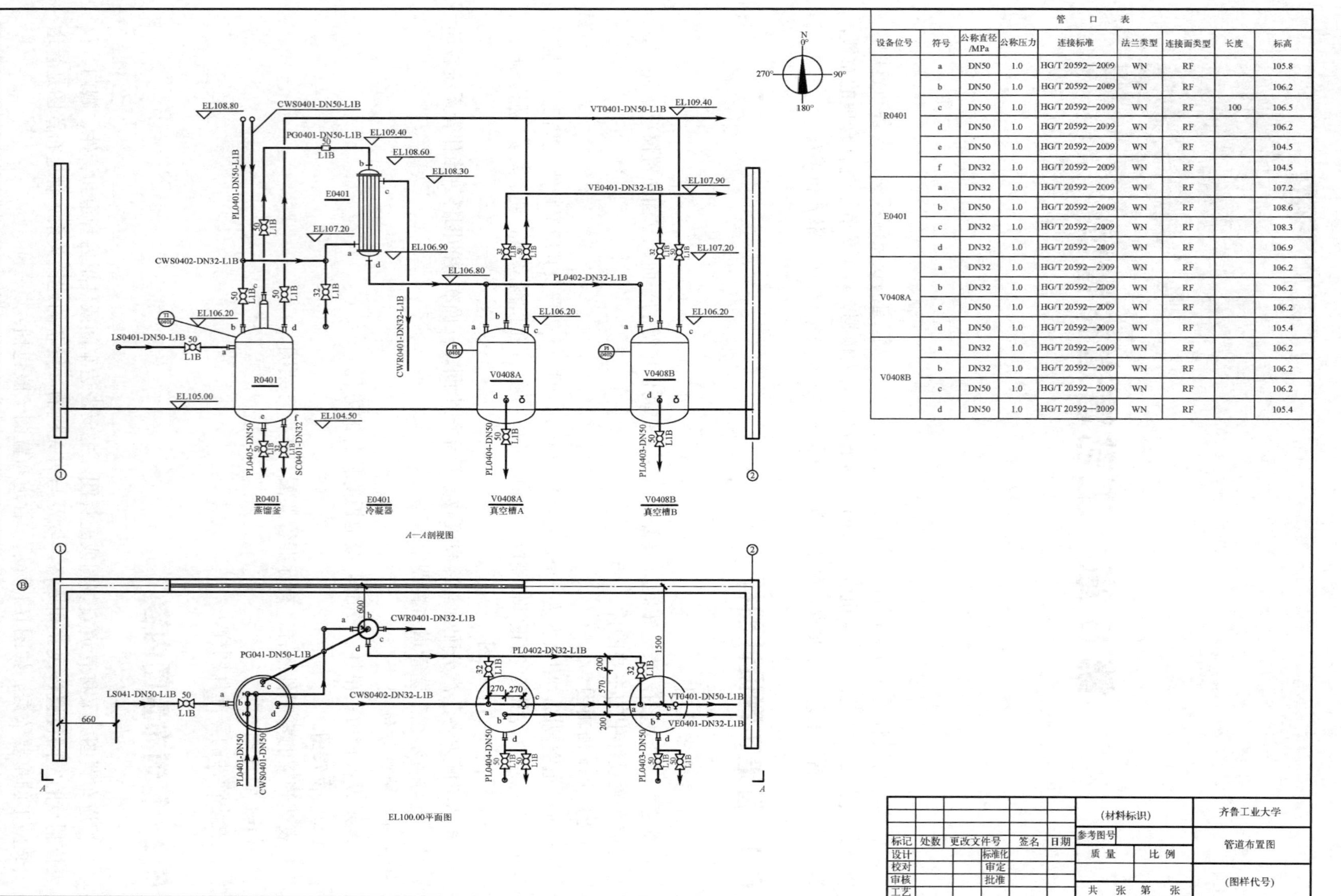

管口表

| 设备位号 | 符号 | 公称直径/MPa | 公称压力 | 连接标准 | 法兰类型 | 连接面类型 | 长度 | 标高 |
|---|---|---|---|---|---|---|---|---|
| R0401 | a | DN50 | 1.0 | HG/T 20592—2009 | WN | RF | | 105.8 |
| | b | DN50 | 1.0 | HG/T 20592—2009 | WN | RF | | 106.2 |
| | c | DN50 | 1.0 | HG/T 20592—2009 | WN | RF | 100 | 106.5 |
| | d | DN50 | 1.0 | HG/T 20592—2009 | WN | RF | | 106.2 |
| | e | DN50 | 1.0 | HG/T 20592—2009 | WN | RF | | 104.5 |
| | f | DN32 | 1.0 | HG/T 20592—2009 | WN | RF | | 104.5 |
| E0401 | a | DN32 | 1.0 | HG/T 20592—2009 | WN | RF | | 107.2 |
| | b | DN50 | 1.0 | HG/T 20592—2009 | WN | RF | | 108.6 |
| | c | DN32 | 1.0 | HG/T 20592—2009 | WN | RF | | 108.3 |
| | d | DN32 | 1.0 | HG/T 20592—2009 | WN | RF | | 106.9 |
| V0408A | a | DN32 | 1.0 | HG/T 20592—2009 | WN | RF | | 106.2 |
| | b | DN32 | 1.0 | HG/T 20592—2009 | WN | RF | | 106.2 |
| | c | DN50 | 1.0 | HG/T 20592—2009 | WN | RF | | 106.2 |
| | d | DN50 | 1.0 | HG/T 20592—2009 | WN | RF | | 105.4 |
| V0408B | a | DN32 | 1.0 | HG/T 20592—2009 | WN | RF | | 106.2 |
| | b | DN32 | 1.0 | HG/T 20592—2009 | WN | RF | | 106.2 |
| | c | DN50 | 1.0 | HG/T 20592—2009 | WN | RF | | 106.2 |
| | d | DN50 | 1.0 | HG/T 20592—2009 | WN | RF | | 105.4 |



图 6-1 管道布置图示例

（1）一组视图

视图按正投影法绘制，包括平面图和立面图，用于表达整个车间（装置）的建筑物和设备的基本结构以及管道、管件、阀门、仪表控制点等的安装、布置情况。

（2）尺寸和标注

一般要标注出管道以及有关管件、阀门、仪表控制点等的平面位置、尺寸和标高，并标注建筑物的定位轴线编号、设备名称及位号、管段序号、仪表控制点代号等。

（3）管口表

位于管道布置图的右上角，填写该管道布置图中的设备管口。

（4）分区索引图

在标题栏上方画出缩小的分区索引图，并用阴影线表示本图所在的位置。

（5）方位标

表示管道安装方位基准的图标，一般放在图面的右上角。

（6）标题栏

注写图名、图号、比例、设计阶段等。

# 6.3　管道布置图视图

管道布置图的内容表达及画法应遵循《化工工艺设计施工图内容和深度统一规定》（HG/T 20519—2009），具体到管道布置图的绘制应遵循下列规定。

## 6.3.1　管道布置图要求

（1）图幅

布置图的图幅应尽量采用 A0。比较简单的也可采用 A1 或 A2。同区的图应采用同一种图幅，图幅不宜加长或加宽。

（2）比例

一般采用的比例为 1∶30，也可采用 1∶25，当仅有大管道大尺寸设备的工艺装置时，可采用 1∶50。同区的或各分层的平面图，应采用同一比例。剖视图的绘制比例应与管道平面布置图一致。

（3）图线宽度

图线用法及宽度的一般规定见表 6-1。

表 6-1　图线用法及宽度

<table>
<tr><th colspan="2">类别</th><th>粗线条<br>(0.6～0.9mm)</th><th>中线条<br>(0.3～0.5mm)</th><th>细线条<br>(0.15～0.25mm)</th></tr>
<tr><td rowspan="2">管道布置图</td><td>单线<br>(实线或虚线)</td><td>管道</td><td></td><td rowspan="2">法兰、阀门及其他</td></tr>
<tr><td>双线<br>(实线或虚线)</td><td></td><td>管道</td></tr>
<tr><td colspan="2">管道轴测图</td><td>管道</td><td>法兰、阀门、承插焊、螺纹连接的管件</td><td>其他</td></tr>
<tr><td colspan="2">管口方位图</td><td>设备轮廓</td><td>设备支架、设备基础</td><td>其他</td></tr>
</table>

（4）视图配置

在界区线和图框的顶端和左侧之间留有70mm的空间，界区的下方及右侧是画详图的地方，如图6-2所示。

管道布置图应按设备布置图或按分区索引图所划分的区域绘制，如图6-3所示。区域分界线用粗双点画线表示。在区域边界线的外侧标注分界线的代号、坐标和与此图标高相同的相邻部分的管道布置图图号。每张图的左下角及右上角给出坐标定位。

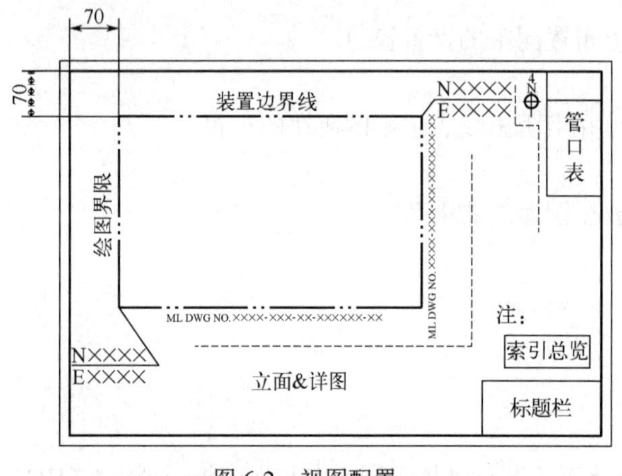


图6-2 视图配置

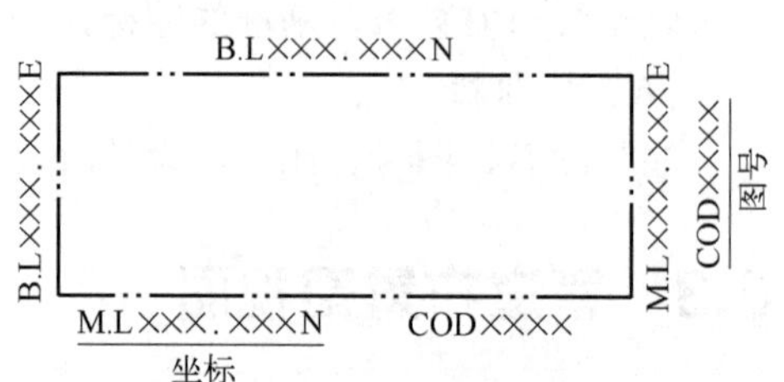


图6-3 区域分界线的表示方法

B.L—装置边界；M.L—接续线；COD—接续图

管道布置图一般只绘制平面图。平面图表达不清楚的地方可绘制轴测图详图，平面图上注明详图的编号及所在的位置。轴测图详图画在界区线以外的地方或绘制在单独的图纸上；简单的详图可用一波形线将详图表示在界区内，轴测图详图可不按比例，如图6-4所示。

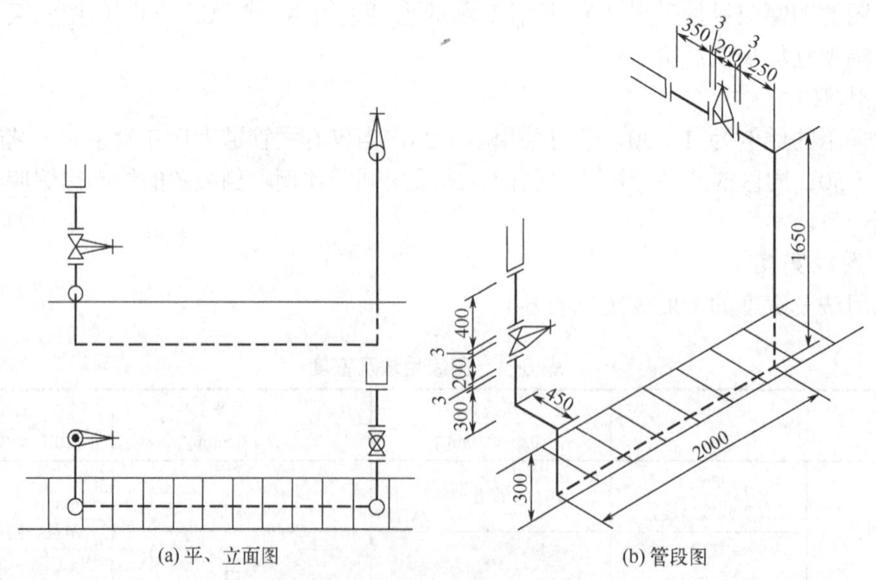


(a) 平、立面图　(b) 管段图

图6-4 管道平面图与轴测图

剖视图要按比例绘制，可根据需要标注尺寸，轴测图可不按比例，但应标注尺寸。剖视符号规定用*A*—*A*、*B*—*B*等大写英文字母表示，在同一小区内符号不得重复。平面图上要表示所剖截面的剖切位置、方向和编号。

对于多层建筑物、构筑物的管道平面布置图，需要按楼层或标高分别绘出各层的平面图。如在同一张图纸上绘制几层平面布置图时，应从最低层起，在图纸上由下至上或由左至右依次排列，并在各平面图的下方注明“EL±0.000 平面”或“EL+××.×××平面”，如图 6-5 所示。塔断面的平面布置图亦如此。

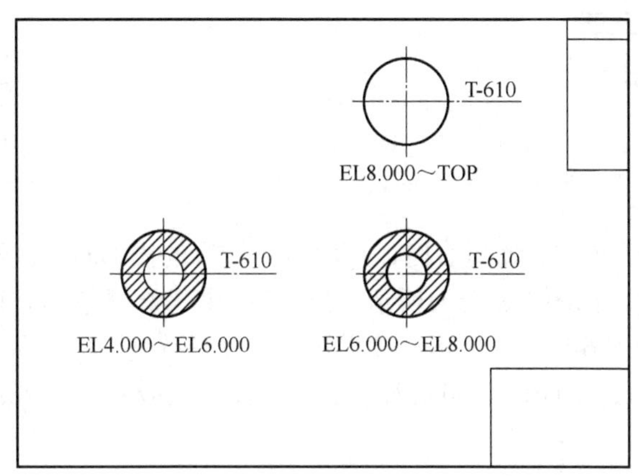


图 6-5　多层塔断面平面图布置

## 6.3.2　管道及附件图示方法

管道投影图画法的特点：a.用特定的简化画法；b.要按比例表示出管道长度、阀门和管件的特征尺寸。

（1）管道

① 一般情况　管道布置图中，公称直径（DN）小于和等于 350mm 或 14in 的管道用单线表示；DN 大于和等于 400mm 或 16in 的管道用双线表示。如果管道布置图中大口径的管道不多时，则公称直径大于和等于 250mm 或 10in 的管道用双线表示，小于 250mm 或 10in 的管道用单线表示。单线用粗实线，双线用中粗实线，当地下管道与地上管道合画一张图时地下管道用虚线表示，如图 6-6 所示。

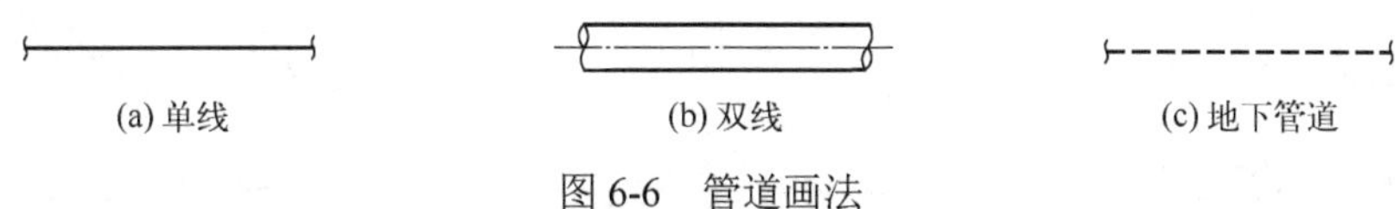


图 6-6　管道画法

在适当位置画上表示介质流向的箭头，单线管道箭头画在管线上，双线管道的箭头应画在中心线上。

② 管道交叉　一般画法如图 6-7（a）所示。当两管道交叉但不相通时，可以采用遮挡画法，将后面的管道断开表达，不画断裂处的波浪线，如图 6-7（b）所示。也可将遮挡住的管道画成虚线的形式，但不适于单线管道遮挡双线管道的情况，如图 6-7（c）所示。还可以采用断开画法，一般是断开前面的管道，画出断裂处的波浪线，如图 6-7（d）所示。三通管道直接画成中心线相交形式，如图 6-7（e）、（f）所示。

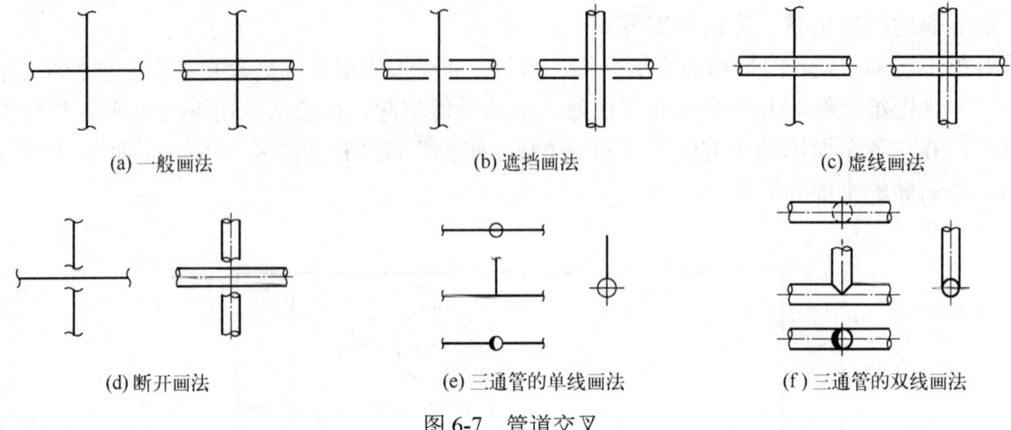


图 6-7　管道交叉

③ 管道重叠　当管道的投影重合时，可将可见管道的投影断开，不可见管道的投影画在重影处，稍留间隙断开，如图 6-8（a）所示。当多条管道投影重叠时，可将最上的一条用“双重断开”符号表示，如图 6-8（b）所示。管道转折后投影重叠，将下面的管道画至重影处，稍留间隙断开，如图 6-8（c）所示。也可在投影断开处注上相应的小写字母，如图 6-8（d）所示。

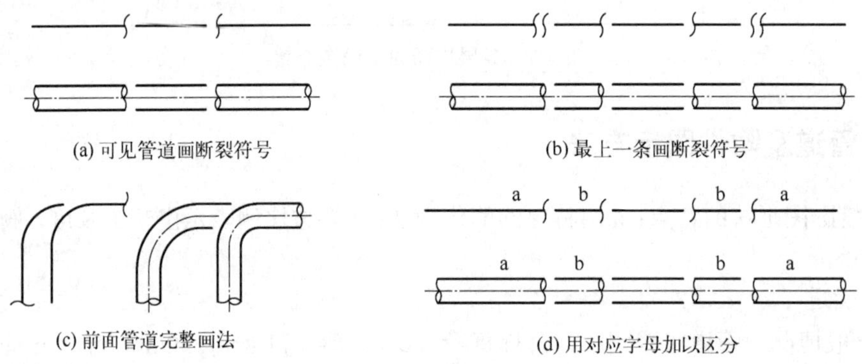


图 6-8　管道重叠

④ 管道转折　管道转折的一般表示方法如图 6-9 所示，管道公称直径小于或等于 40mm 或 1.6in 的转折，一律用直角表示。

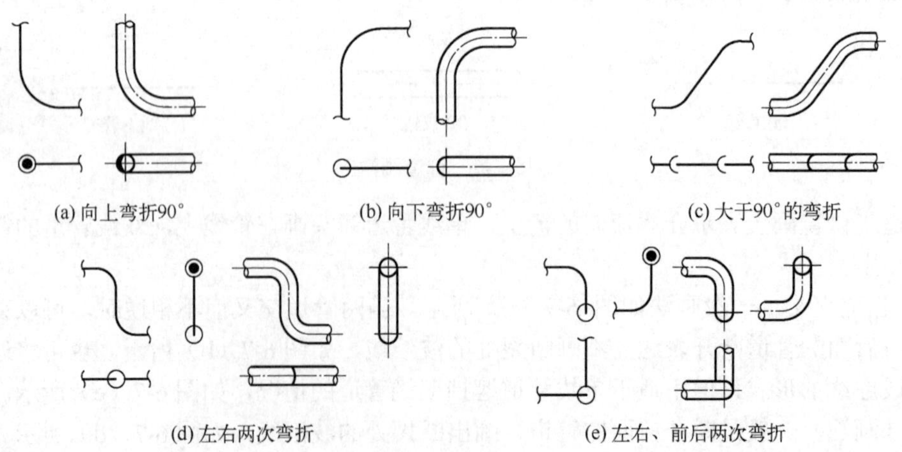


图 6-9　管道转折

⑤ 管道连接　各种管件的连接方式一般有法兰连接、承插焊连接、螺纹连接和对焊连接，如图 6-10 所示。

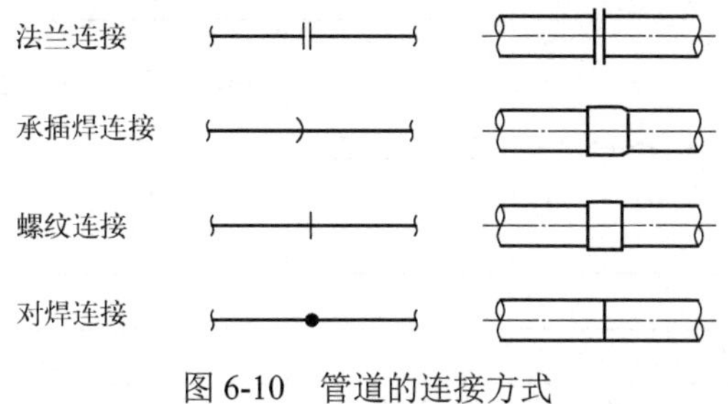


图 6-10　管道的连接方式

（2）管件及阀门

管道上的阀门、管件通常在管道布置图中按比例以细实线画出，如各种阀门、弯头、三通、四通、异径管、法兰、软管等管道连接件。异径管分为同心异径管和偏心异径管，应标注异径管大小端直径和长度。偏心异径管分为底平、顶平安装。如图 6-11 所示。

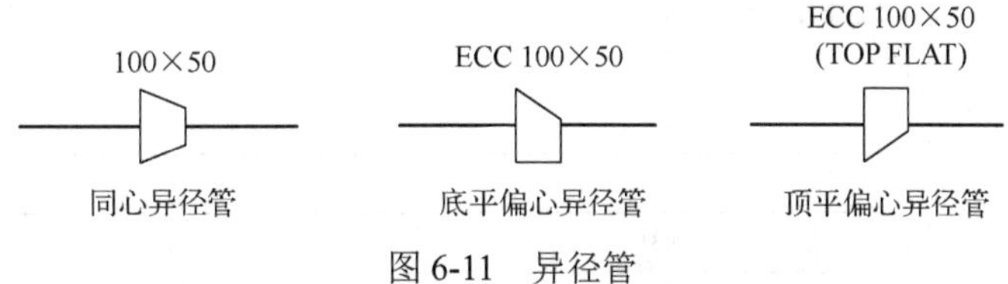


图 6-11　异径管

对于保温及伴热管道，要在适当位置画一段保温示意图，如图 6-12 所示。

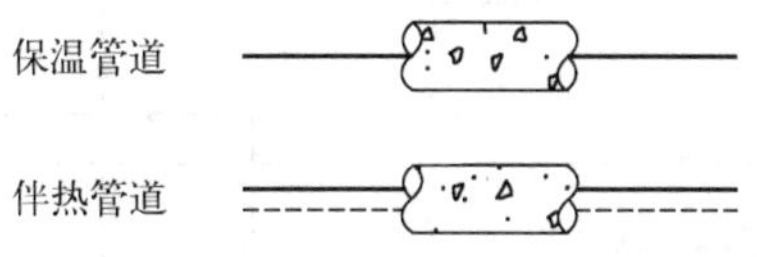


图 6-12　保温及伴热管道

几种常用管件的图例如表 6-2 所示。常见阀门图例见附录 2。

**表 6-2　常用管件的图例**

1．对焊弯头

| 序号 | 名称 | 顶视 | | 正视 | | 透视 |
|---|---|---|---|---|---|---|
| | | 单线 | 双线 | 单线 | 双线 | |
| （1） | 90°斜接弯头 | | | | | |
| （2） | 90°弯头 | | | | | |
| （3） | 90°异径弯头 | | | | | |

续表

| 序号 | 名称 | 顶视 | | 正视 | | 透视 |
|---|---|---|---|---|---|---|
| | | 单线 | 双线 | 单线 | 双线 | |
| （4） | 45°弯头 | 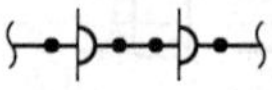 | 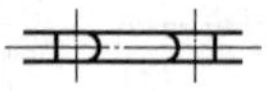 | 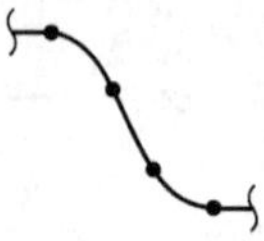 | 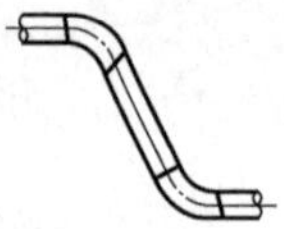 | 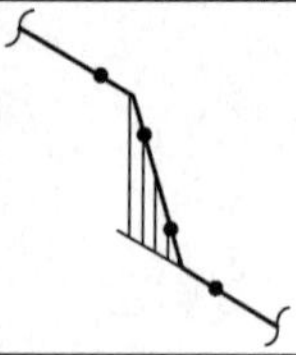 |

2．承插焊弯头、螺纹弯头

| 序号 | 名称 | 顶视 | | 正视 | | 透视 |
|---|---|---|---|---|---|---|
| | | 单线 | 双线 | 单线 | 双线 | |
| （1） | 90°弯头 | 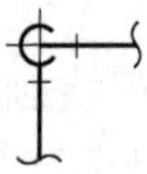 | | 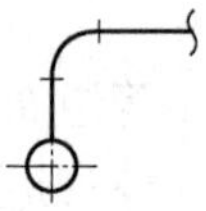 | | 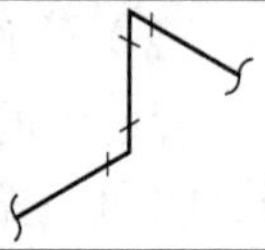 |
| （2） | 45°弯头 | 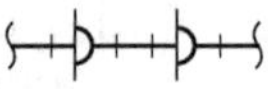 | | 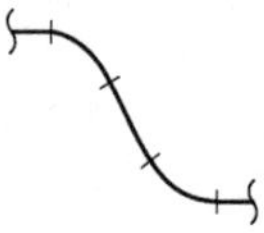 | | 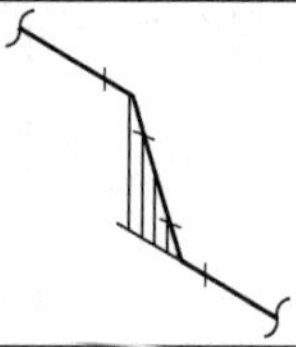 |

3．三通

| 序号 | 名称 | 顶视 | | 正视 | | 透视 |
|---|---|---|---|---|---|---|
| | | 单线 | 双线 | 单线 | 双线 | |
| （1） | 对焊三通 | 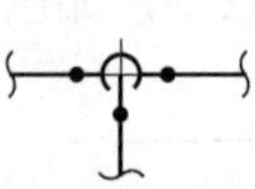 | 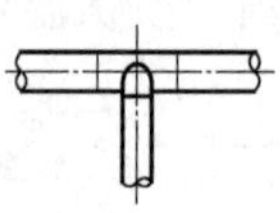 | 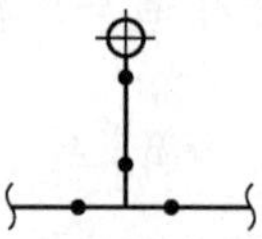 | 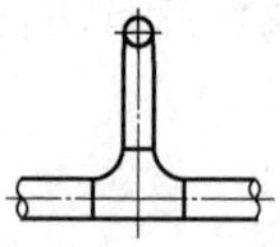 | 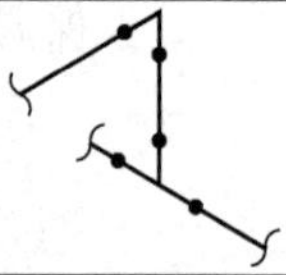 |
| （2） | 承插焊三通、螺纹三通 | 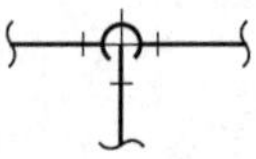 | | 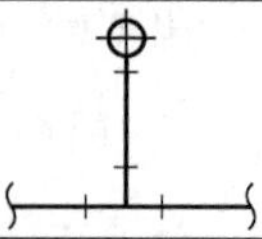 | | 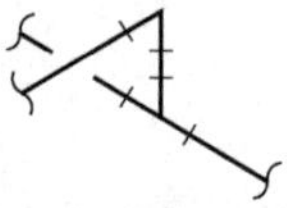 |

4．异径管

| 序号 | 名称 | 顶视 | | 正视 | | 透视 |
|---|---|---|---|---|---|---|
| | | 单线 | 双线 | 单线 | 双线 | |
| （1） | 同心异径管 | 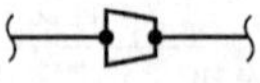 | 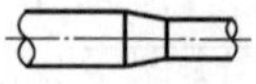 | 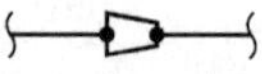 | 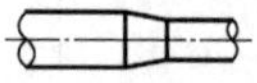 | 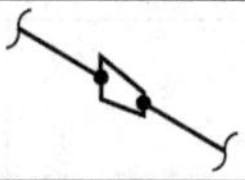 |
| （2） | 偏心异径管 | 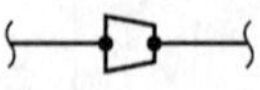 | 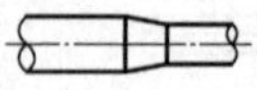 | 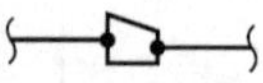 | 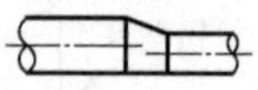 | 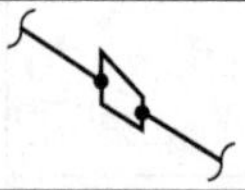 |

5．管帽（封头）

| 序号 | 名称 | 顶视 | | 正视 | | 透视 |
|---|---|---|---|---|---|---|
| | | 单线 | 双线 | 单线 | 双线 | |
| （1） | 对焊管帽 |  |  |  |  | 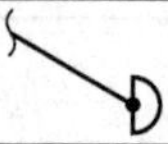 |
| （2） | 平封头 |  | 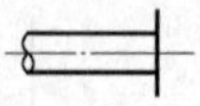 |  | 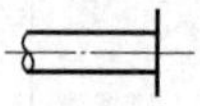 |  |

续表

| 序号 | 名称 | 顶视 | | 正视 | | 透视 |
|---|---|---|---|---|---|---|
| | | 单线 | 双线 | 单线 | 双线 | |
| （3） | 承插焊管帽、螺纹管帽 | | | | | |

6．法兰

| 序号 | 名称 | 顶视 | | 正视 | | 透视 |
|---|---|---|---|---|---|---|
| | | 单线 | 双线 | 单线 | 双线 | |
| （1） | 对焊法兰 | | | | | |
| （2） | 平焊法兰、承插焊法兰、螺纹法兰 | | | | | |
| （3） | 松套法兰 | | | | | |
| （4） | 法兰盖 | | | | | |

（3）传动结构与控制点

阀门与控制元件组合作为自动控制系统执行器，不仅要按比例画出控制阀门，且要将控制元件表示出来。调节阀要按照其实际安装位置绘制，并用细实线画出管道检测元件，以免与管道或其他附件相碰。孔板流量计应标出与弯头的间距。传动结构一般分为电动式、气动式、液压或气压缸式，如图 6-13 所示。

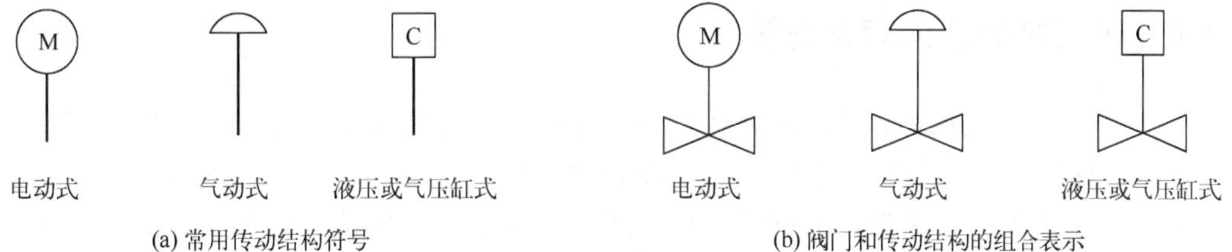


(a) 常用传动结构符号　　(b) 阀门和传动结构的组合表示

图 6-13　传动结构的画法

检测元件用直径为 10mm 的圆圈表示，用细实线将圆圈和检测点连接起来。圆圈内按 PID 检测元件的符号和编号填写。一般画在能清晰表达其安装位置的视图上，如图 6-14 所示。

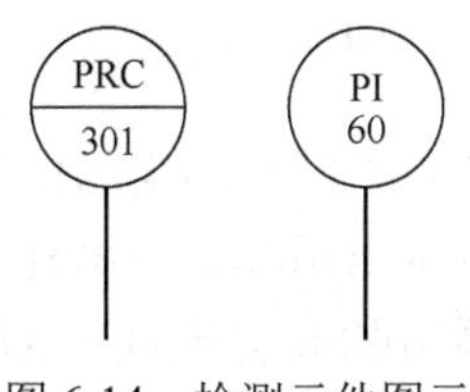


图 6-14　检测元件图示

（4）管架

管道是利用各种形式的管架安装并固定在建筑或基础之上的，管架的形式和位置在管道平面图上用符号表示，如图 6-15 所示。

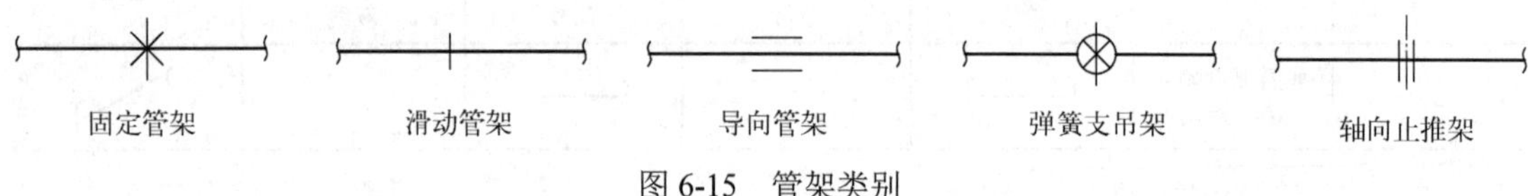


图 6-15　管架类别

管架编号由五部分内容组成，标注的格式如图 6-16（a）所示。无管托的用“×”标记，旁边注写管架编号，有管托的用细实线圆圈，内部用“×”标记，旁边注写管架编号，如图 6-16（b）所示。垂直纸面管道上的管架或弯头处的支架，其符号标记在细实线对称线上；若一排管子的骨架相同，可只注写一个编号，用连线表示，如图 6-16（c）所示。

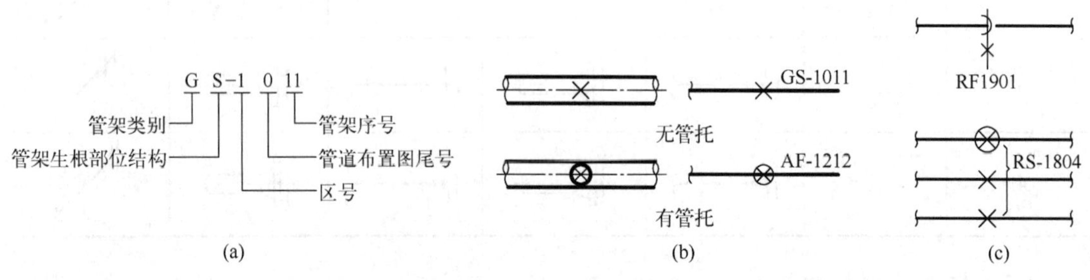


图 6-16　管架表示方法

管架类别代号含义如下：A 为固定架，G 为导向架，R 为滑动架，H 为吊架，S 为弹簧吊架，P 为弹簧支座，E 为特殊架，T 为轴向限位架。管架生根部位结构代号含义如下：C 为混凝土结构，F 为地面基础，S 为钢结构，V 为设备，W 为墙。

### 6.3.3　建筑物图示内容及方法

根据设备布置图用细实线按比例画出与设备布置有关的基本结构、柱、梁、楼板、门、窗、楼梯、操作台、安装孔、管沟、篦子板、散水坡、管廊架、围堰、通道、栏杆、梯子和安全护圈等建（构）筑物。被钢板或楼面遮盖的梁、柱用虚线。控制室、配电室等生产辅助用房一般可不表示。按比例用细点画线表示就地仪表盘、电气盘的外轮廓及电气、仪表电缆槽或架和电缆沟，不必标注尺寸，避免与管道相碰。对于生活间及辅助间应标出其组成和名称。

### 6.3.4　设备图示内容及方法

在管道平面布置图中，应以设备布置图所确定的位置按比例用细实线画出所有设备的简略外形和基础、平台、梯子，还应表示出吊车梁、吊杆、吊钩和起重机操作室。如果设备形状对称则应画出中心线；应按比例画出卧式设备的支承底座，标注固定支座的位置，支座下如为混凝土基础时，应按比例画出基础的大小，不需标注尺寸。对于立式容器还应给出出裙座、人孔的位置及标记符号。对于工业炉，凡是与炉子和其平台有关的柱子及炉子外壳和总管联箱的外形、风道、烟道等均应标出。还需画出设备检修区。

## 6.3.5　管道布置图标注

（1）一般规定

① 管道布置图上的尺寸分层次标注，首先是区域的总尺寸标注，其次是设备的定位尺寸，然后是管道的定位尺寸，这一层尺寸不标注封闭尺寸，如图 6-17 所示。

② 尺寸标注以管道平面图为主，平面图上表示不清时，以轴测图详图表示。

③ 图样尺寸线与所标注的图样轮廓线之间的距离不宜小于 10mm。平行排列的尺寸线之间的距离宜为 7～10mm。

④ 标高前一般加缩写 EL、PFEL 等，以 m 为单位进行标注。零点标高标注成 EL±0.000，正数标高数字前一律不加正号，如 EL3.000、PFEL105.000，负数标高数字前，必须加注负号，如 EL−1500.000。

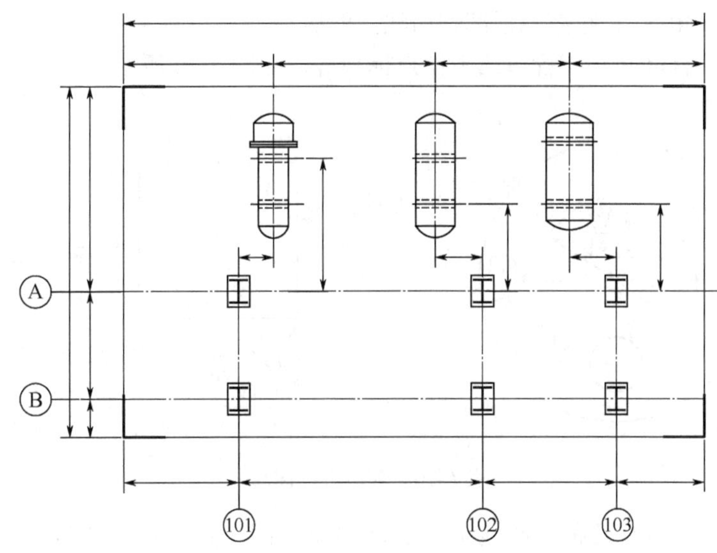


图 6-17　管道布置图的尺寸标注

（2）建筑物

① 在管道布置图中，要标注建筑物、构筑物的轴线号和轴线间的尺寸，如图 6-18 所示。

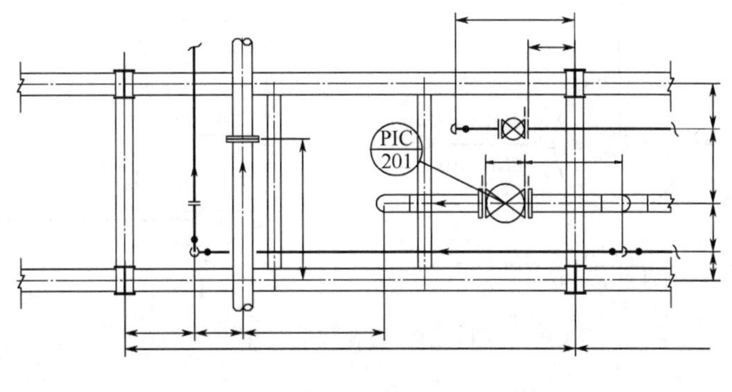


图 6-18　建筑物尺寸标注

② 标注地面、楼面、平台面、吊车、梁顶面的标高。

③ 标注电缆托架、电缆沟、仪表电缆槽（架）的宽度和底面标高，以及就地电气、仪表控制盘的定位尺寸。

④ 标注吊车梁定位尺寸、梁底标高、荷载或起重能力。

⑤ 标注管廊柱距尺寸（或坐标）及各层的顶面标高。

（3）设备

① 按设备布置图标注所有设备的定位尺寸或坐标、基础面标高。对于卧式设备还需标注出设备支架位置尺寸。对于泵、压缩机、透平机或其他机械设备应按产品样本或制造厂提供的图纸标注管口定位尺寸或角度、底盘底面标高或中心线标高，如图 6-19 所示。

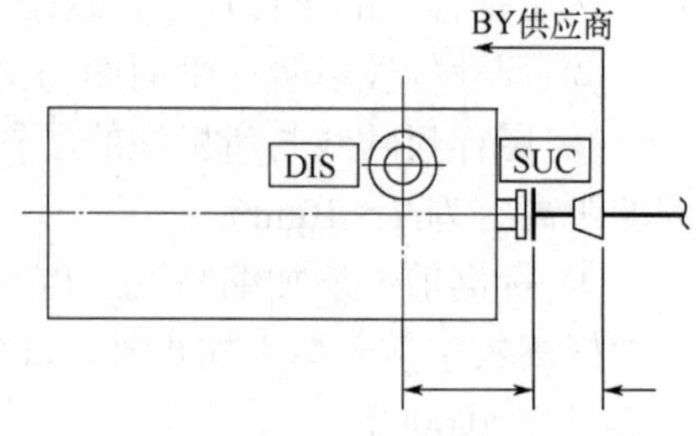

图 6-19 泵的尺寸标注

② 按设备图用 5mm×5mm 的方块标注设备管口符号、管口方位（或角度）、底部或顶部管口法兰面标高，侧面管口的中心线标高和斜接管口的工作点标高等，如图 6-20 所示。

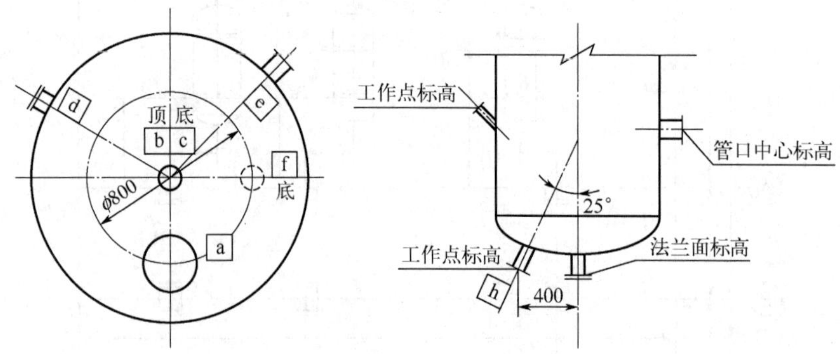

图 6-20 管口方位标高

③ 在管道布置图的设备中心线上方标注与流程图一致的设备位号，下方标注支承点（POS EL+××.×××）或者主轴中心线（$\phi$EL+××.×××）或支架顶架（TOS EL+××.×××）的标高。剖视图的设备位号标注在设备近侧或设备内，如图 6-21 所示。

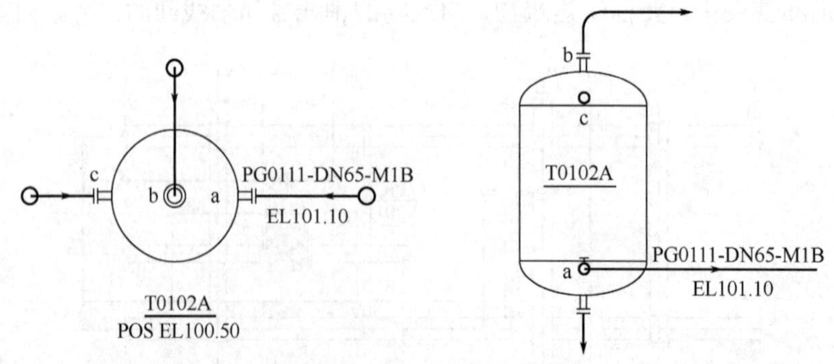

图 6-21 设备位号标注

（4）管道

① 以建筑物或构筑物的定位轴线、设备中心线、设备管口中心线、区域界线（或接

续图分界线）等为基准，标注管道的定位尺寸。水平管道上标注尺寸，垂直管道上标注标高。

② 按 PID 图在所有管道上方标注出管道编号及物料流向，流向箭头绘在管中心线上，箭头数量不宜过多或过少，在两个转弯之间应加注箭头。在管道下方标注管道标高 EL××.×××；水平管非管中心的标高，以管底标高则应标注 BOP EL××.×××，以管顶标高则应标注 TOP EL××.×××，如图 6-22 所示。

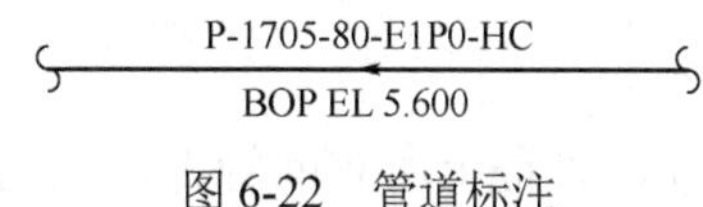


图 6-22　管道标注

多根管线重叠而管线号不能沿线标注时可引出标注，如图 6-23 所示。

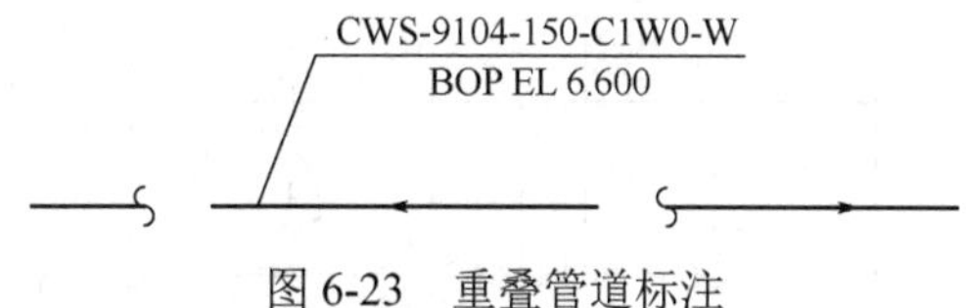


图 6-23　重叠管道标注

管线间距太窄时可引出标注，且标高相同的管道统一标注一个标高，如图 6-24 所示。

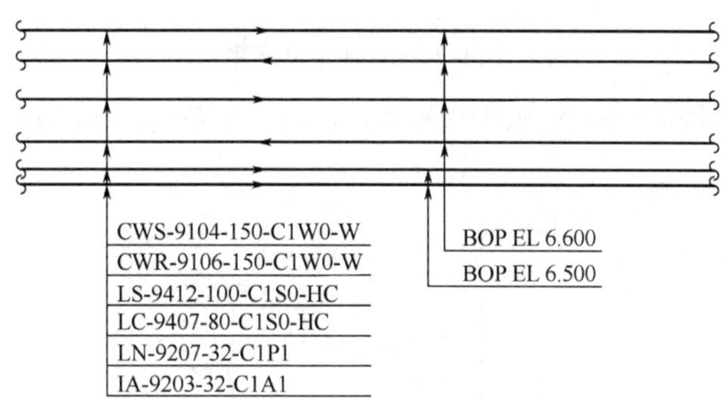


图 6-24　间距狭窄的多管道标注

夹套管内管用单虚线表示，外管用双实线表示，并表示出隔板及外管上物料进出口位置，如图 6-25 所示。

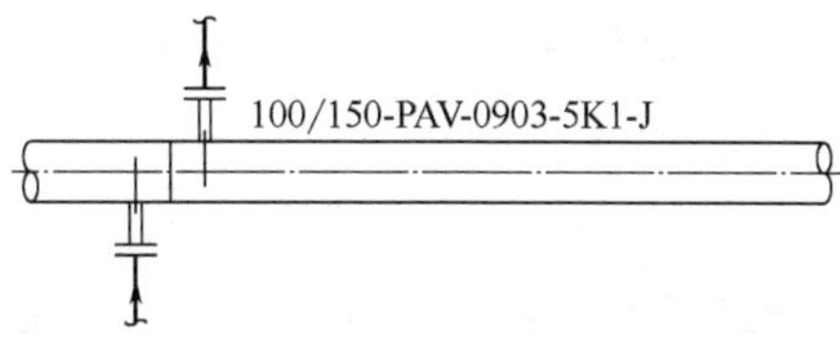


图 6-25　夹套管标注

③ 有坡度的管道应标注坡度（代号为 $i$）和坡向，如图 6-26 所示。当管道倾斜时，应标注工作点高度（WP EL××.×××），并把尺寸线指向可以进行定位的地方。对不允许积存冷凝液的管道，或为了水压实验、停车等情况下能够排尽管道内介质，应设坡度，一般坡度为 0.003～0.01。

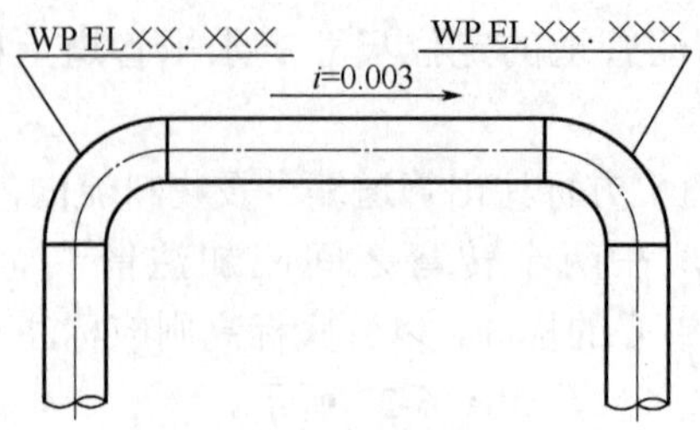


图 6-26 管道坡度标注

（5）阀门及管件

① 管件一般不标注定位尺寸，管道上所有的管件、阀门、特殊件、仪表元件、孔板流量计、疏水器、补偿器、液封、分支管线等的位置及管道改变方向的位置尺寸应按轴线设备或邻近管道的中心线来标注，如图 6-27 所示。螺纹管件或承插焊管件以一端定位。

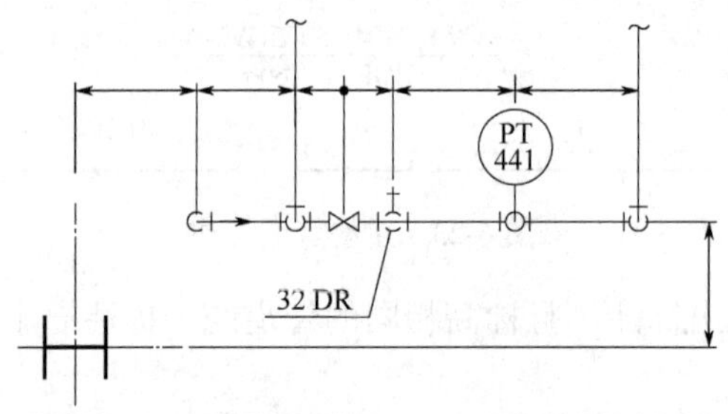


图 6-27 管件定位标注

非 90° 的水平弯管和非 90° 的水平支管连接，应标注角度，如图 6-28 所示。

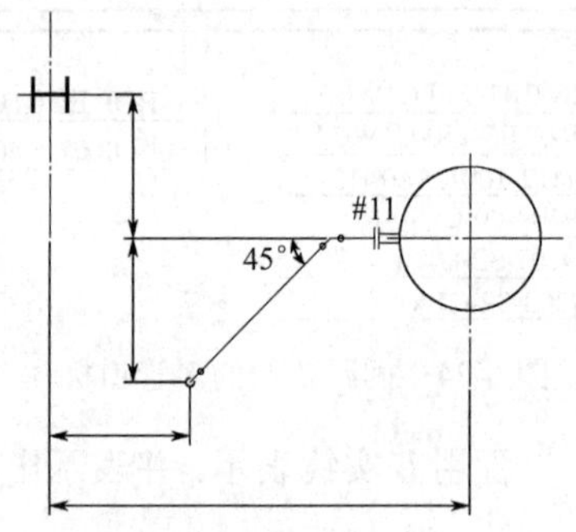


图 6-28 水平弯管的标注

斜管立面图应标注管道椭圆标记和倾斜角度，如图 6-29 所示。

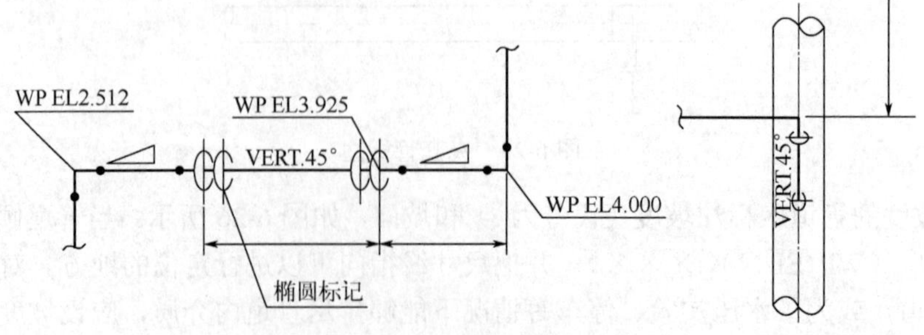


图 6-29 水平斜管的标注

异径管应标出前后端管子的公称通径，如“DN80/50”或“80×50”，水平管线上的异径管以大端定位，法兰式阀门及法兰式元件以一侧法兰面定位，如图 6-30 所示。

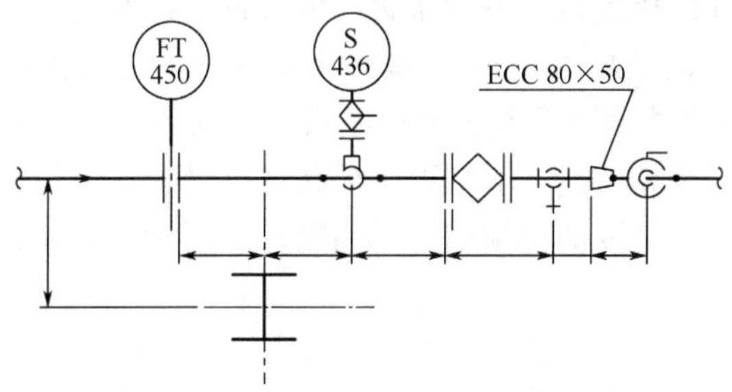


图 6-30　异径管、法兰式元件的标注

② 阀门一般不标注定位尺寸，只在立面剖视图上标注安装标高。当管道中阀门类型较多时，应在阀门符号旁注明其编号及公称尺寸。

③ 水平向管道的支架标注定位尺寸，垂直向管道的支架标注支架顶面或支承面的标高。在管道布置图中每个管架应标注一个独立的管架编号。

④ 管道上的放空阀和排放阀，应将阀门的手柄方向以及放空阀、排放阀的类型及口径标在布置图上，设备上的放空阀和排放阀需标注其类型、口径及等级，如图 6-31 所示。

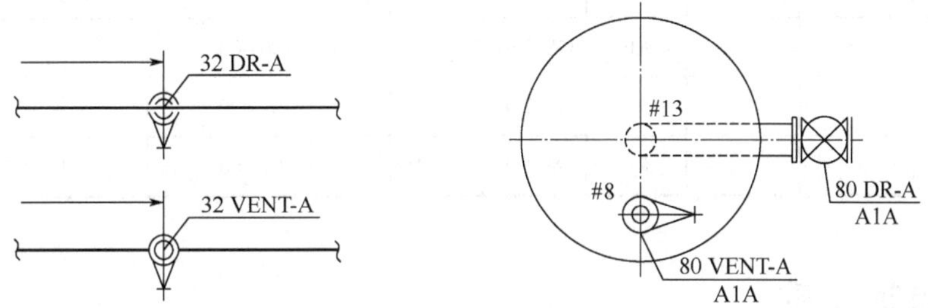


图 6-31　放空阀和排放阀标注

（6）仪表控制点

管道上的检测元件（温度计、压力测量、流量仪表、液位测量、分析仪表、控制阀、安全阀、取样等）在管道布置图上用简单外形表示。控制阀必须标注其控制点代号，标注用指引线从仪表控制点的安装位置引出，也可在水平线上写出规定符号，列于仪表材料清单中，如图 6-32 所示。对于安全阀、疏水阀、分析取样点、特殊管件有标记时，应在直径 10mm 圆内标注其符号。

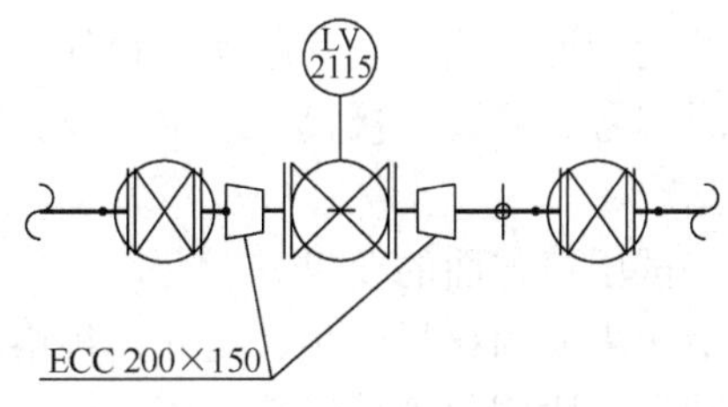


图 6-32　仪表控制点标注

### 6.3.6 管口表

管口表中要给出与管线相连接的各设备管口的数据，以及用于连接仪表管口的数据。无须在管口表中给出的在空白处填入“—”，通过平面图的标注才能表示清楚的特殊管口，表中填入“见图”。按管口的号码顺序或字母顺序填写，共用管口号的管口，当管口数据相同时可以标注在同一行中，例如 $S_{1,2}$。水平管口标高是以设备管口轴向中心线为测量基准。垂直管口标高是以管口法兰的基准面测量的，标高精确至毫米（mm）。管口表在管道布置图的右上角，如表 6-3 所示。

表 6-3　管口表

| 设备位号 | 管口符号 | 公称通径 DN/mm | 公称压力 PN/MPa | 密封面类型 | 连接法兰标准号 | 长度 /mm | 标高/m | 坐标 | | 方位 | |
|---|---|---|---|---|---|---|---|---|---|---|---|
| | | | | | | | | N | E(W) | 垂直角/（°） | 水平角/（°） |
| T1304 | a | 65 | 1.0 | RF | GB/T 9124.1—2019 | | 104.100 | | | | |
| | b | 100 | 1.0 | RF | GB/T 9115—2010 | 400 | 103.800 | | | | 180 |
| | c | 50 | 1.0 | RF | GB/T 9115—2010 | 400 | 101.700 | | | | |
| V1301 | a | 50 | 1.0 | RF | GB/T 9115—2010 | | 101.700 | | | | 180 |
| | b | 65 | 1.0 | RF | GB/T 9115—2010 | 800 | 100.400 | | | | 135 |
| | c | 65 | 1.0 | RF | GB/T 9115—2010 | | 101.800 | | | | 120 |
| | d | 50 | 1.0 | RF | GB/T 9115—2010 | | 101.700 | | | | 270 |

## 6.4 管道轴测图

### 6.4.1 管道轴测图作用和内容

管道轴测图是用来表达一个设备至另一设备或某区间一段管道的空间走向，以及管道上所附管件、阀门、仪表控制点等安装布置情况的立体图样。管道轴测图能全面清晰地反映管道布置的设计和施工细节，便于识读，还可以发现在设计中可能出现的误差，避免发生在图样上不易发现的管道碰撞等情况，有利于管道的预制和加快安装施工进度。图 6-33 为管道轴测图示例，可以看出管道轴测图主要内容包括：

① 图形　按正等测投影绘制管道轴测图及其附属的管件、阀门等的符号和图形。

② 尺寸及标注　标注管道编号、管道所接设备的位号及其管口序号和安装尺寸等。

③ 方位标　安装方位的基准。

④ 技术要求　有关焊接、试压等方面的要求。

⑤ 材料表　列表说明管道所需要的材料名称、尺寸、规格、数量等。

⑥ 标题栏　填写图名、图号、比例、责任者等。

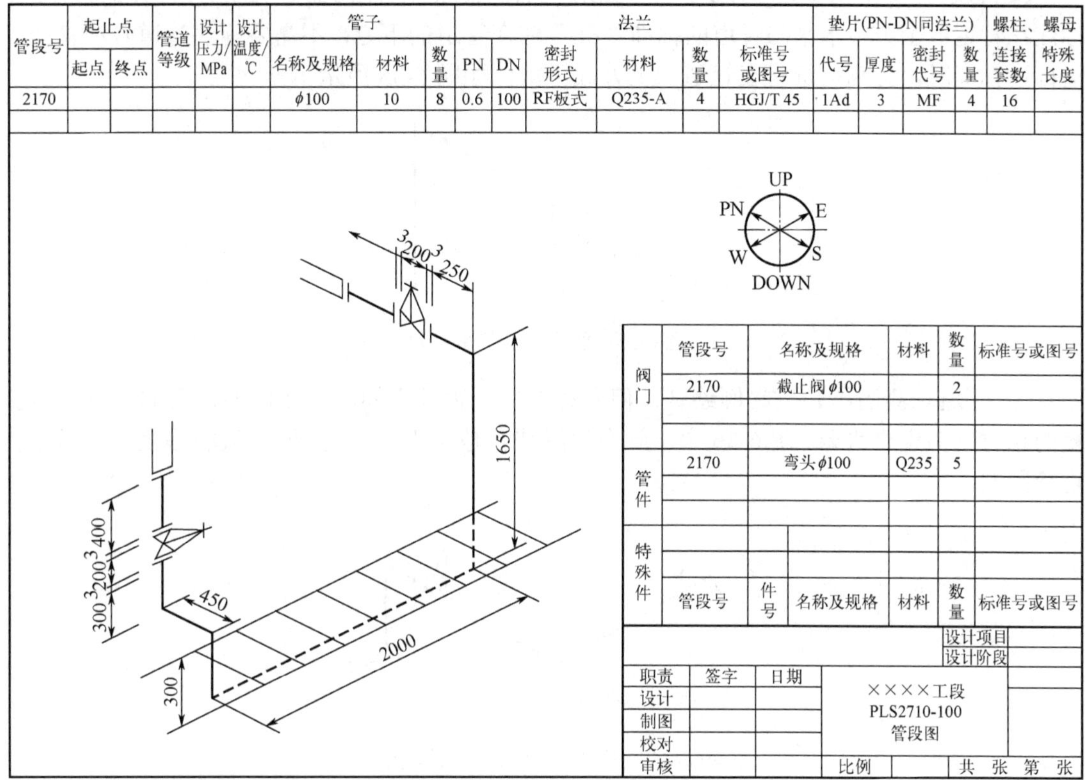


图 6-33　管道轴测图示例

## 6.4.2　管道轴测图画法

① 管道轴测图按正等测投影绘制而成，管道的走向按方向标的规定，这个方向标的北（N）向与管道布置图方向标的北向应是一致的，如图 6-34 所示。

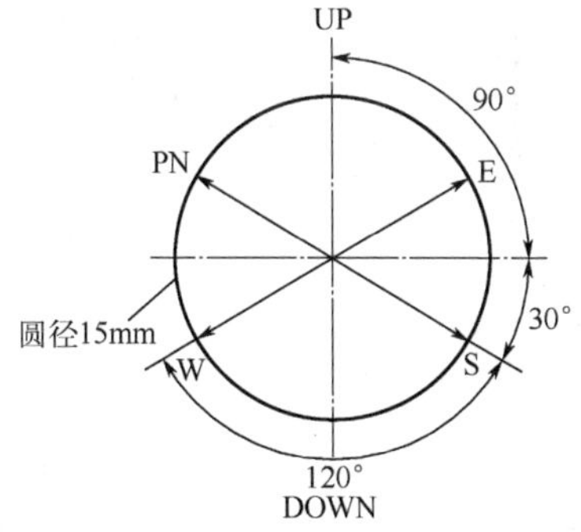


图 6-34　轴测图方向标

② 管段图反映的是个别局部管道，原则上一个管段号画一张管道轴测图。对于复杂的管段，或长而多次改变方向的管段，可利用支管连接点、法兰或焊接点作为自然点断开，分别绘制几张管道轴测图。界外部分用虚线画出一部分，并标注管道号、管位和轴测图图号。对比较简单，物料、材质均相同的几个管段，也可画在一张图样上，并分别注出管段号。

③ 管道一律用粗实线单线绘制，应在适当位置上画有流向的箭头，管道号和管径尽量标注在管道的上方。水平向管道的标高“EL”注在管道的下方，不需要标注管道号和管径仅需标注标高时，标高可标注在管道的上方或下方，如图 6-35 所示。

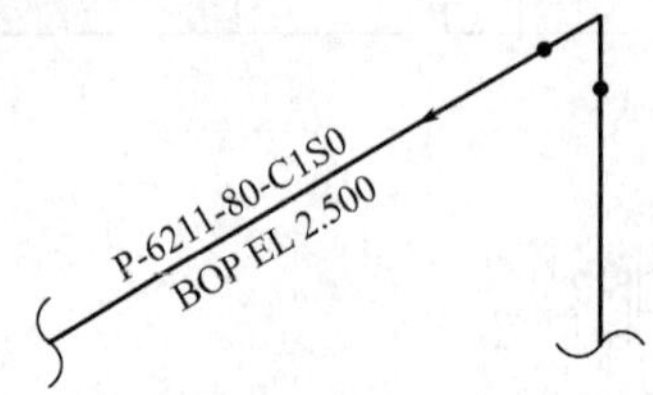


图 6-35　管道轴测图的标注

④ 管道轴测图不必按比例绘制，但各种阀门、管件之间比例要协调，它们在节段中位置的相对比例也要协调。图 6-36 中闸阀右边的法兰是与弯头直连，而左边的法兰与三通是有直管段的。

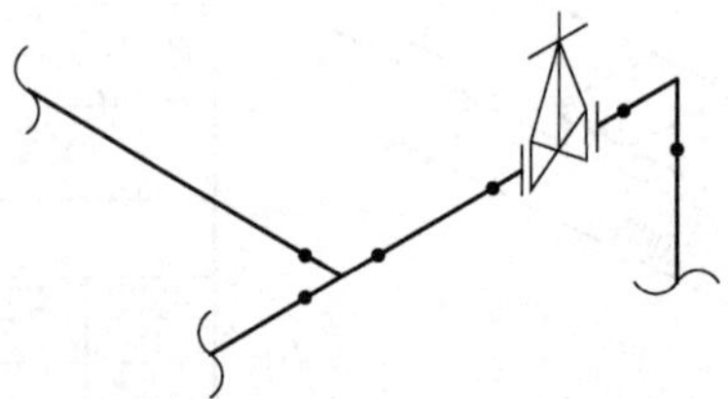

图 6-36　阀门、管件轴测图的标注

⑤ 管道上对焊的环焊缝以圆点表示。正常弯头用角形表示，大半径弯头用圆弧表示，并注明弯头的曲率半径，如图 6-37（a）、（b）所示。水平走向管段中的法兰用垂直短线表示；垂直走向管段中的法兰，一般是用与邻近水平走向的管段相平行的短线表示，如图 6-37（c）所示。螺纹连接与承插焊连接的弯头、三通均用一短线表示，在水平管段上为垂直线，在垂直管段上的短线与邻近的水平走向的管段相平行，如图 6-37（d）所示。

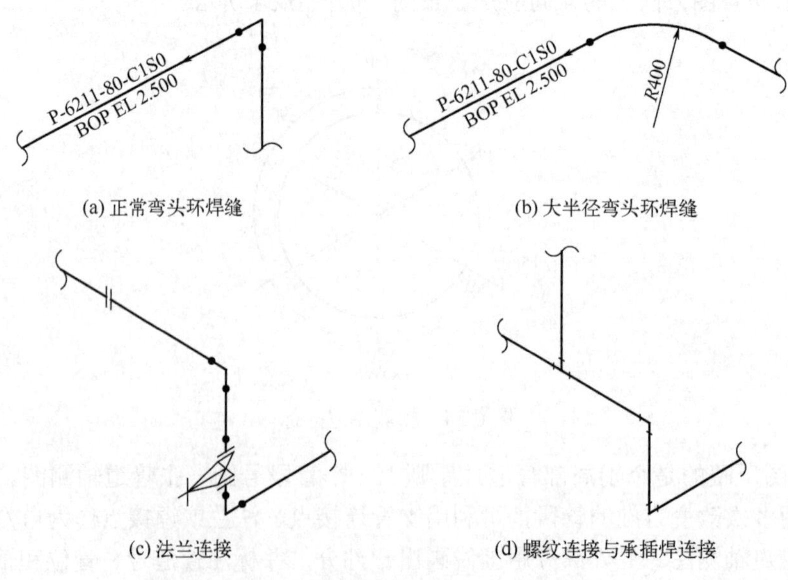


图 6-37　管道连接方式的表达方法

⑥ 阀门的手轮用一短线表示，短线与管道平行。阀杆方向应与平面图上所设计的阀杆方向相同，如平面图上无阀杆方向，则以剖面图上阀杆方向为准。如图 6-38 所示。

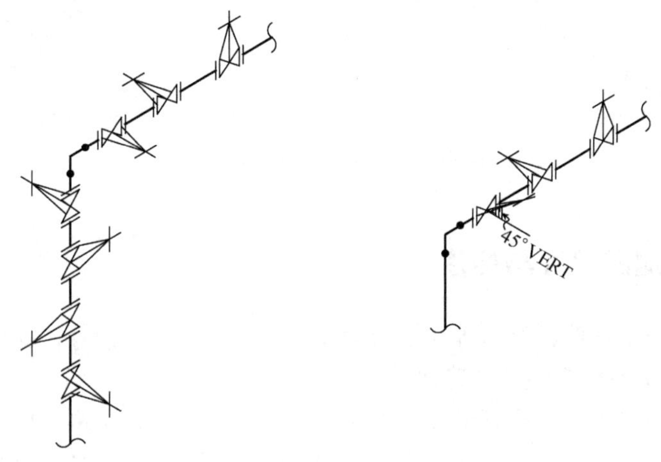


图 6-38　阀门手轮的表达方法

⑦ 管道与管件、阀门连接时，注意保持线向的一致，如图 6-39 所示。

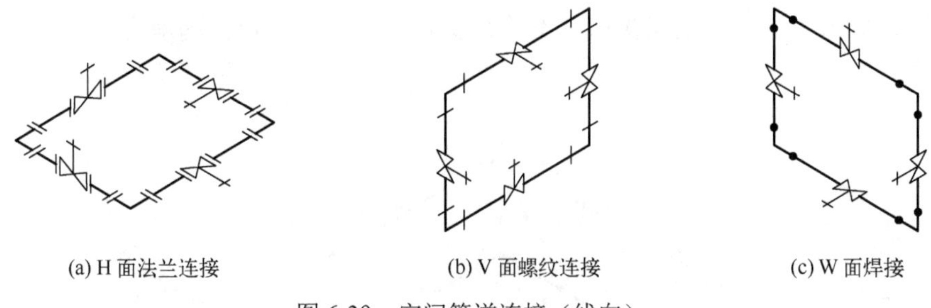


图 6-39　空间管道连接（线向）

⑧ 为便于安装维修、操作管理及整齐美观，管道布置力求平直，使管道走向与三个轴测方向一致，但由于工艺、施工的要求，也可将管道倾斜布置，称为偏置管。在平面内的偏置管，用对角平面或轴向细实线段平面表示，对于立体偏置管，可将偏置管绘在由三个坐标组成的六面体内，如图 6-40 所示。

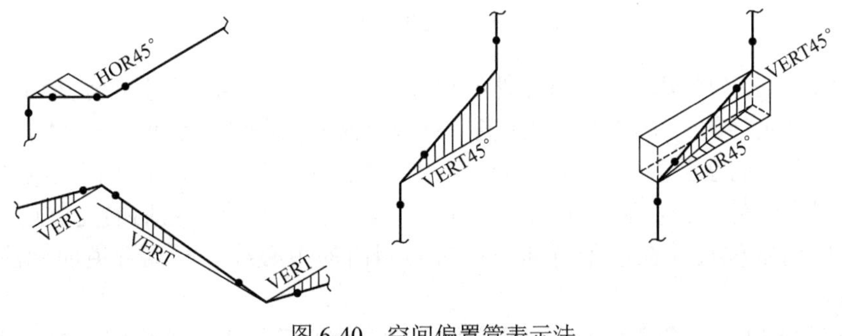


图 6-40　空间偏置管表示法

⑨ 必要时，画出阀门上控制元件图示符号，传动结构、类型应适合各种类型的阀门，

如图 6-41 所示。

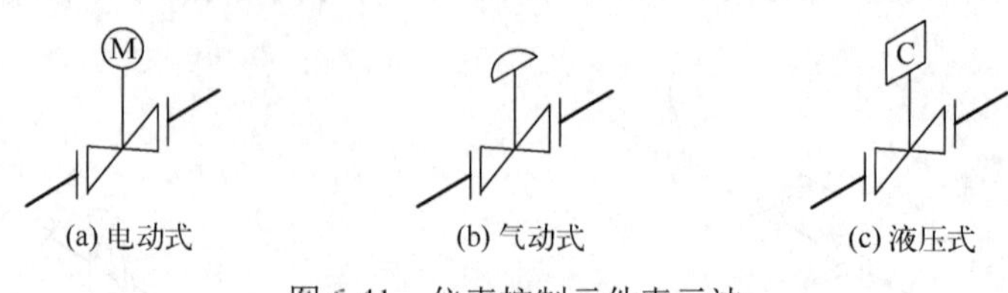


图 6-41　仪表控制元件表示法

## 6.4.3　管道轴测图尺寸与标注

① 标注出管子、管件、阀门等加工预制及安装所需的全部尺寸，如阀门长度、垫片厚度等细节尺寸，以免影响安装的准确性。

② 尺寸标注的原则是水平管道注长度尺寸，垂直管道注标标高“EL××.×××”；标注水平管道的尺寸线应与管道相平行，尺寸界线为垂直线；轴测图的尺寸标注尽量与平面图上尺寸标注一致。

③ 水平管道应标注的尺寸，首先是从所定基准点到等径支管、管道改变走向处、配管图边界线处，如图 6-42 所示。其次从最邻近的主要基准点到各个独立的管道元件，如孔板法兰、异径管、拆卸用法兰、仪表接口、不等径支管等一切需要定位的地方，这些尺寸不应标注封闭尺寸。

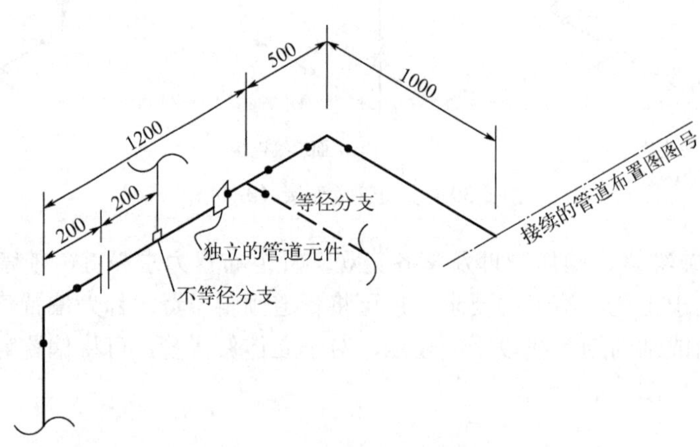


图 6-42　管道的尺寸标注

④ 管道上带法兰的阀门或管道元件的尺寸标法，如图 6-43 所示。标注出从主要基准点到阀门或管道元件的一个法兰面的距离。对调节阀和某些特殊管道元件如分离器和过滤器等，应标注出它们法兰面至法兰面的距离。管道上的法兰、对焊的阀门或其他独立的管道元件的位置由管件与管件直连的尺寸所决定时，不需要标注出它们的定位尺寸。连接和承插连接的阀门定位尺寸在水平方向应标注到阀门的中心线。垂直管道应标注到阀门中心线的标高。

⑤ 螺纹连接和法兰连接的阀门，其定位尺寸在水平管道上标注到阀门中心线（或一端定位），在垂直管道上标注阀门中心线（或一端）的标高，如图 6-44 所示。

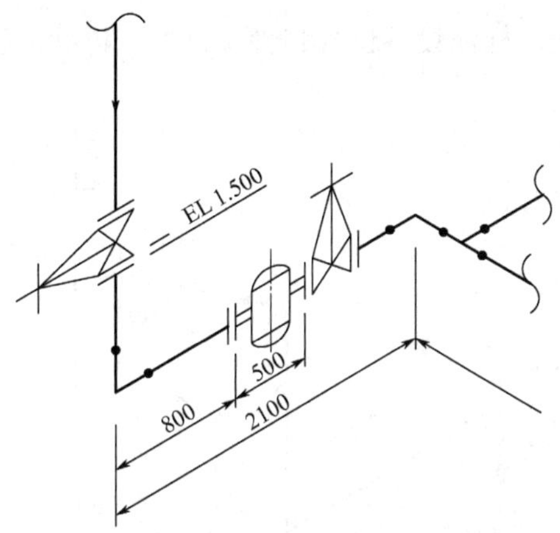


图 6-43　带法兰的阀门与管件的尺寸标注

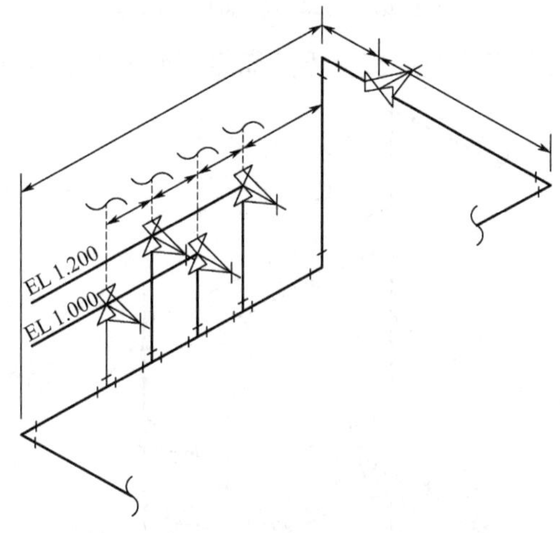


图 6-44　螺纹连接和法兰连接的尺寸标注

⑥ 无论偏置管是水平还是垂直方向，对于非 45° 偏置管应标注出两个偏移尺寸 *A* 和 *B* 而省略角度；对于 45° 偏置管应标注角度和一个偏移尺寸。立体偏置管应以三维坐标组成的六面体三维方向上的尺寸或标高表示，如图 6-45 所示。

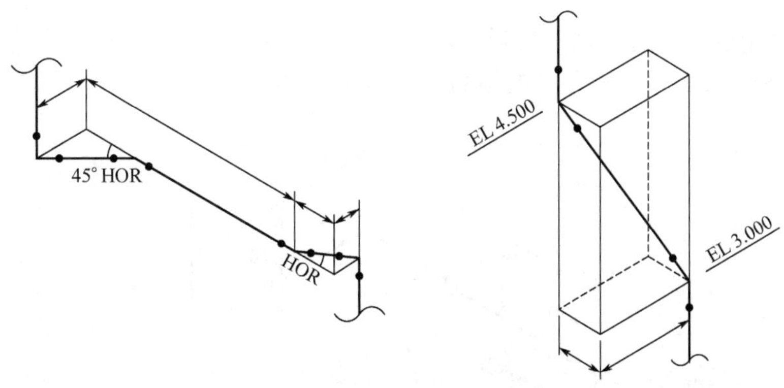


图 6-45　偏置管的尺寸标注

⑦ 为标注与容器或设备管口相连的管道尺寸，对于水平管口应画出管口及其中心线，在管口近旁标注管口符号，在中心线上方标注设备位号，同时标注中心线的标高；对于垂直

管口应画出管口及其中心线，标注设备位号和管口符号，再标注管口法兰面或端面标高，如图 6-46 所示。

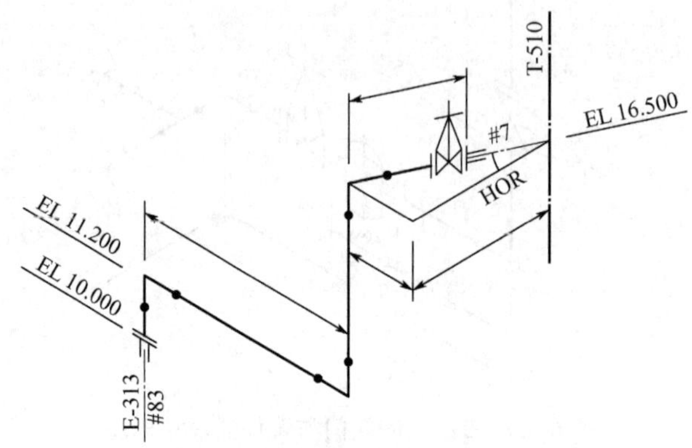


图 6-46　设备管口的尺寸标注

⑧ 典型控制阀组的尺寸标注及等级分界的标注，如图 6-47 所示。

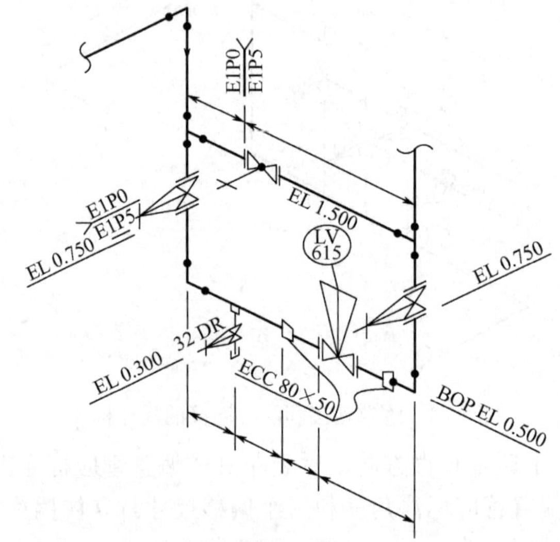


图 6-47　典型控制阀组的尺寸标注

⑨ 要标注出管道穿过的墙、楼板、屋顶、平台。对于墙要标注它与管道的关系尺寸；楼板、屋顶、平台要标注它们各自的标高，如图 6-48 所示。

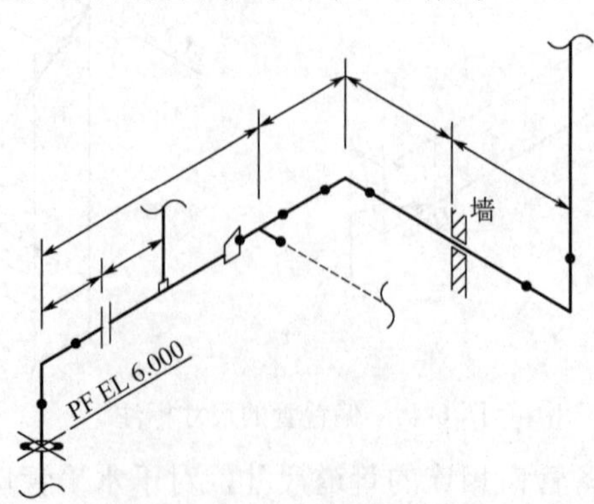


图 6-48　墙体、平台的尺寸标注

⑩ 列表说明管段所需的材料、尺寸、规格、数量等。

# 6.5 管道布置图绘图与阅读

## 6.5.1 管道布置图绘制

（1）管道布置原则

在绘制管道布置图之前，应先从有关图纸资料中了解设计说明、本项目工程对管道布置的要求以及管道设计的基本任务，充分了解和掌握工艺生产流程、厂房建筑的基本结构、设备布置情况以及管口和仪表的配置。

管道布置将直接影响工艺操作安全、生产输出介质的能量损耗及管道的投资，同时也影响车间的美观。合理布置管道主要有以下一些原则及应考虑的问题：

① 腐蚀性强的物料管道应布置在平行管道的外侧或下方，以防泄漏时腐蚀其他管道。冷、热管道应分开布置，无法避开时，依据传热规律，热管应该安排在上，冷管在下。

② 不同物料的管道及阀门可涂刷不同颜色的油漆加以区别。容易开错的阀门相互要拉开间距布置，并在明显处加以明确的标志。管道和阀门的重量不要支承在设备上。距离较近的两设备之间，管道一般不直连。因垫片不易配准，难以紧密连接，且会因热胀冷缩而损坏设备，此时应该使用波形伸缩器或采用 45° 斜角连接或 90° 拐弯连接，如图 6-49 所示。

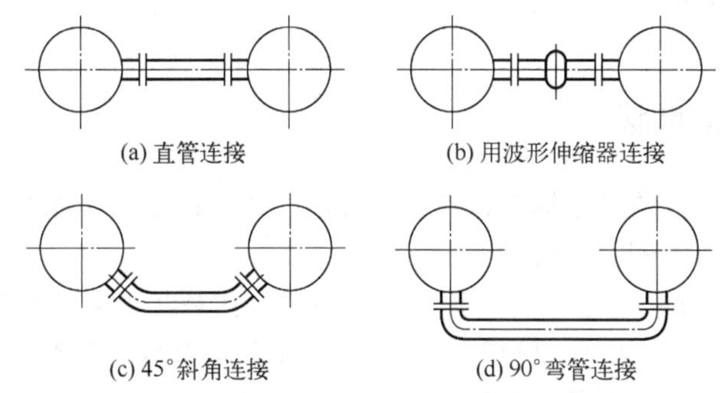


图 6-49 邻近设备的管道连接

③ 管道应避免出现气袋、口袋或盲肠，如图 6-50 所示。

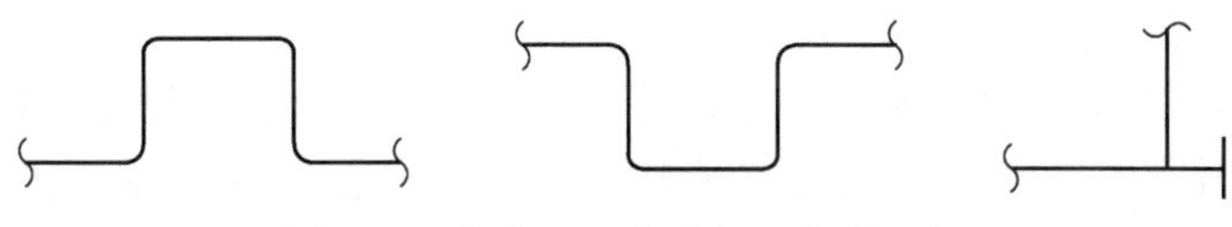

图 6-50 气袋、口袋或盲肠管道示意

④ 管道应集中并架空布置，应尽量沿厂房墙壁安装，管道与墙壁间应能容纳管件、阀门等，同时也要考虑方便维修。

⑤ 所有管道高点应设放空，低点应设排液。对于液体管道的放空、排液应装阀门及螺纹管帽，而气体管道的排液也应装阀门及螺纹管帽。用于压力试验的放空管道仅装螺纹管帽。

⑥ 按标准给定的符号标注设备上的液面计、液面报警器、放空阀、排液阀、取样点、测温点、测压点等，若其中某项有管道及阀门也应画出，可不标注尺寸。

（2）绘图方法与步骤

① 确定表达方案、视图的数量和各视图的比例。

② 确定图纸幅面的安排和图纸张数，合理布图。

③ 绘制管道平面布置图。

a. 用细实线画出厂房平面图，标注厂房建筑物、构筑物柱轴线编号。

b. 用细实线按比例画出带有管口方位的设备平面布置图，标注设备位号及设备名称。

c. 根据管道布置要求画出管道平面图，并标注物料流向箭头和管道代号。

d. 在设计要求的部位按规定画出管件、管架、阀门、仪表控制点等的示意图。

e. 标注厂房的定位轴线，所有设备定位尺寸，所有管道、管件及仪表的定位尺寸和管道的标高、管架位置及管架编号，操作平台定位尺寸及标高等。

④ 绘制管道剖视图。

a. 用细实线画出地坪线及其以上的建筑物、构筑物和设备基础，标注建筑物、构筑物柱轴线编号。

b. 用细实线按比例画出所有设备及其管口，标注设备位号及设备名称。

c. 画出管道剖面图，并标注物料流向箭头和管道代号。

d. 在设计要求的部位按规定画出管件、管架、阀门、仪表控制点等的示意图。

e. 标注出地面、设备基础、管道和阀门的标高尺寸等。

⑤ 绘制方位标，填写管口表。

⑥ 绘制附表、标题栏，注写说明。

⑦ 校核与审定。

## 6.5.2 管道布置图阅读

阅读管道布置图的目的是了解管道管件、阀门、仪表控制点等在车间（装置）中的具体布置情况。阅读设备布置图的步骤如下：

① 了解概况，明确视图数量及关系　管道布置设计是在工艺管道仪表流程图和设备布置图的基础上进行的，首先应找出相关的工艺管道仪表流程图、设备布置图及分区索引图等图样，了解生产工艺过程、设备配置和分区情况，再通过管道布置图的初步阅读，明确表达重点。

如图 6-1 所示的某工段管道布置图，可看出该图由一个 EL100.00 平面图和一个 *A—A* 立面剖视图组成。

② 看懂管道的来龙去脉　参考工艺管道仪表流程图，从起点设备开始，按流程顺序、管道编号，对照平面图和剖面图，逐条弄清其投影关系，明确管道走向，并在图中找出管件、阀门、控制点、管架等的位置。

③ 建立设备与管道连接的空间形状　在看懂管道走向的基础上，在平面图上以建筑定位轴线、设备中心线、设备管口法兰等为尺寸基准，阅读管道的水平定位尺寸；在剖视图上以地面为基准，阅读管道的安装标高；在管口表上阅读管道在设备上的位置及标高；最后参考安装方位标、管道轴测图，最终建立起设备与管道连接的空间形状。

对照图 6-1 中的平面图、*A—A* 剖视图可知：PL0401-DN50-L1B 物料管从标高 108.80m 由南向北拐弯向下进入蒸馏釜；另一根水管 CWS0401-DN50-L1B 也由南向北拐弯向下，然后分为两路，一路向西拐弯向下再拐弯向南与 PL0401-DN50-L1B 相交，另一路向东再向北拐弯向下，然后向北拐弯向上，再向东接冷凝器，物料管与水管在蒸馏釜、冷凝器的进口处都装有截止阀。

PL0402-DN32-L1B 物料管是从冷凝器下部连至真空槽 A、B 上部的管道，它先从出口向下至标高 106.80m 处，向东 1000mm 分出一路向南 770mm 再转弯向下进入真空槽 A；原管线继续向东又转弯向南再向下进入真空槽 B，此管在两个真空槽的入口处都装有截止阀。

VE0401-DN32-L1B 管是连接真空槽 A、B 与真空泵的管道，由真空槽 A 顶部向上至标高 107.90m 的管道拐弯向东与真空槽 B 顶部来的管道汇合，汇合后继续向东与真空泵相接。

VT0401-DN50-L1B 管与蒸馏釜、真空槽 A 和 B 相连接的放空管，标高 109.40m，在连接各设备的立管上都装有截止阀。

设备上的其他管道的走向、转弯、分支及位置情况，也可按同样的方法进行分析。

在阅读过程中，还可参考设备布置图、带控制点工艺流程图、管道轴测图等，以全面了解设备、管道、管件、控制点的布置情况。

# 第 7 章　计算机 CAD 绘图

## 7.1　AutoCAD 图形绘制

绘制二维图形实际上就是执行 AutoCAD 的绘图命令，二维图形绘制方法有以下三种。

① 使用绘图菜单　绘图菜单是绘制图形最基本、最常用的方法，绘图菜单中包含了 AutoCAD 的大部分绘图命令，通过选择该菜单中的命令或子命令，可绘制出相应的二维图形。

② 使用绘图工具栏　绘图工具栏的每个工具按钮都对应于绘图菜单中相应的绘图命令，用户单击它们可执行相应的绘图命令，如图 7-1 所示。

图 7-1　绘图工具栏

③ 使用绘图命令　使用绘图命令也可以绘制基本的二维图形。在命令提示行后输入绘图命令，按 Enter，可根据提示行的提示信息进行绘图操作。这种方法快捷、准确性高，但需要掌握绘图命令及其选项的具体功能。

（1）绘图工具

在 AutoCAD 中基本的绘图工具主要有点、直线、射线、构造线、矩形、多边形、圆、圆弧、椭圆、椭圆弧、圆环等工具，了解并掌握它们的使用方法是整个 AutoCAD 绘图的基础。表 7-1 给出了常用绘图命令的图标和名称对照及英文命令。

**表 7-1　常用绘图命令的图标和名称对照及英文命令**

| 工具图标 | 命令 | 英文命令 | 快捷键 | 工具图标 | 命令 | 英文命令 | 快捷键 |
|---|---|---|---|---|---|---|---|
| | 构造线 | XLINE | XL | | 圆 | CIRCLE | C |
| | 射线 | RAY | RAY | | 圆弧 | ARC | A |
| | 椭圆弧 | ELLIPSE | EL | | 矩形 | RECTANG | REC |
| | 椭圆 | ELLIPSE | EL | | 多边形 | POLYGON | POL |

续表

| 工具图标 | 命令 | 英文命令 | 快捷键 | 工具图标 | 命令 | 英文命令 | 快捷键 |
|---|---|---|---|---|---|---|---|
| | 多点 | POINT | PO | | 样条曲线 | SPLINE | SPL |
| | 螺旋线 | HELIX | | | 图案填充 | HATCH | H |
| | 定数等分 | DIVIDE | DIV | | 渐变色 | GRADIENT | GRA |
| | 定距等分 | MEASURE | ME | | 修订云线 | REVCLOUD | REVC |
| | 区域覆盖 | WIPEOUT | WI | | 面域 | REGION | REG |
| | 表格 | TABLE | TB | | 创建块 | BLOCK | B |
| | 直线 | LINE | L | | 插入块 | INSERT | I |
| | 多段线 | PLINE | PL | | 多行文字 | MTEXT | MT |

(2) 修改工具

单击快捷菜单上的"修改"工具，则弹出浮动修改工具栏，如图 7-2 所示。表 7-2 给出了常用修改命令的图标和名称对照及英文命令。

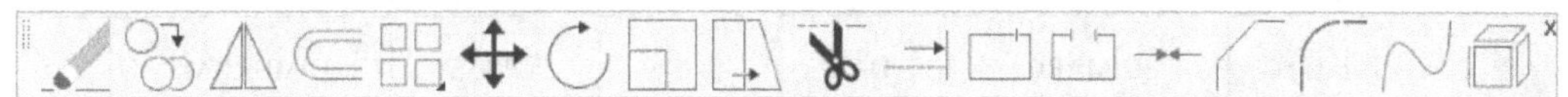

图 7-2 修改工具栏

**表 7-2 常用修改命令的图标和名称对照及英文命令**

| 工具图标 | 命令 | 英文命令 | 快捷键 | 工具图标 | 命令 | 英文命令 | 快捷键 |
|---|---|---|---|---|---|---|---|
| | 阵列 | ARRAY | AR | | 镜像 | MIRROR | MI |
| | 旋转 | ROTATE | RO | | 偏移 | OFFSET | O |
| | 拉伸 | STRETCH | S | | 移动 | MOVE | M |
| | 延伸 | EXTEND | EX | | 缩放 | SCALE | SC |
| | 断开 | BREAK | BR | | 修剪 | TRIM | TR |
| | 倒角 | CHAMFER | CHA | | 点打断 | BREAK | BR |
| | 光顺曲线 | BLEND | | | 合并 | JOIN | J |
| | 拉长线段 | LENGTHEN | LEN | | 倒圆角 | FILLET | F |

续表

| 工具图标 | 命令 | 英文命令 | 快捷键 | 工具图标 | 命令 | 英文命令 | 快捷键 |
|---|---|---|---|---|---|---|---|
| | 对齐 | ALIGN | AL | | 分解 | EXPLODE | X |
| | 删除 | ERASE | E | | 删除重复对象 | OVERKILL | OV |
| | 复制 | COPY | CO | | 反转 | REVERSE | |

（3）标注工具

单击快捷菜单上的“标注”工具，则弹出浮动标注工具栏，如图7-3所示。表7-3给出了常用标注命令的图标和名称对照及用英文命令。

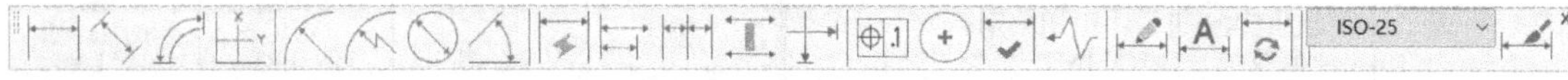

图7-3　标注工具栏

**表7-3　常用标注命令的图标和名称对照及英文命令**

| 工具图标 | 命令 | 英文命令 | 快捷键 | 工具图标 | 命令 | 英文命令 | 快捷键 |
|---|---|---|---|---|---|---|---|
| | 线性标注 | DIMLINEAR | DLI | | 连续标注 | DIMCONTINUE | DCO |
| | 对齐标注 | DIMALIGNED | DAL | | 等距标注 | DIMSPACE | |
| | 弧长标注 | DIMARC | DAR | | 折断标注 | DIMBREAK | |
| | 坐标标注 | DIMORDINATE | DOR | | 公差 | TOLERANCE | TOL |
| | 半径标注 | DIMRADIUS | DRA | | 圆心标记 | DIMCENTER | DCE |
| | 折弯标注 | DIMJOGGED | DJO | | 检验 | DIMINSPECT | |
| | 直径标注 | DIMDIAMETER | DDI | | 折弯线性 | DIMJOGLINE | DJL |
| | 角度标注 | DIMANGULAR | DAN | | 编辑标注 | DIMEDIT | DED |
| | 快速标注 | QDIM | QD | | 编辑标注文字 | DIMTEDIT | DTE |
| | 基线标注 | DIMBASELINE | DBA | | 标注样式 | DIMSTYLE | DST |

（4）图层设置

AutoCAD提供了图层特性管理器，利用该工具用户可以很方便地创建图层以及设置其基本属性。选择“格式”“图层”命令，即可打开“图层特性管理器”对话框。通过图层特性管理器，依据绘制工程图样的具体情况进行图层的设置、管理，如图7-4所示。在“图层特性管理器”对话框中，每个图层都包含状态、名称、打开/关闭、冻结/解冻、锁定/解锁、颜色、线型、线宽和打印样式等。

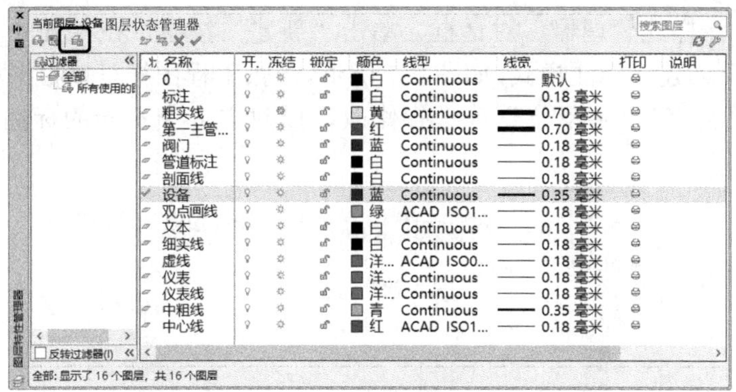

图 7-4　图层特性管理器

图层设置完成后，点击“图层状态管理器”或“Alt+S”快捷键，可以将建立好的图层进行命名、保存，如图 7-5 所示。也可将建立的图层通过“输出”按钮导出，以供后期绘制工程图样时导入使用，避免重新设置，如图 7-6 所示。

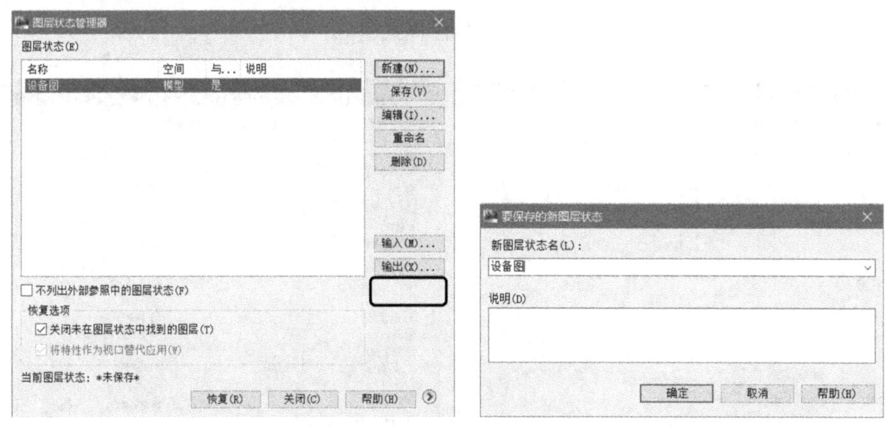

图 7-5　图层状态命名

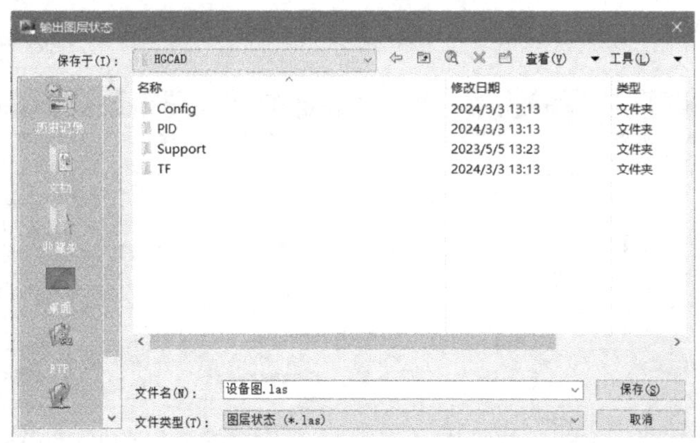

图 7-6　图层状态文件输出保存

（5）标注样式

在 AutoCAD 中，使用“标注样式”可以控制标注的格式和外观，建立强制执行的绘图标准，并有利于对标注格式及用途进行修改。要创建标注样式，选择“格式”“标注样式”

命令，打开“标注样式管理器”对话框，单击“新建”按钮，在打开的“创建新标注样式”对话框中即可创建新标注样式，如图 7-7 所示。一张工程图样可以根据标注需要对“线”“符号和箭头”“文字”“主单位”等进行修改，以建立多个不同的标注样式，如图 7-8 所示。

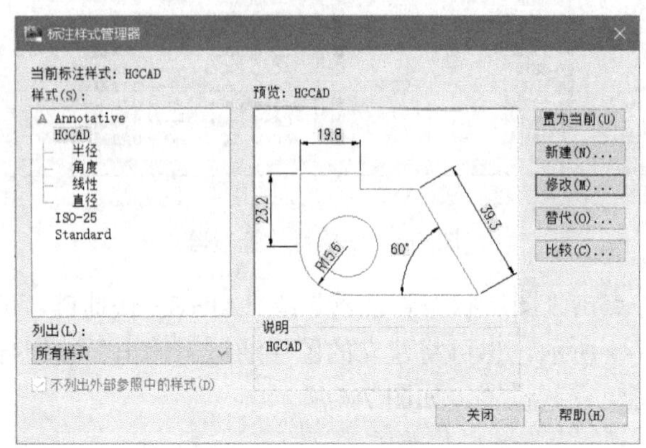


图 7-7　标注样式建立

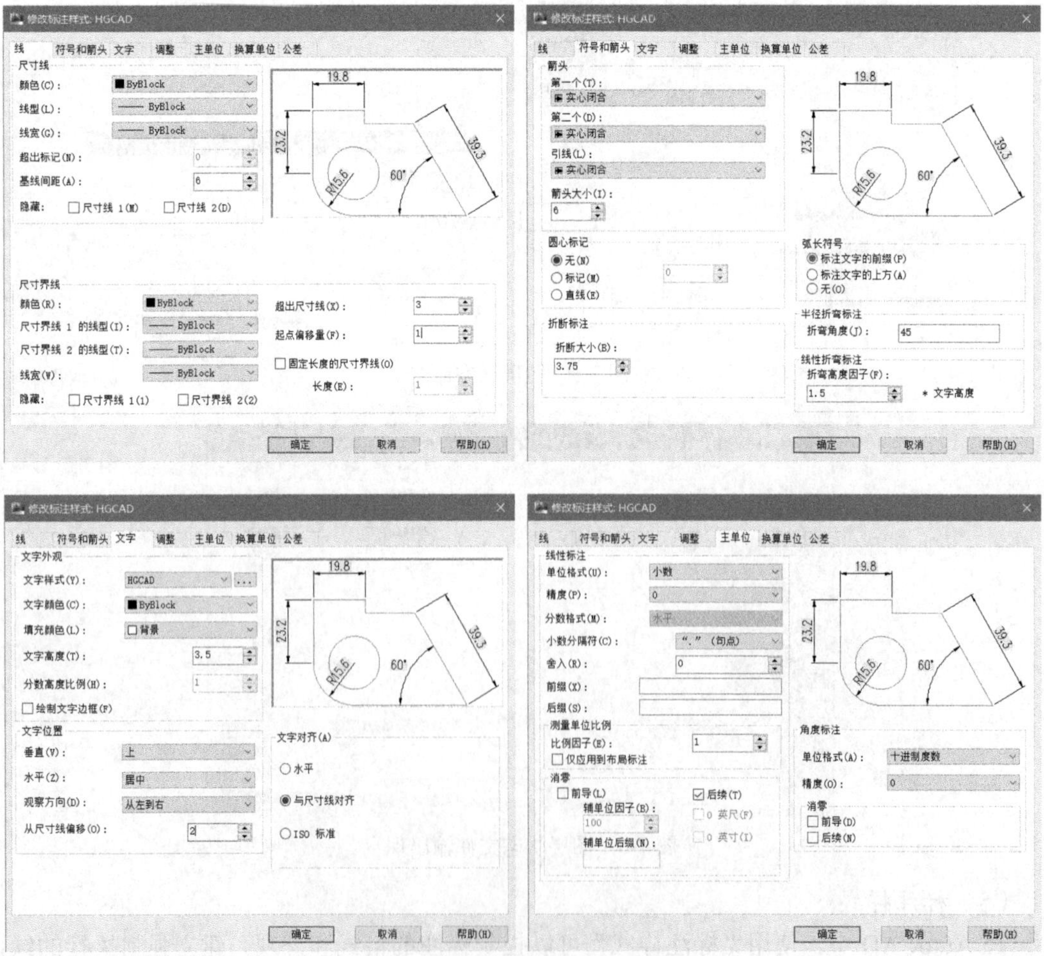

图 7-8　标注样式修改界面

（6）图块操作

图块是一个或多个对象组成的对象集合，常用于绘制复杂、重复的图形。一组对象一旦组合成块，就可以根据作图需要将这组对象插入图中任意指定位置，而且还可以按不同的比例和旋转角度插入，可提高绘图速度，便于修改图形。

选择“绘图”“块”“创建”命令(BLOCK)，打开“块定义”对话框，可以将已绘制的对象创建为块，如图 7-9 所示。

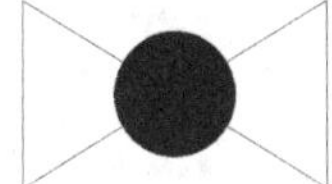

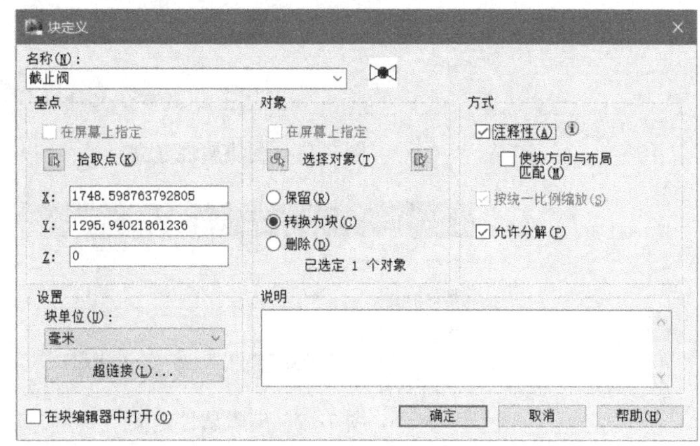


图 7-9　创建截止阀图块

选择“插入”“块”命令(INSERT)，打开“插入”对话框，可以在图形中插入块或其他图形，并且在插入块的同时还可以改变所插入块或图形的比例与旋转角度，如图 7-10 所示。

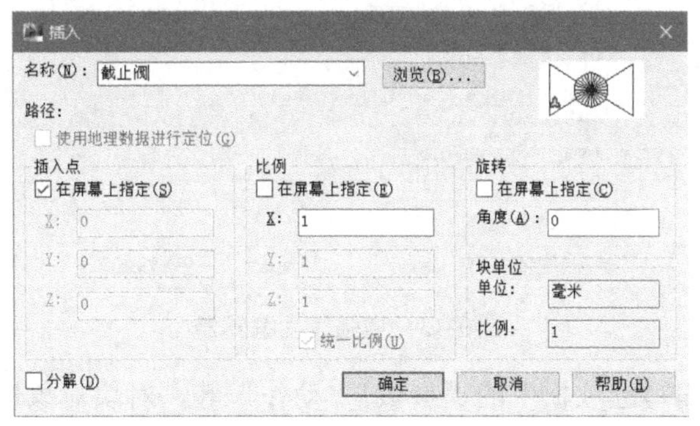


图 7-10　插入截止阀图块

可以根据需要为块创建属性，指定块的名称、尺寸及型号等信息。块属性是附属于块的非图形信息，是块的组成部分，可包含在块定义中的文字对象。在定义一个块时，属性必须预先定义而后选定。通常属性用于在块的插入过程中进行自动注释。选择“绘图”“块”“定义属性”命令(ATTDEF)，可以使用打开的“属性定义”对话框创建块属性，如图 7-11 所示。

选择“修改”“对象”“文字”“编辑”命令(DDEDIT)或双击块属性，打开“编辑属性定义”对话框。使用“标记”“提示”和“默认”文本框可以编辑块中定义的标记、提示及默认值属性，如图 7-12 所示。

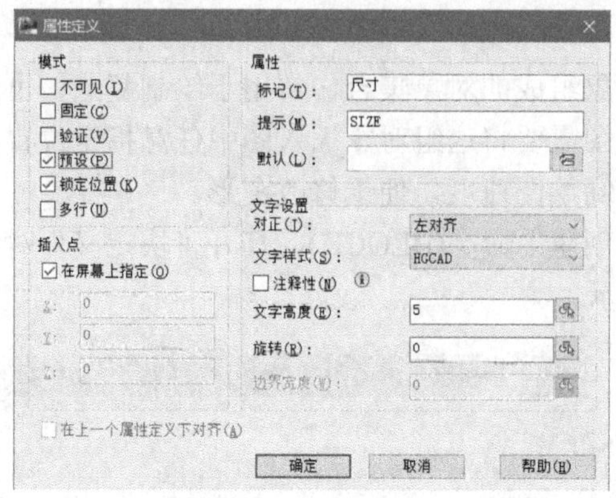


图 7-11 图块属性建立

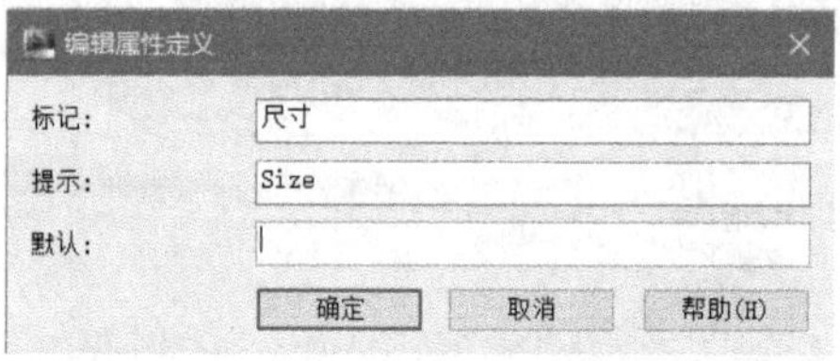

编辑属性定义

标记: 尺寸

提示: Size

默认:

确定 取消 帮助(H)

图 7-12 编辑属性定义

选择“修改”“对象”“属性”“单个”命令(EATTEDIT)，或在“修改Ⅱ”工具栏中单击“编辑属性”按钮，都可以编辑块对象的属性。在绘图窗口中选择需要编辑的块对象后，系统将打开“增强属性编辑器”对话框，如图 7-13 所示。

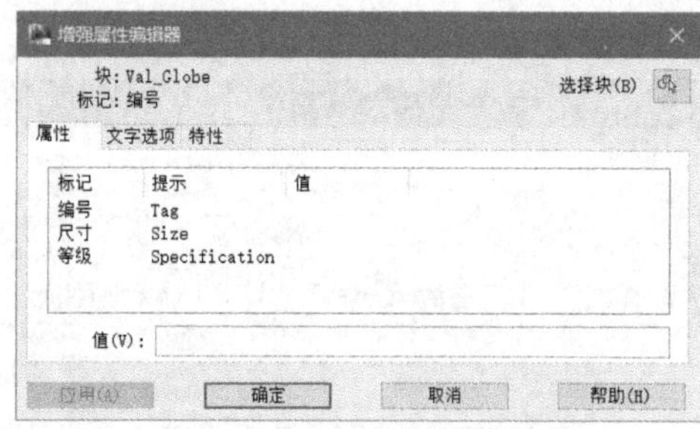


图 7-13 增强属性编辑器

也可以通过“块编写选项板”的“参数”“动作”等，对块对象进行块操作，建立动态块，如图 7-14 所示。

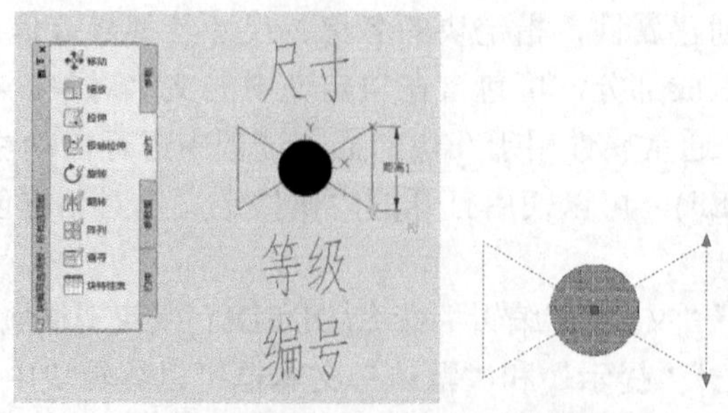


图 7-14 有缩放功能的截止阀动态块

## 7.2　零件图 CAD 绘制

① 阅读并绘制图 3-29 所示的冷凝器管板的零件图。

② 阅读并绘制图 3-30 所示的立式冷凝器上管箱的零件图。

③ 阅读并绘制图 3-31 所示的支架零部件图。

④ 阅读并绘制图 7-15 轴零件图。

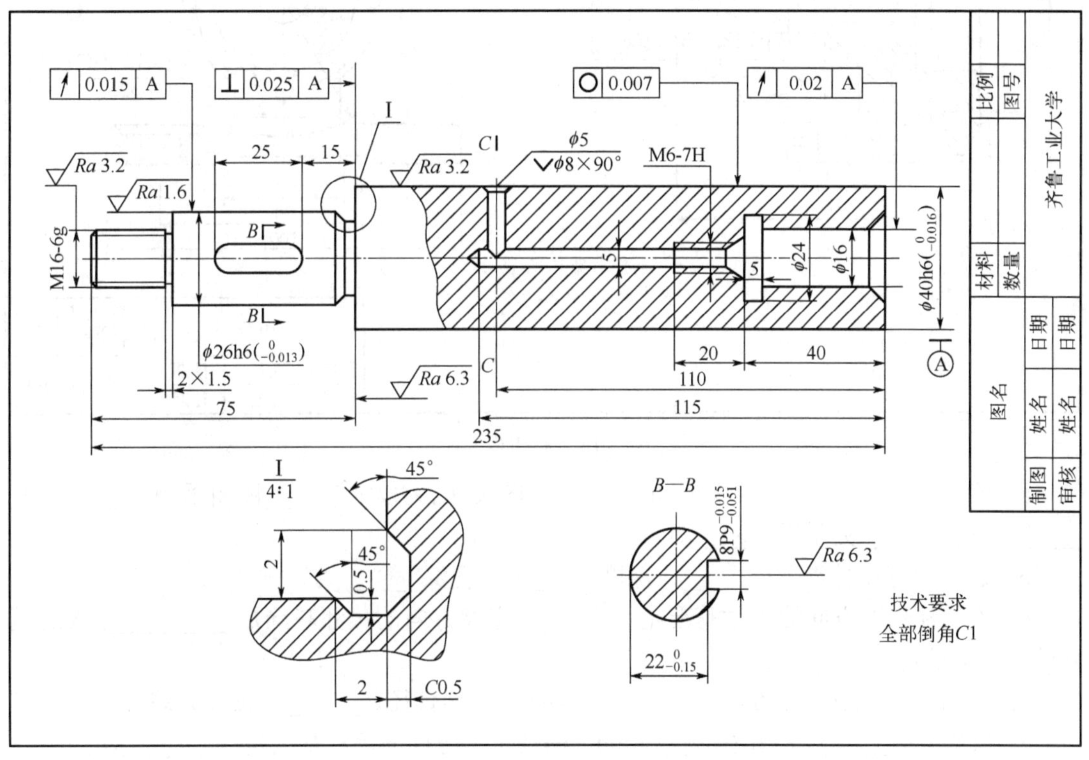


图 7-15　轴零件图

a. 该零件主视图采用了______剖视，B—B 为______图，另外一个图形为___________图。

b. 主轴上键槽的长度是______，宽度是______，深度是______，其定位尺寸是_________。

c. 轴上 $\phi40h6(^{0}_{-0.016})$ 的基本尺寸是_______，最大极限尺寸是______，最小极限尺寸是______，尺寸公差是_________。

d. 图中尺寸 2×1.5 表示的结构是________，宽度是________，深度是_________。

e. 解释 M16-6g 的含义：M 表示____________，16 表示______，6g 表示__________。

f. 根据图上的标注，解释框格 ↗ 0.015 A 的含义是____________：公差项目为_______，公差值为_______，被测要素为______________，基准要素为__________。

g. 按 1∶1 的比例画出 C—C 断面图。

⑤ 阅读并绘制图 7-16 空箱体的零件图。

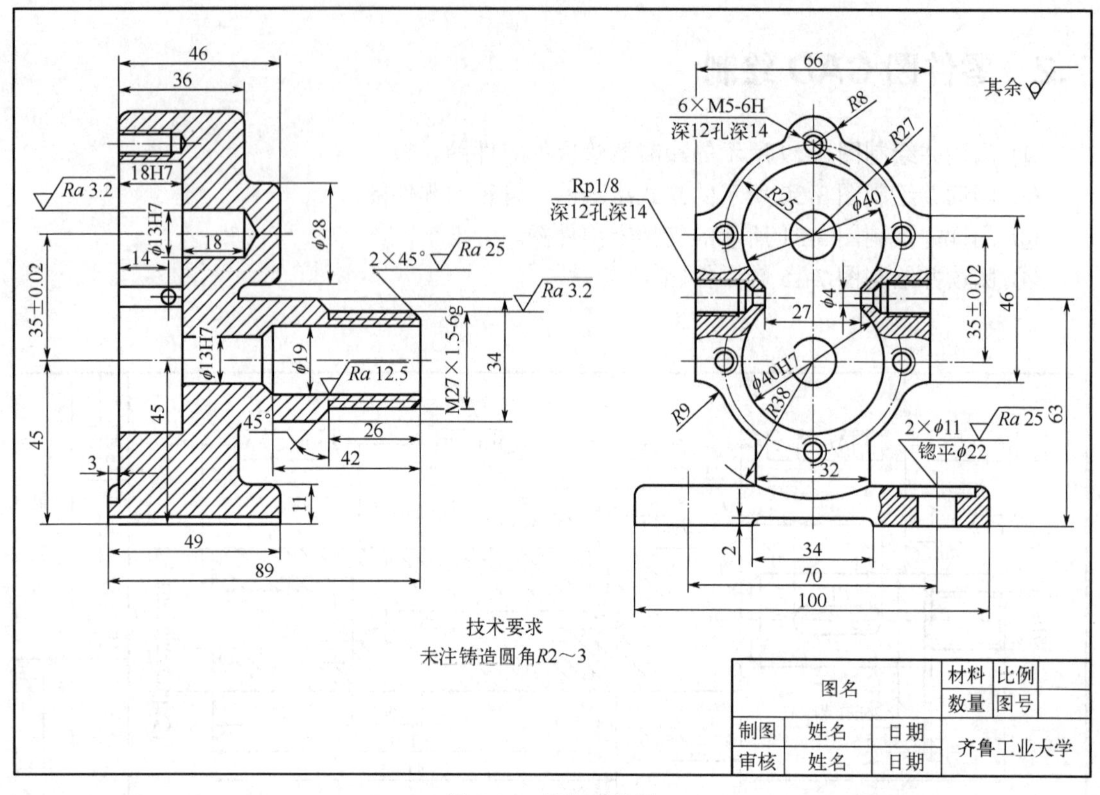


图 7-16　箱体零件图

a．该零件采用了______视图和______视图表达，其中______视图采用_______剖，______视图有_____处采用______剖。

b．进出口螺纹种类是_______，深度_______，孔深_______。

c．该零件长度方向的尺寸基准是_______，宽度方向的尺寸基准是_________，高度方向的尺寸基准是_________。

d．6×M5-6H 的含义是 6 个_________安装孔，公称直径是______，顶径公差带是______。

e．安装孔有_____个，孔径为____mm，两孔宽度方向的尺寸基准是_________，间距是____mm。

f．零件的总体尺寸是：总长_______，总宽_______，总高_______。

g．解释尺寸 35±0.02 的含义：基本尺寸是______，上偏差_______，下偏差_______。

## 7.3　换热器装配图 CAD 绘制

（1）换热器装配图绘图示例

图 3-79 $C_4$ 产品换热器装配图采用 HGCAD 专业插件和 VCAD 插件进行 CAD 辅助绘制。

① 专业插件介绍　HGCAD 作为 AutoCAD 的二次开发扩展插件，其标准图库的数据查询和绘图均以最新版的国家标准为开发依据，并以参数化程序形式开发，使用者只需要完成相关选项或输入必要数据即可调出图形，并且图形是以浮动形式跟随鼠标移动，落点即可，直观显示，具有良好的体验。HGCAD 中包含双击、格式、图幅、标准图库、钣金展开、绘图、文本、编辑、标注、PID、计算、查询、工具等模块，是为压力容器行业量身打造的专

有的扩展功能，具有直观、方便、灵活的特点，协助设计者快速完成图纸设计工作。

VCAD 是一款专业的化工设备制图软件，适用于压力容器设计。它由上海高惠科技有限公司开发设计，VCAD 化工设备的制图软件以其独特的构思、贴合设计人员设计习惯、丰富的标准件、优秀的整体成图成为越来越多单位必备的软件，获得广大设计院、工程公司等的喜爱和认可。图 7-17 为 HGCAD 与 VCAD 插件的操作菜单。

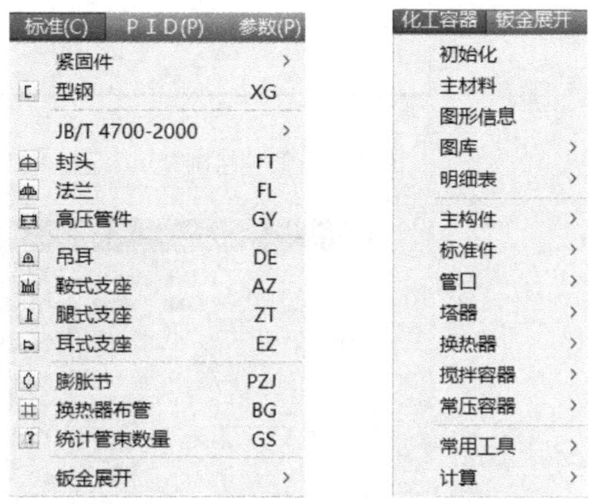


图 7-17　HGCAD 与 VCAD 的操作菜单

② 图 3-79 的绘制步骤

a．材料设置。点击 VCAD 菜单“化工容器”“主材料”“设置”，选择第一主材料、第二主材料及非受压材料，如图 7-18 所示。

图 7-18　材料设置

b．绘制换热器筒体。选择“化工容器”“主构件”“筒体”，输入基本尺寸，点击插入点，水平放置，如图 7-19 所示。

c．绘制换热器管板。如图 7-20 所示，选择“换热器”“管板”，密封面点选“标准”，设置相应参数：管板厚度 36mm，密封面突面，类型为强度胀+密封焊。或者采用 HGCAD 中的“换热器”“管板”，参照法兰选择规格，选择开槽胀接，分别绘制剖视图和俯视图，如图 7-21 所示，并通过镜像、复制管板剖视图，分别与筒体两侧连接，如图 7-22 所示。

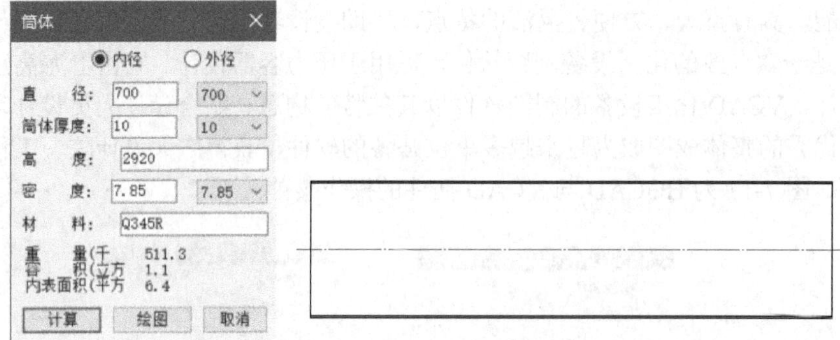


图 7-19　筒体绘制

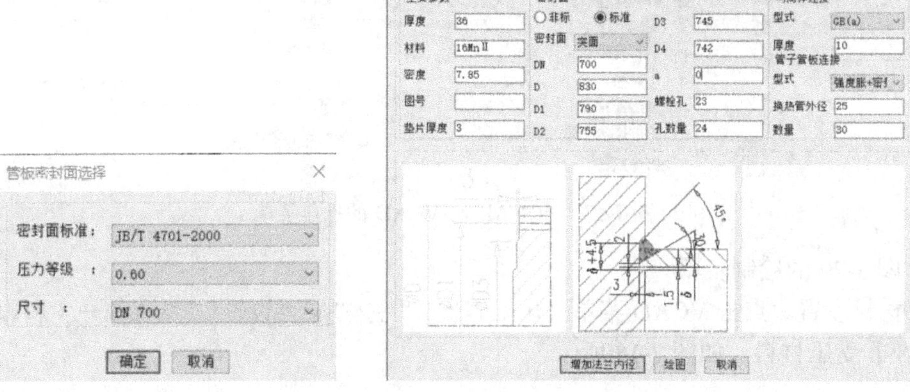


图 7-20　管板参数设置

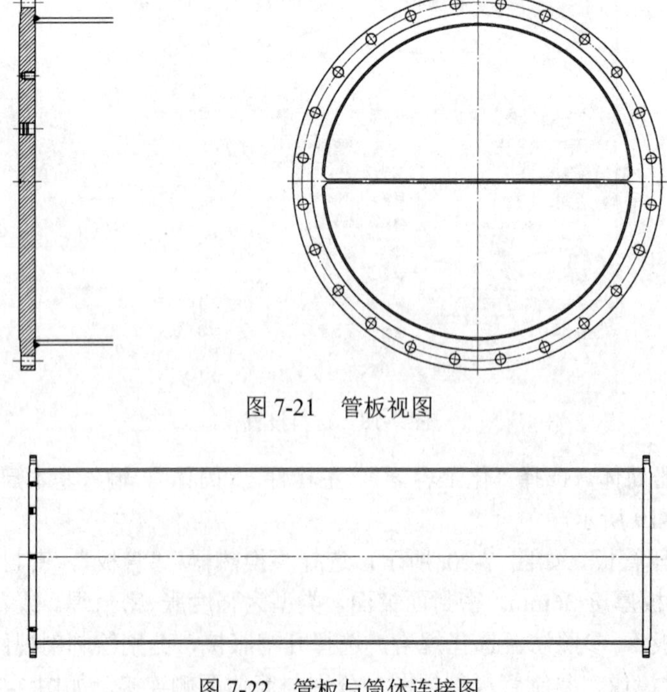

图 7-21　管板视图

图 7-22　管板与筒体连接图

d．绘制换热管布管图。选择“化工容器”“换热器”“换热器布管”，采取跨中布管，布管边缘直径 675mm。根据管分布图可知，各层管中心间距 27.71mm，以此绘制管中心线，如图 7-23 所示。

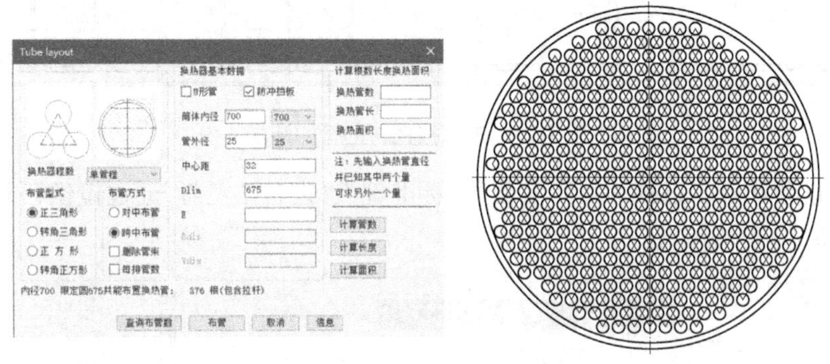


图 7-23　布管图绘制

e．绘制换热管。选择“化工容器”“换热器”“换热管”，根据管道标准号绘制换热管；移动换热管至合适位置，并将胀接管连接局部图、拉杆连接局部复制、移动至相应位置，修剪局部图形，如图 7-24 所示。

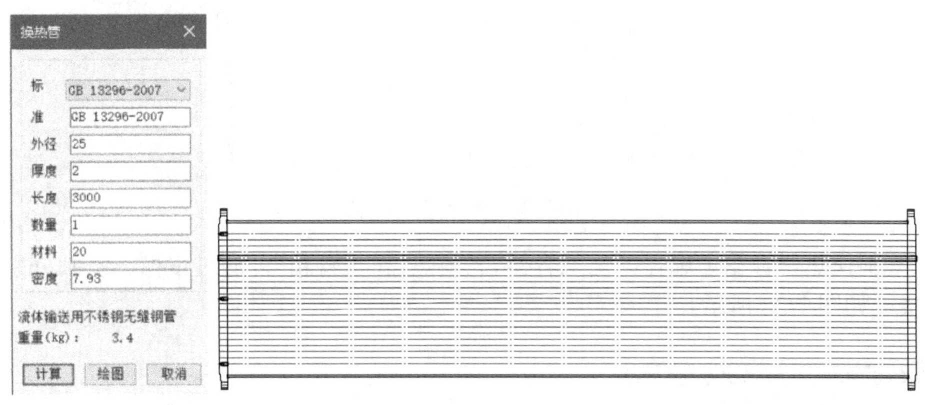


图 7-24　列管绘制

f．绘制折流挡板。选择“化工容器”“换热器”“折流板”，如图 7-25 所示。将折流板与定距管视图镜像、复制与筒体装配，并复制拉杆、螺母视图与定距螺纹配合，如图 7-26 所示。

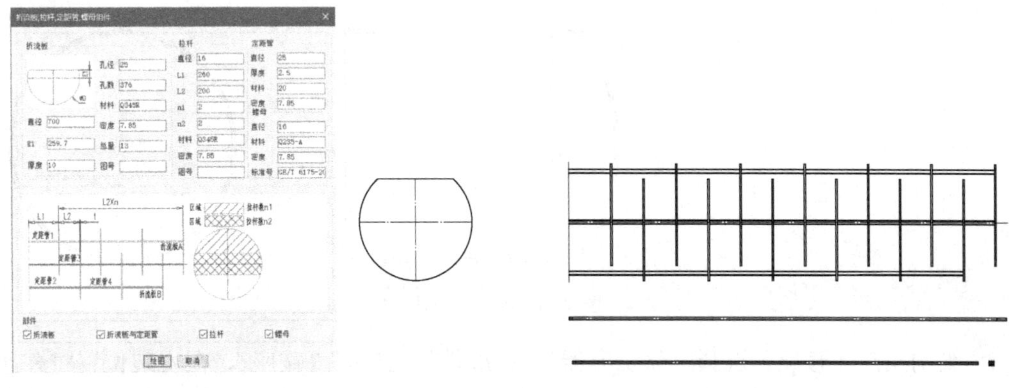

图 7-25　折流挡板绘制

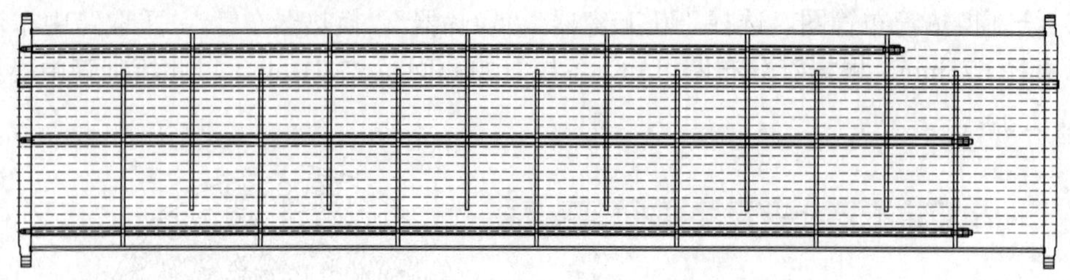

图 7-26 折流挡板与列管的装配

g．绘制设备法兰。选择“化工容器”“标准件”“设备法兰”，通过镜像、复制分别与管板连接，如图 7-27 所示。

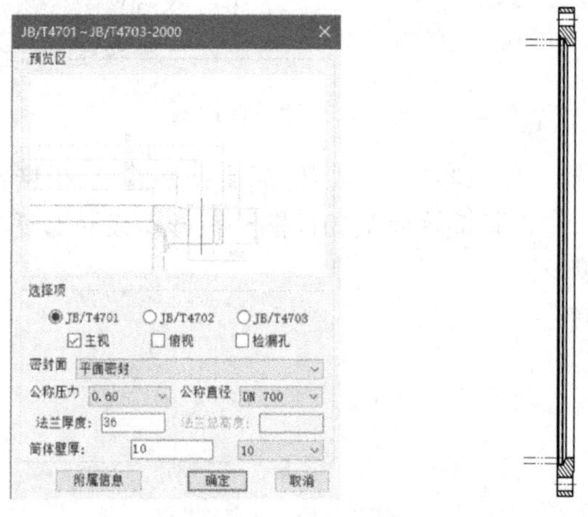


图 7-27 设备法兰绘制

h．绘制换热器管箱。选择“化工容器”“换热器”“管箱”，通过镜像、复制分别与设备法兰连接，如图 7-28 所示。

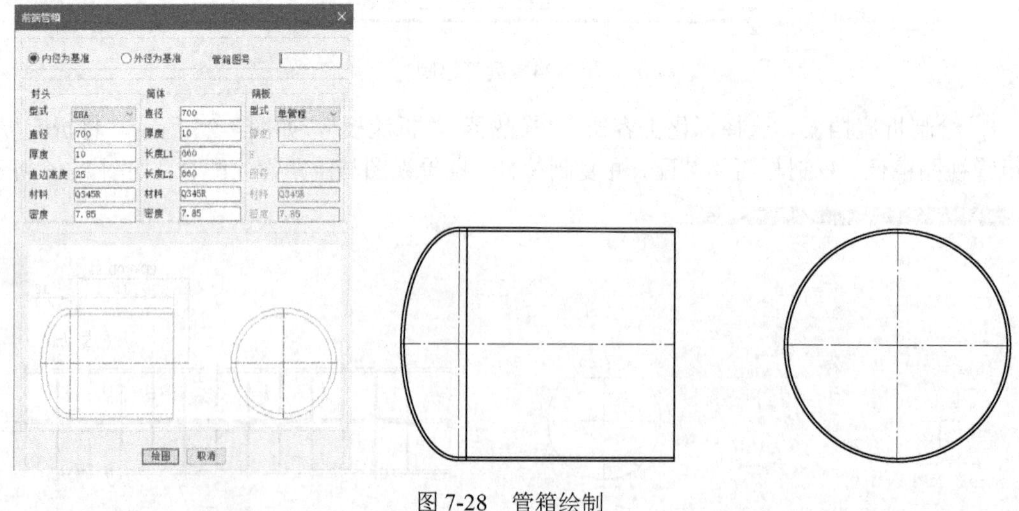


图 7-28 管箱绘制

i．绘制换热器鞍座。选择“化工容器”“标准件”“支座”“鞍座”，在安装位置将鞍座侧视图与筒体连接，如图 7-29 所示。

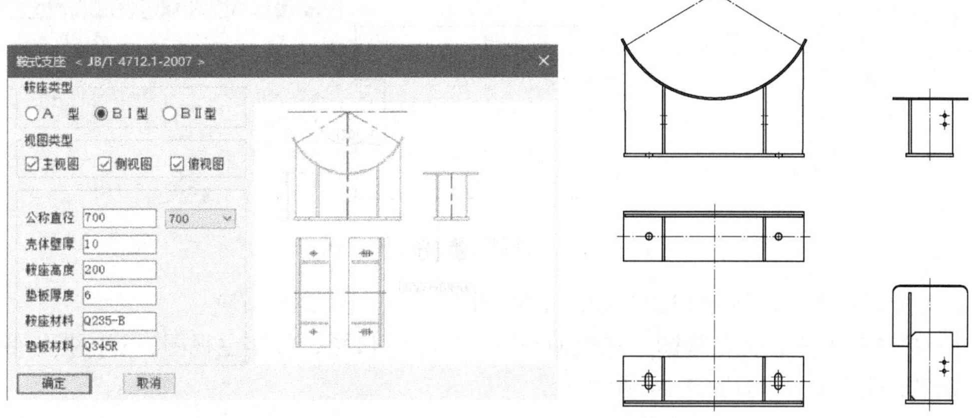


图 7-29　鞍座绘制

j．绘制换热器法兰接管。选择“化工容器”“管口”“GB 法兰”，主要有 DN300、DN125 和 DN25 的接管。并将各管口与筒体、管箱装配，如图 7-30、图 7-31 所示。

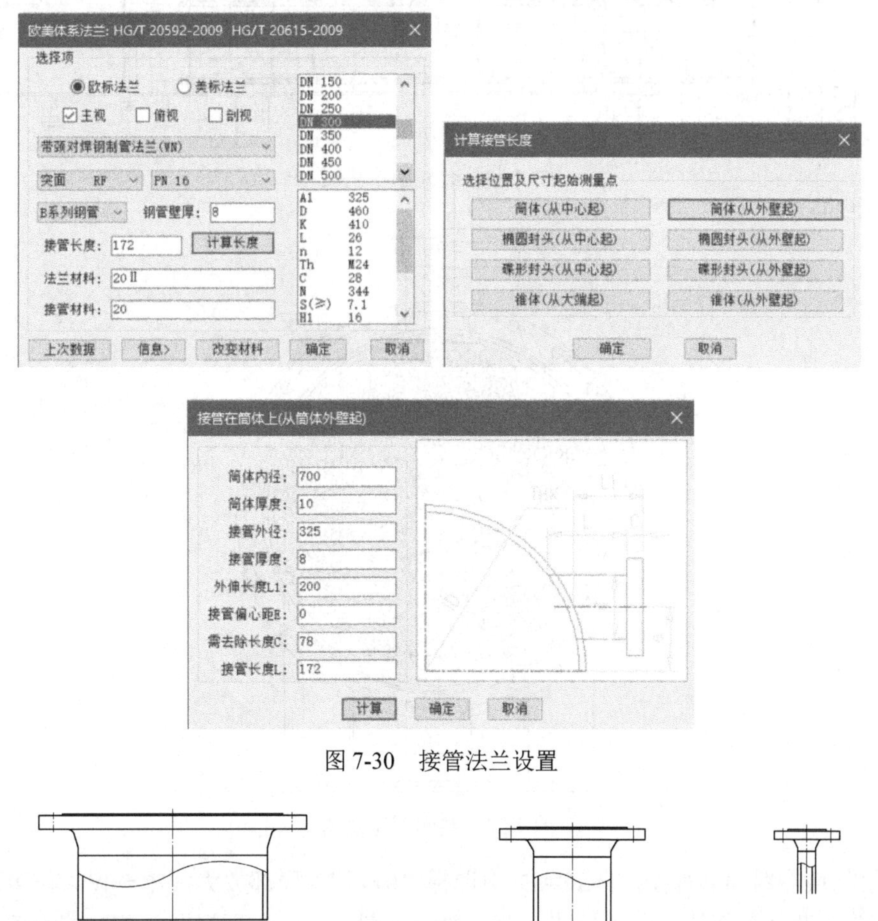


图 7-30　接管法兰设置

图 7-31　法兰接管视图

k．绘制换热器防冲挡板，绘制换热器管接口补强圈，如图 7-32 所示。

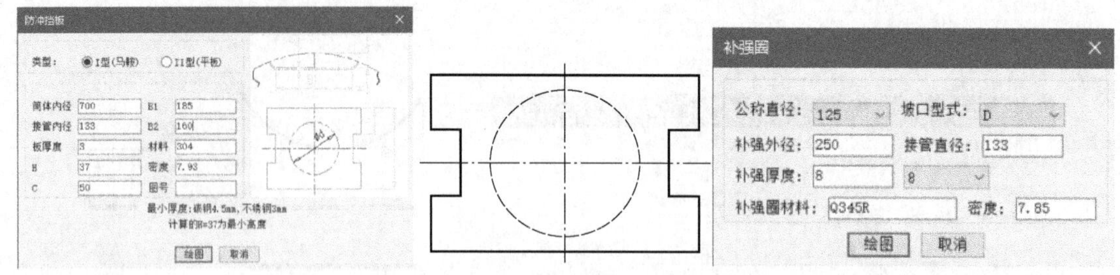


图 7-32　防冲挡板与补强圈设置

l. 完成换热器装配图主视图，如图 7-33 所示。

m．绘制左视图。将布管图、管板俯视图、接管管口图、鞍座主视图、防冲挡板侧视图组合成装配图左视图，如图 7-34 所示。

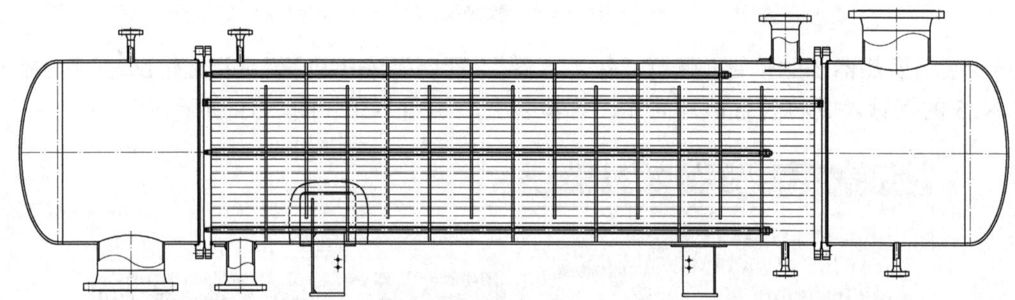

图 7-33　装配图主视图

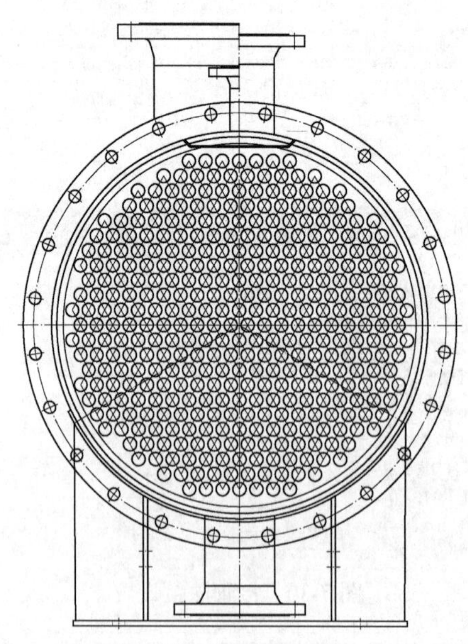

图 7-34　装配图左视图

n．绘制换热器局部视图。HGCAD 中选择“编辑”“局部放大（Ⅰ～Ⅳ）”，可增加局部放大图，并将部分零部件视图（鞍式支座底座俯视图、折流板正视图、防冲挡板俯视图、换热管正三角形排布视图）分列于主视图下方，如图 7-35 所示。

o．绘制剖面符号，标注尺寸，生成件号，如图 7-36 所示。

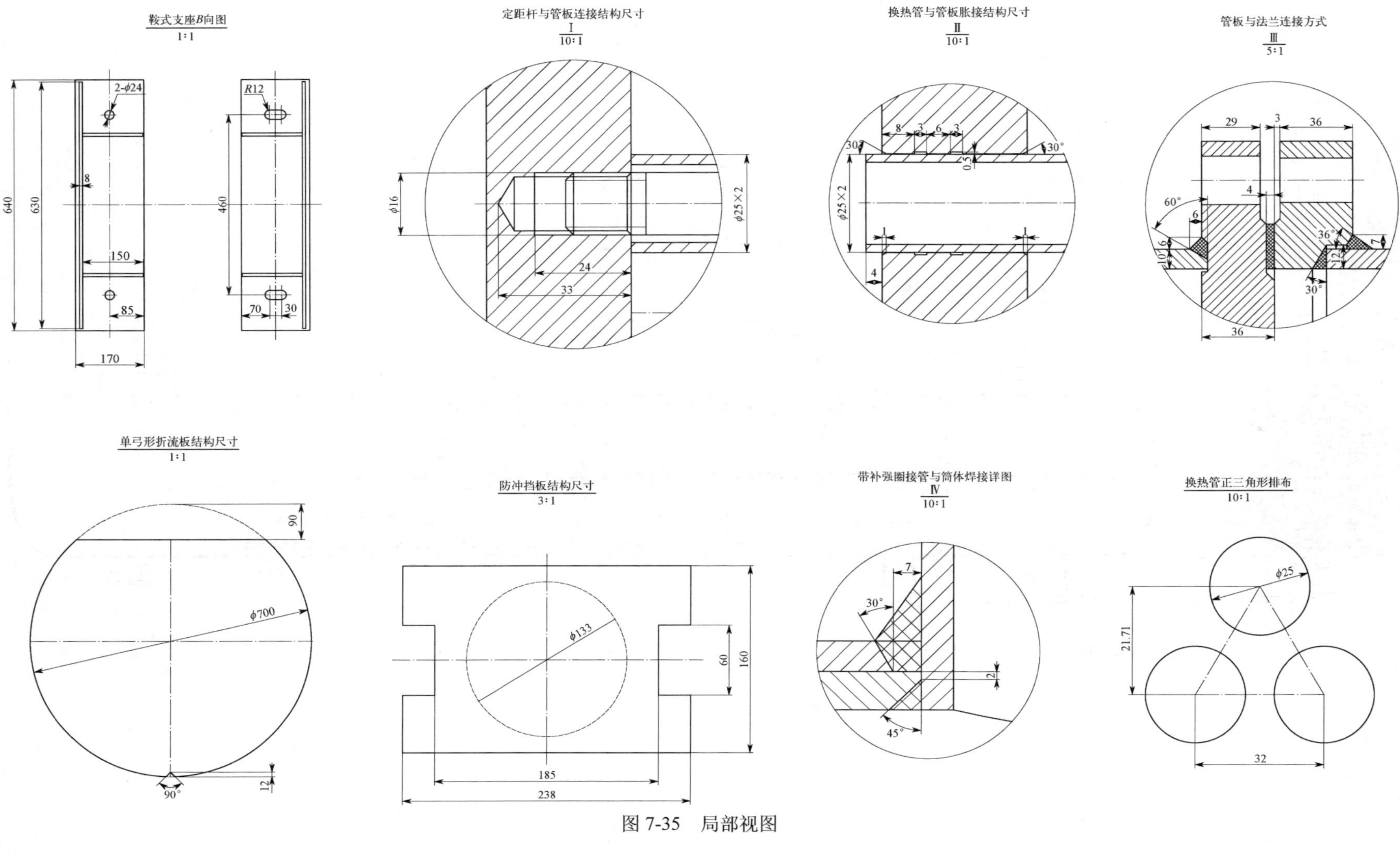

鞍式支座B向图
1:1
定距杆与管板连接结构尺寸
Ⅰ
10:1
换热管与管板胀接结构尺寸
Ⅱ
10:1
管板与法兰连接方式
Ⅲ
5:1
单弓形折流板结构尺寸
1:1
防冲挡板结构尺寸
3:1
带补强圈接管与筒体焊接详图
Ⅳ
10:1
换热管正三角形排布
10:1


图 7-35　局部视图

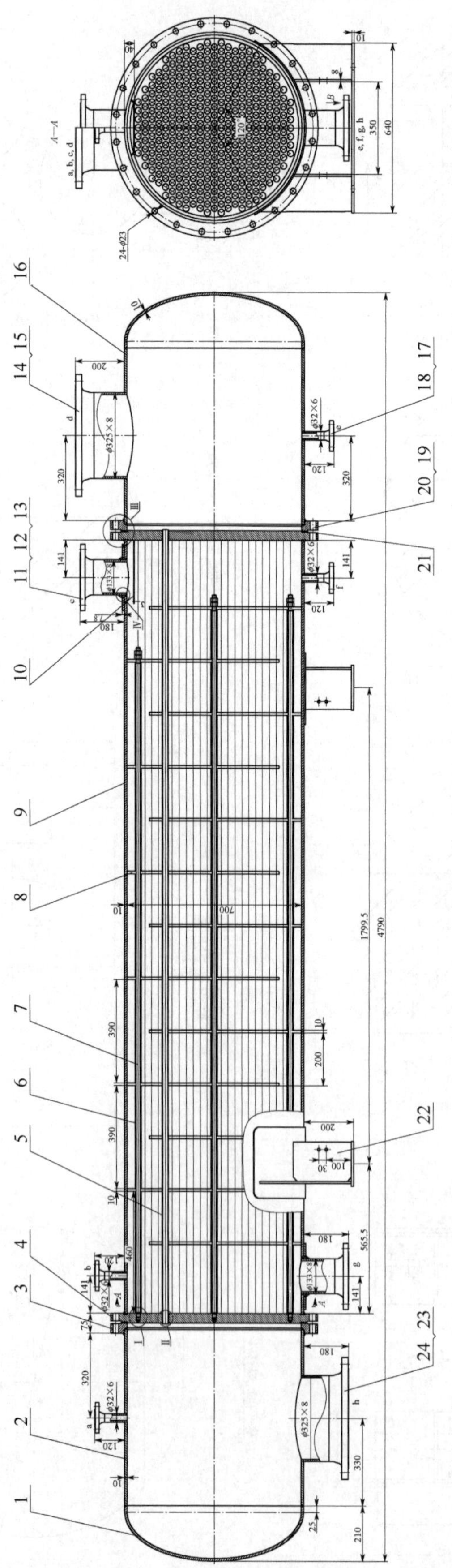


图 7-36 尺寸标注与件号生成

p．设置比例，添加图框、标题栏、明细栏、管口表、技术特性表及技术要求，最终如图 3-79 所示。

（2）设备装配图绘图练习

阅读并绘制图 3-53 所示的不锈钢反应釜的装配图。

## 7.4　工艺流程图 CAD 绘制

（1）PID 图绘图示例

异丁烯项目某精馏塔的管道及仪表流程图，采用 PIDCAD 插件与 HGCAD 插件辅助绘制。

① 专业插件介绍　PIDCAD 插件是由北京红果树软件技术有限公司开发设计的用于绘制管道及仪表流程图的辅助插件。主要包括管道、阀门、设备、仪表和 ISO 模块，具有小巧、直观、方便、灵活的特点，能协助设计者快速完成管道布置图图纸设计和管道及仪表流程图绘制工作。图 7-37 为 PIDCAD 插件的操作菜单。

HGCAD 插件的 PID 菜单也有部分工艺流程的设备、阀门、管件和仪表图例，以及部分 ISO 配管图例和文字标注功能。

② 图 4-4 的绘制步骤

a．按国家标准的要求选择好比例，调入 A1 图框和标题栏。

b．设置线宽。如图 7-38 所示，线宽设置时，阀门、仪表、管件、设备的主结构线尽量设置为 0.3mm 左右，以使表达清晰；第一主管道线的线宽设置为 1.0mm 左右，第二主管线为 0.5mm，其余均为 0.25mm 或 0.2mm。点击 PIDCAD 插件“管道”标签下的初始设置按钮，按绘图标准设置线宽。

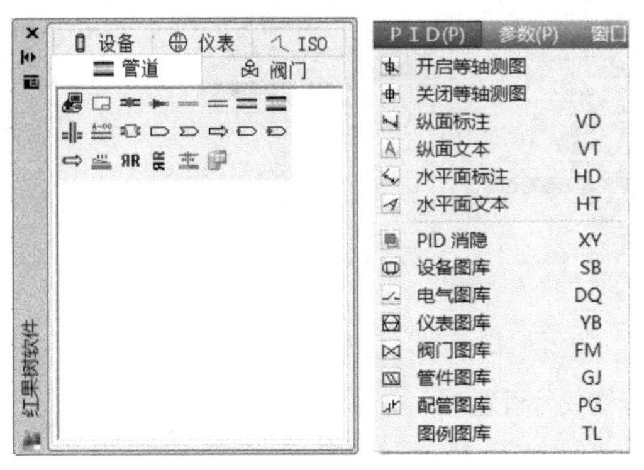

图 7-37　PIDCAD 界面与菜单

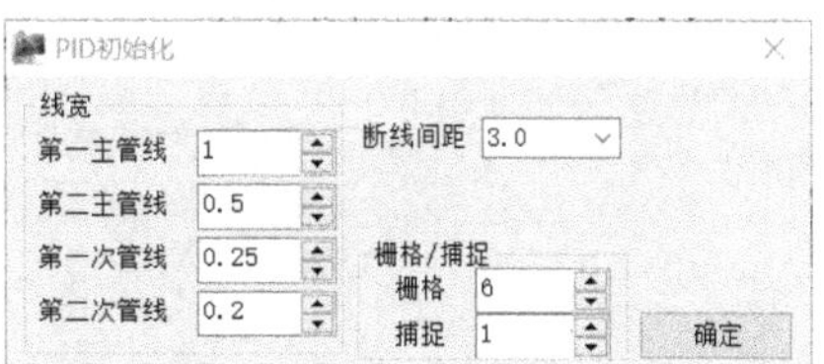


图 7-38　线宽设置

c．管道代号的编辑与设置。PIDCAD 插件默认的管道代号及标注与教材并不一致，如图 7-39 所示，因此需要在其文件夹中修改数据库文件，默认地址为“…DataBase\PID.mdb”，打开 PID.mdb 文件，在 Medium 表里设置新的介质与描述，如图 7-40 所示，同时也可以对管道等级、公称直径、保温伴热进行修改。

点击“管道线”后在“定义管道号格式”对话框中设定本例的管道代号格式“介质-区号-管号-管径壁厚-管道等级-保温”，如图 7-41 所示。

d．在“设备”标签下，用绘图元素绘制主要设备（精馏塔、换热器、再沸器、储罐、离心泵），布置到适当位置，并添加设备接管管口，如图 7-42 所示。

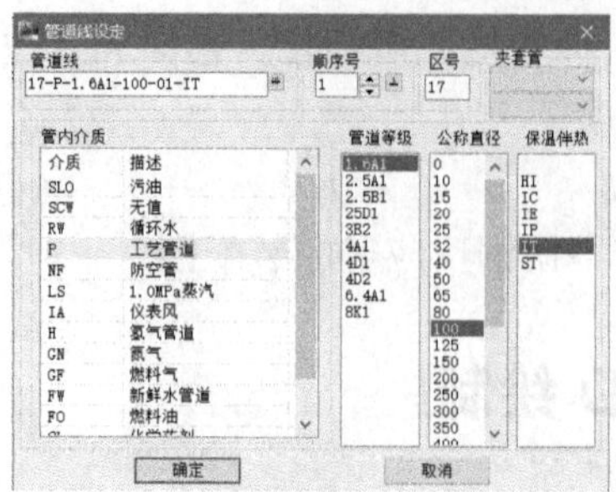


图 7-39　管道线设置

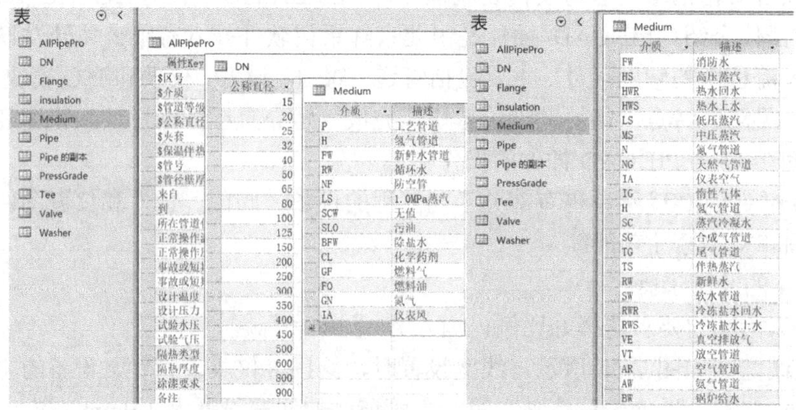


图 7-40　数据库文件修改

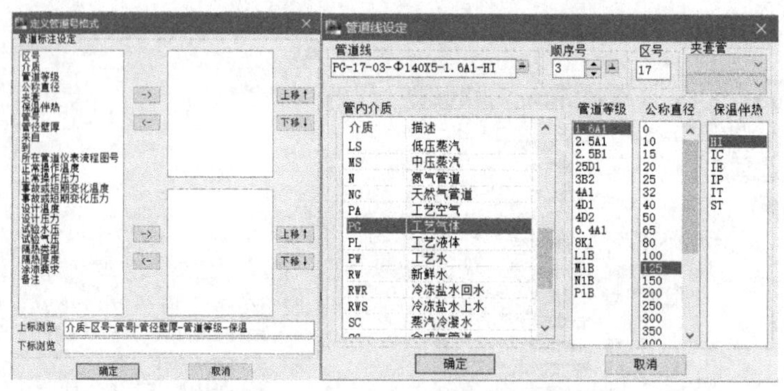


图 7-41　管道标注代号设置

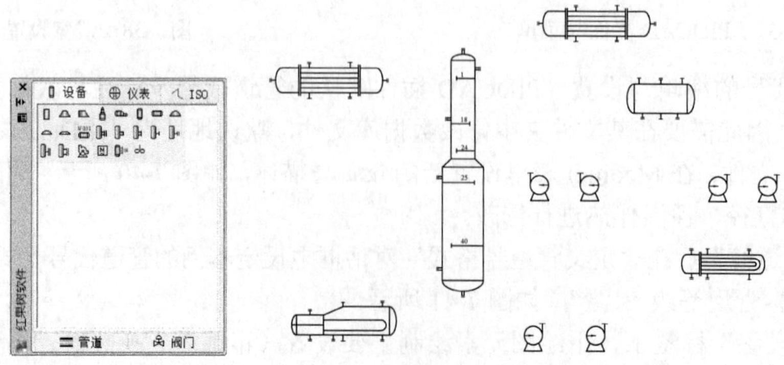


图 7-42　设备图绘制

e．在“管道”与“阀门”标签下，绘制主、次工艺管线，增设阀门、管件、物流连接符等，如图 7-43 所示。

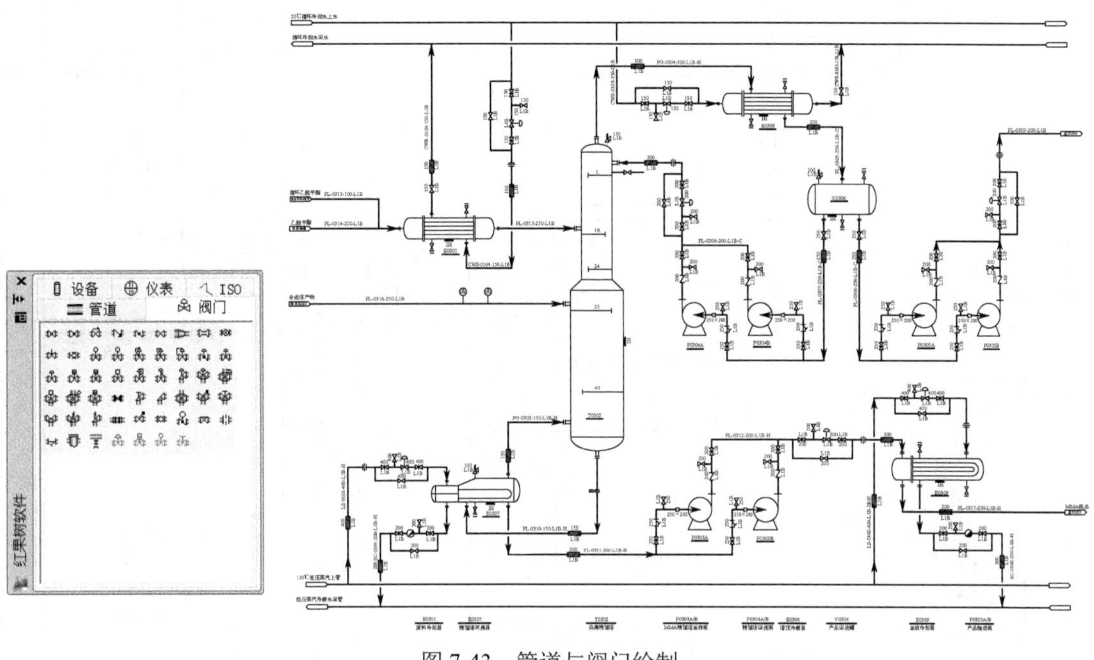


图 7-43　管道与阀门绘制

f．绘制控制线、控制仪表，如图 7-44、图 7-45 所示。

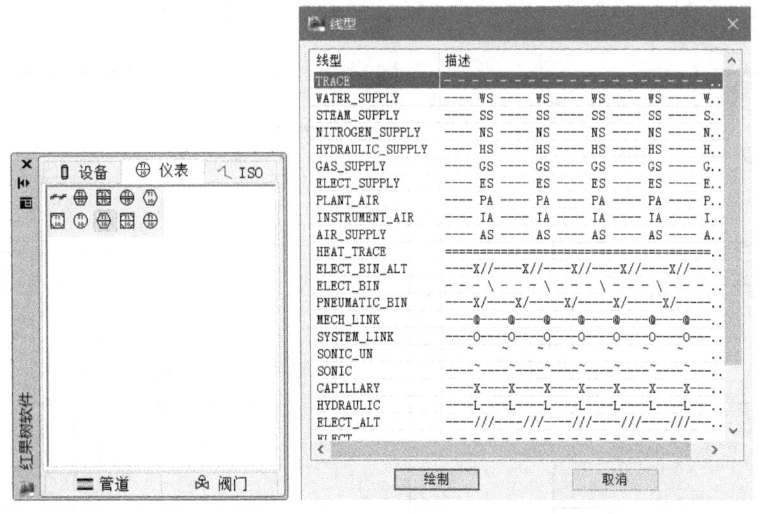


图 7-44　控制仪表界面

g．添加设备位号，完善标题栏，如图 7-46 所示。

（2）PID 图绘图练习

阅读并绘制图 7-47 所示的异丁烯氧化反应工段 PID 图。

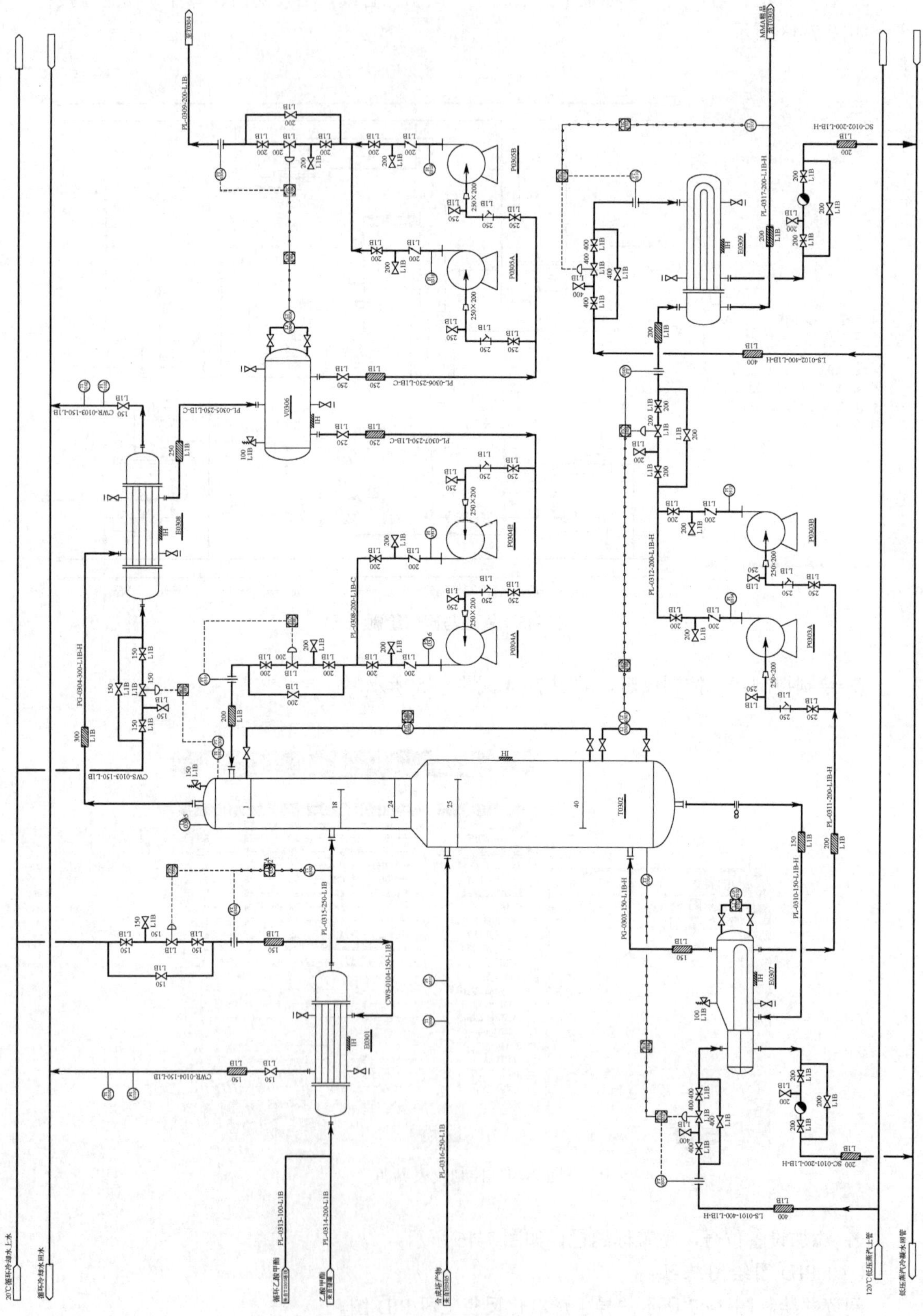

图 7-45 控制仪表与回路绘制

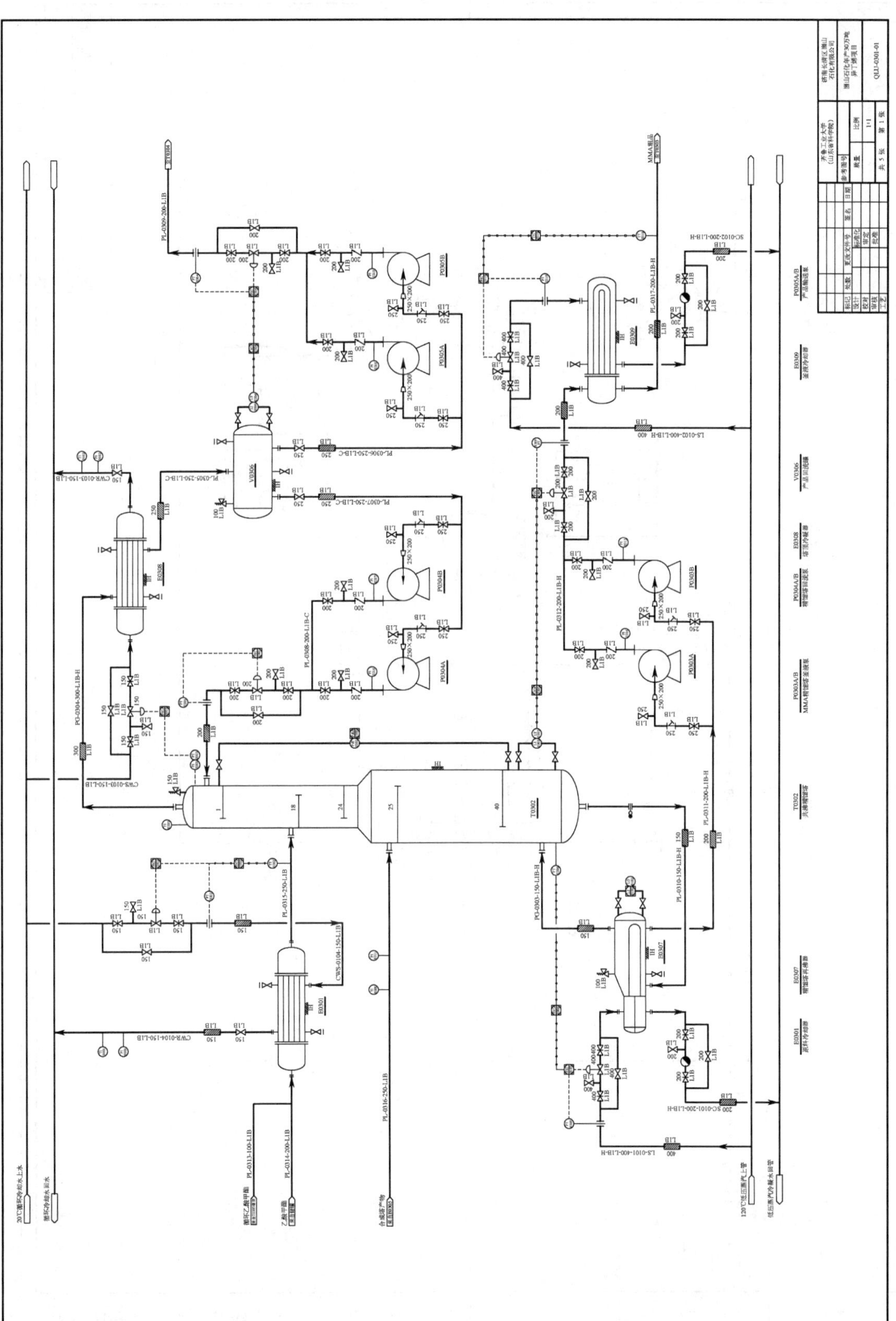

图 7-46　共沸精馏工艺 PID 图

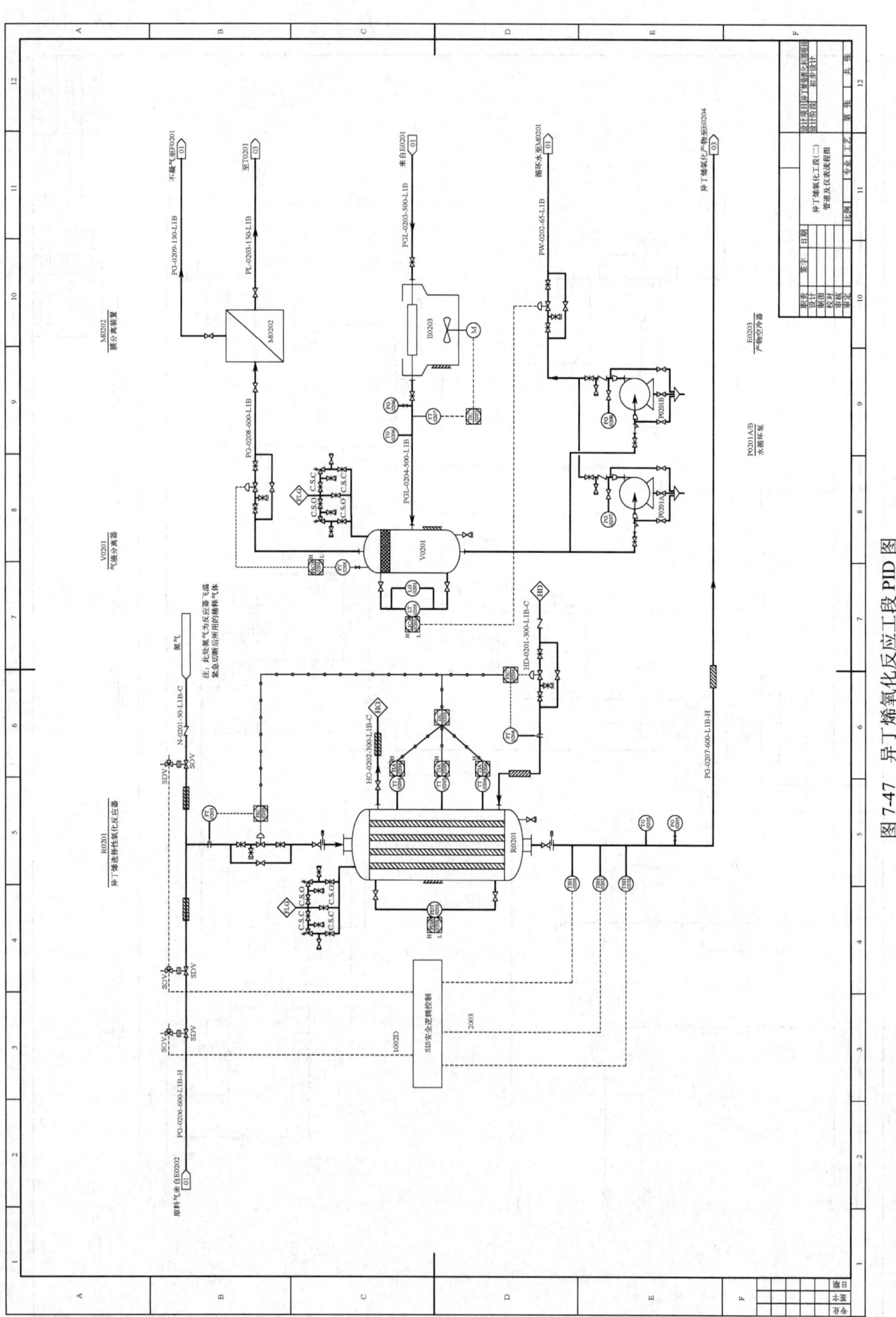

图 7-47 异丁烯氧化反应工段 PID 图

# 7.5　设备布置图 CAD 绘制

（1）设备布置图绘图示例

① 专业插件介绍　天正建筑 T20 是基于 AutoCAD 图形平台开发的先进软件，为建筑施工图设计提供全面服务。其集成了批处理命令、线型、字库、符号库、图库等功能，帮助用户更高效地完成设计工作。天正软件涵盖暖通、给排水、电气和建筑等领域，其中天正建筑已经成为建筑设计的标准绘图工具。这些功能的整合和优化使得软件在提高我国建筑设计行业的计算机应用水平和设计生产率方面发挥了卓越的作用，为用户提供了更便捷、高效的设计和施工方案。

源泉设计是专门针对建筑设计、装饰设计及相关专业的辅助绘图软件，它着力于为用户打造一个简单、易用、快捷的 CAD 制图环境。源泉设计是免费免注册软件，绿色小巧，其提供丰富的“装饰构件”“建筑构件”和“建筑符号”绘图命令，建筑门、窗、墙、柱随时随地自动修剪，强化了 AutoCAD 的部分基本功能，如文字处理、尺寸标注、图层管理、编辑与绘图等。

② 图 5-2 建筑物的首层平面图的绘制　采用天正建筑 T20 插件辅助绘制。图 7-48 为天正建筑 T20 操作界面。

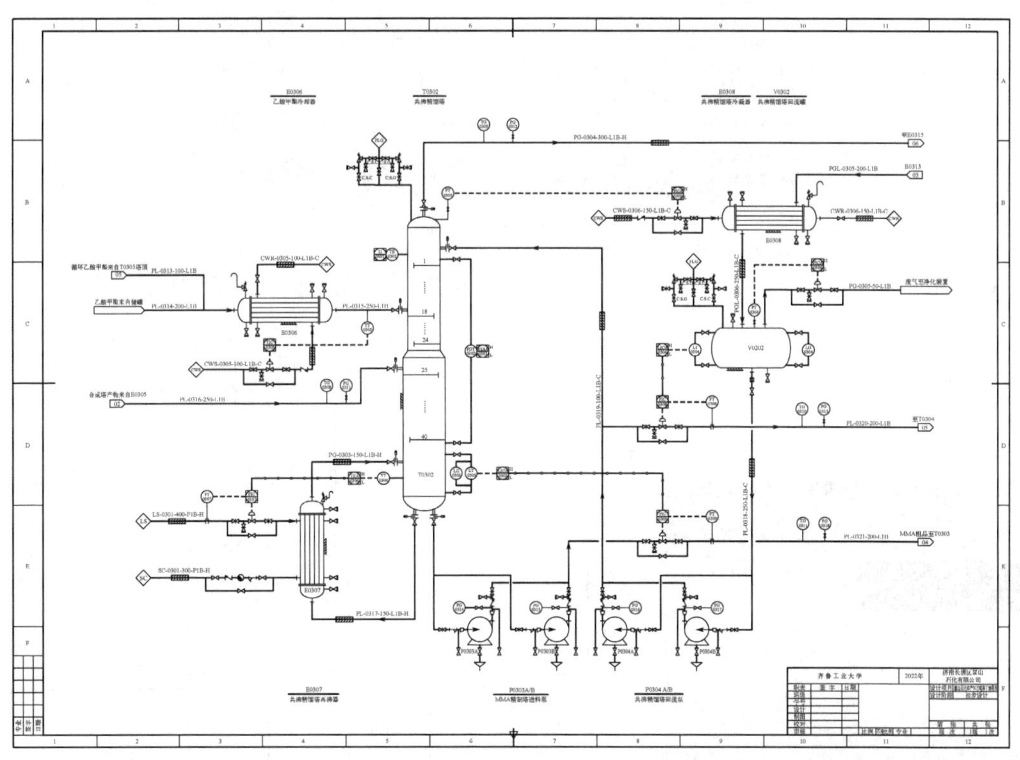

图 7-48　天正建筑 T20 界面

a．全局设置。设置当前比例 1∶100，同时设置文字样式和尺寸样式等，如图 7-49 所示。

b．绘制轴网。设置上开间、下开间、左进深、右进深的轴网，如图 7-50 所示。

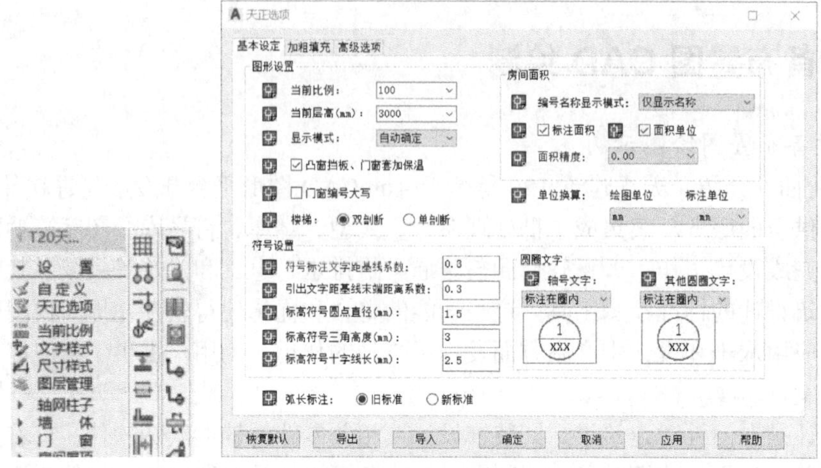

图 7-49 全局设置

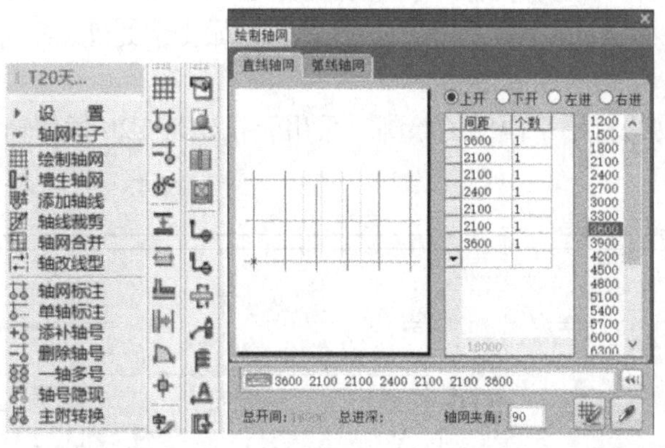

图 7-50 轴网绘制

c．轴网标注。双侧标注轴网，轴网对称时也可单侧标注，如图 7-51 所示。

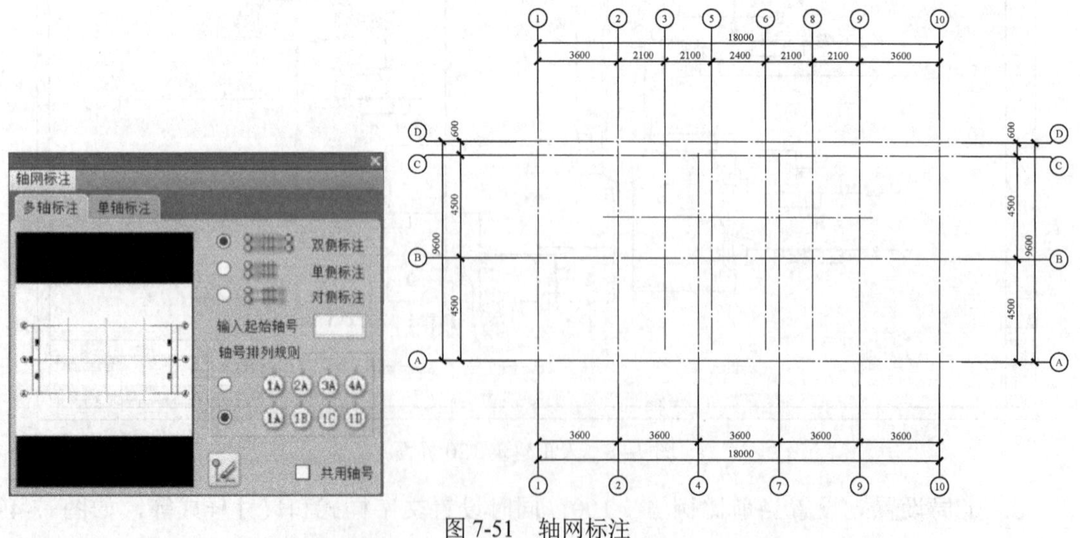

图 7-51 轴网标注

d．绘制墙体、柱子，如图 7-52、图 7-53 所示。

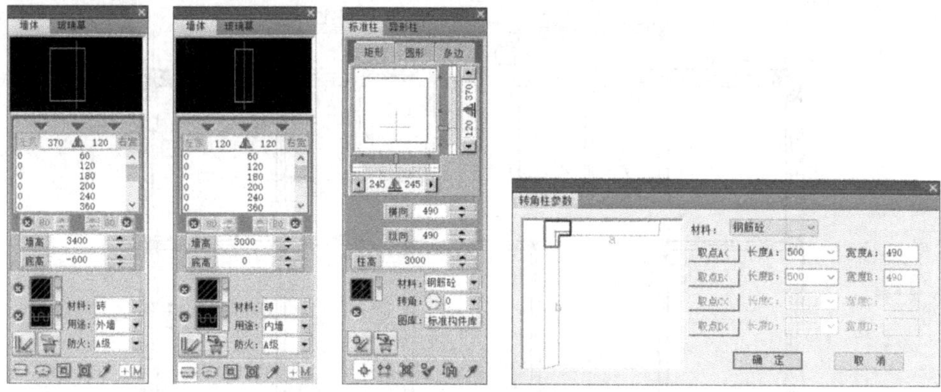


图 7-52 墙体、标准柱与转角柱的设置

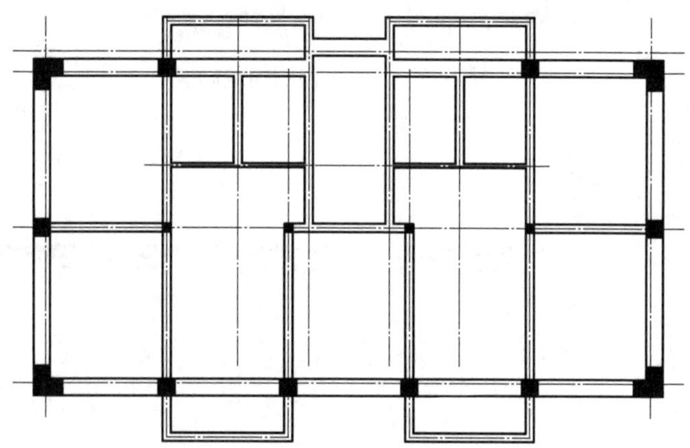

图 7-53 墙体、柱子的绘制

e. 门窗、插洞、带形窗的绘制，如图 7-54、图 7-55 所示。

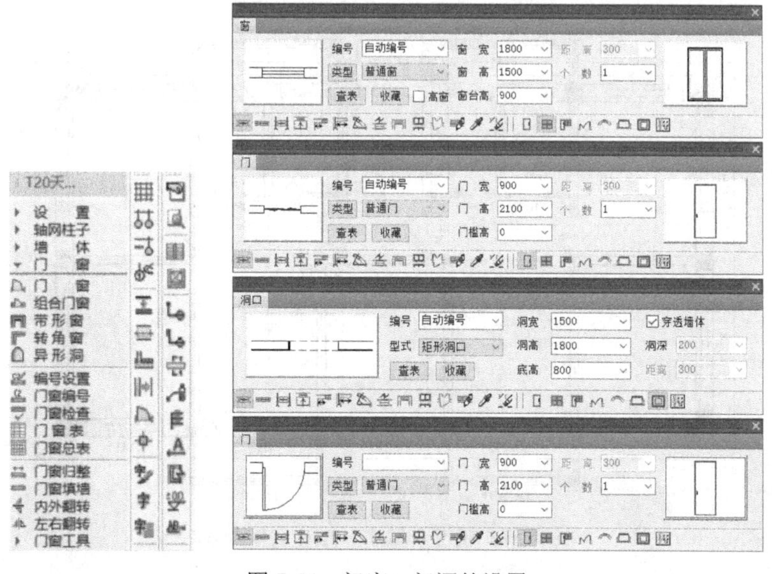


图 7-54 门窗、门洞的设置

f. 绘制楼梯、散水、进楼台阶，如图 7-56、图 7-57 所示。

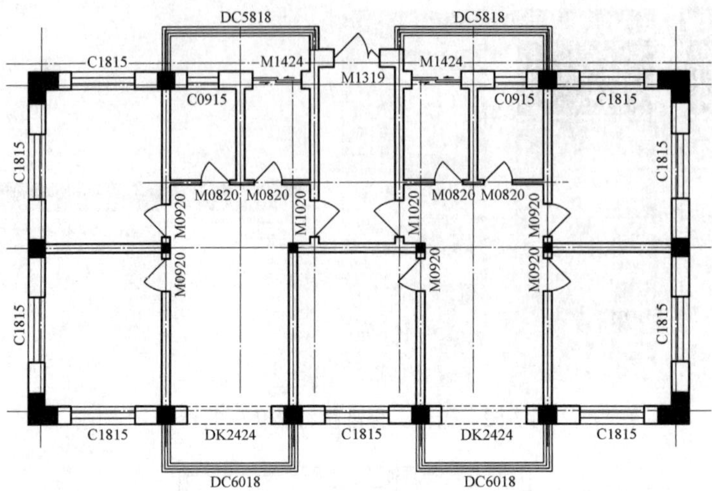


图 7-55　门窗、门洞的绘制

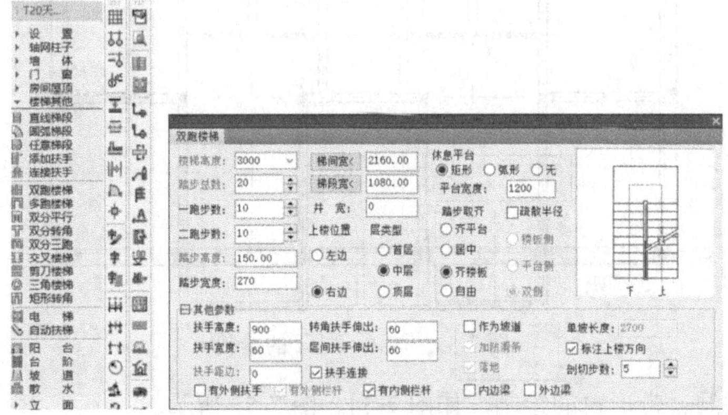


图 7-56　楼梯的设置

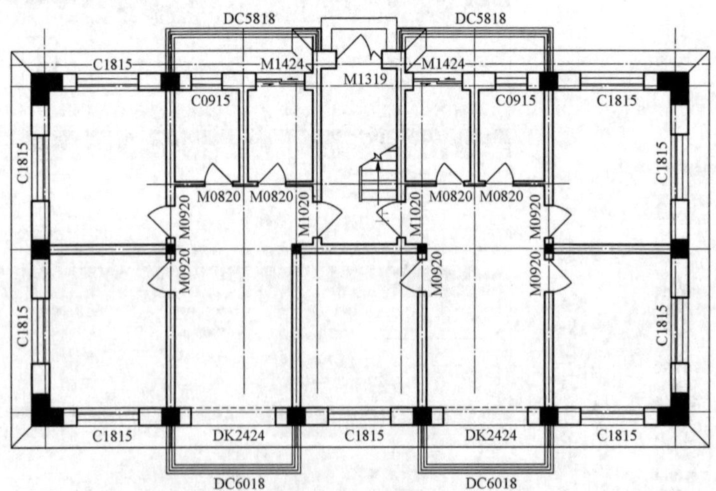


图 7-57　楼梯、散水、进楼台阶绘制

g．添加尺寸标注、方向标，标注房间面积，插入图框，如图 7-58 所示。

h．绘制中间楼层和顶层，生成各层立体图，如图 7-59、图 7-60 所示。

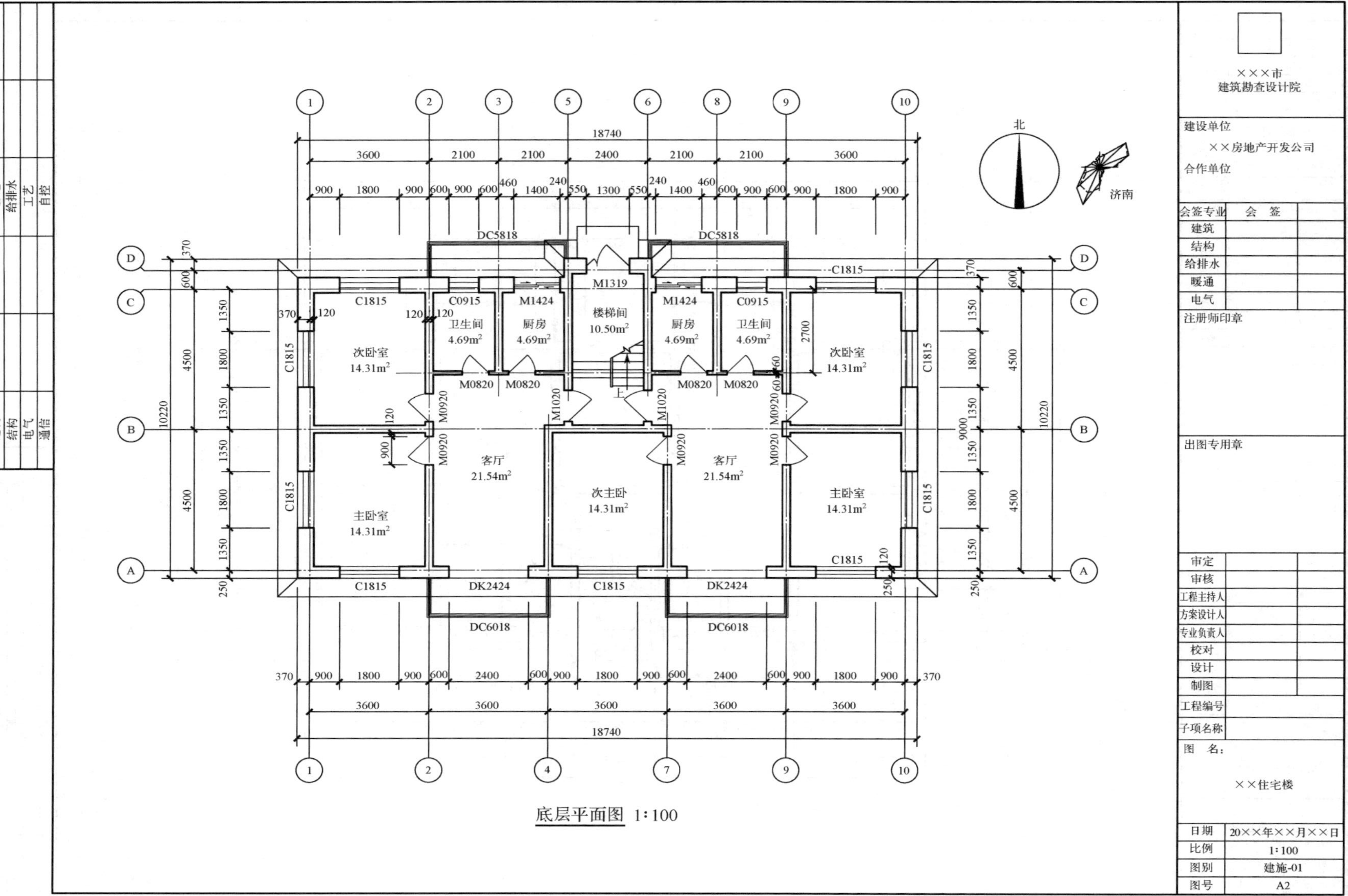
×××市
建筑勘查设计院
建设单位
××房地产开发公司
合作单位
会签专业
会　签
建筑
结构
给排水
暖通
电气
注册师印章
出图专用章
审定
审核
工程主持人
方案设计人
专业负责人
校对
设计
制图
工程编号
子项名称
图　名：
××住宅楼
日期
20××年××月××日
比例
1:100
图别
建施-01
图号
A2
北
济南
底层平面图 1:100
次卧室
14.31m²
主卧室
14.31m²
卫生间
4.69m²
厨房
4.69m²
客厅
21.54m²
楼梯间
10.50m²
次主卧
14.31m²
C1815
C0915
M1424
M0820
M0920
M1020
M1319
DC5818
DC6018
DK2424
18740
10220
建筑
结构
电气
通信
暖通
给排水
工艺
自控

图 7-58　首层平面图

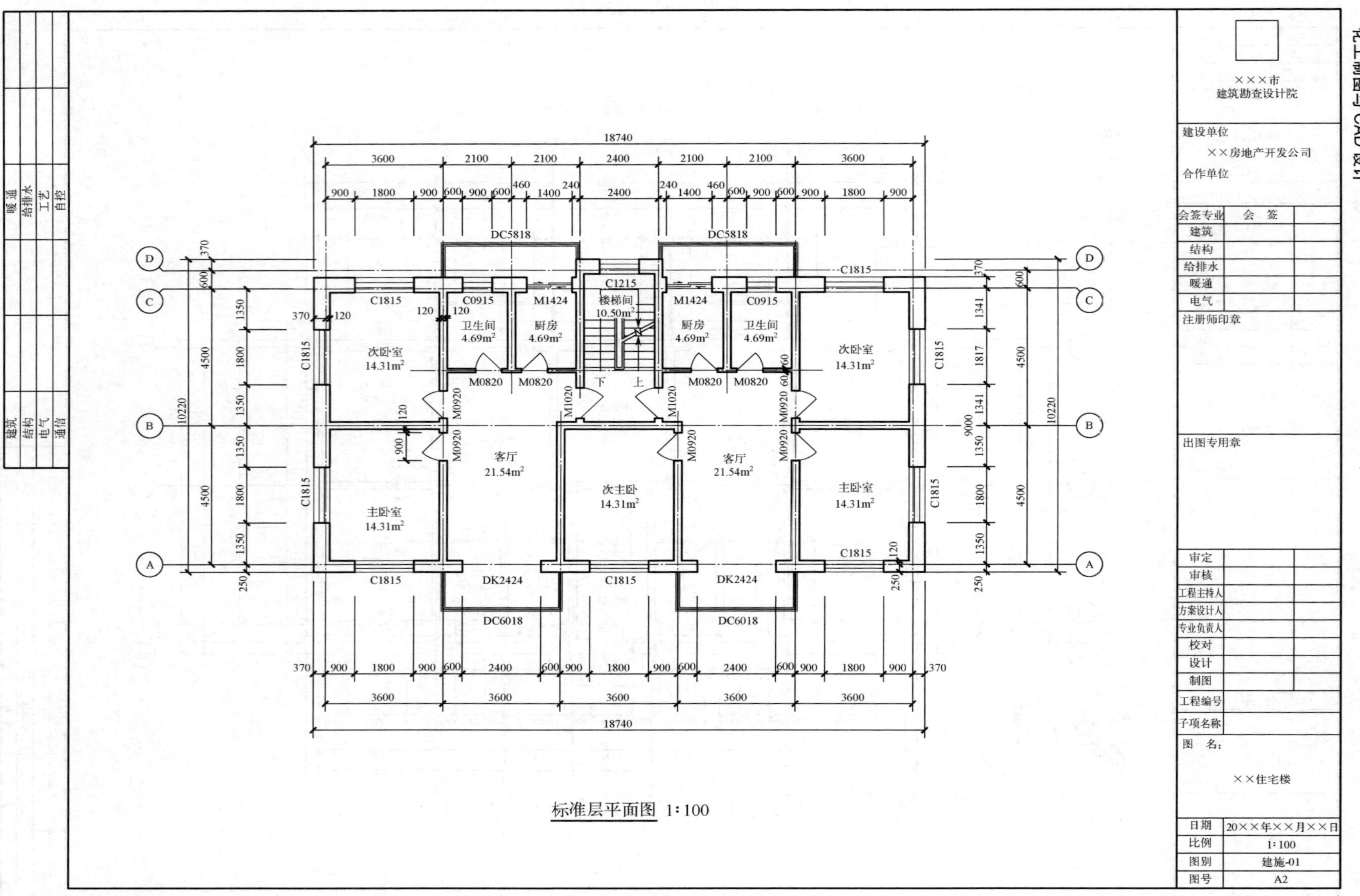
×××市
建筑勘查设计院
建设单位
××房地产开发公司
合作单位
会签专业
会 签
建筑
结构
给排水
暖通
电气
注册师印章
出图专用章
审定
审核
工程主持人
方案设计人
专业负责人
校对
设计
制图
工程编号
子项名称
图 名:
××住宅楼
日期
20××年××月××日
比例
1:100
图别
建施-01
图号
A2
次卧室
14.31m²
主卧室
14.31m²
卫生间
4.69m²
厨房
4.69m²
客厅
21.54m²
楼梯间
10.50m²
次主卧
14.31m²
标准层平面图 1:100
建筑
结构
电气
通信
暖通
给排水
工艺
自控

图 7-59 标准层平面图

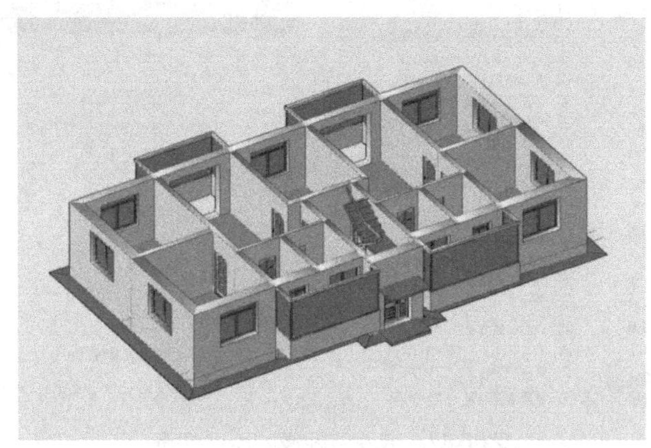

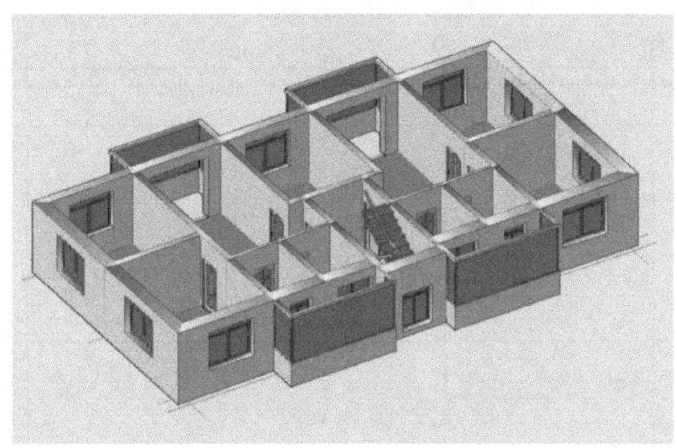

图 7-60　首层与标准层立体图

i．生成建筑立体图，如图 7-61 所示。

图 7-61　建筑三维图

③ 采用源泉设计插件与 HGCAD 插件辅助绘制硫普罗宁车间设备布置图　绘图前应该已经确定了视图的组成（平面图和剖视图数量）和图幅，确定了建筑物的轮廓和设备管口方位，设备的相对大小，以及全部管道、管件、阀门、仪表控制点的布置安装情况。

a．设置比例 1∶50，插入 A1 图框。绘制平面图建筑墙体轴线、隔间墙体轴线，标注轴标，如图 7-62、图 7-63 所示。

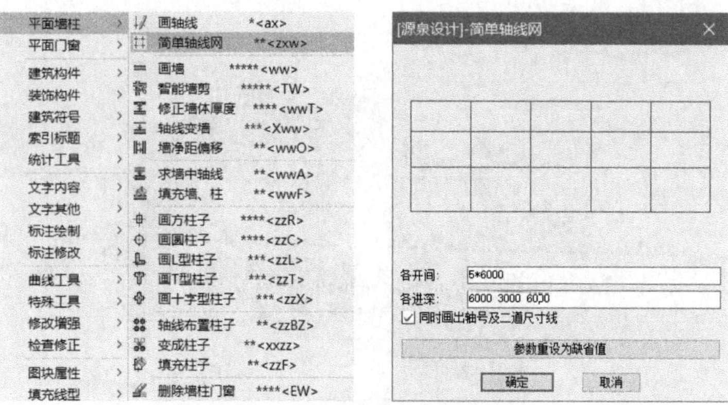


图 7-62 墙柱、轴线的绘制界面

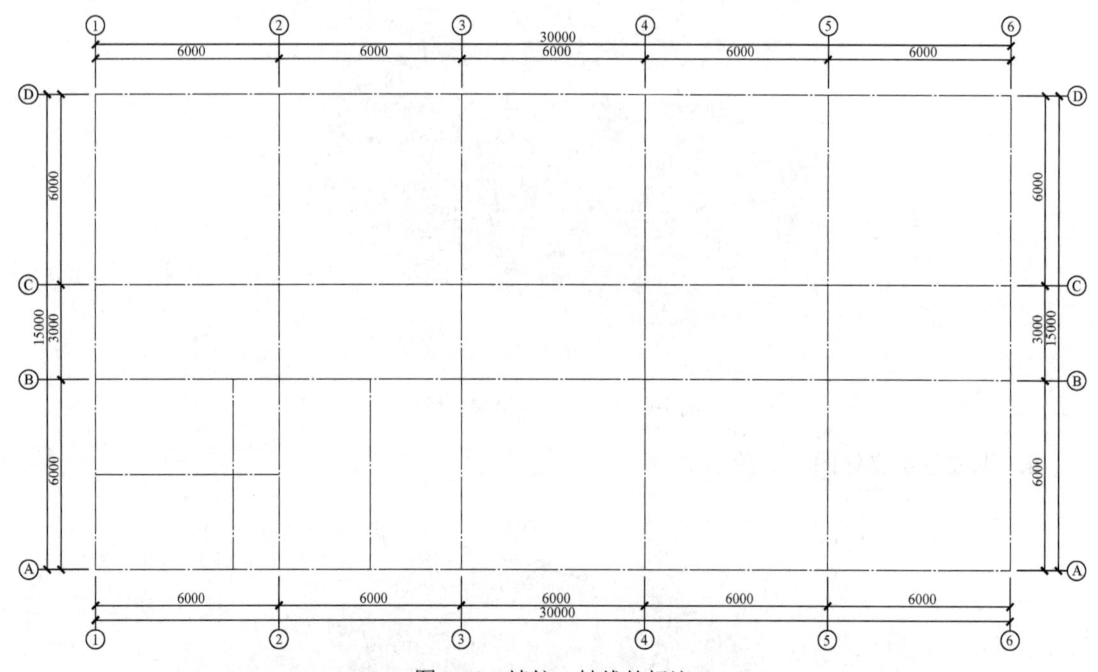


图 7-63 墙柱、轴线的标注

b．沿着墙体轴线绘制基础墙体、支承柱，并确定门、窗等的位置与尺寸，如图 7-64、图 7-65 所示。

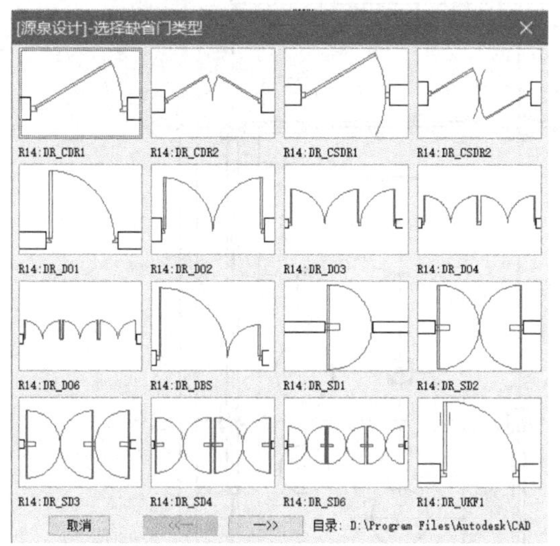


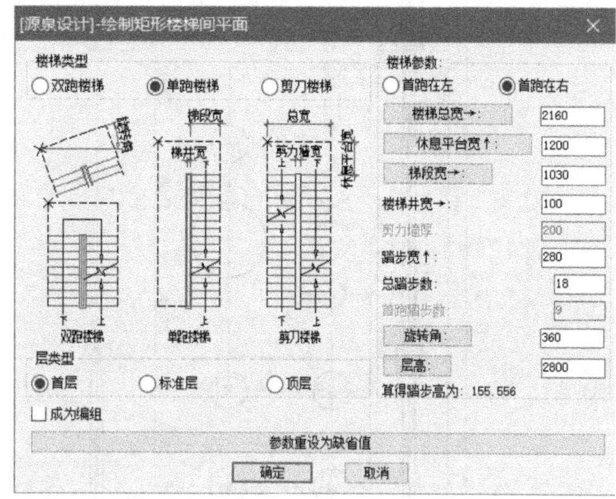


图 7-64　门窗、楼梯的绘图界面

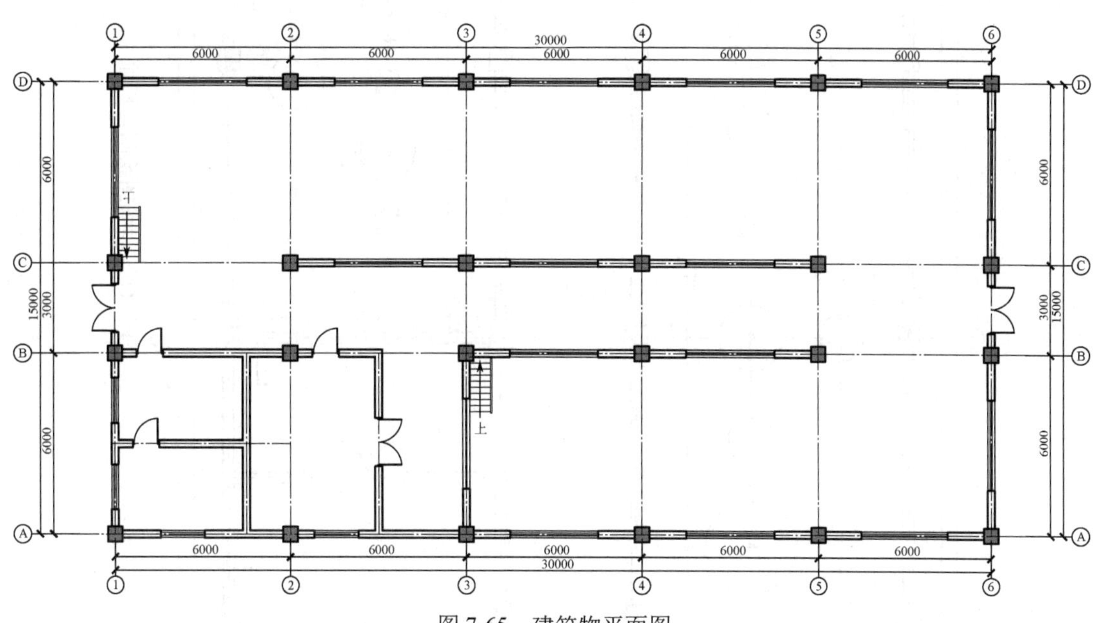


图 7-65　建筑物平面图

c．通过设备定位尺寸确定各设备定位中心线，并绘制反应釜、罐体、换热器等设备简图，如图 7-66 所示。

d．标注设备定位尺寸、设备位号等，如图 7-67 所示。

e．根据平面图定位尺寸，绘制出设备立面（剖视）图，如图 7-68、图 7-69 所示。

f．绘制方向标，填写标题栏，完成绘制，如图 7-70、图 7-71 所示。

（2）设备布置图绘图练习

① 阅读并绘制图 5-12 设备平面布置图、图 5-13 设备立面布置图。

② 阅读并绘制图 7-72 设备平面布置剖面图、图 7-73 立面布置剖面图。

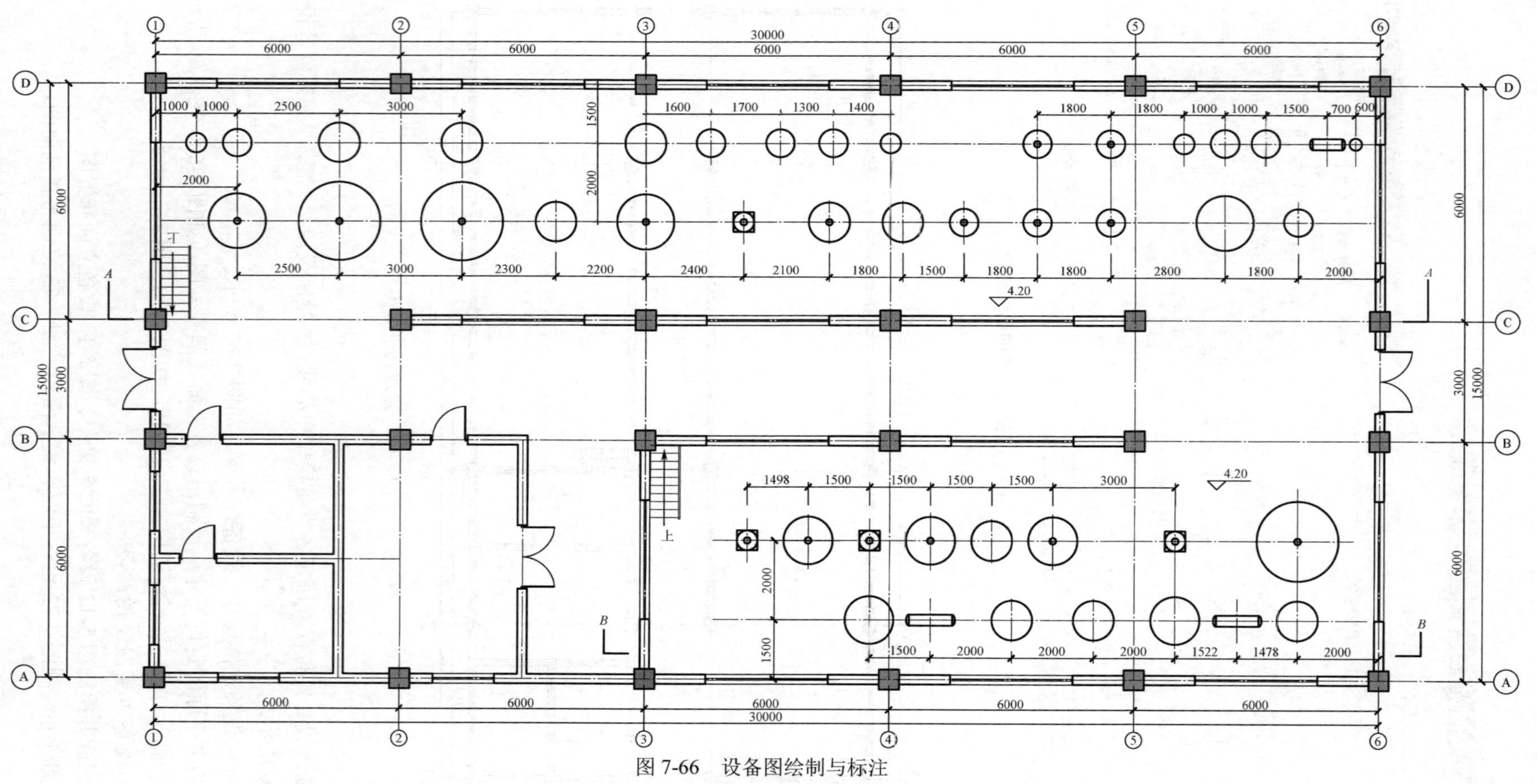


图 7-66 设备图绘制与标注

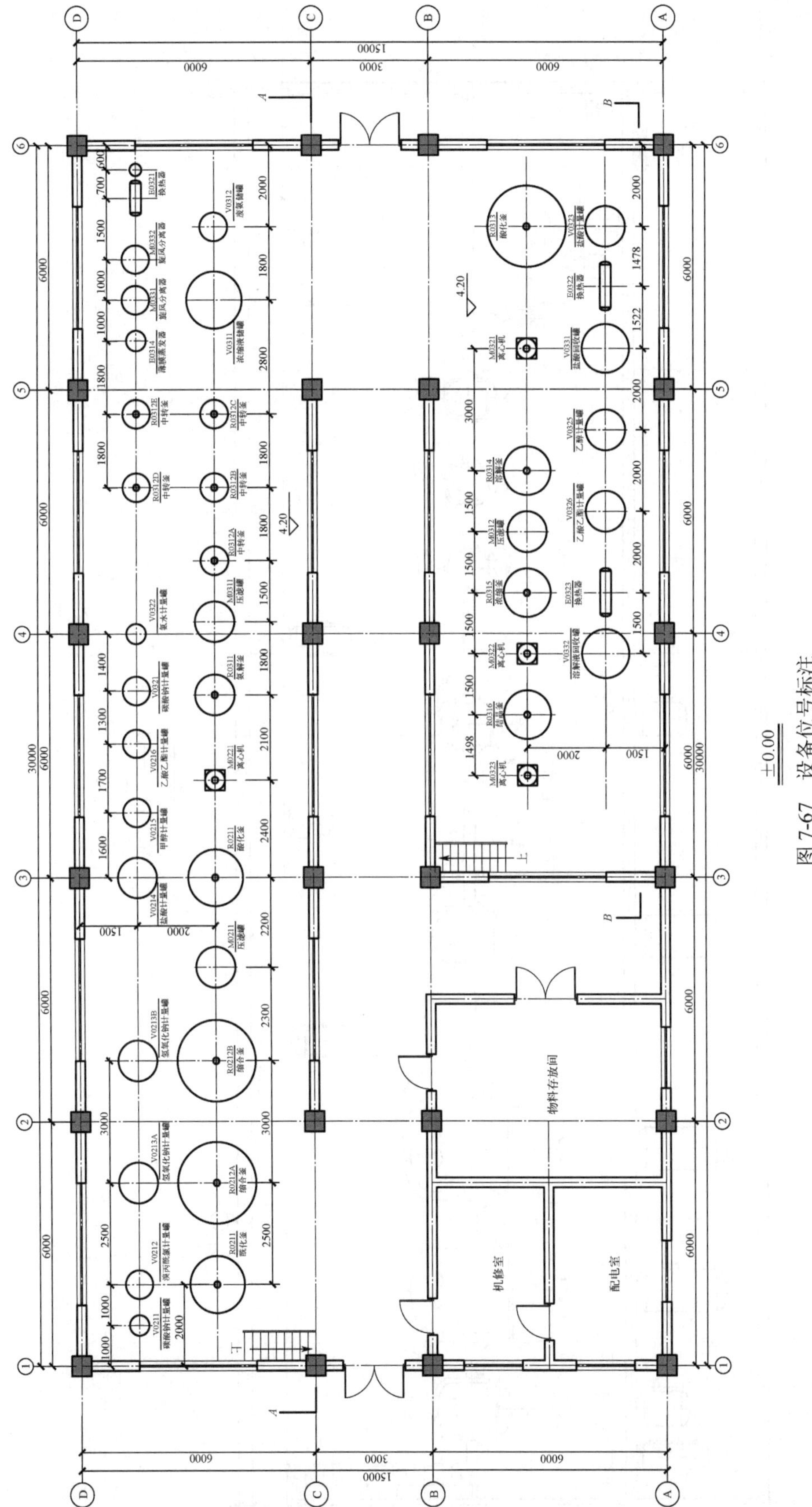


图 7-67　设备位号标注

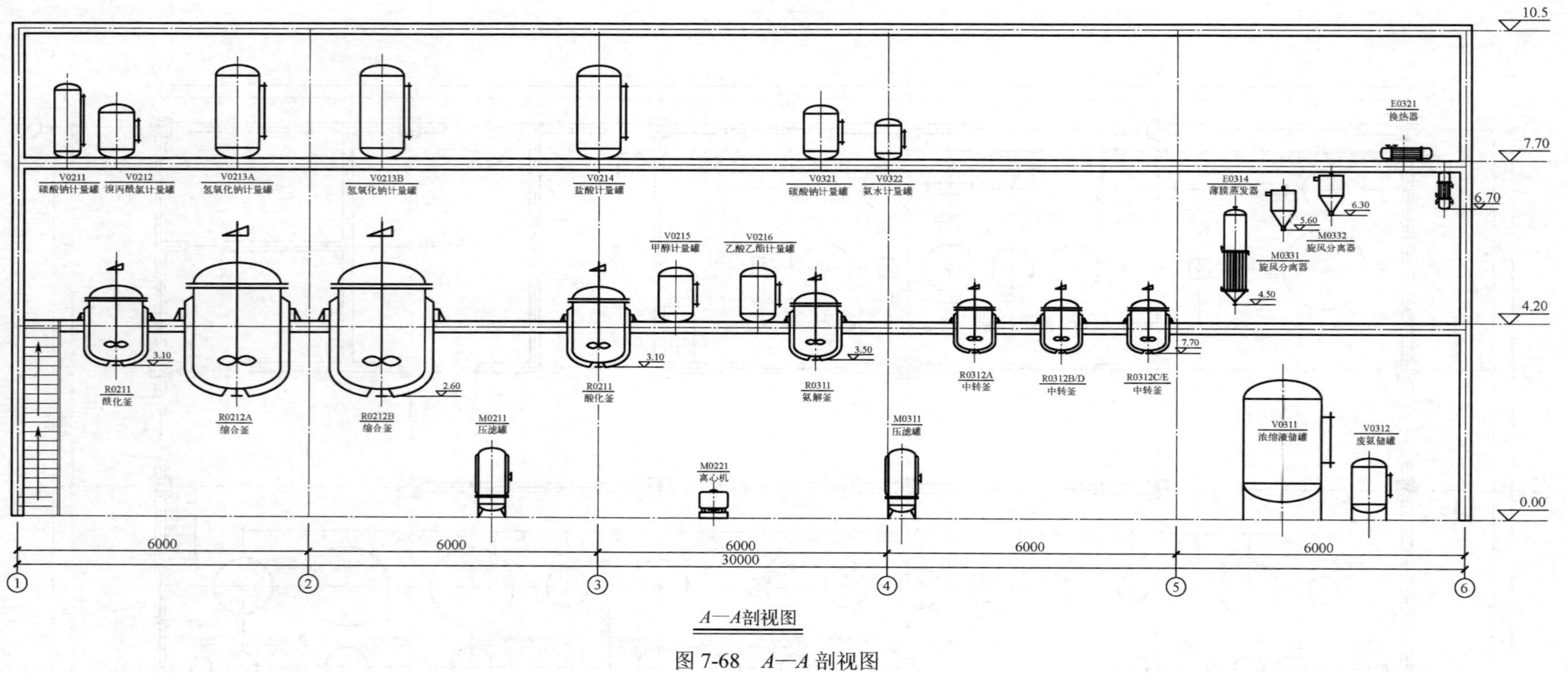
10.5
7.70
6.70
4.20
0.00
E0321
换热器
V0211
碳酸钠计量罐
V0212
溴丙酰氯计量罐
V0213A
氢氧化钠计量罐
V0213B
氢氧化钠计量罐
V0214
盐酸计量罐
V0321
碳酸钠计量罐
V0322
氨水计量罐
E0314
薄膜蒸发器
5.60
6.30
M0332
旋风分离器
M0331
旋风分离器
4.50
V0215
甲醇计量罐
V0216
乙酸乙酯计量罐
3.10
R0211
酰化釜
R0212A
缩合釜
2.60
R0212B
缩合釜
3.10
R0211
酸化釜
3.50
R0311
氨解釜
R0312A
中转釜
R0312B/D
中转釜
7.70
R0312C/E
中转釜
M0211
压滤罐
M0221
离心机
M0311
压滤罐
V0311
浓缩液储罐
V0312
废氨储罐
6000
6000
6000
6000
6000
30000
1
2
3
4
5
6
A—A剖视图

图 7-68 A—A 剖视图

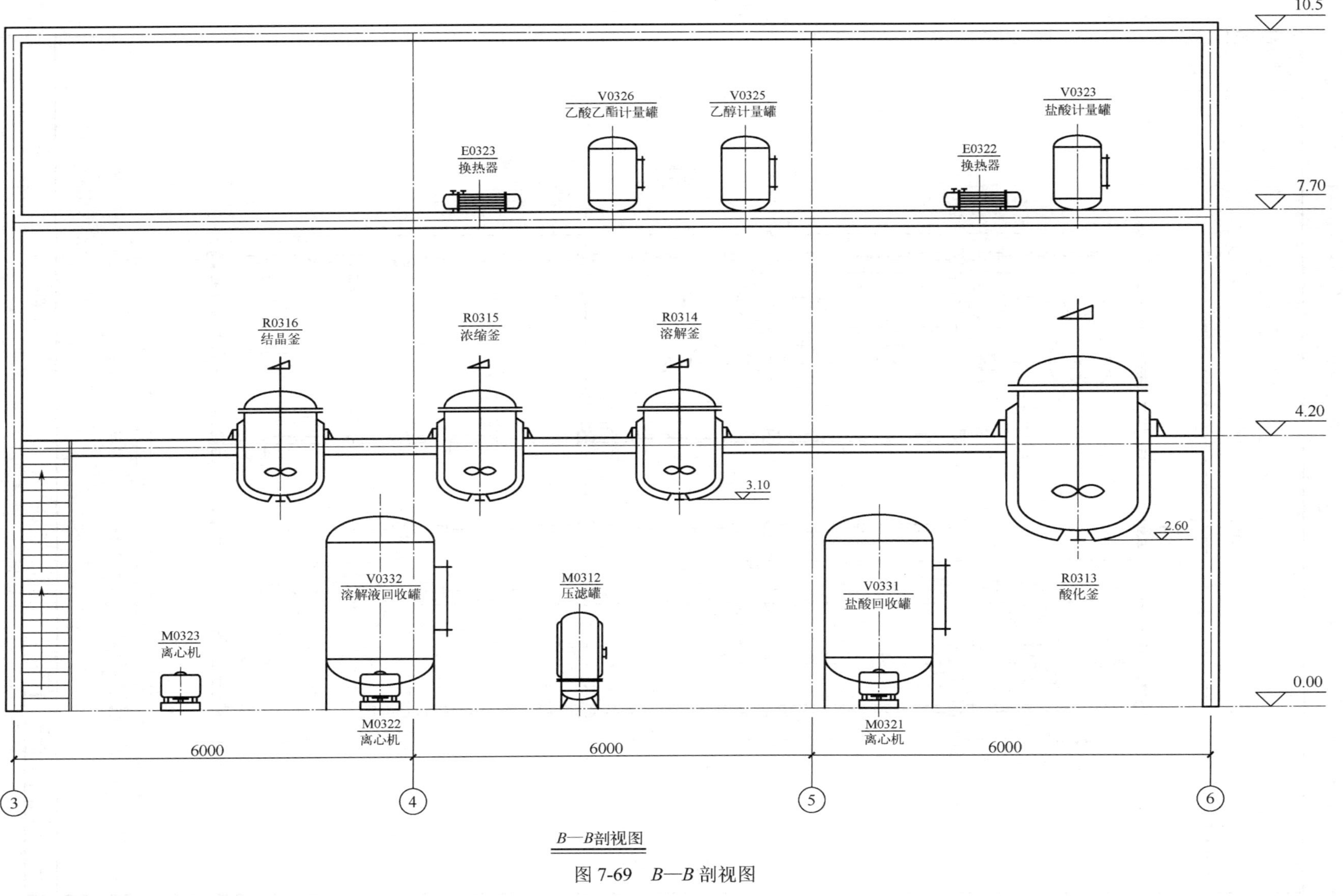
10.5
7.70
4.20
0.00
V0326
乙酸乙酯计量罐
V0325
乙醇计量罐
V0323
盐酸计量罐
E0323
换热器
E0322
换热器
R0316
结晶釜
R0315
浓缩釜
R0314
溶解釜
3.10
2.60
V0332
溶解液回收罐
M0312
压滤罐
V0331
盐酸回收罐
R0313
酸化釜
M0323
离心机
M0322
离心机
M0321
离心机
6000
6000
6000
3
4
5
6
B—B剖视图

图 7-69　B—B 剖视图

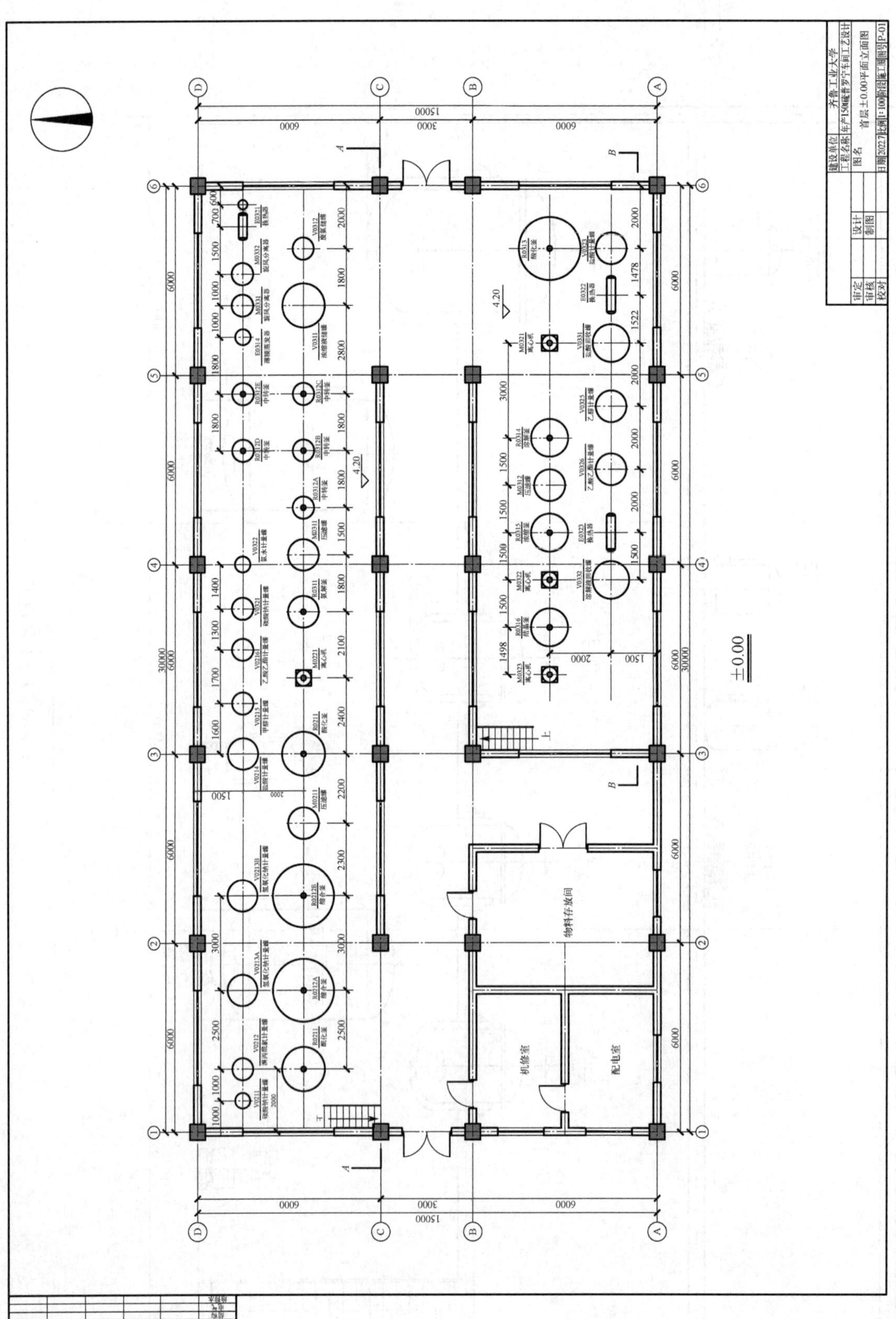


图 7-70　设备平面布置图

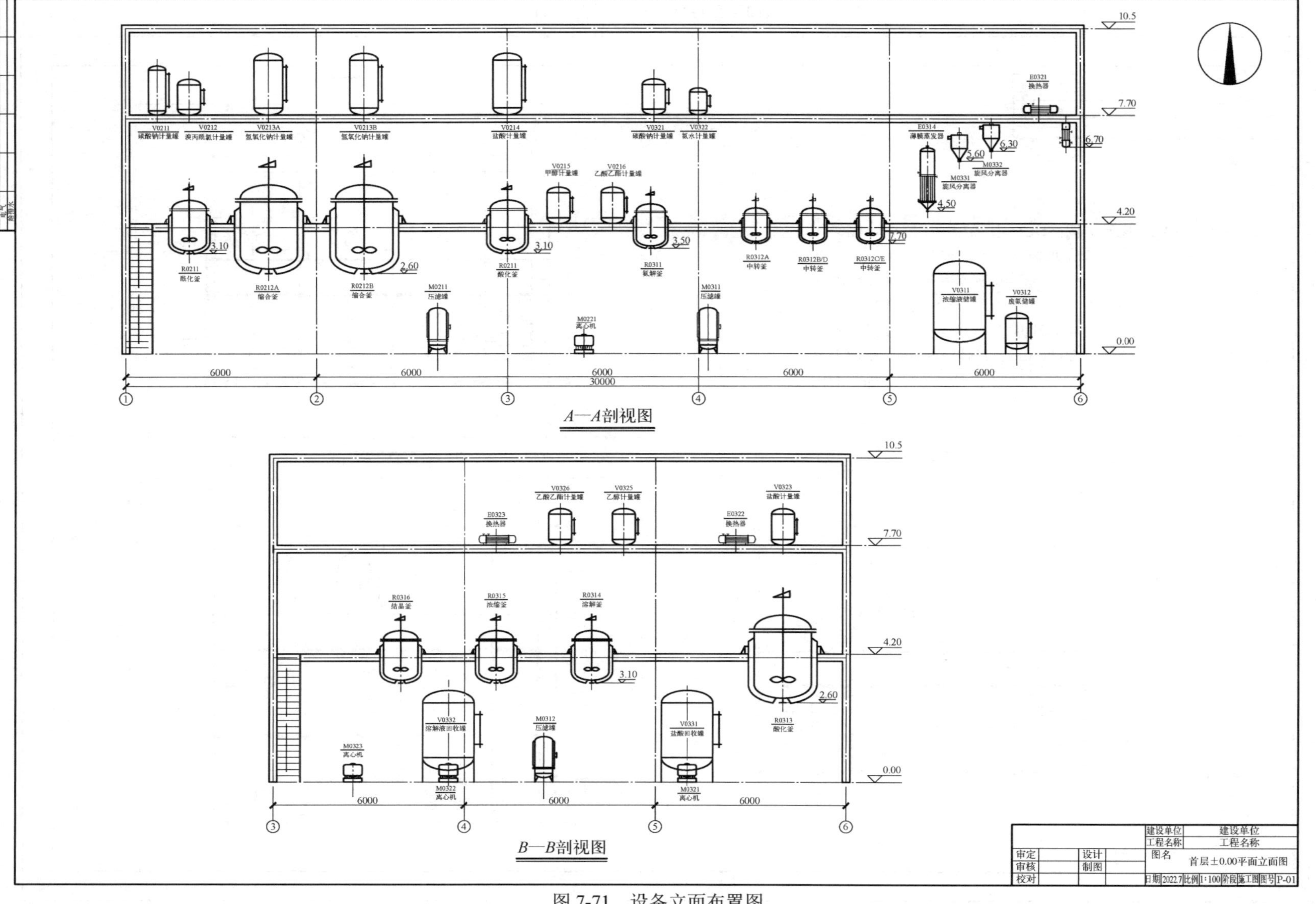


图 7-71　设备立面布置图

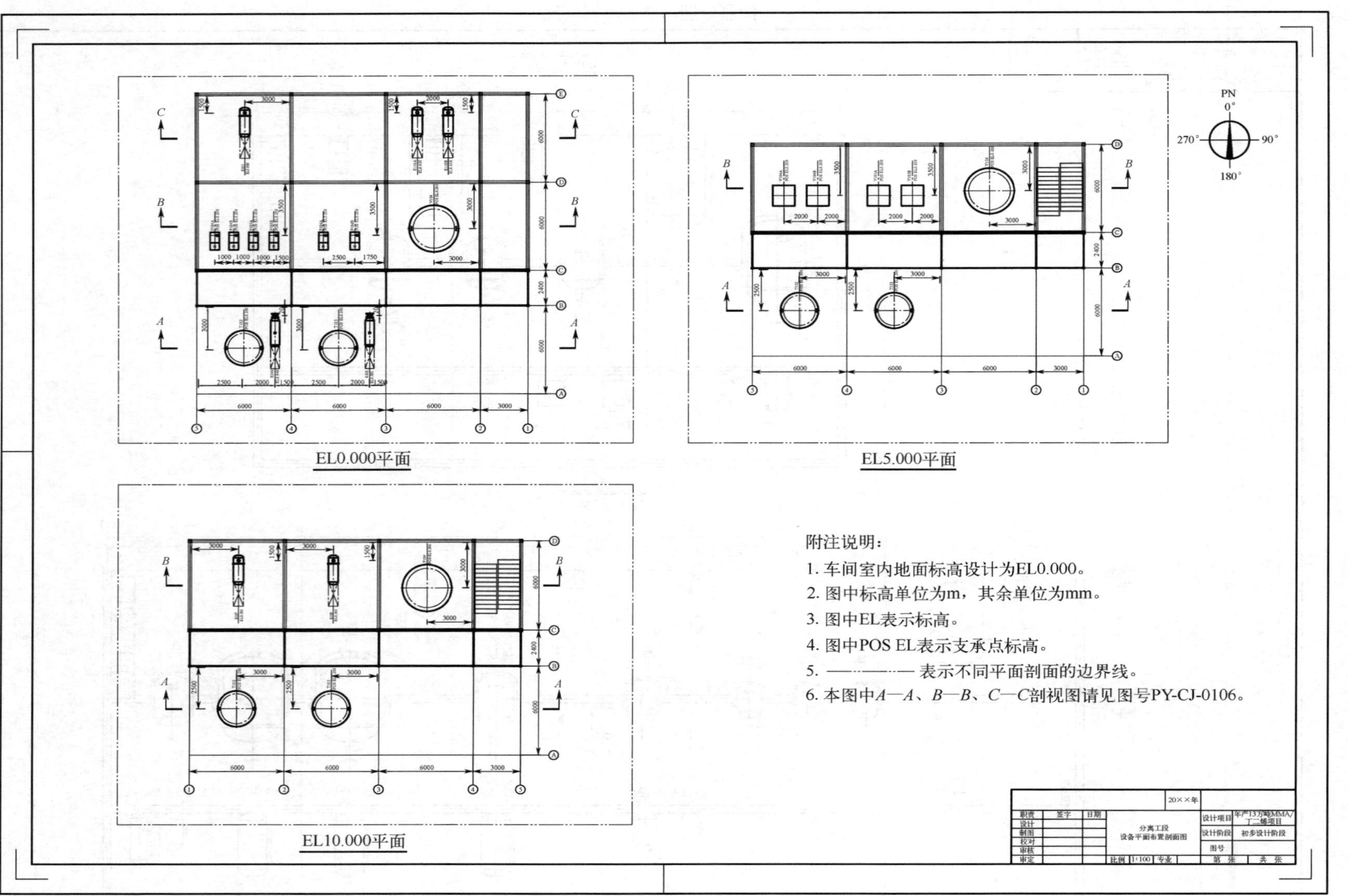


图 7-72 设备平面布置剖面图

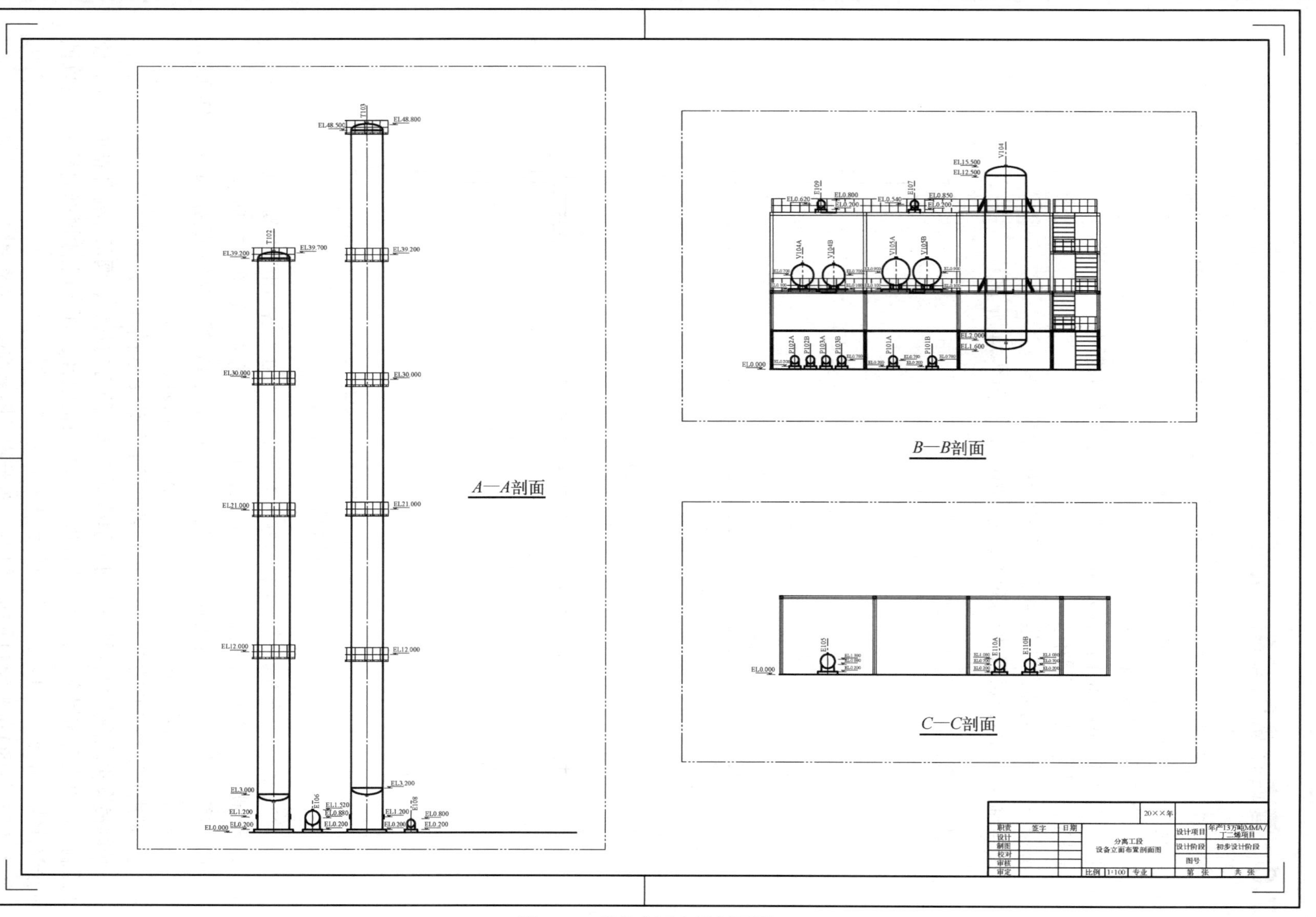


图 7-73　设备立面布置剖面图

## 7.6 管道布置图 CAD 绘制

绘制管道布置图的 CAD 三维视图软件有 AutoCAD Plant 3D、PDS、PDMS、PDSOFT，以及后来出现的 SmartPlant 3D、CADWorx 等。

（1）管道布置图绘图示例

① 采用 PIDCAD 插件辅助绘制图 6-1 所示的管道布置图。

a．设置图层、比例及图框。

b．绘制厂房定位轴线，绘制设备的定位中心线。

c．绘制厂房的墙柱、门窗等轮廓，标注轴线，如图 7-74 所示。

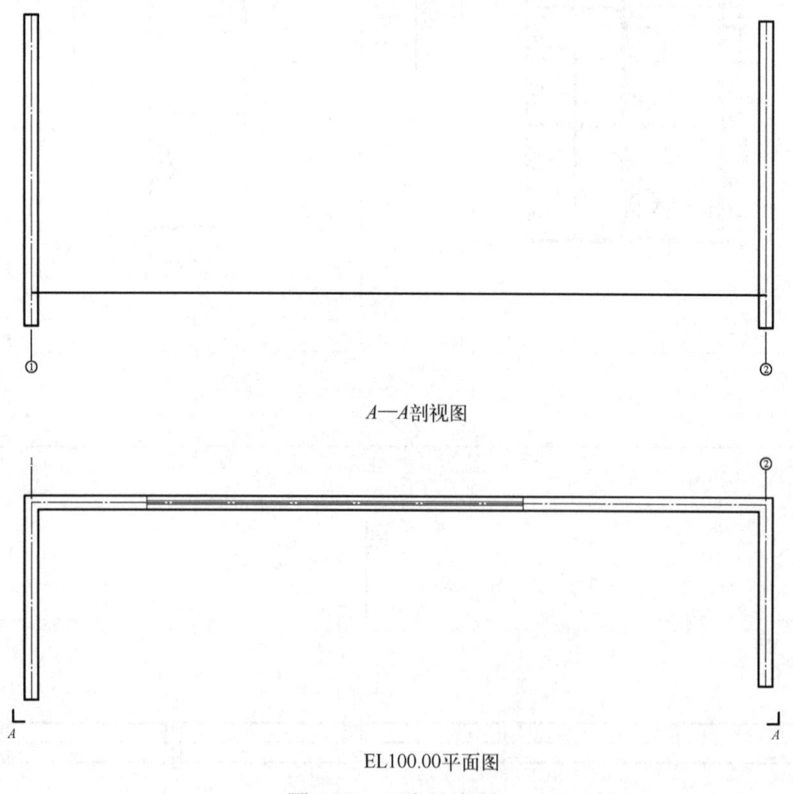


图 7-74　厂房轮廓图

d．绘制各设备的轮廓，并依据管口方位图将管口绘制在设备的正确位置，如图 7-75 所示。

e．绘制管道、接管上的阀门及控制仪表，标明管口符号，如图 7-76 所示。

f．标注设备位号、管道代号、标高等，标注定位尺寸，填写文字说明，如图 7-77 所示。

g．绘制并填写管口表和标题栏，最终如图 6-1 所示。

② 采用长维易图单线图与 ISO 插件辅助绘制管道 ISO 图。

长维易图单线图采用智能的方向追踪绘制方法对所有的管道、阀门、管件都能快速、便捷绘制。可以自动布置弯头、自动插入焊缝、自动标注管线、自动生成焊缝编号等，可以批量修改管线、管件，标注，生成材料统计表等。

图 7-78 为 ISO 插件绘制界面，图 7-79 为长维易图单线图绘制界面。

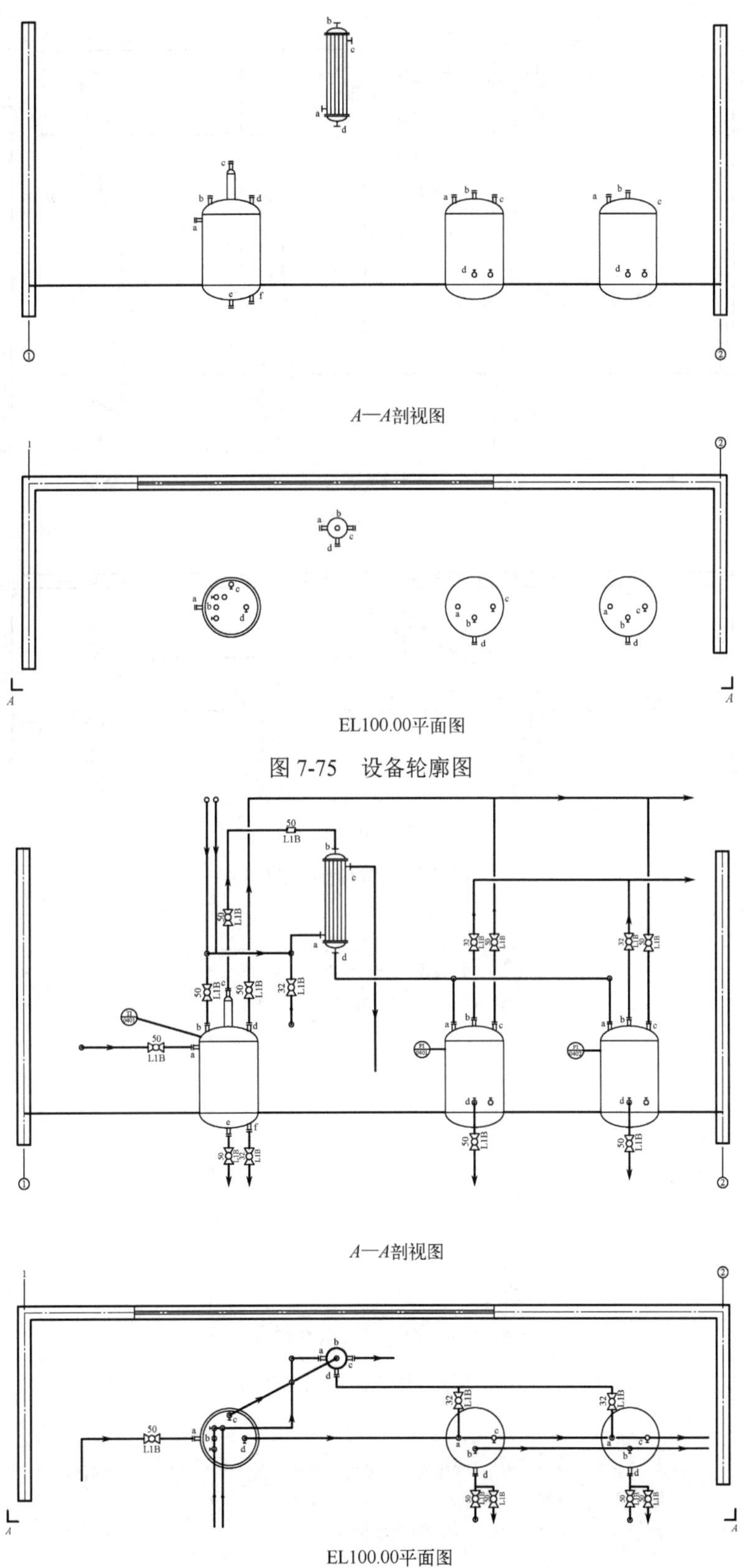


图 7-75 设备轮廓图

图 7-76 管道、阀门图

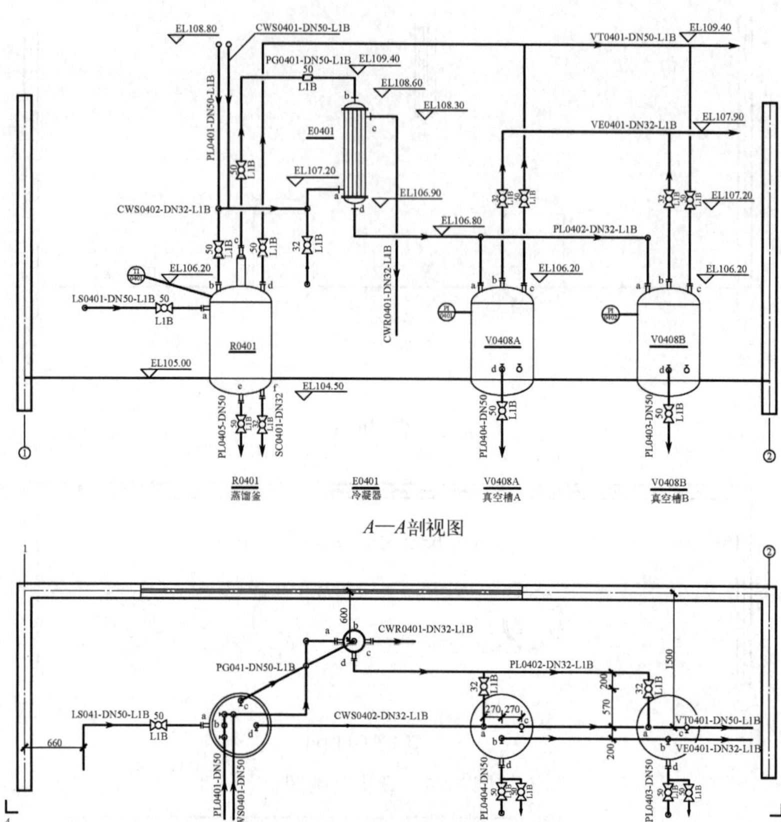


EL100.00平面图

图 7-77 管道标注图

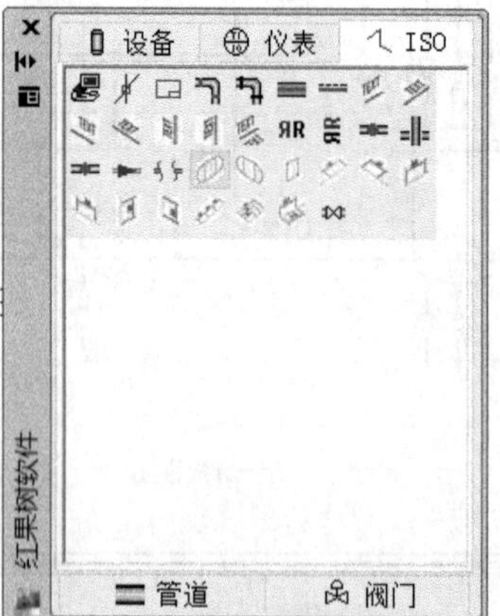


图 7-78 ISO 插件绘制界面

管道 弯头 选90度弯头 单个弯头 单焊 多焊 批焊 补插焊 定距离插焊

加法兰 打断管道1 打断管道2 45度三通

改管径(单) 改管径(多) 修改管道标高

设置 绘制 工具 标注 材料统计 工程管理 PDF标焊口

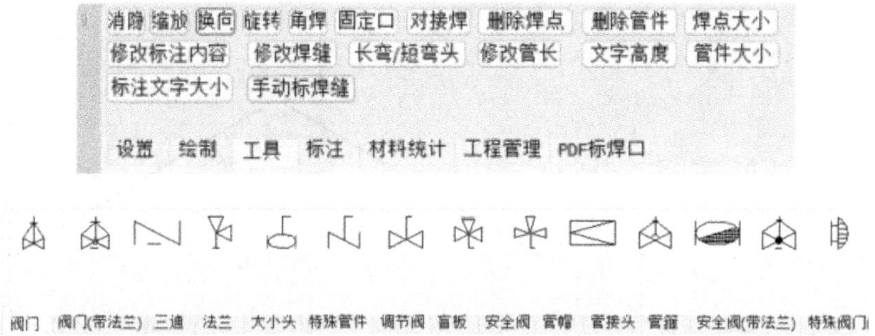

图 7-79　长维易图单线图菜单栏

a．设置图层、比例及图框，如图 7-80 所示。

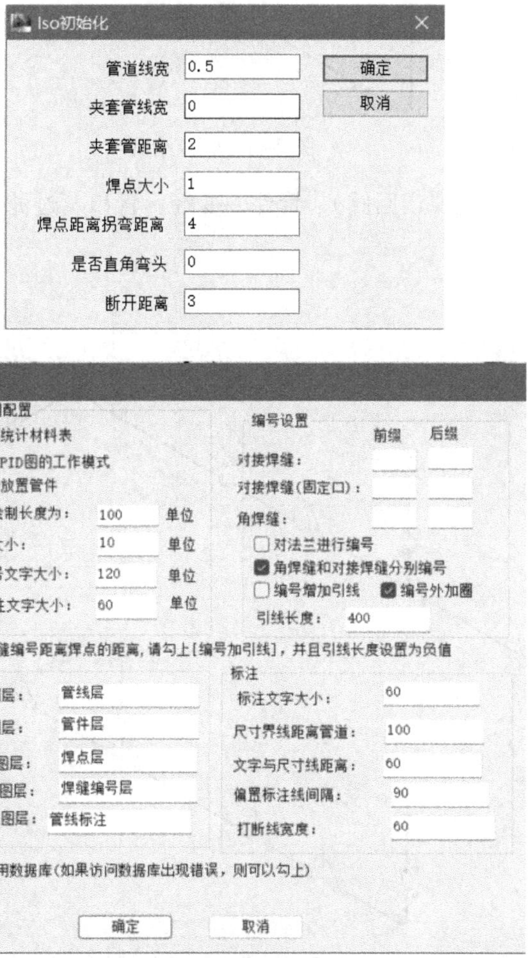

图 7-80　ISO 初始化

b．绘制管道、弯头、三通、对焊点，如图 7-81 所示。

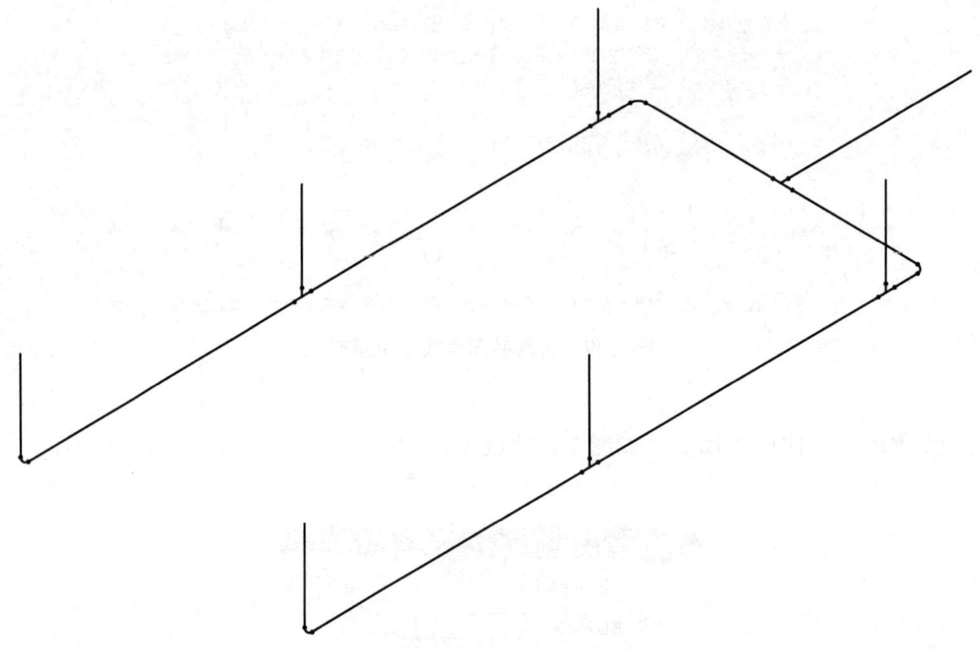

图 7-81　管道绘制

c．绘制阀门（截止阀、止回阀）、管件、变径、管口、过滤器等元件，标注焊点序号，如图 7-82 所示。

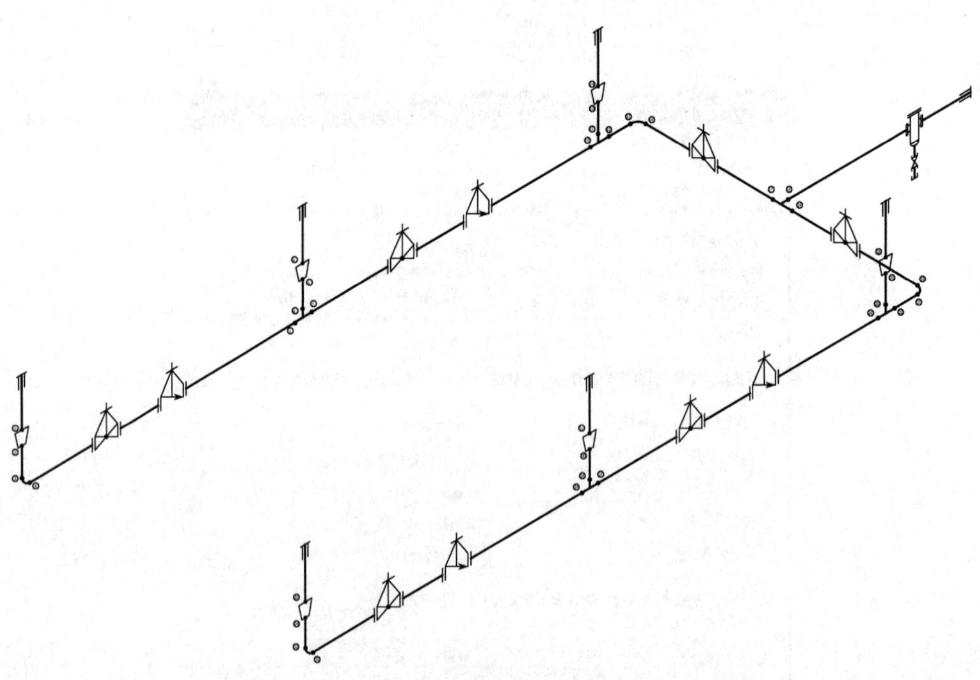

图 7-82　阀门、管件绘制

d．标注管道长度和阀门及管件的定位尺寸，如图 7-83 所示。

e．标注管道及管件件号、标高、变径尺寸及文字说明，如图 7-84 所示。

f．填写管件明细表、方向标、标题栏，如图 7-85 所示。

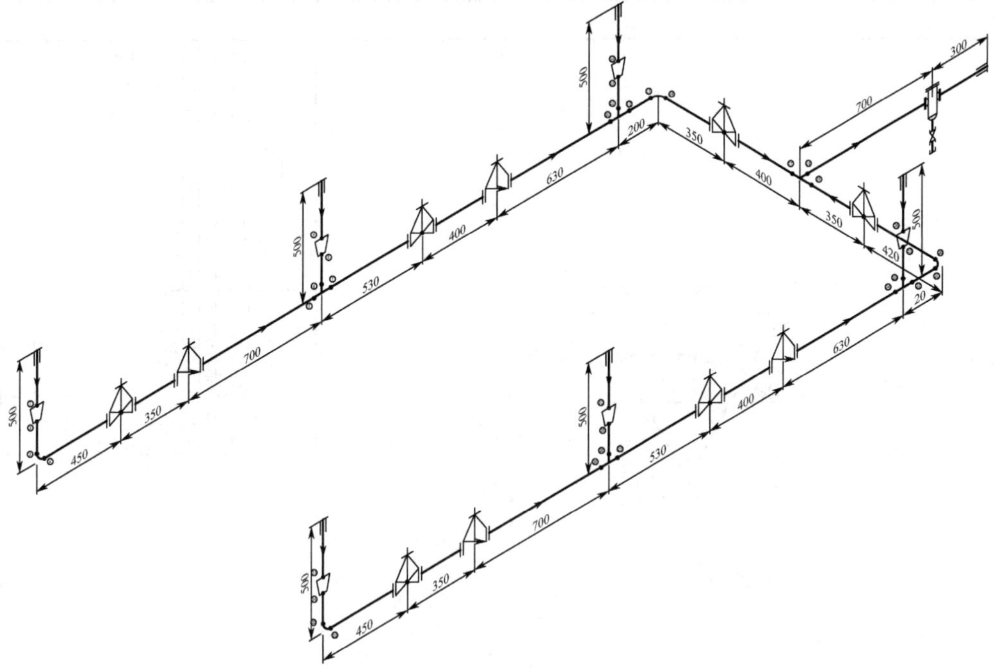


图 7-83　尺寸标注

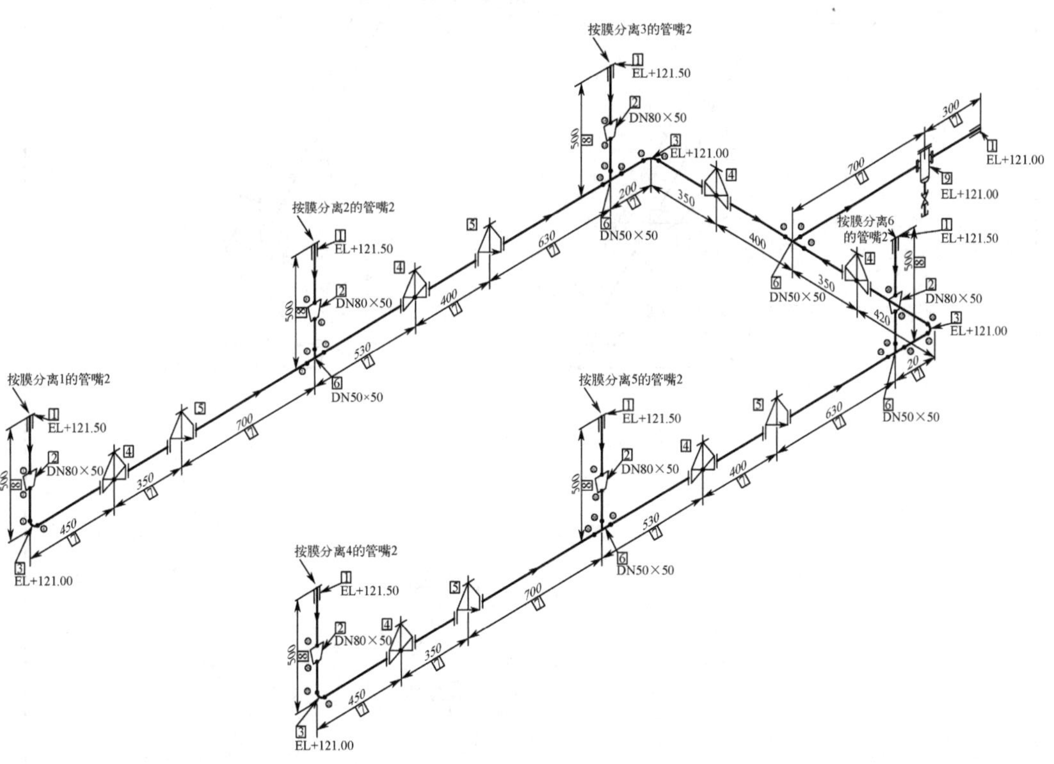


图 7-84　其他标注

（2）管道布置图绘图练习

① 阅读并绘制图 7-86 所示的管道布置图。

② 阅读并绘制图 7-87 所示的管道轴测图。

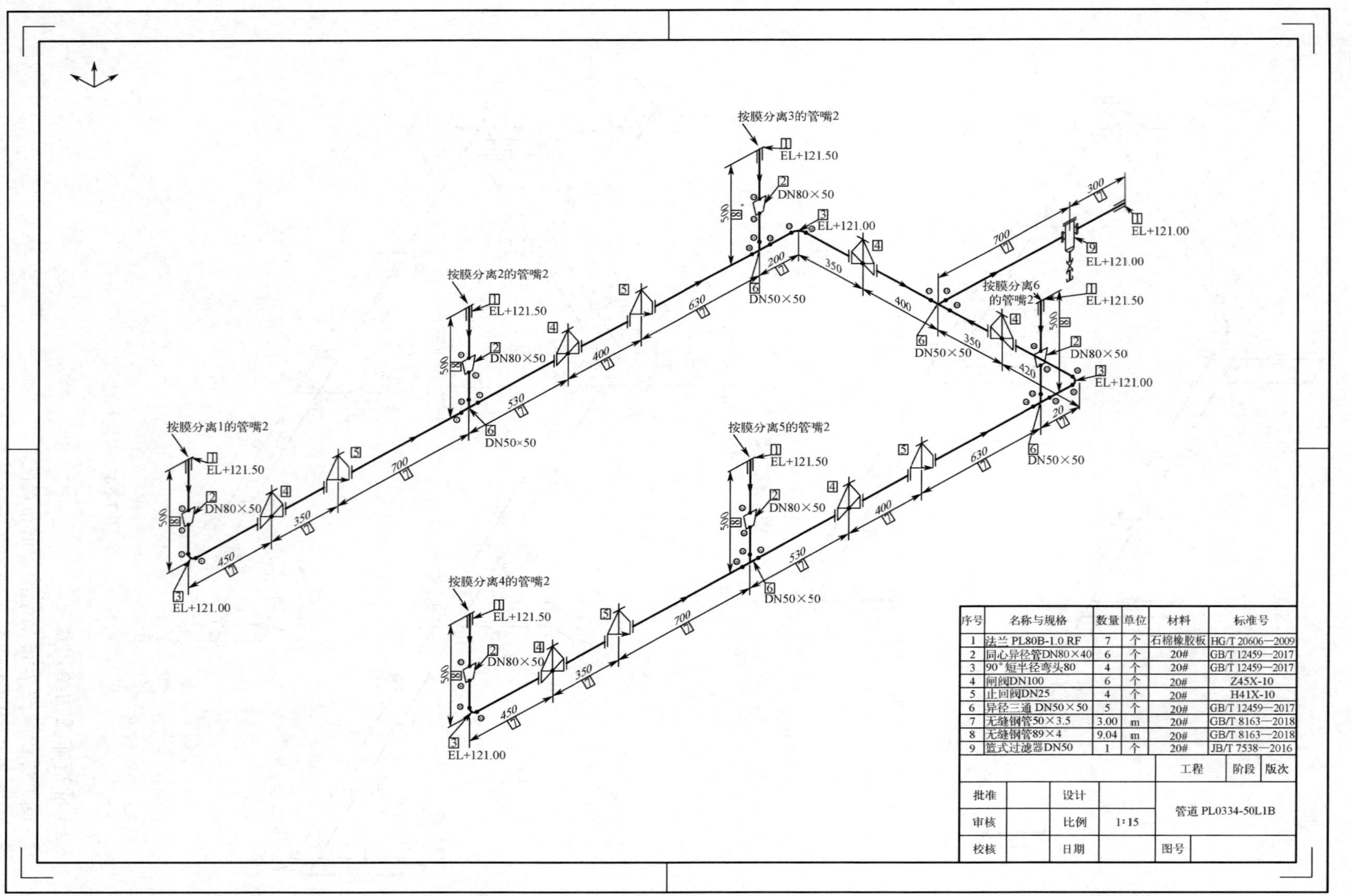
按膜分离1的管嘴2
按膜分离2的管嘴2
按膜分离3的管嘴2
按膜分离4的管嘴2
按膜分离5的管嘴2
按膜分离6的管嘴2
序号 | 名称与规格 | 数量 | 单位 | 材料 | 标准号
1 | 法兰 PL80B-1.0 RF | 7 | 个 | 石棉橡胶板 | HG/T 20606—2009
2 | 同心异径管DN80×40 | 6 | 个 | 20# | GB/T 12459—2017
3 | 90°短半径弯头80 | 4 | 个 | 20# | GB/T 12459—2017
4 | 闸阀DN100 | 6 | 个 | 20# | Z45X-10
5 | 止回阀DN25 | 4 | 个 | 20# | H41X-10
6 | 异径三通 DN50×50 | 5 | 个 | 20# | GB/T 12459—2017
7 | 无缝钢管50×3.5 | 3.00 | m | 20# | GB/T 8163—2018
8 | 无缝钢管89×4 | 9.04 | m | 20# | GB/T 8163—2018
9 | 篮式过滤器DN50 | 1 | 个 | 20# | JB/T 7538—2016
工程 | 阶段 | 版次
批准 | 设计 | 管道 PL0334-50L1B
审核 | 比例 | 1:15
校核 | 日期 | 图号

图 7-85　管道轴测图

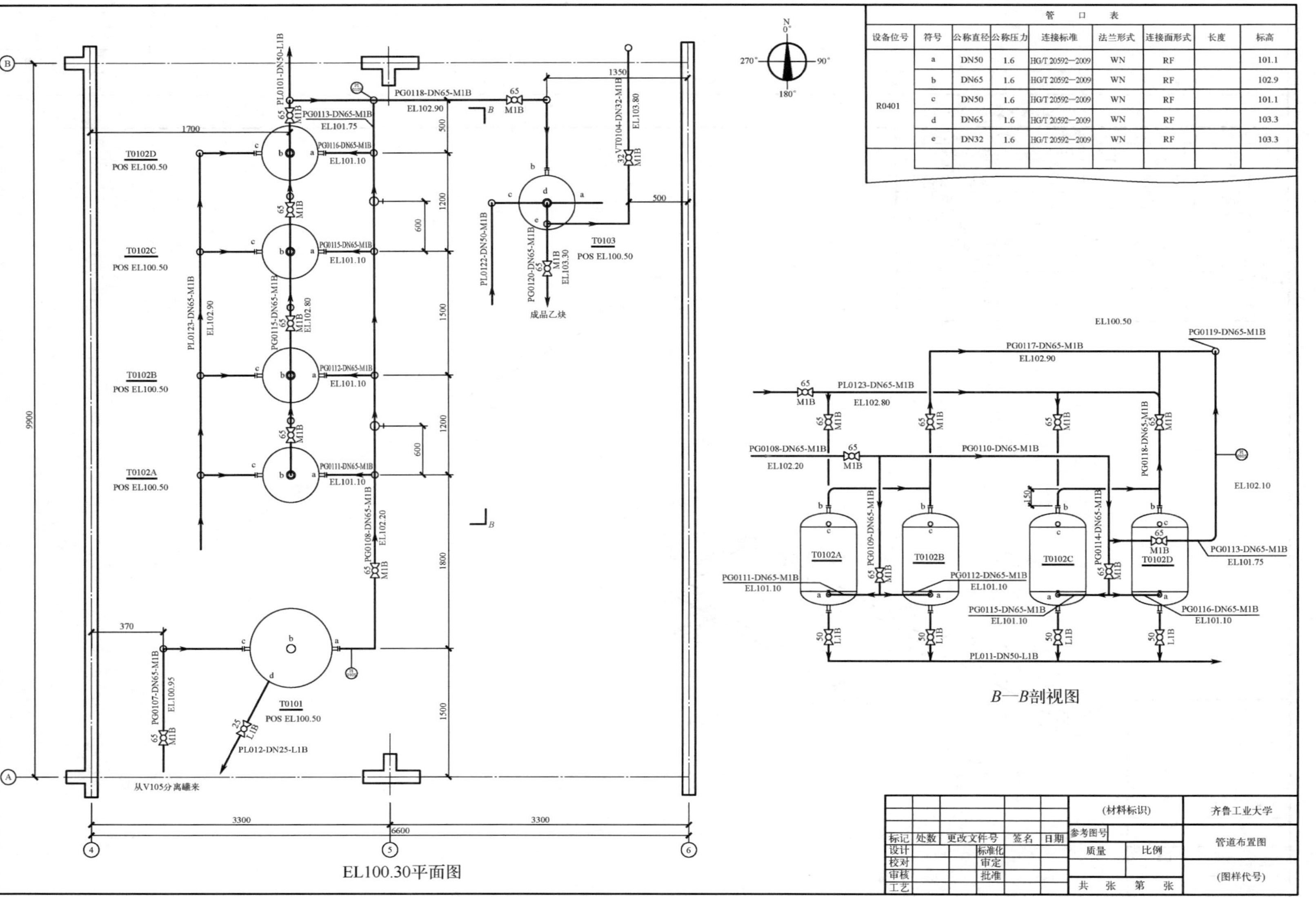
管口表

| 设备位号 | 符号 | 公称直径 | 公称压力 | 连接标准 | 法兰形式 | 连接面形式 | 长度 | 标高 |
| --- | --- | --- | --- | --- | --- | --- | --- | --- |
| R0401 | a | DN50 | 1.6 | HG/T 20592—2009 | WN | RF | | 101.1 |
| | b | DN65 | 1.6 | HG/T 20592—2009 | WN | RF | | 102.9 |
| | c | DN50 | 1.6 | HG/T 20592—2009 | WN | RF | | 101.1 |
| | d | DN65 | 1.6 | HG/T 20592—2009 | WN | RF | | 103.3 |
| | e | DN32 | 1.6 | HG/T 20592—2009 | WN | RF | | 103.3 |

T0102D
POS EL100.50
T0102C
POS EL100.50
T0102B
POS EL100.50
T0102A
POS EL100.50
T0101
POS EL100.50
T0103
POS EL100.50
成品乙炔
从V105分离罐来
PL012-DN25-L1B
PG0107-DN65-M1B
PL0101-DN50-L1B
PG0118-DN65-M1B
PG0113-DN65-M1B
PL0123-DN65-M1B
PL0122-DN50-M1B
PG0120-DN65-M1B
VT0104-DN32-M1B
EL100.30平面图
PG0119-DN65-M1B
PG0117-DN65-M1B
PG0110-DN65-M1B
PL011-DN50-L1B
B—B剖视图
(材料标识)
齐鲁工业大学
管道布置图
(图样代号)
标记　处数　更改文件号　签名　日期
设计　标准化
校对　审定
审核　批准
工艺
参考图号
质量　比例
共　张　第　张

图 7-86　管道布置图

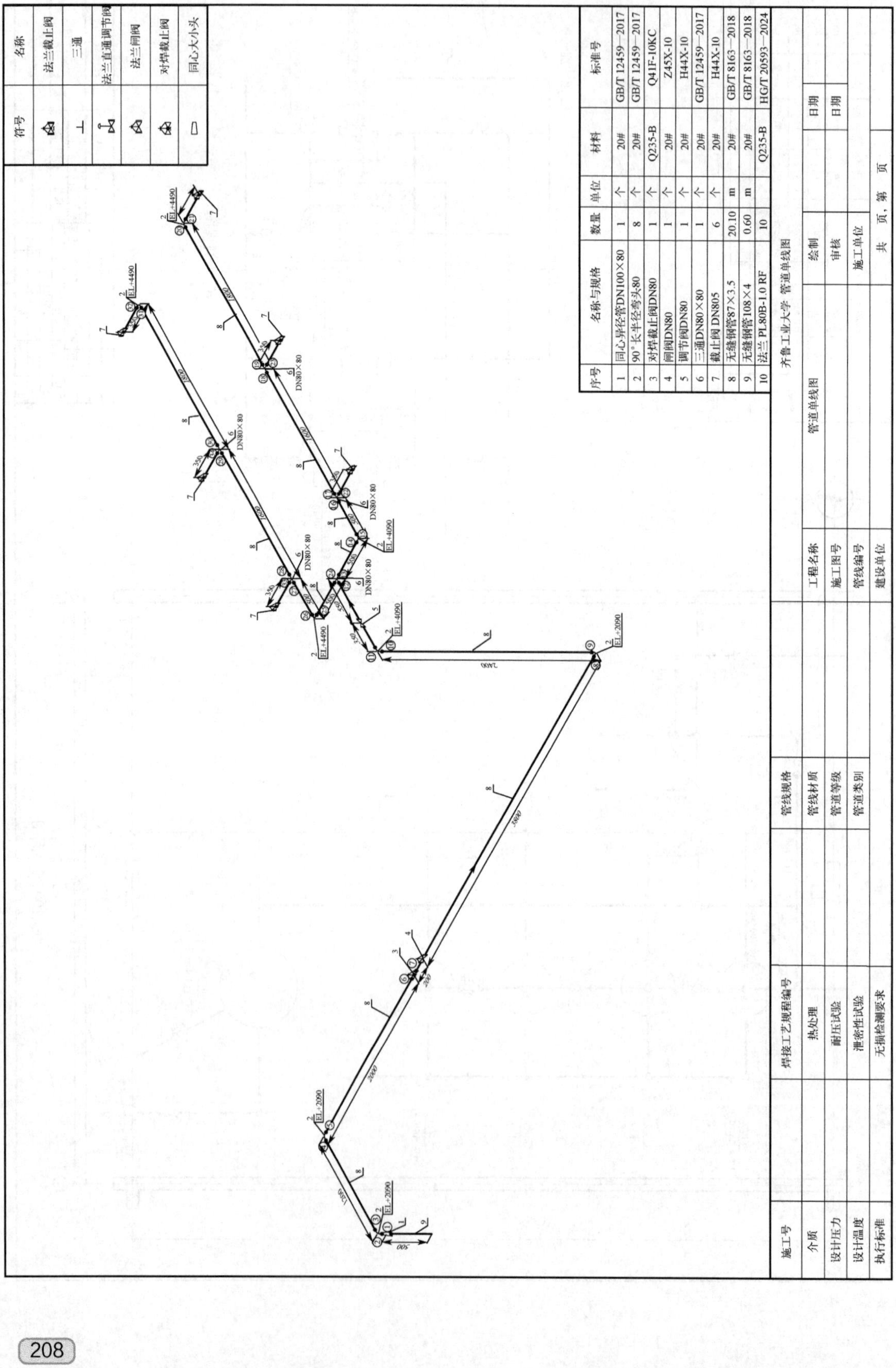

| 符号 | 名称 |
| --- | --- |
| (symbol) | 法兰截止阀 |
| ⊥ | 三通 |
| (symbol) | 法兰直通调节阀 |
| (symbol) | 法兰闸阀 |
| (symbol) | 对焊截止阀 |
| (symbol) | 同心大小头 |

| 序号 | 名称与规格 | 数量 | 单位 | 材料 | 标准号 |
| --- | --- | --- | --- | --- | --- |
| 1 | 同心异径管DN100×80 | 1 | 个 | 20# | GB/T 12459—2017 |
| 2 | 90°长半径弯头80 | 8 | 个 | 20# | GB/T 12459—2017 |
| 3 | 对焊截止阀DN80 | 1 | 个 | Q235-B | Q41F-10KC |
| 4 | 闸阀DN80 | 1 | 个 | 20# | Z45X-10 |
| 5 | 调节阀DN80 | 1 | 个 | 20# | H44X-10 |
| 6 | 三通DN80×80 | 1 | 个 | 20# | GB/T 12459—2017 |
| 7 | 截止阀 DN805 | 6 | 个 | 20# | H44X-10 |
| 8 | 无缝钢管87×3.5 | 20.10 | m | 20# | GB/T 8163—2018 |
| 9 | 无缝钢管108×4 | 0.60 | m | 20# | GB/T 8163—2018 |
| 10 | 法兰 PL80B-1.0 RF | 10 | | Q235-B | HG/T 20593—2024 |

| 施工号 | | 焊接工艺规程编号 | | 管线规格 | | 齐鲁工业大学 管道单线图 | | | | | |
| --- | --- | --- | --- | --- | --- | --- | --- | --- | --- | --- | --- |
| 介质 | | 热处理 | | 管线材质 | | 工程名称 | 管道单线图 | 绘制 | | 日期 | |
| 设计压力 | | 耐压试验 | | 管道等级 | | 施工图号 | | 审核 | | 日期 | |
| 设计温度 | | 泄密性试验 | | 管道类别 | | 管线编号 | | 施工单位 | | | |
| 执行标准 | | 无损检测要求 | | | | 建设单位 | | 共　页，第　页 | | | |

图 7-87　管道轴测图

# 附　录

## 附录 1　设备平立面图例

1．容器

| 序号 | 名称 | 顶视 | 侧视 | 备注 |
|---|---|---|---|---|
| （1） | 塔式容器 | 塔体无变径　塔体变径 | | |
| （2） | 立式容器 | | | |
| （3） | 悬挂式容器 | | | |
| （4） | 卧式容器 | | | |

续表

| 序号 | 名称 | 顶视 | 侧视 | 备注 |
|---|---|---|---|---|
| (5) | 箱式容器 | 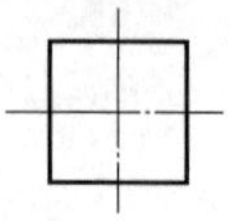 | 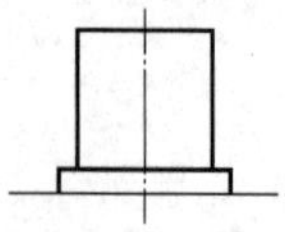 | |
| (6) | 球形容器 | 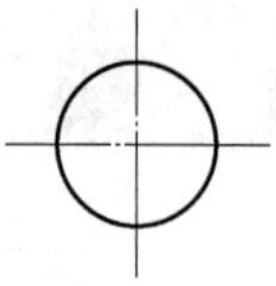 | 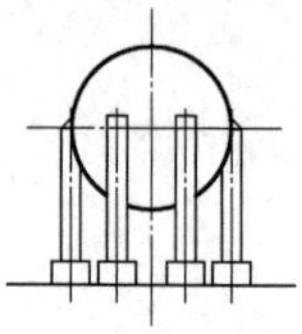 | |
| (7) | 旋风分离器 | 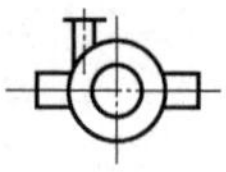 | 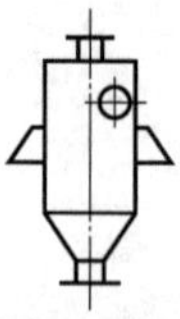 | |

2．加热炉

| 序号 | 名称 | 顶视 | 侧视 | 备注 |
|---|---|---|---|---|
| (1) | 圆筒炉 | 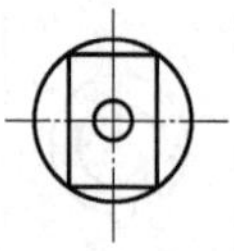 | 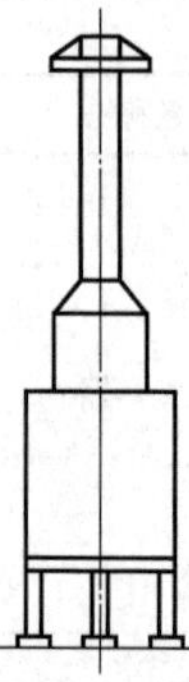 | |
| (2) | 卧式炉 | 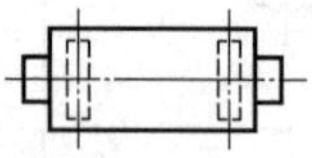 | 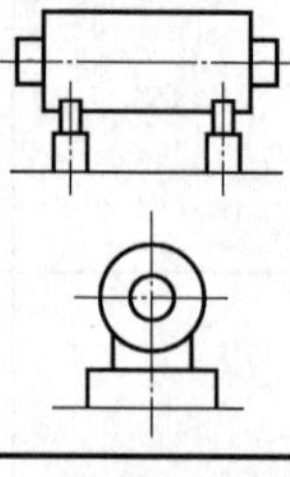 | |

3．储罐

| 序号 | 名称 | 顶视 | 侧视 | 备注 |
|---|---|---|---|---|
| (1) | 固定顶罐 | 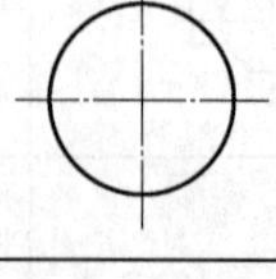 | 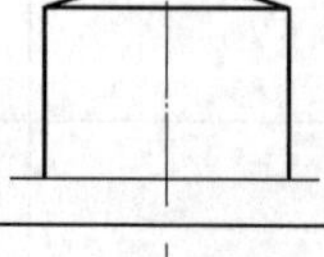 | 各种储罐 |
| (2) | 内浮顶罐 | 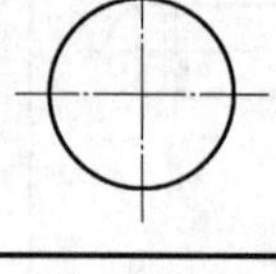 | 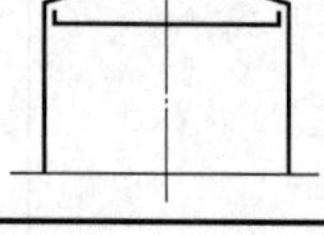 | |

续表

| 序号 | 名称 | 顶视 | 侧视 | 备注 |
|---|---|---|---|---|
| (3) | 外浮顶罐 | 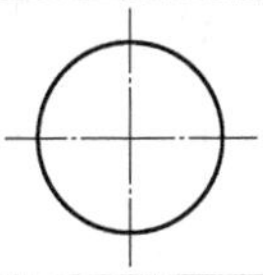 | 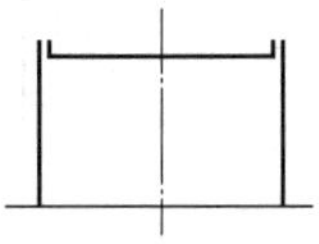 | |
| (4) | 球形储罐 | 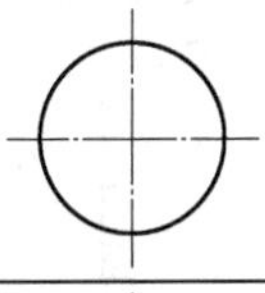 | 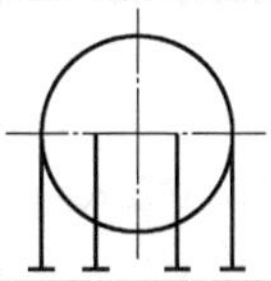 | |
| (5) | 湿式气柜 | 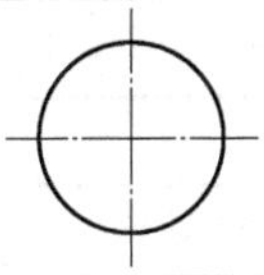 | 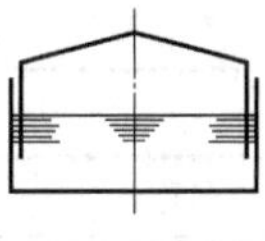 | |

4．换热器

| 序号 | 名称 | 顶视 | 侧视 | 备注 |
|---|---|---|---|---|
| (1) | 浮头式换热器 | 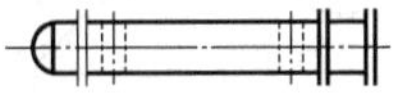 | 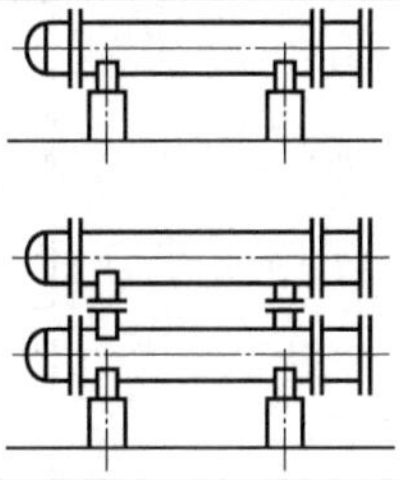 | |
| (2) | 固定管板式换热器 | 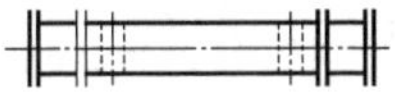 | 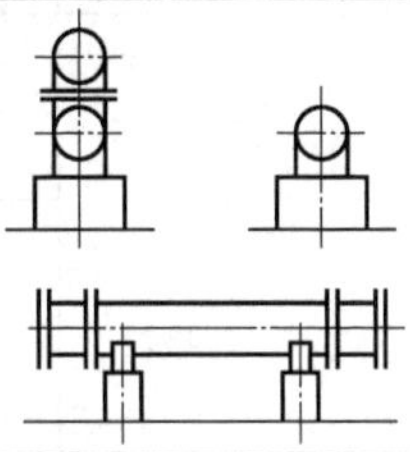 | |
| (3) | 重沸器 | 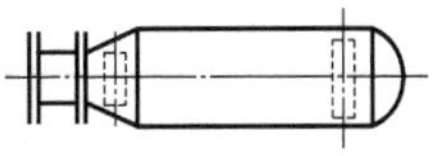 | 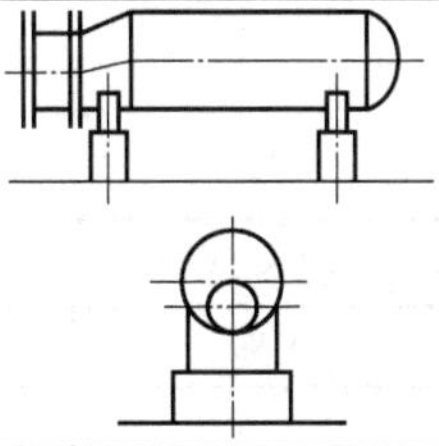 | |
| | | 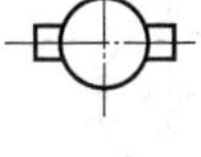 | 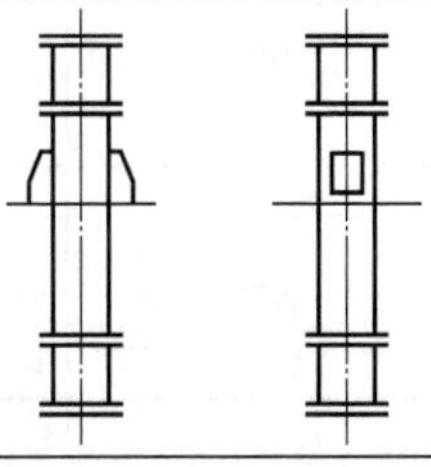 | |
| (4) | 空冷器 | 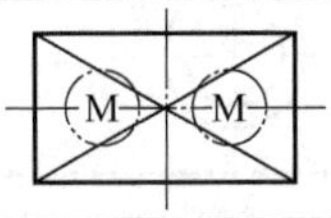 M M | 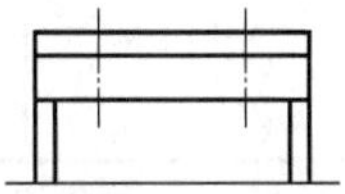 | |

5. 泵类设备

| 序号 | 名称 | 顶视 | 侧视 | 备注 |
| --- | --- | --- | --- | --- |
| （1） | 泵 | 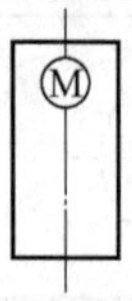 M |  |  |
| （2） | 压缩机（往复式） | 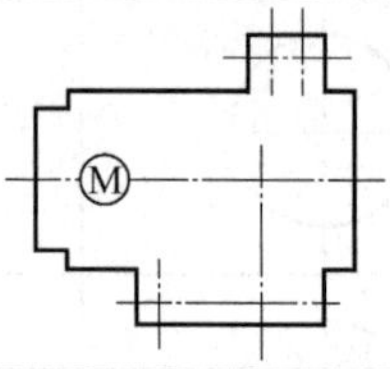 M |  |  |

6. 设备管接口

| 序号 | 名称 | 顶视或侧视 | 透视 | 备注 |
| --- | --- | --- | --- | --- |
| （1） | 带法兰管接口 | 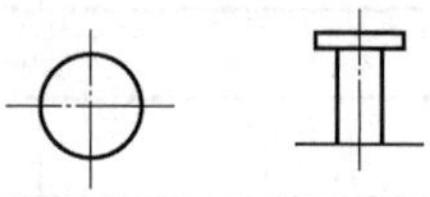  |   |  |
|  |  | 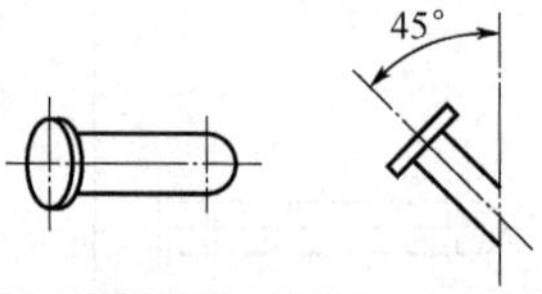 45° | 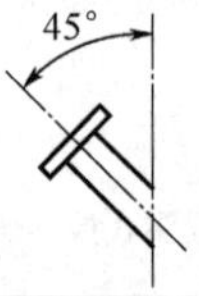 45° |  |
|  |  | 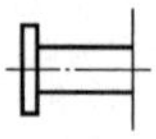  | 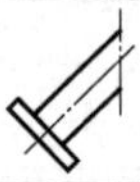  |  |
| （2） | 不带法兰管接口 |   | 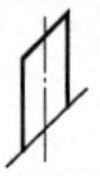  |  |
|  |  | 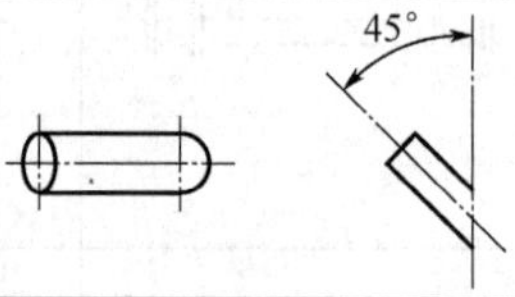 45° | 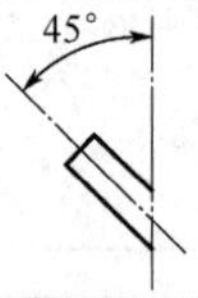 45° |  |
|  |  | 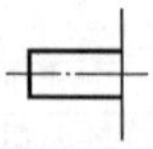  | 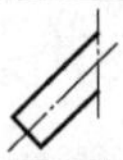  |  |

7. 人孔、毛孔、视镜

| 序号 | 名称 | 顶视 | 侧视 | 备注 |
| --- | --- | --- | --- | --- |
| （1） | 人孔 | 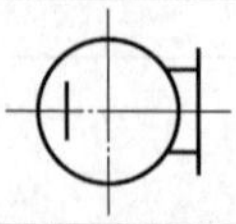  | 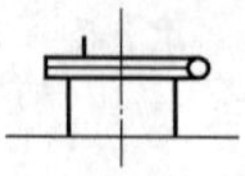  |  |
| （2） | 手孔 | 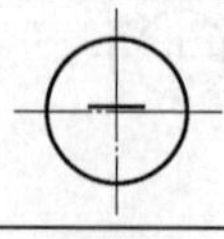  | 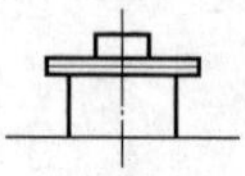  |  |
| （3） | 视镜 |   | 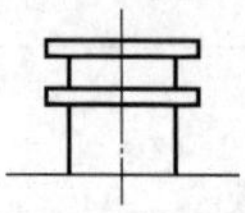  |  |

# 附录 2 常见阀门图例

1．一般阀门

| 序号 | 名称 | 基本图形 | 连接形式 | 顶视 | 正视 | 侧视 | 透视 |
|---|---|---|---|---|---|---|---|
| （1） | 闸阀 |  | 法兰 | 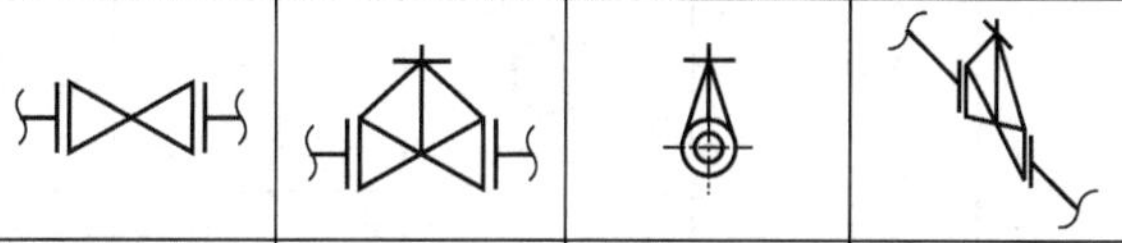 | | | |
| | | | 对焊 | 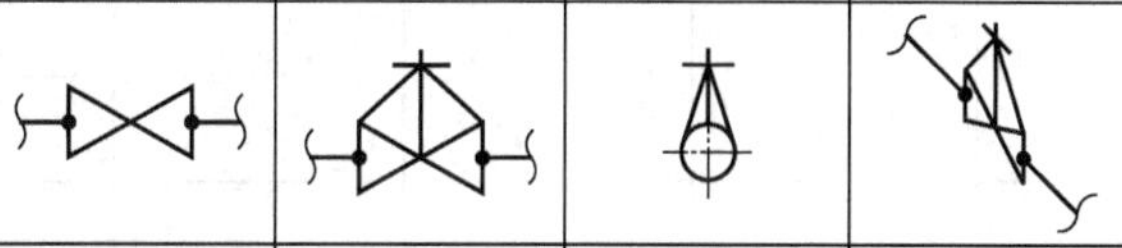 | | | |
| | | | 承插焊螺纹 | 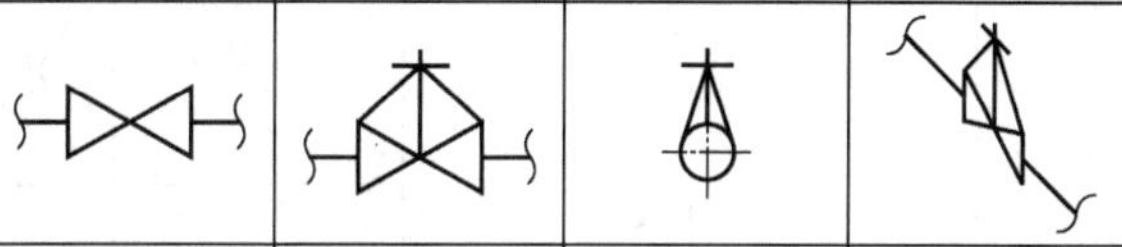 | | | |
| （2） | 截止阀 | 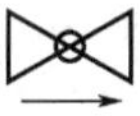 | 法兰 | 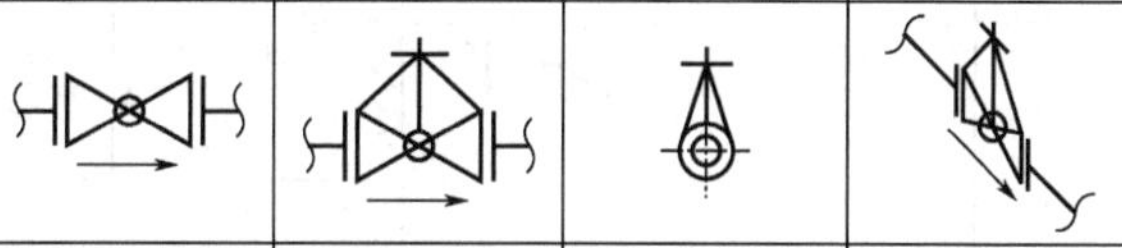 | | | |
| | | | 对焊 | 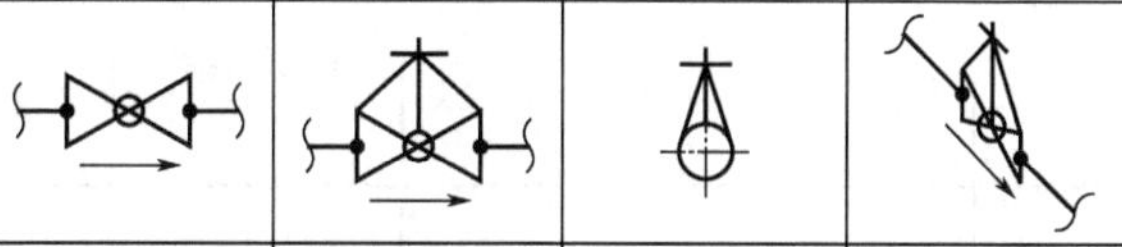 | | | |
| | | | 承插焊螺纹 | 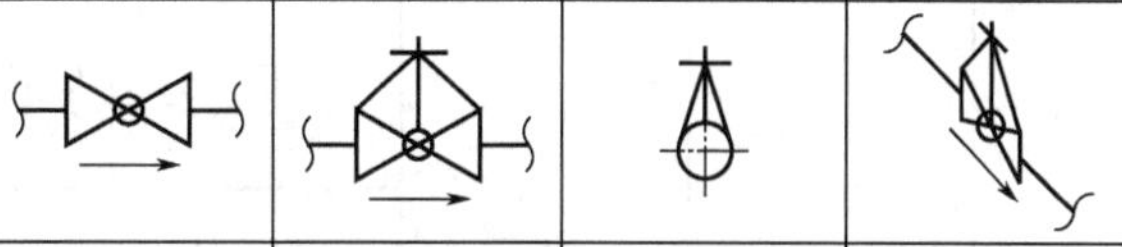 | | | |
| （3） | 止回阀 |  | 法兰 | 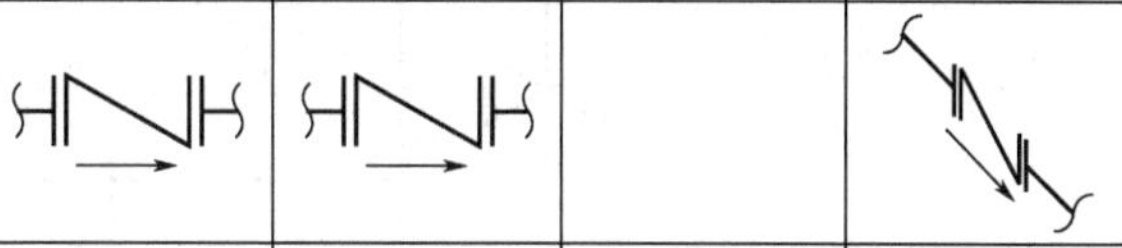 | | | |
| | | | 对焊 | 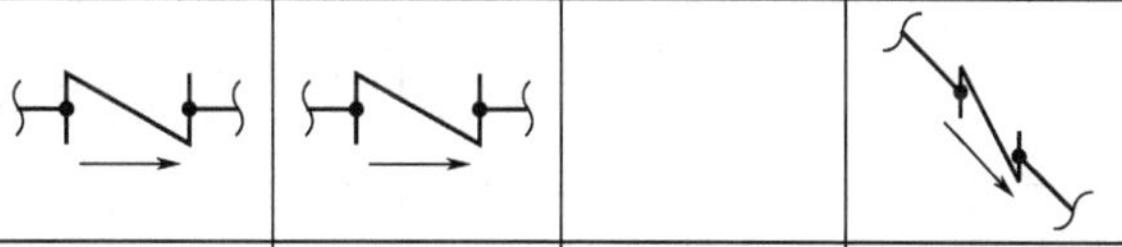 | | | |
| | | | 承插焊螺纹 | 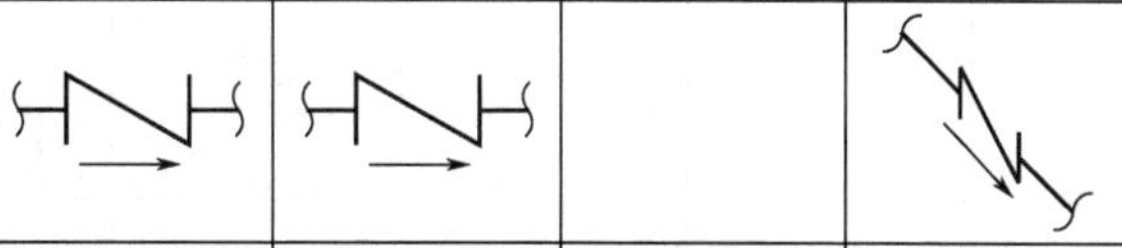 | | | |
| （4） | 角阀 |  | 法兰 | 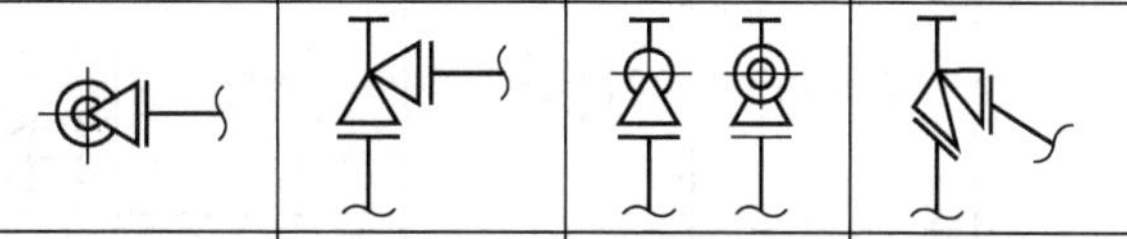 | | | |
| | | | 对焊 | 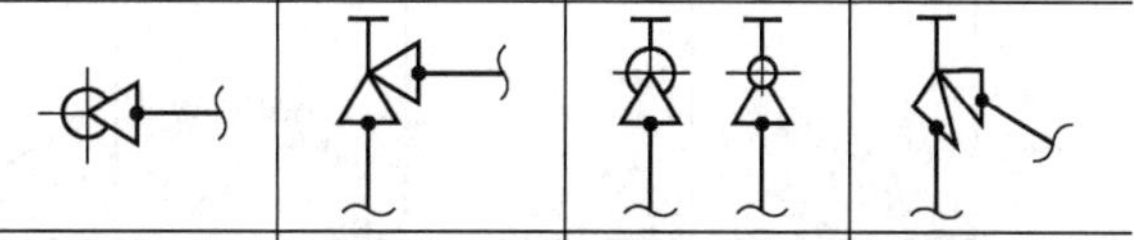 | | | |
| | | | 承插焊螺纹 | 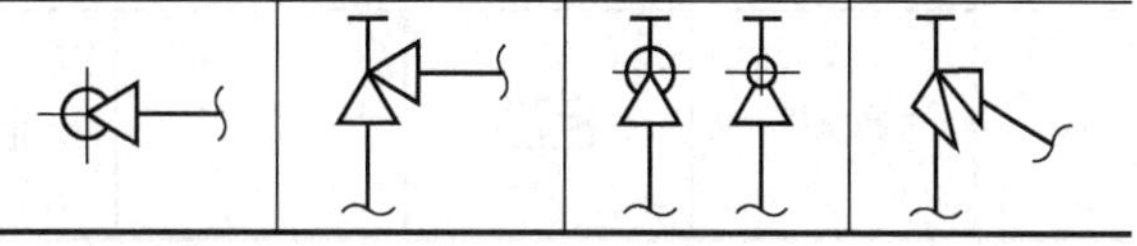 | | | |

续表

| 序号 | 名称 | 基本图形 | 连接形式 | 顶视 | 正视 | 侧视 | 透视 |
|---|---|---|---|---|---|---|---|
| （5） | 球阀 | | 法兰 | | | | |
| | | | 对焊 | | | | |
| | | | 承插焊螺纹 | | | | |
| （6） | 蝶阀 | | 法兰 | | | | |
| | | | 对焊 | | | | |
| | | | 承插焊螺纹 | | | | |
| （7） | 旋塞阀 | | 法兰 | | | | |
| | | | 对焊 | | | | |
| | | | 承插焊螺纹 | | | | |
| （8） | 三通阀 | | 法兰 | | | | |
| | | | 对焊 | | | | |
| | | | 承插焊螺纹 | | | | |
| （9） | 减压阀 | | 法兰 | | | | |

续表

| 序号 | 名称 | 基本图形 | 连接形式 | 顶视 | 正视 | 侧视 | 透视 |
|---|---|---|---|---|---|---|---|
| （9） | 减压阀 | | 对焊 | | | | |
| | | | 承插焊螺纹 | | | | |
| （10） | 隔膜阀 | | 法兰 | | | | |
| | | | 对焊 | | | | |
| | | | 承插焊螺纹 | | | | |
| （11） | 疏水阀 | 暗影侧为疏水端 | 法兰 | | | | |
| | | | 对焊 | | | | |
| | | | 承插焊螺纹 | | | | |
| （12） | 插板阀 | | 法兰 | | | | |
| （13） | 针形阀 | | 对焊 | | | | |
| | | | 承插焊螺纹 | | | | |
| （14） | 呼吸阀 | | 法兰 | | | | |
| （15） | 底阀 | | 法兰 | | | | |
| | | | 螺纹 | | | | |

## 2．调节阀

| 序号 | 名称 | 基本图形 | 连接形式 | 顶视 | 正视 | 侧视 | 透视 |
|---|---|---|---|---|---|---|---|
| （1） | 直通调节阀 | | 法兰 | | | | |
| | | | 对焊 | | | | |
| | | | 螺纹 | | | | |
| （2） | 三通调节阀 | | 法兰 | | | | |
| | | | 对焊 | | | | |
| | | | 螺纹 | | | | |
| （3） | 蝶形调节阀 | | 法兰 | | | | |
| | | | 对焊 | | | | |
| | | | 螺纹 | | | | |
| （4） | 角形调节阀 | | 法兰 | | | | |
| | | | 对焊 | | | | |
| | | | 螺纹 | | | | |

## 3．特殊传动阀门（以法兰闸阀为例）

| 序号 | 名称 | 基本图形 | 连接形式 | 顶视 | 正视 | 侧视 | 透视 |
|---|---|---|---|---|---|---|---|
| （1） | 电动阀 | M | | M | M | M | M |

续表

| 序号 | 名称 | 基本图形 | 连接形式 | 顶视 | 正视 | 侧视 | 透视 |
|---|---|---|---|---|---|---|---|
| （2） | 气动阀 |  A |  | 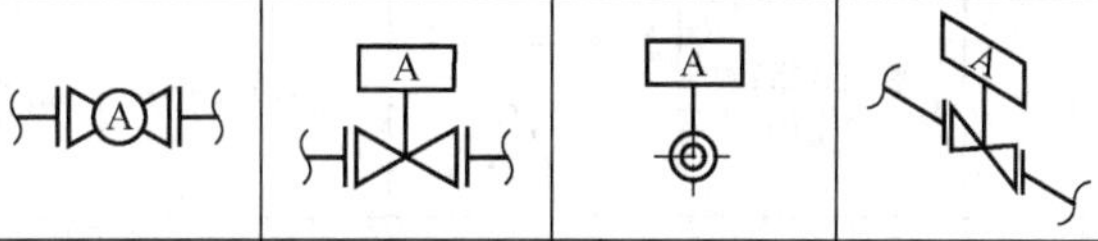 A | A | A | A |
| （3） | 电磁阀 |  S |  | 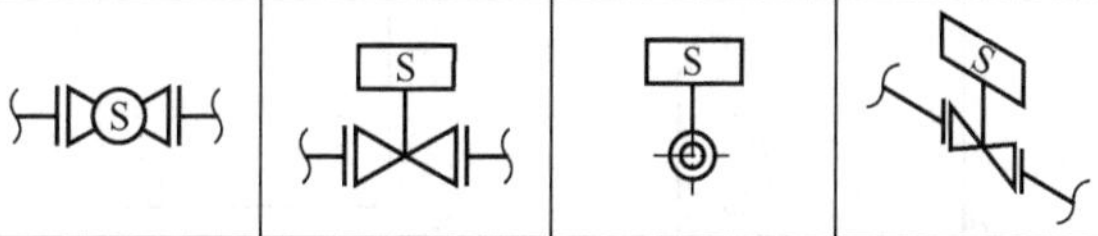 S | S | S | S |
| （4） | 液压阀 |  H |  | 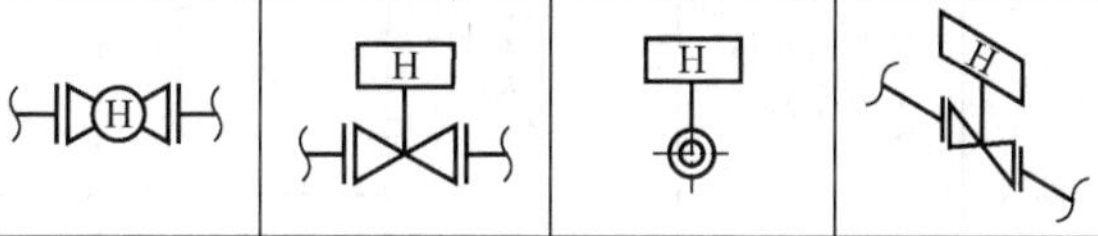 H | H | H | H |
| （5） | 齿轮阀 |  G |  |  G |  |  |  |
| （6） | 链轮阀 |  |  | 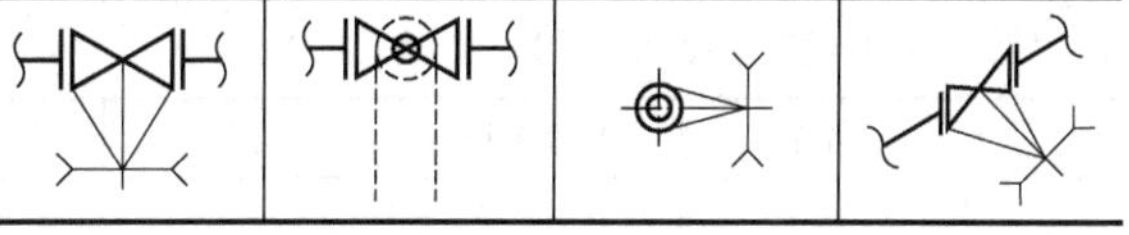  |  |  |  |

4．安全阀

| 序号 | 名称 | 基本图形 | 连接形式 | 顶视 | 正视 | 侧视 | 透视 |
|---|---|---|---|---|---|---|---|
| （1） | 密闭式弹簧安全阀 |   | 法兰 | 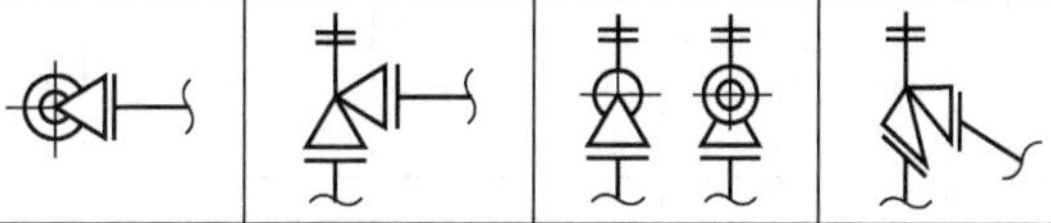  |  |  |  |
|  |  |  | 对焊 | 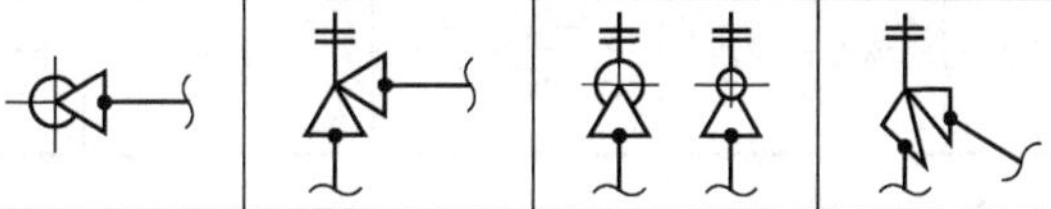  |  |  |  |
|  |  |  | 承插焊螺纹 | 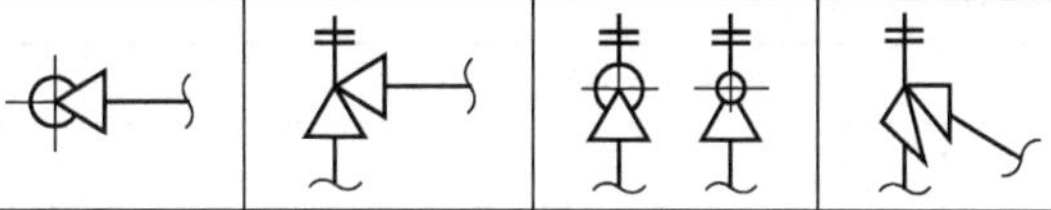  |  |  |  |
| （2） | 开放式弹簧安全阀 |   | 法兰 |  | 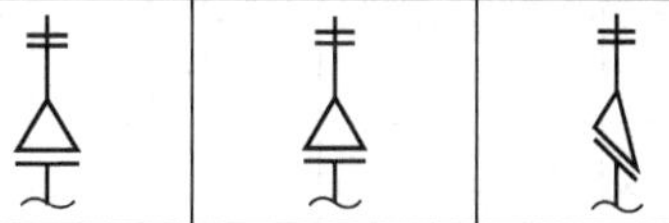  |  |  |
|  |  |  | 对焊 |  |   |  |  |
|  |  |  | 承插焊螺纹 |  |   |  |  |
| （3） | 密闭式重锤安全阀 | 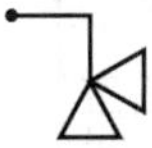  | 法兰 | 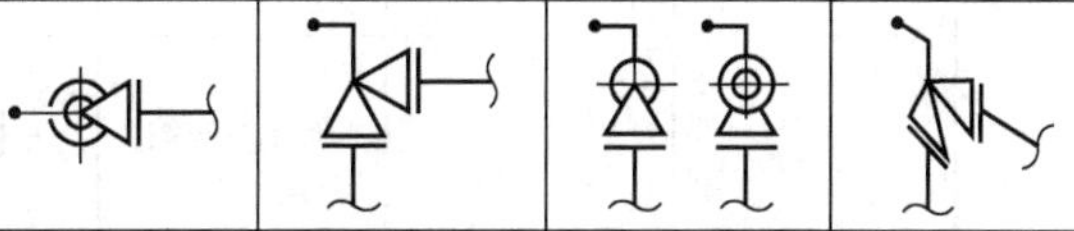  |  |  |  |
|  |  |  | 对焊 | 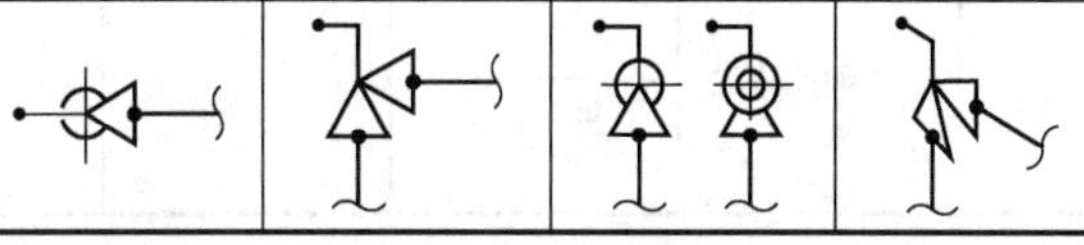  |  |  |  |

续表

| 序号 | 名称 | 基本图形 | 连接形式 | 顶视 | 正视 | 侧视 | 透视 |
|---|---|---|---|---|---|---|---|
| (3) | 密闭式重锤安全阀 | | 承插焊螺纹 | | | | |
| (4) | 开放式重锤安全阀 | | 法兰 | | | | |
| | | | 对焊 | | | | |
| | | | 承插焊螺纹 | | | | |

5．补偿器（膨胀节）

| 序号 | 名称 | 基本图形 | 连接形式 | 顶视 | 正视 | 侧视 | 透视 |
|---|---|---|---|---|---|---|---|
| (1) | 波纹补偿器 | | 法兰 | | | | |
| | | | 对焊 | | | | |
| (2) | 球形补偿器 | | 法兰 | | | | |

6．过滤器

| 序号 | 名称 | 基本图形 | 连接形式 | 顶视 | 正视 | 侧视 | 透视 |
|---|---|---|---|---|---|---|---|
| (1) | 桶式过滤器 | | 法兰 | | | | |
| (2) | 临时过滤器 | | 对焊 | | | | |
| (3) | Y 型过滤器 | | 法兰 | | | | |
| | | | 对焊 | | | | |
| | | | 承插焊螺纹 | | | | |
| (4) | T 型侧流式过滤器 | | 对焊 | | | | |

续表

| 序号 | 名称 | 基本图形 | 连接形式 | 顶视 | 正视 | 侧视 | 透视 |
|---|---|---|---|---|---|---|---|
| （4） | T 型侧流式过滤器 | | 法兰 | | | | |
| （5） | T 型直通式过滤器 | | 对焊 | | | | |
| | | | 法兰 | | | | |

7．视镜

| 序号 | 名称 | 基本图形 | 连接形式 | 顶视 | 正视 | 侧视 | 透视 |
|---|---|---|---|---|---|---|---|
| （1） | 角型视镜 | | 对焊 | | | | |
| | | | 螺纹 | | | | |
| （2） | 直通视镜 | | 对焊 | | | | |
| | | | 螺纹（承插焊） | | | | |

8．仪表元件

| 序号 | 名称 | 基本图形 | 连接形式 | 顶视 | 正视 | 侧视 | 透视 |
|---|---|---|---|---|---|---|---|
| （1） | 孔板 | | | | | | |
| （2） | 容积式流量计<br>涡轮式流量计<br>靶式流量计<br>电磁式流量计 | | 法兰 | | | | |
| | | | 螺纹 | | | | |
| （3） | 转子流量计 | | 法兰 | | | | |
| | | | 螺纹 | | | | |

续表

| 序号 | 名称 | 基本图形 | 连接形式 | 顶视 | 正视 | 侧视 | 透视 |
|---|---|---|---|---|---|---|---|
| (4) | 文丘里管流量计 | | 法兰 | | | | |
| (5) | 玻璃板液面计 | | 法兰 | | | | |
| (6) | 浮筒式液面计 | | 法兰 | | | | |
| (7) | 阻火器 | | 法兰 | | | | |
| | | | 螺纹 | | | | |
| (8) | 限流孔板 | | 法兰 | | | | |
| (9) | 8 字盲板 | | 法兰 | 常通 | 常闭 | | |
| (10) | 盲板 | | 法兰 | | | | |

# 参考文献


[1] 赵惠清，杨静，蔡纪宁．化工制图[M]．3 版．北京：化学工业出版社，2019．

[2] 赵惠清，杨静，蔡纪宁．化工制图习题集[M]．2 版．北京：化学工业出版社，2019．

[3] 熊洁羽．化工制图[M]．北京：化学工业出版社，2019．

[4] 张立军．化工制图[M]．北京：化学工业出版社，2016．

[5] 姚瑰妮．化工与制药工程制图[M]．北京：化学工业出版社，2015．

[6] 张瑞琳，冯杰．化工制图与 AutoCAD 绘图实例[M]．北京：中国石化出版社，2013．

[7] 魏崇光，郑晓梅．化工工程制图：化工制图[M]．北京：化学工业出版社，1994．

[8] 杨勇，王东亮．化工制图 CAD 实训——AutoCAD Plant 3D 实例教程[M]．北京：化学工业出版社，2022．

[9] 李佟茗，来可伟．化工制图：SolidWorks 平台上的 3D 版[M]．北京：化学工业出版社，2013．

[10] 董振柯，孙安荣．化工制图[M]．3 版．北京：化学工业出版社，2022．

[11] 董振柯，刘伟．化工制图习题集[M]．3 版．北京：化学工业出版社，2022．

[12] 方利国．计算机辅助化工制图与设计[M]．北京：化学工业出版社，2010．

[13] 胡建生．化工制图及 CAD[M]．北京：化学工业出版社，2024．

[14] 宋巧莲．机械制图与 AutoCAD 绘图[M]．2 版．北京：机械工业出版社，2024．

[15] 邓学雄．建筑图学[M]．北京：高等教育出版社，2007．

[16] 张秋利，周军．化工 AutoCAD 应用基础[M]．2 版，北京：化学工业出版社，2012．

[17] 谭荣伟．化工设计 CAD 绘图快速入门[M]．2 版．北京：化学工业出版社，2020．

[18] 张珩．制药工程工艺设计[M]．3 版．北京：化学工业出版社，2018．

[19] 朱秋享．三维流程工厂设计——AutoCAD Plant3D 2019 版[M]．北京：高等教育出版社，2019．

[20] 梁志武，陈声宗．化工设计[M]．4 版．北京：化学工业出版社，2015．

[21] 景学红，耿晓武．天正 TArch 2013 与 AutoCAD 建筑制图实战教程[M]．北京：人民邮电出版社，2013．

[22] 陈志民，彭斌全．天正建筑 TArch 2013 课堂实录[M]．北京：清华大学出版社，2014．

[23] 中国石化集团上海工程有限公司．化工工艺设计手册[M]．4 版．北京：化学工业出版社，2009．

[24] 徐宝东．化工管路设计手册[M]．4 版．北京：化学工业出版社，2011．

[25] 国家石油与化学工业局．化工设备设计文件编制规定：HG/T 20668—2000[S]．北京：化学工业出版社，2005．

[26] 中国石油和化工勘察设计协会．化工工艺设计施工图内容和深度统一规定：HG/T 20519—2009[S]．北京：中国计划出版社，2010．

[27] 中国石油和化工勘察设计协会．化工装置设备布置设计规定：HG/T 20546—2009[S]．北京：中国计划出版社，2010．